普通高等教育"十三五"规划教材

数字电子技术

主　编 ◎ 李　莎　刘剑滨　杨家林

副主编 ◎ 王雪霏　刘　晨　龙艳萍

华中科技大学出版社
http://press.hust.edu.cn
中国·武汉

内 容 简 介

本书主要包括:绪论、数字逻辑基础、逻辑门电路、组合逻辑电路、触发器、时序逻辑电路、脉冲的产生与整形电路、数/模与模/数转换电路、数字系统设计等内容。

本书既可以作为高等院校自动化、电气工程、电子信息、通信等相关专业的教材,也可以作为高等院校机械类、近机类各专业的教材和相关专业技术人员的参考书。

图书在版编目(CIP)数据

数字电子技术/李莎,刘剑滨,杨家林主编.—武汉:华中科技大学出版社,2019.8(2024.1重印)
ISBN 978-7-5680-4950-4

Ⅰ.①数… Ⅱ.①李… ②刘… ③杨… Ⅲ.①数字电路-电子技术-高等学校-教材 Ⅳ.①TN79

中国版本图书馆 CIP 数据核字(2019)第 150786 号

数字电子技术
Shuzi Dianzi Jishu

李 莎 刘剑滨 杨家林 主编

策划编辑:张 毅
责任编辑:段亚萍
封面设计:孢 子
责任校对:李 琴
责任监印:朱 玢
出版发行:华中科技大学出版社(中国·武汉)　　电话:(027)81321913
　　　　　武汉市东湖新技术开发区华工科技园　　邮编:430223
录　排:华中科技大学惠友文印中心
印　刷:武汉开心印印刷有限公司
开　本:787mm×1092mm　1/16
印　张:16.5
字　数:420千字
版　次:2024 年 1 月第 1 版第 4 次印刷
定　价:49.80 元

数字电子技术的发展十分迅速,今天,数字电子产品几乎覆盖了从工农业生产到日常生活的所有领域。"数字电子技术"是各高等院校电子信息、电气工程、自动控制、机电、计算机及其他相关专业的必修基础课程,该课程既具有很强的理论性、系统性,又有很强的工程性、实践性。

本书以数字电子技术的基本知识为主线,系统地介绍了数字电路的基本组成单元,结合若干典型电路讲解了数字电路的基本概念、基本分析方法和基本设计方法。本书既全面、系统地论述了数字电子技术的基础理论知识,又强调了数字电子技术的实用性,还介绍了一些数字电子技术设计的新方法和新技术。全书基础夯实,重视应用,突出创新,注重理论为实践服务,许多章节以实际任务开篇,引起读者好奇心,使读者在完成任务中学习理论知识,拓宽了知识面,既保证必要的基本知识、基本理论,又注重读者能力培养,注重科学性、先进性和实用性。

本书由李莎、刘剑滨、杨家林担任主编,由王雪霏、刘晨、龙艳萍担任副主编,韩冰、张欢、徐永锦参与校稿。全书由李莎负责整理和统稿。

本书在编写过程中参考了相关文献,在此对所引用文献的作者、译者一并表示衷心的感谢!同时,借此机会向为本书的出版给予了大力支持的编者所在院校领导和华中科技大学出版社表示深深的谢意!

由于编者的水平有限,加之数字电子技术也在不断发展,书中难免存在不完善及错误之处,恳请同行及广大读者批评指正!

编 者

绪　　论

1. 数字电路简介

1）信号的分类

电子电路中的信号可以分为两大类：数字信号和模拟信号。

在自然界的许多物理量中，有一些如温度、压力、声音、质量等都具有一个共同的特点，即它们在时间上是连续变化的，幅值上也是连续取值的。这种在时间上和数值上都连续变化的物理量称为模拟量，表示模拟量的信号称为模拟信号。

与模拟量相对应的另一类物理量称为数字量。这些信号的变化发生在一系列离散的瞬间，其值也是离散的，如电子表的秒信号、生产流水线上记录零件个数的计数信号、人的心率等。这种在时间和数值上具有离散性的物理量称为数字量，表示数字量的信号称为数字信号。

2）电路的分类

处理模拟信号的电子电路称为模拟电路，处理数字信号的电子电路称为数字电路（也称逻辑电路）。具体来讲，模拟电路是分析、处理或产生模拟信号的电路，分析模拟电路常采用等效电路分析法；数字电路是指对数字信号进行传送、逻辑运算、控制、计数、寄存、显示以及脉冲信号的产生与变换等的电路。

3）数字电路的特点

与模拟电路相比，数字电路主要有下列优点：

（1）由于数字电路是以二值数字逻辑为基础的，只有 0 和 1 两个基本数字，易于用电路来实现，比如可用二极管的导通与截止这两个对立的状态来表示数字信号的逻辑 0 和逻辑 1。

（2）由数字电路组成的数字系统工作可靠，精度较高，抗干扰能力强。它可以通过整形很方便地去除叠加于传输信号上的噪声与干扰，还可利用差错控制技术对传输信号进行查错和纠错。

（3）数字电路不仅能完成数值运算，而且能进行逻辑判断和运算，这在控制系统中是不可缺少的。

（4）数字信息便于长期保存，比如可将数字信息存入磁盘、光盘等长期保存。

（5）数字集成电路产品系列多、通用性强、成本低。

由于数字电路具有一系列优点，数字电路在电子设备或电子系统中得到了越来越广泛的应用，计算机、计算器、电视机、音响系统、视频记录设备、光碟、长途电信及卫星系统等，无一不采用了数字系统。

2. 常用芯片

数字电路的常用芯片有三种：标准芯片、可编程逻辑器件和定制芯片。

1）标准芯片

将一些常用逻辑功能电路制造成芯片，它们在功能和规格上均符合公认的标准，称为标准芯片，属于小规模集成电路 SSI。设计者选择能完成某种功能的芯片并确定其连接方式，设计出具有所需功能的电路。

20 世纪 80 年代以前,通常选用标准芯片设计逻辑电路。然而,随着集成电路技术的飞速发展,功能很少的标准芯片逐步被可编程逻辑器件代替。

2）可编程逻辑器件

可编程逻辑器件(programmable logic device,PLD)是一种大规模集成电路,通过对器件内部的编程来改变器件的逻辑功能。在使用前其内部是"空的",采用一定的方式对其编程,可将其配置成具有特定逻辑功能的器件。可编程逻辑器件的逻辑功能可反复修改。设计者最初设计的是产品的原型,在此后的硬件测试运行过程中,可以发现问题,并通过可编程逻辑器件再编程,进行设计修正,或在原设计中加入新的功能对产品进行升级。可编程逻辑器件可以用来实现典型标准芯片无法实现的复杂大型逻辑电路。可编程逻辑器件也称为半定制芯片,可编程逻辑器件的出现使得产品设计变得容易。

3）定制芯片

定制芯片出厂时功能已经确定,是专为特殊应用所生产的,有时也称为专用集成电路芯片(application specific integrated circuit,ASIC)。定制芯片最大的优点在于可以针对特定任务做最优化设计,因此常常能够达到更高的性能,而且定制芯片中有可能比其他类型芯片集成更多的逻辑电路。虽然这种芯片的生产成本很高,但是如果批量大,将成本分摊至每个芯片,则每个芯片的成本降低。此外,ASIC 可以将多个芯片集成到一个芯片上,使产品体积缩小,从而降低成本。

3. 课程内容与学习建议

1）课程内容

本课程由脉冲和数字两大部分构成。脉冲部分主要介绍脉冲信号的概念以及脉冲信号的产生与整形等内容。数字部分主要包括组合逻辑电路和时序逻辑电路。组合逻辑电路介绍基本的逻辑运算及运算相应的门电路、逻辑函数等,同时介绍组合逻辑电路的分析与设计方法,重点介绍中规模集成器件的应用。时序逻辑电路的基本单元是触发器,这部分介绍常用触发器的工作原理、逻辑功能及描述方法,重点介绍典型时序电路(如计数器、寄存器、序列发生器等)的工作原理、分析与设计方法,尤其是集成器件的应用。

2）学习建议

（1）熟练掌握数字电路的分析、设计的基本方法与步骤,在实际应用中,除了关注电路的逻辑功能,还要考虑电路的性能要求,如功耗、响应速度和抗干扰能力等。

（2）数字电路以集成电路为主,学习中应注重掌握其外部特性,了解电路内部结构是为了更好地掌握数字电路的逻辑功能。

（3）数字电子技术课程是实践性很强的课程,加强实践性训练是掌握这门课程必不可少的条件,建议课后配套实验实训,本书最后一章提供了数字系统案例供学习借鉴。

第 1 章　数字逻辑基础

数字电路的基本单元是逻辑门电路,分析工具是逻辑代数,在功能上则着重强调电路输入与输出间的因果关系。数字电路抗干扰能力强、精度高、便于集成,因而在自动控制系统、测量设备、电子计算机等领域获得了日益广泛的应用。数字电路的研究对象是输出与输入之间的逻辑关系,可以用逻辑代数来描述。本章将首先介绍数字电路的一些基本概念及数字电路中常用的数制与码制,然后介绍逻辑运算及其基本定律,最后阐述逻辑函数的描述方法与化简。

◀ 1.1　数　　制 ▶

数制就是计数进位制,它规定了数码处于不同位置所代表的数值。在日常生活中,人们常采用十进制,但在数字电路中通常采用二进制,有时也采用十六进制或八进制。

1.1.1　常用数制

数字电路中经常遇到计数问题,鉴于电路的开关特性,在数字系统中多采用二进制,有时用八进制和十六进制,而人们最熟悉的却是十进制。它们之间可以互相转换。

基数是指数制中所使用的数码的个数,也称为底数,反映进位规则。例如 R 进制数的基数为 R,计数规则为"逢 R 进一""借一作 R"。

对于任意数制 $(S)_R$,其数学描述均可表示为

$$(S)_R = \sum_{i=-m}^{n-1} a_i \times R^i \qquad (1.1.1)$$

式中,S 表示某个 R 进制数,分别由 R 个符号组合而成;i 表示 S 的位权;n、m 分别表示 S 整数和小数的位数;a_i 表示 S 第 i 位的数码,且必定是上述 R 个符号中的某一个。它的计数原则是逢 R 进一,借一当 R。

1. 十进制

十进制(decimal)是指以 10 为基数的计数体制。十进制可用 0～9 十个数码来表示。它的数学描述如下

$$(S)_{10} = \sum_{i=-m}^{n-1} a_i \times 10^i \qquad (1.1.2)$$

例如,一个十进制数 135.45 可表示为

$$(135.45)_{10} = 1 \times 10^2 + 3 \times 10^1 + 5 \times 10^0 + 4 \times 10^{-1} + 5 \times 10^{-2}$$

2. 二进制

二进制(binary)用 0 和 1 两个数码表示。超过 1 的数必须用多位数表示,其数学描述为

$$(S)_2 = \sum_{i=-m}^{n-1} a_i \times 2^i \tag{1.1.3}$$

例如，$(1011.101)_2 = 1 \times 2^3 + 0 \times 2^2 + 1 \times 2^1 + 1 \times 2^0 + 1 \times 2^{-1} + 0 \times 2^{-2} + 1 \times 2^{-3}$

3. 八进制

八进制(octal)用 0～7 八个数码表示，其数学描述为

$$(S)_8 = \sum_{i=-m}^{n-1} a_i \times 8^i \tag{1.1.4}$$

例如，$(135.45)_8 = 1 \times 8^2 + 3 \times 8^1 + 5 \times 8^0 + 4 \times 8^{-1} + 5 \times 8^{-2}$

4. 十六进制

十六进制(hexadecimal)用数字 0～9 和字母 A、B、C、D、E、F 共十六个符号表示，其数学描述为

$$(S)_{16} = \sum_{i=-m}^{n-1} a_i \times 16^i \tag{1.1.5}$$

例如，$(5AB.CD)_{16} = 5 \times 16^2 + 10 \times 16^1 + 11 \times 16^0 + 12 \times 16^{-1} + 13 \times 16^{-2}$

在数字电路中，为了区分不同数制所表示的数，可以采用括号加注下标的形式，也可以在数的后面加后缀，如二进制加后缀 B，八进制加后缀 Q(一般不用 O，以免被人误以为 0)，十进制加后缀 D(常将后缀 D 省略)，十六进制加后缀 H。例如，

$$(135.45)_{10} = 135.45D = 135.45$$
$$(1011.101)_2 = 1011.101B$$
$$(135.45)_8 = 135.45Q$$
$$(5AB.CD)_{16} = 5AB.CDH$$

1.1.2 数制间的转换

通常数制的转换，主要体现在两方面，一方面是任意进制数与十进制数的转换；另一方面是二进制数、八进制数和十六进制数三者之间的转换。

1. 任意进制数转换为十进制数

将任意进制数转换为十进制数的方法为：按权相加，就可以得到所对应的十进制数。

例如，二进制数 101.01 转换成十进制数可以表示为

$$(101.01)_2 = 1 \times 2^2 + 0 \times 2^1 + 1 \times 2^0 + 0 \times 2^{-1} + 1 \times 2^{-2} = (5.25)_{10}$$

八进制数 167 转换成十进制数可以表示为

$$(167)_8 = 1 \times 8^2 + 6 \times 8^1 + 7 \times 8^0 = (119)_{10}$$

十六进制数 1C4.68 转换成十进制数可以表示为

$$(1C4.68)_{16} = 1 \times 16^2 + 12 \times 16^1 + 4 \times 16^0 + 6 \times 16^{-1} + 8 \times 16^{-2} = (452.40625)_{10}$$

2. 十进制数转换为二进制数

把十进制数转换为 R 进制数的方法为：整数部分除 R 取余数，小数部分乘 R 取整数。

首先讨论整数部分的转换。

假定十进制整数为 $(S)_{10}$，等值的二进制数为 $(k_n k_{n-1} \cdots k_0)_2$，则依式(1.1.3)展开可得到

$$\begin{aligned}(S)_{10} &= k_n \times 2^n + k_{n-1} \times 2^{n-1} + \cdots + k_1 \times 2^1 + k_0 \times 2^0 \\ &= (k_n \times 2^{n-1} + k_{n-1} \times 2^{n-2} + \cdots + k_1) \times 2 + k_0\end{aligned} \tag{1.1.6}$$

上式表明,若将 $(S)_{10}$ 除以 2,得到的商为 $k_n \times 2^{n-1} + k_{n-1} \times 2^{n-2} + \cdots + k_1$,而余数为 k_0。

同理,将得到的商再除以 2,得到的商为 $k_n \times 2^{n-2} + k_{n-1} \times 2^{n-3} + \cdots + k_2$,余数为 k_1,依此类推,反复将每次得到的商除以 2,取其余数,就可以求得二进制整数的每一位。

其次讨论小数部分的转换。

若 $(S)_{10}$ 是一个十进制的小数,对应的二进制小数为 $(0.k_{-1}k_{-2} \cdots k_{-m})_2$,则按式(1.1.3)展开可得到

$$(S)_{10} = k_{-1} \times 2^{-1} + k_{-2} \times 2^{-2} + \cdots + k_{-m} \times 2^{-m}$$

$$2(S)_{10} = k_{-1} + (k_{-2} \times 2^{-1} + k_{-3} \times 2^{-2} + \cdots + k_{-m} \times 2^{-m+1}) \tag{1.1.7}$$

式(1.1.7)表明,将小数 $(S)_{10}$ 乘以 2 所得乘积的整数部分即 k_{-1}。

同理,将乘积的小数部分再乘以 2 又可以得到

$$2(k_{-2} \times 2^{-1} + k_{-3} \times 2^{-2} + \cdots + k_{-m} \times 2^{-m+1}) = k_{-2} + (k_{-3} \times 2^{-1} + \cdots + k_{-m} \times 2^{-m+2}) \tag{1.1.8}$$

乘积的整数部分即 k_{-2}。依此类推,反复将每次乘积的小数部分乘以 2,取其整数部分,就可以求得二进制小数的每一位。

例如,将 $(26.625)_{10}$ 转换为二进制数步骤如下:

(1) 整数部分的转换:

```
2 │ 2 6
  2 │ 1 3    余 0        ↑
    2 │ 6    余 1        读
      2 │ 3  余 0        取
        2 │ 1 余 1       方
          0   余 1       向
```

故 $(26)_{10} = (11010)_2$。

(2) 小数部分的转换:

```
    0. 6 2 5
  ×       2
───────────
    1. 2 5 0   整数 1($k_{-1}$)     ↑
    0. 2 5 0                      读
  ×       2                      取
───────────                      方
    0. 5 0 0   整数 0($k_{-2}$)    向
    0. 5 0 0                      ↓
  ×       2
───────────
    1. 0 0 0   整数 1($k_{-3}$)
```

故 $$(0.625)_{10} = (0.101)_2$$

所以有 $$(26.625)_{10} = (11010.101)_2$$

3. 二进制数和十六进制数的相互转换

因为 4 位二进制数恰好有 16 个状态,所以 4 位二进制数与 1 位十六进制数有直接对应关系,即 4 位二进制数可直接写为 1 位十六进制数,1 位十六进制数也可直接写为 4 位二进制数。

将十六进制数转换为二进制数的方法是:将十六进制数的每一位用等值的 4 位二进制数

代替。例如,将(1100010.11001)₂转换为十六进制数时可以得到

$$\underset{6}{0110}\ \underset{2.}{0010.}\ \underset{C}{1100}\ \underset{8}{1000}$$

故 $(1100010.11001)_2=(62.C8)_{16}$

同理,十六进制数转换为二进制数时,只需要将十六进制数的每一位用等值的 4 位二进制数代替就可以了。例如,$(B3.7)_{16}=(10110011.0111)_2$。

4. 二进制数与八进制数之间的转换

因为 3 位二进制数有 8 个状态,所以 3 位二进制数与 1 位八进制数有直接对应关系,即 3 位二进制数可直接写为 1 位八进制数,1 位八进制数也可直接写为 3 位二进制数。

将二进制数转换为八进制数的方法是:将二进制数整数部分自右至左每 3 位分为一组,最后不足 3 位时左边用 0 补足;小数部分自左至右每 3 位分为一组,最后不足 3 位时在右边用 0 补足。将八进制数转换为二进制数时,只需将八进制数的每一位用等值的 3 位二进制数代替就行了。

例如,将(1100010.10111)₂转换为八进制数可以得到

$$\underset{1}{001}\ \underset{4}{100}\ \underset{2.}{010.}\ \underset{5}{101}\ \underset{6}{110}$$

故 $(1100010.10111)_2=(142.56)_8$

同理,八进制数转二进制数时,只需将八进制数的每一位用等值的 3 位二进制数替代。

【思考】 在十-二转换中,整数部分的转换方法和小数部分的转换方法有何不同?

1.1.3 算术运算

在数字电路中,1 位二进制数码的 0 和 1 不仅可以表示数量的大小,而且可以表示两种不同的逻辑状态。当两个二进制数码表示两个数量大小时,它们之间可以进行数值运算,这种运算称为算术运算。二进制数的算术运算可以分为无符号二进制数和有符号二进制数的算术运算。

1. 无符号二进制数的算术运算

二进制数的加、减、乘、除 4 种运算规则与十进制数类似,唯一的区别在于进位和借位的规则不同。

1)二进制数加法

无符号二进制数加法规则是"逢二进一",即 $0+0=0,0+1=1,1+1=10$。

例如,计算两个二进制数 1001 与 0101 的和:

```
    1 0 0 1
  + 0 1 0 1
  ---------
    1 1 1 0
```

所以 $1001+0101=1110$

无符号二进制数的加法运算是算术运算的基础,数字系统中的各种运算都将通过它来进行。

2)二进制数减法

无符号二进制数减法法则是"借一作二",即 $0-0=0,1-1=0,1-0=1,0-1=1$。

其中,0 减 1 不够减,所以向高位借 1。

例如,计算两个二进制数 1001 与 0101 的差:

$$
\begin{array}{r}
1\ 0\ 0\ 1 \\
-\ 0\ 1\ 0\ 1 \\
\hline
0\ 1\ 0\ 0
\end{array}
$$

所以 $1001-0101=0100$

由于无符号二进制数中无法表示负数,所以要求被减数一定要大于减数。

3)二进制数乘法和除法

乘法运算是由左移被乘数和加法运算组成,而除法运算是由右移被除数和减法运算组成。
例如,两个二进制数 1001 和 0101 的乘法运算和除法运算为:

$$
\begin{array}{r}
1\ 0\ 0\ 1 \\
\times\quad 0\ 1\ 0\ 1 \\
\hline
1\ 0\ 0\ 1 \\
0\ 0\ 0\ 0 \\
1\ 0\ 0\ 1 \\
0\ 0\ 0\ 0 \\
\hline
1\ 0\ 1\ 1\ 0\ 1
\end{array}
\qquad
\begin{array}{r}
1.\ 1\ 1\ \cdots \\
1\ 0\ 1\,\overline{)1\ 0\ 0\ 1} \\
1\ 0\ 1 \\
\hline
1\ 0\ 0\ 0 \\
1\ 0\ 1 \\
\hline
1\ 1\ 0 \\
1\ 0\ 1 \\
\hline
1
\end{array}
$$

所以 $1001\times0101=101101,\quad 1001\div0101=1.11\cdots$

2. 有符号二进制数的算术运算

1)有符号二进制数的补码

二进制数的负数需要用有符号的二进制数表示,在定点运算的情况下,二进制数的最高位表示符号位,用 0 表示正数,用 1 表示负数,其余部分为数值位。其表示形式有原码、反码和补码 3 种。

原码:最高位为符号位,数值位为绝对值对应的二进制数。例如 $(+12)_{10}=(01100)_2$,$(-12)_{10}=(11100)_2$。其中,二进制数的最左边的位即最高位代表符号,其余 4 位表示数值。

反码:正数的反码与原码相同,负数的反码是符号位不变,数值位为原码各位取反。例如 $(+12)_{反}=(01100)_2$,$(-12)_{反}=(10011)_2$。

补码:正数的补码与原码相同,负数的补码是符号位不变,数值位在反码的数值位最低位加 1。例如 $(+12)_{补}=(01100)_2$,$(-12)_{补}=(10100)_2$。

在数字系统中,常常将负数用补码表示,以便将减法运算变为加法运算。

2)有符号二进制数的减法运算

采用补码的形式,可以很方便地进行有符号二进制数的减法运算。减法运算的原理是减去一个正数,相当于加上一个负数,即 $A-B=A+(-B)$,对 $-B$ 求补码,然后进行加法运算。

例如,用 4 位二进制补码计算 $5-3$ 的过程如下:

$$
\begin{aligned}
(5-3)_{补} &= (5)_{补}+(-3)_{补} \\
&= 0101+1101=0010
\end{aligned}
\qquad
\begin{array}{r}
0\ 1\ 0\ 1 \\
+\quad 1\ 1\ 0\ 1 \\
\hline
[1]\ 0\ 0\ 1\ 0
\end{array}
$$

自动丢弃◄

两个二进制补码相加时,超过位数的进位在计算中自动丢弃,所以$(5-3)_补=(0010)_2$。

3)溢出

n 位有符号的二进制数的原码、反码和补码的数值范围分别为:

原码

$$-(2^{n-1}-1)\sim+(2^{n-1}-1)$$

反码

$$-(2^{n-1}-1)\sim+(2^{n-1}-1)$$

补码

$$-2^{n-1}\sim+(2^{n-1}-1)$$

当计算结果超过此数值范围时,就会产生溢出。

例如,用 4 位二进制补码计算 5+7,得到

$$(5+7)_补=(5)_补+(7)_补=0101+0111=1100$$

计算结果 1100 表示 -4,而实际正确的结果应该是 12,错误产生的原因在于 4 位二进制补码表示的范围是 $-8\sim+7$,而本例中的结果 12 超出了 4 位二进制补码表示的范围,因而产生了溢出。解决溢出的办法是进行位扩展,即用更多位的二进制补码来表示,就不会产生溢出了。

【思考】 二进制正、负数的原码、反码和补码三者之间是什么关系?

◀ 1.2 码　　制 ▶

不同的数码不仅可以表示数量的不同大小,而且能用来表示不同的事物。在后一种情况下,这些数码已没有数量大小的含义,只是表示不同事物的代号而已,因此这些数码称为代码。为了便于记忆和处理,在编制代码时总要遵循一定的规则,这些规则就叫作码制。

1.2.1 二-十进制(BCD)编码

用于表示十进制数的二进制代码称为二-十进制(binary coded decimal)编码,简称为 BCD 码。它具有二进制数的形式以满足数字系统的要求,又具有十进制数的特点(只有 10 种数码状态有效)。因为 4 位二进制数有 16 种状态,而十进制数只需要 10 种,从 16 种状态中选择 10 种,就有多种组合,这样就有多种编码,表 1.2.1 中列出了几种常见的 BCD 码。

表 1.2.1　几种常见的 BCD 码

十进制数	8421 码	2421 码	5421 码	余 3 码
0	0000	0000	0000	0011
1	0001	0001	0001	0100
2	0010	0010	0010	0101
3	0011	0011	0011	0110
4	0100	0100	0100	0111
5	0101	1011	1000	1000
6	0110	1100	1001	1001

续表

十进制数	8421 码	2421 码	5421 码	余 3 码
7	0111	1101	1010	1010
8	1000	1110	1011	1011
9	1001	1111	1100	1100
权	8421	2421	5421	无

8421 码是 BCD 码中最常用的一种。在这种编码方式中每一位二值代码的 1 都代表一个固定数值,把每一位的 1 代表的十进制数加起来,即从左到右每位的权值分别为 8、4、2 和 1,按权相加即可得该码所表示的十进制数,得到的结果就是它所代表的十进制数码。

2421 码也是有权码,对应的权值由高到低分别为 2、4、2、1。

5421 码也是有权码,它各位的权由高到低分别为 5、4、2、1。

余 3 码的特点是在 8421 码的基础上加 3。

为了能发现和校正错误,提高设备的抗干扰能力,就需采用可靠性代码。格雷码是常见的可靠性代码。典型格雷码构成规则为:最低位以 0110 为循环节;次低第二位以 00111100 为循环节;次低第三位以 0000111111110000 为循环节,依次类推可得表 1.2.2。

表 1.2.2 格雷码与二进制码关系对照表

十进制数	二进制码	格雷码
0	0000	0000
1	0001	0001
2	0010	0011
3	0011	0010
4	0100	0110
5	0101	0111
6	0110	0101
7	0111	0100
8	1000	1100
9	1001	1101
10	1010	1111
11	1011	1110
12	1100	1010
13	1101	1011
14	1110	1001
15	1111	1000

1.2.2 字符、数字代码

在计算机的应用过程中,如操作系统命令、各种程序设计语言以及计算机运算和处理信息的输入输出,经常用到某些字母、数字或各种符号。但在计算机内,任何信息都是用代码表示的,因此这些符号也必须要有自己的编码。

用若干位二进制符号表示数字、英文字母、命令以及特殊符号叫作字符编码,常用的字符编码是美国标准信息交换码(American standard code for information interchange,简称ASCII 码,见表1.2.3),它由 7 位二进制符号组成,它共有 128 个代码,可以表示大小写英文字母、十进制数、标点符号、运算符号、控制符号等。

ASCII 码是目前大部分计算机与外部设备交换信息的字符编码。例如,键盘将按键的字符用 ASCII 码表示送入计算机,而计算机对处理好的数据也是用 ASCII 码传送到显示器或打印机。

表 1.2.3　美国标准信息交换码(ASCII 码)

$b_3b_2b_1b_0$	$b_6b_5b_4$							
	000	001	010	011	100	101	110	111
0000	NUL	DLE	SP	0	@	P	`	p
0001	SOH	DC1	!	1	A	Q	a	q
0010	STX	DC2	"	2	B	R	b	r
0011	ETX	DC3	#	3	C	S	c	s
0100	EOT	DC4	$	4	D	T	d	t
0101	ENQ	NAK	%	5	E	U	e	u
0110	ACK	SYN	&	6	F	V	f	v
0111	BEL	ETB	'	7	G	W	g	w
1000	BS	CAN	(	8	H	X	h	x
1001	HT	EM	)	9	I	Y	i	y
1010	LF	SUB	*	:	J	Z	j	z
1011	VT	ESC	+	;	K	[	k	{
1100	FF	FS	,	<	L	\	l		
1101	CR	GS	—	=	M	]	m	}
1110	SO	RS	.	>	N		n	~
1111	SI	US	/	?	O	_	o	DEL

【思考】 8421 码、2421 码、5421 码、余 3 码在编码规则上各有何特点?

1.3　逻辑运算

事物往往存在两种对立的状态,如电灯的亮与暗、开关的通与断、电平的高与低等。在逻辑代数中,为了描述事物两种对立的逻辑状态,采用的是仅有两个取值的变量。这种变量称为逻辑变量。逻辑变量与普通代数变量一样,都用字母表示。但是,它和普通代数变量有着本质的区别,逻辑变量的取值只有两种,即逻辑 0 和逻辑 1,0 和 1 称为逻辑常量,它们并不表示数量的大小,而是表示两种对立的逻辑状态。

1.3.1 三种基本逻辑运算

逻辑代数的基本运算有与、或、非三种。下面结合指示灯控制电路的实例分别讨论。

1. 与运算

图1.3.1给出了指示灯的两开关串联控制电路。由图可知,只有开关 A 与开关 B 全部闭合,指示灯 Y 才会亮,否则指示灯不亮。

由此得到这样的逻辑关系:只有决定事物结果的若干条件全部满足时,结果才会发生。这种条件和结果的关系称为逻辑与。

在逻辑代数中,把逻辑变量之间的逻辑与关系称为与运算,也叫逻辑乘,并用符号"·"表示"与"。因此,输入量 A、B 与输出量 Y 的与逻辑关系可写成

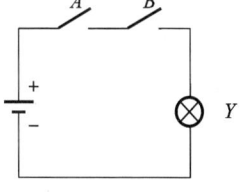

图1.3.1 串联电路

$$Y = A \cdot B \qquad (1.3.1)$$

"·"在表达式中常被省略。

在逻辑代数中,逻辑关系除了可以用逻辑函数表达式表示外,还可以用真值表和逻辑符号表示。这里开关闭合和灯亮用1表示,开关断开和灯不亮用0表示,则可得到表1.3.1。这种用逻辑变量的真正取值反映逻辑关系的表格称为逻辑真值表,简称真值表。

为了方便数字逻辑电路的分析与设计,各种逻辑运算还可用逻辑符号表示,与逻辑的逻辑符号如图1.3.2所示。

表 1.3.1 与逻辑真值表

A	B	Y
0	0	0
0	1	0
1	0	0
1	1	1

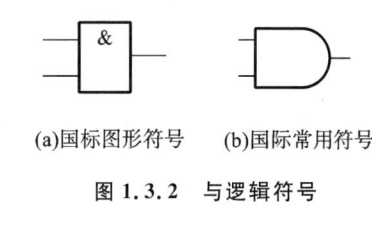

(a)国标图形符号　　(b)国际常用符号

图1.3.2 与逻辑符号

2. 或运算

图1.3.3给出了指示灯的两开关并联控制电路。由图可知,开关 A 或开关 B 只要有一个闭合,指示灯 Y 就亮,否则指示灯不亮。

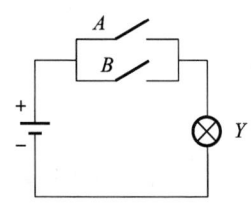

图 1.3.3 并联开关电路

开关 A、B 和指示灯 Y 的逻辑关系表明:在决定事物结果的若干条件中,只要满足一个或一个以上条件时,结果就会发生。这种因果关系称为逻辑或,也叫或逻辑关系。

在逻辑代数中,把逻辑变量之间的或逻辑关系称为或运算,也叫逻辑加,并用符号"+"表示"或"。因此输入量 A、B 与输出量 Y 的或逻辑关系可写成

$$Y = A + B \qquad (1.3.2)$$

按照前述假设,用二值逻辑变量可以列出或逻辑的真值表,即开关断开和灯不亮均用"0"表示,而开关闭合和灯亮均用"1"表示,或逻辑真值表如表1.3.2所示。或逻辑关系也可以用逻辑符号表示,图1.3.4所示为或逻辑符号。

表 1.3.2　或逻辑真值表

A	B	Y
0	0	0
0	1	1
1	0	1
1	1	1

(a)国标图形符号　　(b)国际常用符号

图 1.3.4　或逻辑符号

3. 非运算

由图 1.3.5 所示电路可知,当开关 A 闭合时,指示灯不亮;而当开关 A 断开时,指示灯亮。

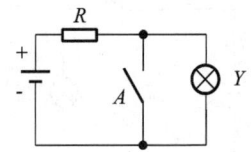

图 1.3.5　表示非逻辑的
　　　　　开关电路

开关 A 和指示灯 Y 的逻辑关系表明,当条件(开关 A 闭合)满足时,结果(灯亮)不发生;而当条件不满足时,结果才发生。这种因果关系称为逻辑非,也叫非逻辑关系。

用逻辑表达式来描述,输入量 A 与输出量 Y 的非逻辑关系可写成

$$Y = \overline{A} \tag{1.3.3}$$

这里"‾"表示"非"的意思,读作"非"或"反"。其真值表如表 1.3.3 所示,逻辑符号如图 1.3.6 所示。

表 1.3.3　非逻辑真值表

A	Y
0	1
1	0

(a)国标图形符号　　(b)国际常用符号

图 1.3.6　非逻辑符号

1.3.2　常用复合逻辑运算

任何复杂的逻辑运算都可以由与、或、非三种基本运算组合而成。最常见的复合逻辑运算有与非、或非、与或非、异或、同或等。

1. 与非运算

与非运算由与运算和非运算组合而成,逻辑表达式可写成

$$Y = \overline{A \cdot B} \tag{1.3.4}$$

与非逻辑真值表如表 1.3.4 所示,由真值表可以看出,与非运算的特点是全"1"出"0",有"0"出"1"。完成与非运算的逻辑电路称为与非门,逻辑符号如图 1.3.7 所示。

表 1.3.4　与非逻辑真值表

A	B	Y
0	0	1
0	1	1
1	0	1
1	1	0

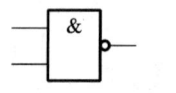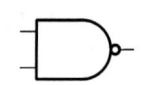

(a)国标图形符号　　(b)国际常用符号

图 1.3.7　与非逻辑符号

2. 或非运算

或非运算由或运算和非运算组合而成,逻辑表达式可写成

$$Y = \overline{A+B} \tag{1.3.5}$$

或非逻辑真值表如表 1.3.5 所示,由真值表可以看出,或非运算的特点是全"0"出"1",有"1"出"0"。完成或非运算的逻辑电路称为或非门,逻辑符号如图 1.3.8 所示。

表 1.3.5　或非逻辑真值表

A	B	Y
0	0	1
0	1	0
1	0	0
1	1	0

(a)国标图形符号　　(b)国际常用符号

图 1.3.8　或非逻辑符号

3. 异或运算

异或运算是一种两变量逻辑运算,当两个变量取值相同时,逻辑函数值为 0;当两个变量取值不同时,逻辑函数值为 1。其逻辑表达式为

$$Y = \overline{A}B + A\overline{B} = A \oplus B \tag{1.3.6}$$

异或逻辑真值表如表 1.3.6 所示,逻辑符号如图 1.3.9 所示。

表 1.3.6　异或逻辑真值表

A	B	Y
0	0	0
0	1	1
1	0	1
1	1	0

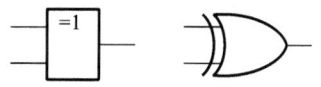

(a)国标图形符号　　(b)国际常用符号

图 1.3.9　异或逻辑符号

4. 同或运算

同或和异或的逻辑刚好相反:当两个输入信号相同时,输出为 1;当两个输入信号不同时,输出为 0。其逻辑表达式为

$$Y = \overline{A}\,\overline{B} + AB = A \odot B \tag{1.3.7}$$

其真值表如表 1.3.7 所示,逻辑符号如图 1.3.10 所示。

表 1.3.7　同或逻辑真值表

A	B	Y
0	0	1
0	1	0
1	0	0
1	1	1

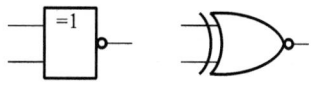

(a)国标图形符号　　(b)国际常用符号

图 1.3.10　同或逻辑符号

1.3.3　逻辑代数的运算公式

根据逻辑代数的变量取值非 0 即 1 以及三种基本逻辑运算的定义,给出表 1.3.8 所示的

基本公式和恒等式。

表 1.3.8　逻辑运算基本公式和恒等式

基本定律	$A+0=A$	$A \cdot 0=0$	$\overline{\overline{A}} = A$
	$A+1=1$	$A \cdot 1=A$	
	$A+A=A$	$A \cdot A=A$	
	$A+\overline{A}=1$	$A \cdot \overline{A}=0$	
结合律	$(A+B)+C=A+(B+C)$		$(AB)C=A(BC)$
交换律	$A+B=B+A$		$AB=BA$
分配律	$A(B+C)=AB+AC$		$A+BC=(A+B)(A+C)$
摩根定律	$\overline{A \cdot B}=\overline{A}+\overline{B}$		$\overline{A+B}=\overline{A} \cdot \overline{B}$
吸收律	$A+AB=A$		
	$A(A+B)=A$		
常用恒等式	$A+\overline{A}B=A+B$		
	$AB+\overline{A}C+BC=AB+\overline{A}C$		
	$AB+\overline{A}C+BCD=AB+\overline{A}C$		

对表 1.3.8 所列基本公式的证明方法是:列出等式左边函数与右边函数的真值表,如果等式两边的真值表相同,说明等式成立。

表 1.3.8 中也列出了几个常用恒等式。这些恒等式是利用基本公式推导出的。常用恒等式的各式证明如下。

(1) $A+\overline{A}B=A+B$。

证明:
$$A+\overline{A}B = A+AB+\overline{A}B = A+(A+\overline{A})B = A+B$$

(2) $AB+\overline{A}C+BC=AB+\overline{A}C$。

证明:
$$AB+\overline{A}C+BC = AB+\overline{A}C+BC(A+\overline{A})$$
$$= AB+\overline{A}C+ABC+\overline{A}BC$$
$$= AB(1+C)+\overline{A}C(1+B)$$
$$= AB+\overline{A}C$$

(3) $AB+\overline{A}C+BCD=AB+\overline{A}C$。

证明:
$$AB+\overline{A}C+BCD = AB+\overline{A}C+BCD(A+\overline{A})$$
$$= AB+\overline{A}C+ABCD+\overline{A}BCD$$
$$= AB(1+CD)+\overline{A}C(1+BD)$$
$$= AB+\overline{A}C$$

1.3.4 逻辑代数的基本运算规则

1. 代入规则

在任何一个含有逻辑变量 A 的等式中,如果将所有出现 A 的位置都代之以一个逻辑函数 F,则等式仍成立。这个规则称为代入规则。

因为任何一个逻辑函数,也和任何一个逻辑变量一样,非 0 即 1,所以代入后等式依然成立。利用代入规则可以扩展公式和证明恒等式。

例如,将函数 $F = BC$ 代入等式 $\overline{AB} = \overline{A} + \overline{B}$ 中的 B,则可得

$$\overline{A(BC)} = \overline{A} + \overline{BC} = \overline{A} + \overline{B} + \overline{C}$$

2. 反演规则

对于任意一个逻辑函数 F,若把式中所有的原变量变为反变量,反变量变为原变量;"·"变成"+","+"变成"·";0 变成 1,1 变成 0,并保持原来的运算顺序,则得到的结果就是 $\overline{F}$。这就是反演规则。

利用反演规则,可以容易地求出一个函数的反函数。摩根定律就是反演规则的一个特例,所以它又称为反演律。

在使用反演规则时必须要注意以下两个原则:

(1) 保持原来的运算优先级,即优先考虑括号内的运算,先进行与运算,后进行或运算的优先次序。

(2) 不属于单个变量上的非号应保留不变。

例如,已知 $F = A(B + C) + \overline{C}D$,根据反演规则可写出

$$\overline{F} = (\overline{A} + \overline{B}\,\overline{C})(\overline{\overline{C}} + \overline{D})$$
$$= (\overline{A} + \overline{B}\,\overline{C})CD$$
$$= \overline{A}CD + \overline{B}\,\overline{C}CD$$
$$= \overline{A}CD$$

3. 对偶规则

将任一逻辑函数 F 中所有"+"变成"·","·"变成"+";0 变成 1,1 变成 0;变量保持不变,则得到的新函数 F' 即为原函数的对偶函数。对偶是相互的,也就是说 F' 的对偶函数为 F。

如果两个逻辑函数式相等,则它们的对偶式也相等,这就是对偶规则。

对偶规则的用途也比较广泛。经常应用于函数表达式的变换和等式的证明之中。

例如,因为 $A(B + C) = AB + AC$,则它的对偶式 $A + BC = (A + B)(A + C)$。

【思考】 利用反演规则对给定逻辑式求反时,应如何处理变换的优先顺序和式中所有的非运算符号?

◀ 1.4 逻辑函数及其描述 ▶

1.4.1 逻辑函数的表示方法

如果以逻辑变量作为输入,以运算结果作为输出,那么当输入变量的取值确定之后,输出

的取值便随之而定。因此,输出与输入之间乃是一种函数关系。这种函数关系称为逻辑函数。由于输入变量和输出(函数)的取值只有 0 和 1 两种状态,所以我们所讨论的都是二值逻辑函数,写作

$$Y = F(A, B, C, \cdots)$$

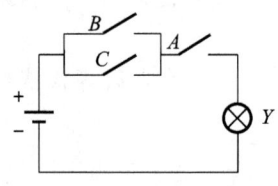

图 1.4.1 举重裁判电路

任何一个具体的因果关系都可以用一个逻辑函数来描述。例如,图 1.4.1 所示是一个举重裁判电路,可以用一个逻辑函数来描述它的逻辑功能。

比赛规则规定,在一名主裁判和两名副裁判中,必须有两人以上(而且必须包括主裁判)认定运动员的动作合格,试举才算成功。比赛时主裁判掌握着开关 A,两名副裁判分别掌握着开关 B 和 C。当运动员举起杠铃时,裁判认为动作合格了就合上开关,否则不合。显然,指示灯 Y 的状态(亮与暗)是开关 A、B、C 状态(合上与断开)的函数。

若以 1 表示开关闭合,0 表示开关断开;以 1 表示灯亮,以 0 表示灯暗,则指示灯 Y 是开关 A、B、C 的二值逻辑函数,根据电路功能的要求和与、或的逻辑定义,"B 和 C 中至少有一个合上"可以表示为 $B+C$,"同时还要求合上 A",则写作 $A(B+C)$。因此得到输出的逻辑函数式为

$$Y = A(B + C)$$

1.4.2 逻辑真值表

将输入变量所有取值组合对应的输出值找出来,列成表格,即可得到真值表。真值表是用一个表格表示逻辑函数的一种方法。表的左边部分列出所有变量的取值的组合,表的右边部分是在各种变量取值组合下对应的函数的取值。

仍以图 1.4.1 所示的举重裁判电路为例,根据电路的工作原理不难看出,只有 $A=1$,同时 B、C 至少有一个为 1 时 Y 等于 1,即按照"举重裁判"的逻辑要求可列出表 1.4.1 所示的真值表。

表 1.4.1 "举重裁判"逻辑真值表

输入			输出
A	B	C	Y
0	0	0	0
0	0	1	0
0	1	0	0
0	1	1	0
1	0	0	0
1	0	1	1
1	1	0	1
1	1	1	1

真值表可以直观、明了地反映出函数值与变量取值之间的对应关系。由实际逻辑问题列出真值表比较容易。

1.4.3 逻辑图

逻辑图是用逻辑符号表示逻辑函数的一种方法。

每一个逻辑符号就是一个最简单的逻辑图。为了画出图1.4.1所示电路功能的逻辑图，用逻辑运算的图形符号代替 $Y = A(B + C)$ 中的运算符号，得到图1.4.2所示的逻辑图。

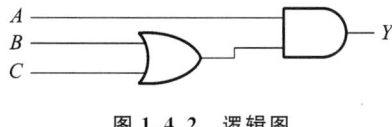

图1.4.2 逻辑图

1.4.4 逻辑函数表示方法之间的转换

1. 真值表转换成逻辑函数式

(1) 找出使逻辑函数值 $Y = 1$ 的行，每一行用一个乘积项表示。其中变量取值为"1"时用原变量表示；变量取值为"0"时用反变量表示。

(2) 将所有的乘积项进行或运算，即可以得到 Y 的逻辑函数式。

例如：由表1.4.1"举重裁判"真值表列写表达式。

表中输入变量 ABC 为以下三种情况时 Y 为"1"：101、110、111。按照取值为1写成对应原变量，取值为0写成对应反变量的规则，三个乘积项为：$A\overline{B}C$、$AB\overline{C}$、ABC。因此 Y 的逻辑函数式应当等于三个乘积项的或运算，即 $Y = A\overline{B}C + AB\overline{C} + ABC$。

2. 表达式与逻辑图的相互转换

从给定的表达式转换为相应的逻辑图时，只要用逻辑图形符号代替表达式中的逻辑运算符号并按运算优先顺序将它们连接起来，就可以得到所需的逻辑图。

【例1.4.1】 画出逻辑函数 $Y = \overline{A + BC}$ 所对应的逻辑图。

解：(1) 复合门实现，如图1.4.3所示。

(2) 基本门实现，表达式 $Y = \overline{A + BC} = \overline{A}(\overline{B} + \overline{C}) = \overline{A}\,\overline{B} + \overline{A}\,\overline{C}$，其逻辑图如图1.4.4所示。

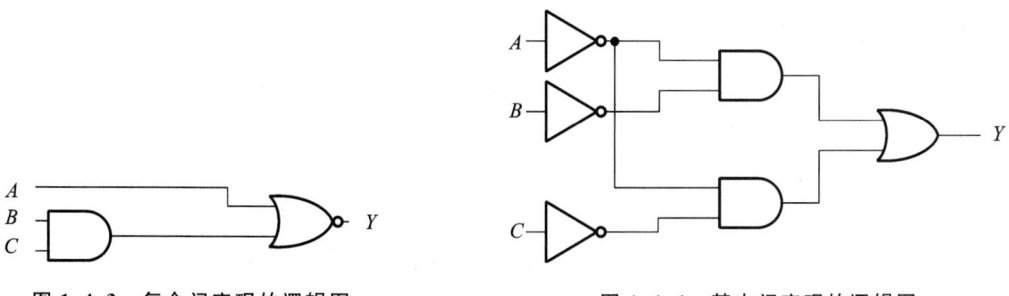

图1.4.3 复合门实现的逻辑图　　　　图1.4.4 基本门实现的逻辑图

从给定的逻辑图转换为对应的表达式时，只要从逻辑图的输入端到输出端逐级写出每个图形符号的表达式，最终在输出端就可以得到所需的表达式。

【思考】 在逻辑函数的真值表和波形图中，任意改变各组输入和输出取值的排列顺序对函数有无影响？

◀ 1.5 公式法化简逻辑函数 ▶

所谓公式化简法,就是运用逻辑代数中的基本定律、恒等式和基本规则进行化简。对于不同的表达式类型,化简的标准是不同的。公式化简法没有固定的步骤,几种常用的方法如下。

1. 并项法

根据基本定律 $A + \overline{A} = 1$,两项合并为一项,消去一个变量。

【例 1.5.1】 化简函数 $F = ABC + A\overline{B}C + AB\overline{C} + A\overline{B}\,\overline{C}$。

解:

$$
\begin{aligned}
F &= ABC + A\overline{B}C + AB\overline{C} + A\overline{B}\,\overline{C} \\
&= (ABC + AB\overline{C}) + (A\overline{B}\,\overline{C} + A\overline{B}C) \\
&= AB(C + \overline{C}) + A\overline{B}(\overline{C} + C) \\
&= AB + A\overline{B} = A(B + \overline{B}) = A
\end{aligned}
$$

2. 配项法

根据基本定律 $A + A = A$ 或 $A + \overline{A} = 1$,将某些项一拆为多(即加重复项)或乘以 $A + \overline{A}$,然后分别与其他项合并,有时能得到更加简单的化简结果。

【例 1.5.2】 化简函数 $F = \overline{A}B\overline{C} + \overline{A}BC + ABC$。

解:

$$
\begin{aligned}
F &= \overline{A}B\overline{C} + \overline{A}BC + ABC \\
&= \overline{A}B\overline{C} + \overline{A}BC + \overline{A}BC + ABC \\
&= (\overline{A}B\overline{C} + \overline{A}BC) + (\overline{A}BC + ABC) \\
&= \overline{A}B(\overline{C} + C) + BC(\overline{A} + A) \\
&= \overline{A}B + BC
\end{aligned}
$$

【例 1.5.3】 化简函数 $F = A\overline{B} + \overline{A}B + B\overline{C} + \overline{B}C$。

解:

$$
\begin{aligned}
F &= A\overline{B} + \overline{A}B + B\overline{C} + \overline{B}C \\
&= A\overline{B}(C + \overline{C}) + BC(A + \overline{A}) + \overline{A}B + \overline{B}C \\
&= A\overline{B}C + A\overline{B}\,\overline{C} + AB\overline{C} + \overline{A}B\overline{C} + \overline{A}B + \overline{B}C \\
&= (A\overline{B}C + \overline{B}C) + (A\overline{B}\,\overline{C} + AB\overline{C}) + (\overline{A}B\overline{C} + \overline{A}B) \\
&= \overline{B}C(A + 1) + A\overline{C}(\overline{B} + B) + \overline{A}B(\overline{C} + 1) \\
&= \overline{B}C + A\overline{C} + \overline{A}B
\end{aligned}
$$

3. 吸收法

根据基本定律 $A + AB = A$,消去多余的乘积项,公式中的 A 和 B 可以是任何复杂形式的逻辑式。

【例 1.5.4】 化简函数 $F = \overline{A} + \overline{A\,\overline{BC}}(B + \overline{AC + \overline{D}}) + BC$。

解：

$$F = \overline{A} + \overline{A\,\overline{BC}}(B + \overline{AC + \overline{D}}) + BC$$
$$= (\overline{A} + BC) + (\overline{A} + BC)(B + \overline{AC + \overline{D}})$$
$$= (\overline{A} + BC)(1 + B + \overline{AC + \overline{D}})$$
$$= \overline{A} + BC$$

4. 消因子法

利用 $A + \overline{A}B = A + B$，消去 $\overline{A}B$ 中的 $\overline{A}$。A、B 均可以是任何复杂的逻辑式。

【例 1.5.5】 化简函数 $F = A\overline{B} + B + \overline{A}B$。

解：

$$F = A\overline{B} + B + \overline{A}B$$
$$= A + B + \overline{A}B$$
$$= A + B$$

5. 消项法

利用 $AB + \overline{A}C + BC = AB + \overline{A}C$ 及 $AB + \overline{A}C + BCD = AB + \overline{A}C$ 将 BC 或 BCD 消去。其中 A、B、C、D 均可以是任何复杂的逻辑式。

【例 1.5.6】 化简函数 $F = AC + A\overline{B} + \overline{B + C}$。

解：

$$F = AC + A\overline{B} + \overline{B + C}$$
$$= AC + A\overline{B} + \overline{B}\,\overline{C}$$
$$= AC + \overline{B}\,\overline{C}$$

1.6 逻辑函数的卡诺图化简法

1.6.1 逻辑函数的最小项

1. 最小项

在 n 变量逻辑函数中，若 m 为包含 n 个因子的乘积项，而且这 n 个变量均以原变量或反变量的形式在 m 中出现一次，则称 m 为该组变量的最小项。

例如，A、B、C 三个变量的最小项有 $\overline{A}\,\overline{B}\,\overline{C}$、$\overline{A}\,\overline{B}C$、$\overline{A}B\overline{C}$、$\overline{A}BC$、$A\overline{B}\,\overline{C}$、$A\overline{B}C$、$AB\overline{C}$、$ABC$ 共 8 个（即 2^3 个）。n 变量的最小项应有 2^n 个。

输入变量的每一组取值都使一个对应的最小项的值等于 1。例如，在三变量 A、B、C 的最小项中，当 $A=1$，$B=0$，$C=1$ 时，$A\overline{B}C=1$。如果把 A、B、C 的取值 101 看作一个二进制数，那么它所表示的十进制数就是 5。为了今后使用方便，将 $A\overline{B}C$ 这个最小项记作 m_5。按照这一约定，就得到了三变量最小项的编号表，如表 1.6.1 所示。

表 1.6.1 三变量最小项的编号表

最小项	使最小项为1的变量取值			对应的十进制数	编号
	A	B	C		
$\overline{A}\,\overline{B}\,\overline{C}$	0	0	0	0	m_0
$\overline{A}\,\overline{B}C$	0	0	1	1	m_1
$\overline{A}B\overline{C}$	0	1	0	2	m_2
$\overline{A}BC$	0	1	1	3	m_3
$A\overline{B}\,\overline{C}$	1	0	0	4	m_4
$A\overline{B}C$	1	0	1	5	m_5
$AB\overline{C}$	1	1	0	6	m_6
ABC	1	1	1	7	m_7

同理,将 A、B、C、D 这四个变量的 16 个最小项记作 $m_0 \sim m_{15}$。

从最小项的定义出发可以证明它具有如下的重要性质:

(1) 对于任意一个最小项,输入变量只有一组取值使它的值为 1,而在变量取其他各组值时,这个最小项的值都是 0。

(2) 不同的最小项,使它的值为 1 的那一组输入变量的取值也不同。

(3) 对于输入变量的任意一组取值,任意两个最小项的乘积为 0。

(4) 对于输入变量的任意一组取值,全体最小项之和为 1。

2. 逻辑函数的最小项之和形式

为了将逻辑函数化为最小项和的形式,首先将给定的逻辑函数式化为若干项乘积之和的形式,然后再利用基本公式 $A+\overline{A}=1$ 将每个乘积项中缺少的因子补全,这样就可以将与或的形式化为最小项之和的标准形式。这种标准形式在逻辑函数的化简以及计算机辅助分析和设计中得到了广泛的应用。

【例 1.6.1】 将逻辑函数 $F = AB + \overline{C}$ 化成最小项之和的标准形式。

$$F = AB + \overline{C}$$
$$= AB(C + \overline{C}) + (A + \overline{A})(B + \overline{B})\overline{C}$$
$$= \overline{A}\,\overline{B}\,\overline{C} + \overline{A}B\overline{C} + A\overline{B}\,\overline{C} + AB\overline{C} + ABC$$
$$= m_0 + m_2 + m_4 + m_6 + m_7$$

或写作
$$F(A,B,C) = \sum m(0,2,4,6,7)$$

1.6.2 用卡诺图表示逻辑函数

1. 变量卡诺图

已知逻辑函数表达式,就可画出相应的卡诺图。如果逻辑函数是最小项表达式,则在相同变量的卡诺图中,与每个最小项相对应的小方格内填 1,其余填 0;若逻辑函数是一般式,则先把一般式变为最小项表达式后,再填卡诺图,或直接按逻辑函数一般式填卡诺图。

1) 二变量的卡诺图

图 1.6.1 所示为两个变量最小项的卡诺图。图形两侧标注的 0 和 1 表示使对应小方格内

的最小项为 1 的变量取值。同时,这些 0 和 1 组成的二进制数对应的十进制数大小也就是对应的最小项的编号。

2) 三变量的卡诺图

三个变量 A、B、C 共有八个最小项,则用八个小方格分别表示各个最小项。图 1.6.2 所示为三个变量最小项的卡诺图。

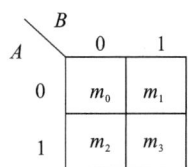

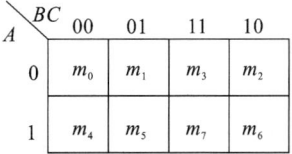

图 1.6.1　二变量卡诺图　　　　图 1.6.2　三变量卡诺图

三变量的卡诺图是在二变量的卡诺图基础上画出来的。以二变量的卡诺图右边线为对称轴线,作一个对称图形。卡诺图上边线变量 C 的标注方法为:变量 C 在对称轴左面和二变量卡诺图上边线变量标注相同,而轴线右面的变量 C 则与左面对称填写;变量 B 的标注方法为:对称轴左面均填写 $\overline{B}$,而右面填写 B。三变量卡诺图左边线标注变量 $\overline{A}$ 和 A,和二变量卡诺图标注相同。

3) 四变量的卡诺图

四个变量 A、B、C、D 共有十六个最小项,则用十六个小方格分别表示各个最小项,图 1.6.3 所示为四变量最小项的卡诺图。A、B、C、D 四个变量分为两组,A、B 为一组,C、D 为一组,分别表示行和列。四变量的卡诺图也是在三变量卡诺图基础上画出来的。

从上面阐述可知,二变量卡诺图是最基础的卡诺图,n 变量的卡诺图是以 $n-1$ 变量的卡诺图为基础画出来的。但在变量数大于或等于 5 以后,仅用几何图形在二维空间的相邻性来表示逻辑相邻性已经不够了。例如,在图 1.6.4 所示的五变量最小项卡诺图中,除了几何位置相邻的最小项具有逻辑相邻性以外,以图中双竖线为轴左右对称位置上的两个最小项也具有逻辑相邻性。卡诺图直观地反映了变量之间的相邻性,但是随着变量数的增加,图形越来越复杂。因此五变量以下的函数适合用卡诺图表示。

$\overset{CD}{AB}$	00	01	11	10
00	m_0	m_1	m_3	m_2
01	m_4	m_5	m_7	m_6
11	m_{12}	m_{13}	m_{15}	m_{14}
10	m_8	m_9	m_{11}	m_{10}

$\overset{CDE}{AB}$	000	001	011	010	110	111	101	100
00	m_0	m_1	m_3	m_2	m_6	m_7	m_5	m_4
01	m_8	m_9	m_{11}	m_{10}	m_{14}	m_{15}	m_{13}	m_{12}
11	m_{24}	m_{25}	m_{27}	m_{26}	m_{30}	m_{31}	m_{29}	m_{28}
10	m_{16}	m_{17}	m_{19}	m_{18}	m_{22}	m_{23}	m_{21}	m_{20}

图 1.6.3　四变量卡诺图　　　　图 1.6.4　五变量卡诺图

2. 函数卡诺图

既然任意逻辑函数都能表示为若干最小项之和的形式,那么自然也就可以设法用卡诺图来表示任意一个逻辑函数。具体方法是:首先将逻辑函数化为最小项之和的形式,然后在卡诺图上与这些最小项对应的位置上填入1,在其余的位置上填入0,就得到了表示该逻辑函数的卡诺图。也就是说,任何一个逻辑函数都等于它的卡诺图中填入1的那些最小项之和。

【例1.6.2】 用卡诺图表示逻辑函数 $F = \overline{A}\,\overline{B}\,\overline{C}D + \overline{A}B\overline{D} + ACD + A\overline{B}$。

解:首先将 F 化为最小项之和的形式

$$F = \overline{A}\,\overline{B}\,\overline{C}D + \overline{A}B\overline{D} + ACD + A\overline{B}$$
$$= \overline{A}\,\overline{B}\,\overline{C}D + \overline{A}B(C+\overline{C})\overline{D} + A(B+\overline{B})CD + A\overline{B}(C+\overline{C})(D+\overline{D})$$
$$= \overline{A}\,\overline{B}\,\overline{C}D + \overline{A}BC\overline{D} + \overline{A}B\overline{C}\,\overline{D} + ABCD + A\overline{B}CD + A\overline{B}CD + A\overline{B}C\overline{D} + A\overline{B}\,\overline{C}D + A\overline{B}\,\overline{C}\,\overline{D}$$
$$= m_1 + m_4 + m_6 + m_8 + m_9 + m_{10} + m_{11} + m_{15}$$

画出四变量的卡诺图,在对应于函数中各最小项的位置上填入1,其余位置上填入0,就可以得到图1.6.5所示的函数 F 的卡诺图。

【例1.6.3】 已知逻辑函数 F 的卡诺图如图1.6.6所示,试写出该函数的逻辑式。

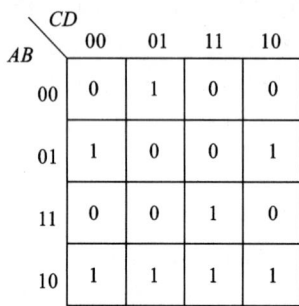

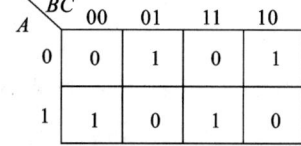

图1.6.5 例1.6.2的卡诺图　　　　图1.6.6 例1.6.3的卡诺图

解:因为函数 F 等于卡诺图中填入1的那些最小项之和,所以有

$$F = A\overline{B}\,\overline{C} + \overline{A}\,\overline{B}C + ABC + \overline{A}B\overline{C}$$

1.6.3 用卡诺图化简逻辑函数

利用卡诺图化简逻辑函数的方法称为卡诺图化简法或图形化简法。化简依据的基本原理就是具有相邻性的最小项可以合并,并消去不同的因子。由于在卡诺图上几何位置相邻与逻辑上相邻是一致的,因而从卡诺图上能直观地找出那些具有相邻性的最小项并将其合并化简。

1. 合并最小项的原则

若两个最小项相邻,则可合并为一项并消去一对因子。合并后的结果只剩下公共因子。

在图1.6.7中画出了两个最小项相邻的几种可能情况。例如,图1.6.7(a)中 $\overline{A}BC(m_3)$ 和 $ABC(m_7)$ 相邻,故可合并为 $\overline{A}BC + ABC = (\overline{A}+A)BC = BC$,合并后将 A 和 $\overline{A}$ 这一对因子消化掉了,只剩下公共因子 B 和 C。

若四个最小项相邻,则可合并为一项并消去两对因子。合并后的结果中只包含公共因子。

在图1.6.8中画出了四个最小项相邻的几种可能情况。例如,在图1.6.8(b)中, $\overline{A}B\overline{C}D(m_5)$、$\overline{A}BCD(m_7)$、$AB\overline{C}D(m_{13})$、$ABCD(m_{15})$ 相邻,故可合并。合并后得到

$$\overline{A}B\overline{C}D + \overline{A}BCD + AB\overline{C}D + ABCD = \overline{A}BD(C+\overline{C}) + ABD(C+\overline{C})$$
$$= BD(A+\overline{A})$$
$$= BD$$

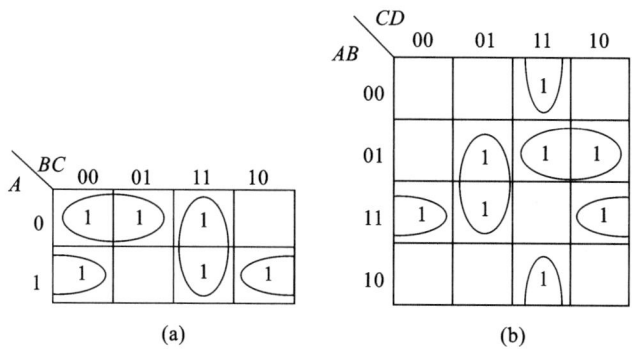

图 1.6.7　两个最小项相邻的卡诺图

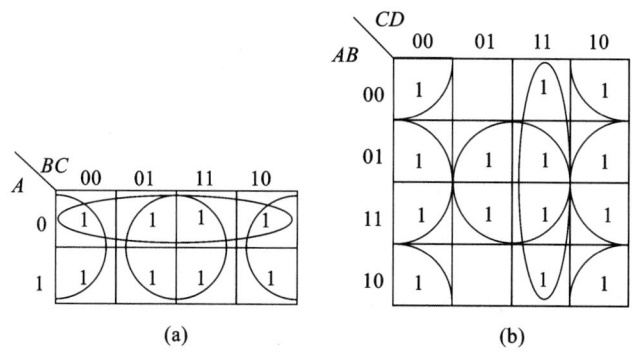

图 1.6.8　四个最小项相邻的卡诺图

可见,合并后消去了 A、$\overline{A}$ 和 C、$\overline{C}$ 两对因子,只剩下四个最小项的公共因子 B 和 D。

2. 用卡诺图化简逻辑函数的步骤

用卡诺图化简逻辑函数时可按如下步骤进行:

第一步:将函数化为最小项之和的与或标准式;

第二步:画出表示该逻辑函数的卡诺图;

第三步:选取可以合并的最小项,并画成一个圈。

第四步:写出化简后的乘积项,即每个圈的公共因子,再相加。

【注意】　选取可以合并的最小项的原则是:

(1) 这些乘积项应包含函数式中所有的最小项,即应覆盖卡诺图中所有的1。

(2) 所用的乘积项数目最少,即可合并的最小项组成的矩形组数目最少。

(3) 每个乘积项包含的因子最少,即每个可合并的最小项矩形组中应包含尽量多的最小项。

【例 1.6.4】　用卡诺图化简法将 $F = A\overline{C} + \overline{A}C + B\overline{C} + \overline{B}C$ 化简为最简与或函数式。

解:先画出表示逻辑函数 F 的卡诺图,如图 1.6.9 所示。

然后把可能合并的最小项圈出。由卡诺图可见,有两种可取的合并最小项的方案。按图 1.6.9(a)的圈法,可得

$$F = A\overline{B} + \overline{A}C + B\overline{C}$$

按图 1.6.9(b)的圈法,可得

$$F = A\overline{C} + \overline{B}C + \overline{A}B$$

此例说明:采用卡诺图法化简逻辑函数时圈法可能不唯一,因此得到的最简与或表达式也不唯一。

【例 1.6.5】 用卡诺图化简逻辑函数 $F(A,B,C,D) = \sum m(0,2,8,10)$。

解: 根据逻辑函数画出图 1.6.10 所示的卡诺图。

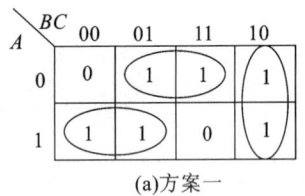
(a)方案一

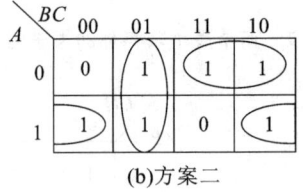
(b)方案二

图 1.6.9 例 1.6.4 中逻辑函数 F 的卡诺图

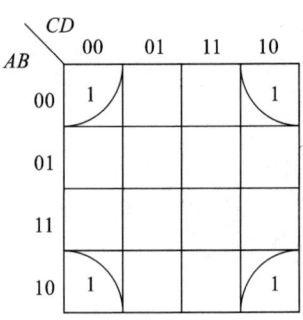

图 1.6.10 例 1.6.5 的卡诺图

按照合并最小项的原则画圈,然后写出化简后的函数

$$F(A,B,C,D) = \overline{B}\,\overline{D}$$

1.6.4 含无关项的逻辑函数化简

1. 无关项

1) 约束项

在逻辑函数中,受到某一条件的限制,取值恒为 0 的最小项称为约束项。

例如,8421BCD 码中 1010~1111 这六个最小项就是约束项。

由于每一组输入变量的取值都有且仅有一个最小项的值为 1,所以当限制某些输入变量的取值不能出现时,可以用它们对应的最小项恒等于 0 来表示。这样上面例子中的约束条件可以表示为 $A\overline{B}C\overline{D} + A\overline{B}CD + AB\overline{C}\,\overline{D} + AB\overline{C}D + ABC\overline{D} + ABCD = 0$。

2) 任意项

在逻辑函数中,某些最小项的取值是 1 或是 0 都不影响逻辑函数的输出,这些最小项被称为任意项。

约束项和任意项统称为无关项,在逻辑函数表达式中通常用 d 表示,在真值表和卡诺图中用"×"表示。

2. 化简方法

由于无关项在逻辑表达式中既可以出现,也可以不出现,因此在卡诺图中对应的位置既可以填入 1,也可以填入 0。根据这一特点,可以合理利用无关项,使逻辑函数进一步化简。

【例 1.6.6】 试化简具有无关项的逻辑函数

$$F(A,B,C,D) = \sum m(2,4,6,8) + \sum d(10,11,12,13,14,15)$$

解: 画出函数 F 的卡诺图,如图 1.6.11 所示。

由图可见,若认为其中的无关项 m_{10}、m_{12}、m_{14} 为 1,而无关项 m_{11}、m_{13}、m_{15} 为 0,则可将 m_4、m_6、m_{12} 和 m_{14} 合并为 $B\overline{D}$,将 m_8、m_{10}、m_{12} 和 m_{14} 合并为 $A\overline{D}$,将 m_2、m_6、m_{10} 和 m_{14} 合并为

$\overline{CD}$，于是得到

$$F = B\overline{D} + A\overline{D} + C\overline{D}$$

【思考】 公式化简法、卡诺图化简法各有何优缺点？

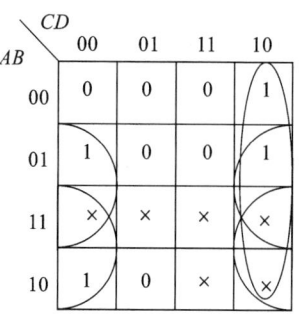

图 1.6.11　例 1.6.6 中逻辑函数 F 的卡诺图

本章小结

本章主要介绍了数制和码制、逻辑代数的公式和定律、逻辑函数的表示方法、逻辑函数的化简方法。

在用数码表示数量的大小时，采用的各种计数进位制规则称为数制。常用的数制有十进制、二进制、八进制和十六进制几种。由于数字电路的基本运算都采用二进制运算，所以这一章里还比较详细地介绍了二进制数的符号在数字电路中的表示方法，原码、反码和补码的概念，以及采用补码进行带符号数加法运算的原理。

逻辑函数的基本运算有与、或、非三种，相应的门电路有与门、或门、非门三种；复合运算常用的有与非、或非、与或非、异或和同或运算等，相应的门电路有与非门、或非门、异或门、同或门等。

逻辑函数可用表达式、真值表、逻辑图、波形图等描述。这几种描述方法之间可以任意地互相转换。逻辑函数的化简主要有公式化简法和卡诺图化简法。公式法化简逻辑函数灵活性较强，有一定的技巧，适合任意变量函数化简。卡诺图化简直观，而且有一定的化简步骤可循。

习题

1-1　将下列二进制整数转换为等值的十进制数。

(1) $(01101)_2$；　　(2) $(10100)_2$；　　(3) $(10010111)_2$；　　(4) $(1101101)_2$。

1-2　将下列二进制小数转换为等值的十进制数。

(1) $(0.1001)_2$；　　(2) $(0.0111)_2$；　　(3) $(0.101101)_2$；　　(4) $(0.001111)_2$。

1-3　将下列二进制数转换为等值的十六进制数。

(1) $(1110.0111)_2$；　(2) $(1001.1101)_2$；　(3) $(0110.1001)_2$；　(4) $(101100.110011)_2$。

1-4　将下列十六进制数转换为等值的二进制数。

(1) $(8C)_{16}$；　　(2) $(3D.BE)_{16}$；　　(3) $(8F.FF)_{16}$；　　(4) $(10.00)_{16}$。

1-5　写出下列二进制数的原码、反码和补码。

(1) $(+1011)_2$；　　(2) $(+00110)_2$；　　(3) $(-1101)_2$；　　(4) $(-00101)_2$。

1-6　试用列真值表的方法证明下列异或运算公式。

(1) $A \oplus 0 = A$；　(2) $A \oplus 1 = \overline{A}$；　(3) $A \oplus A = 0$；　(4) $A \oplus \overline{A} = 1$；

(5) $A(B \oplus C) = AB \oplus AC$。

1-7　证明下列逻辑恒等式。

(1) $A\overline{B} + B + \overline{A}B = A + B$；

(2) $(A + \overline{C})(B + D)(B + \overline{D}) = AB + B\overline{C}$。

1-8　写出题 1-8 图所示电路的输出逻辑函数式。

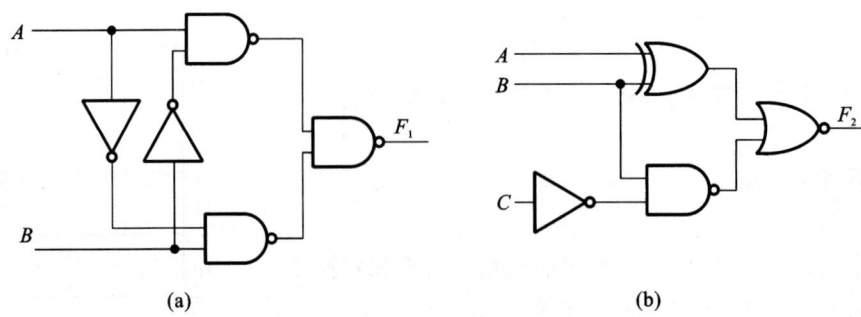

题 1-8 图

1-9 列出下列逻辑函数的真值表。

(1) $F = \overline{A}B + BC + AC\overline{D}$;

(2) $F = \overline{A}\,\overline{B}C\overline{D} + \overline{(B \oplus C)}D + AD$ 。

1-10 利用逻辑函数的基本公式和常用恒等式化简下列各式。

(1) $F = A\overline{B}(A + B)$;

(2) $F = A\overline{B} + AC + BC$;

(3) $F = \overline{A}BC + (A + \overline{B})C$;

(4) $F = AC + B\overline{C} + \overline{A}B$ 。

1-11 将下列逻辑函数式化为最小项之和的形式。

(1) $F = \overline{A}BC + AC + \overline{B}C$;

(2) $F = A\overline{B}\,\overline{C}D + BCD + \overline{A}D$;

(3) $F = A + B + CD$;

(4) $F = AB + \overline{\overline{BC}(\overline{C} + \overline{D})}$ 。

1-12 用卡诺图化简法化简下列逻辑函数。

(1) $F = C + ABC$;

(2) $F = A\overline{B}C + BC + \overline{A}B\overline{C}D$;

(3) $F(A,B,C) = \sum m(1,2,3,7)$;

(4) $F(A,B,C,D) = \sum m(0,1,2,3,4,6,8,9,10,11,14)$ 。

1-13 完成下列具有无关项的逻辑函数化简。

(1) $F(A,B,C) = \sum m(0,1,2,4) + \sum d(5,6)$;

(2) $F(A,B,C) = \sum m(1,2,4,7) + \sum d(3,6)$;

(3) $F(A,B,C,D) = \sum m(3,5,6,7,10) + \sum d(0,1,2,4,8)$;

(4) $F(A,B,C,D) = \sum m(2,3,7,8,11,14) + \sum d(0,5,10,15)$ 。

第 2 章　逻辑门电路

 **本章任务**

在第 1 章我们认识了许多逻辑运算,实际电路如何实现呢?请根据本章所学实现三个任务:用二极管电路设计一个两输入与门;用 TTL 电路设计一个两输入与非门;用 CMOS 电路设计一个非门(反相器)。然后分析以上电路的结构、工作原理、主要外部特性及参数。

◀ 2.1　概　　述 ▶

在电子系统设计中,逻辑门电路是数字集成电路的基本单元电路,主要分 TTL 和 CMOS 两类,根据门的类型和集成规模可构成各种数字集成电路。

本章介绍集成逻辑门电路的两种主要类型 TTL 和 CMOS 门电路的电路结构、工作原理、逻辑功能,重点介绍门电路的外部电气特性及参数的物理意义,同时介绍 OC(OD)门、三态门、TTL 和 CMOS 门电路的接口设计等内容。

基本的逻辑关系有与、或、非三种,与此对应的基本门电路有与门、或门、非门,此外还有与非门、或非门、与或非门、异或门等。门电路按照内部元器件的不同,可分为 TTL(transistor-transistor logic)和 CMOS(complementary metal oxide semiconductor)两大类。为了更好地使用门电路,需要首先了解门电路的内部结构,这样才能更好地掌握门电路的逻辑功能和电气特性。为此,本章主要讨论如下问题:

(1) 半导体二极管和双极晶体管门电路的工作原理是什么?

(2) TTL 与非门电路结构包括几部分?工作原理是什么?外部特性和主要参数有哪些?

(3) 如何使用集电极开路门和三态输出门?

(4) CMOS 门电路的结构、工作原理和外部特性是什么?

(5) 如何使用 CMOS 传输门?

(6) TTL 门电路和 CMOS 门电路相比较有哪些不同点?

(7) 门电路使用中需要注意哪些问题?

◀ 2.2　半导体二极管门电路 ▶

2.2.1　半导体二极管的开关特性

半导体二极管具有单向导电性,外加正向电压时导通,外加反向电压时截止,因此二极管可近似看成一个受外加电压控制的开关。最简单的二极管开关电路如图 2.2.1(a)所示,图中 $V_{CC}=5\text{ V}$,u_I 为输入的数字信号,设高电平 $U_{IH}=5\text{ V}$,低电平 $U_{IL}=0.3\text{ V}$。当 $u_I=U_{IH}$ 时,二极管 VD 截止,相当于开关断开,输出高电平,$u_O=U_{OH}=5\text{ V}$;当 $u_I=U_{IL}$ 时,二极管 VD 导通,相当于开关合上,输出低电平,$u_O=U_{OL}=1\text{ V}$。对应输入、输出波形如图 2.2.1(b)所示。

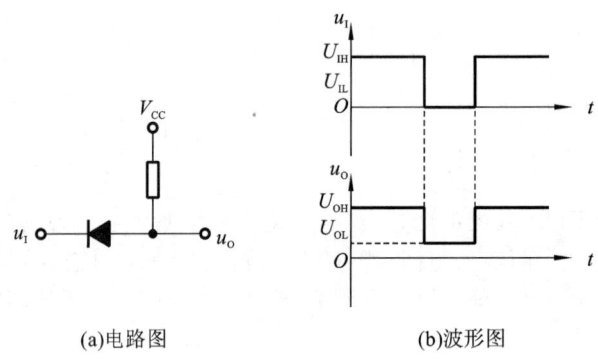

(a)电路图   (b)波形图

图 2.2.1　半导体二极管电路

2.2.2　正逻辑和负逻辑

1. 正负逻辑的规定

在数字电路中,高电平用逻辑常量 1 表示,低电平用 0 表示,称为正逻辑;高电平用逻辑常量 0 表示,低电平用 1 表示,称为负逻辑。用电平的高低表示的正负逻辑如图 2.2.2 所示。正逻辑与负逻辑是两种不同的逻辑体制,并不影响事物的本质。通常在同一个逻辑系统中只使用一种逻辑体制,否则容易出现逻辑混乱的情况。本书后面的内容均使用正逻辑。

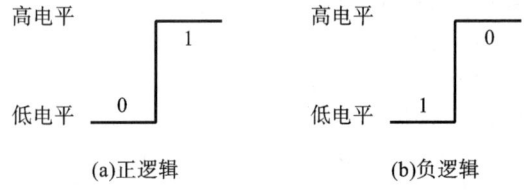

(a)正逻辑   (b)负逻辑

图 2.2.2　正逻辑和负逻辑定义

2. 正负逻辑的等效变换

同一个逻辑电路,在不同的逻辑假定下,其逻辑功能是完全不同的。两种逻辑体制的相互转换关系为:采用正逻辑的与门功能,如果采用负逻辑,它是或门功能;采用正逻辑的或门功能,如果采用负逻辑,它是与门功能。对于逻辑非门来说,二者功能是等价的,所以正逻辑的与非运算对应负逻辑的或非运算,而正逻辑的或非运算对应负逻辑的与非运算。

2.2.3　半导体二极管与门

【本节任务】　用二极管电路设计一个两输入与门,电路结构和工作原理如下。

二极管与门电路可由二极管和电阻构成。图 2.2.3(a)为两输入与门电路,A、B 是输入端,P 是输出端,图 2.2.3(b)是它的逻辑符号。

假设两个二极管的正向导通压降为 0.7 V,当 A 或 B 输入中有一个为低电平(0.3 V)时,

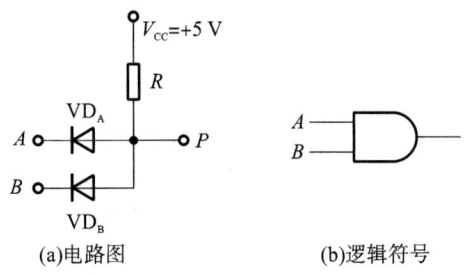

(a)电路图   (b)逻辑符号

图 2.2.3   两输入二极管与门

则必有一个二极管导通,使 P 点电位钳位在 1 V;当 A 和 B 输入全为高电平(5 V)时,二极管全部关断,输出接近电源电压 V_{CC}。

　　如果规定 5 V 为高电平,用逻辑 1 表示;1 V 以下为低电平,用逻辑 0 表示,可得到与门电路的真值表,如表 2.2.1 所示。输入变量 A、B,输出变量 P,P 是 A、B 的逻辑与输出。

表 2.2.1   二极管与门电路真值表

A	B	P
0	0	0
0	1	0
1	0	0
1	1	1

2.3   TTL 集成门电路

　　随着半导体技术和集成电路制造技术的飞速发展,数字电路几乎都是数字集成电路(integrated circuit,IC)。数字集成电路按照芯片单位面积上集成门电路的个数(集成度)可分为小规模集成电路(small scale integration,SSI,其中仅包含 10 个以内的门电路)、中规模集成电路(medium scale integration,MSI,其中包含 $10^1 \sim 10^2$ 个门电路)、大规模集成电路(large scale integration,LSI,其中包含 $10^2 \sim 10^4$ 个门电路)、超大规模集成电路(very large scale integration,VLSI,其中包含 $10^4 \sim 10^6$ 个门电路)、甚大规模集成电路(ultra very large scale integration,UVLSI,其中包含 10^6 个以上门电路)。

　　从制造工艺来看,数字集成电路又分为双极型集成电路和单极型集成电路。双极型集成电路中的基本开关元件为晶体管,由于有自由电子和空穴两种载流子参与导电,所以称为双极型集成电路。双极型集成电路包括 TTL、ECL、HTL 和 I²L 等类型,产品以 TTL 类型应用最广泛。单极型集成电路中的基本开关单元为 MOS 管,由于仅有一种载流子(自由电子或空穴)参与导电,所以称为单极型集成电路。单极型集成电路包括 PMOS、NMOS 和 CMOS 等类型,产品以 CMOS 类型应用最广泛。

　　上一节介绍的由二极管构成的与门中,由于实际二极管并不是理想的,正向导通存在压降(硅管 0.7 V),所以低电平信号经过一级与门后,其电平将升高 0.7 V。当多个门级联使用,把某一级门的输出作为下一级门的输入信号时,将发生高、低电平的偏移。也就是说,这种二极管构成的与门不能构成直接驱动负载的电路。为了克服二极管门电路的缺点,可以采用双极晶体管构成门电路,即 TTL 门电路。

TTL 门电路具有速度快、驱动能力强等优点。然而,TTL 门电路也存在着一个缺点,即功耗比较大。由于这个原因,用 TTL 门电路只能做成小规模和中规模集成电路,而无法制作成大规模、超大规模、甚大规模集成电路。CMOS 集成电路产生于 20 世纪 60 年代后期,它最突出的优点是功耗低,所以适合于大规模集成电路。随着 CMOS 制作工艺的不断进步,无论在工作速度上还是在驱动能力上,CMOS 门电路都可以与 TTL 门电路比拟。因此,CMOS 门电路将逐渐取代 TTL 门电路而成为数字集成电路的主流产品。

2.3.1 双极晶体管的开关特性

晶体管是各种电子电路中最常见的器件之一。在模拟电子电路中,晶体管主要作为线性放大器件或非线性器件;在数字电子电路中,利用饱和和截止特性,晶体管主要作为开关器件来使用。

TTL 门电路中常采用双极晶体管作为电子开关,所以在介绍 TTL 门电路之前,首先介绍双极晶体管的开关特性。由双极晶体管的工作原理可知,对于图 2.3.1(a)所示电路,在基极施加一定的输入电压,可以使集电极和发射极之间相当于短路或开路,这相当于集电极和发射极之间接通或关断。对于 NPN 型晶体管,具体开关规则如下:

(1) u_1 为低电平(0 V 或反向电压)时,晶体管截止,相当于集电极和发射极之间断开。输出 $u_O \approx V_{CC}$,相当于输出高电平。

(2) u_1 为高电平(5 V)时,选择合适的电阻 R_B、R_C,可以使晶体管饱和,相当于集电极和发射极之间短路,输出 $u_O = U_{CES} \approx 0.3$ V,相当于输出低电平。此时的临界饱和集电极电流 I_{CS} 和临界饱和基极电流 I_{BS} 分别为

$$I_{CS} = \frac{V_{CC} - U_{CES}}{R_C} \approx \frac{V_{CC}}{R_C} \tag{2.3.1}$$

$$I_{BS} = \frac{I_{CS}}{\beta} \approx \frac{V_{CC}}{\beta R_C} \tag{2.3.2}$$

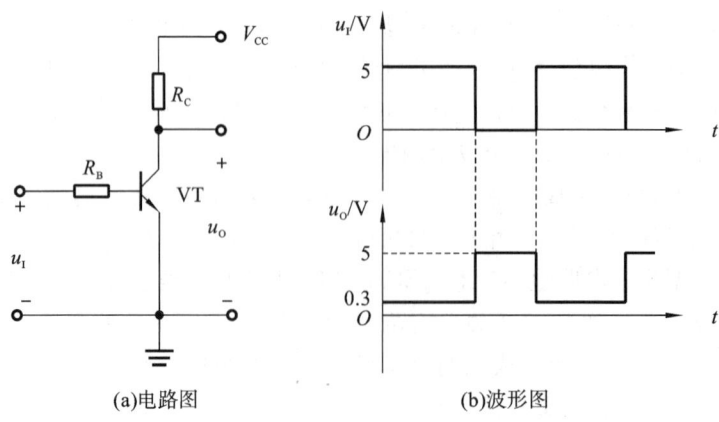

(a)电路图   (b)波形图

图 2.3.1 双极晶体管的开关电路

当 $i_B = I_{BS}$ 时,晶体管处于临界饱和状态;$i_B > I_{BS}$ 时,晶体管处于饱和状态。

图 2.3.1(a)电路实现了非运算逻辑功能,相当于一个反相器,图 2.3.1(b)给出了理想情况下,在输入波形作用下的输出波形。

2.3.2 标准 TTL 与非门

TTL 与非门电路结构比较简单,本节通过研究标准 TTL 与非门电路的内部结构来了解 TTL 门电路的工作原理和外部特性。

【本节任务】 用 TTL 电路设计一个两输入与非门,电路结构和工作原理如下。

1. 电路结构

以中速系列与非门 7400 为例,它包括四个相同的两输入与非门,称为四-二输入与非门,其中一个两输入与非门电路的结构和逻辑符号如图 2.3.2 所示,电路由三级构成:多发射极晶体管 VT_1 和电阻 R_1 构成输入级,并由 VT_1 发射结实现逻辑与运算;晶体管 VT_2 和电阻 R_2、R_3 构成中间级,在发射极和集电极同时输出两个相位相反的信号,作为后级驱动信号,中间级也称为倒相极;晶体管 VT_3、VT_5 和二极管 VD_4、电阻 R_4 构成推拉式输出级。

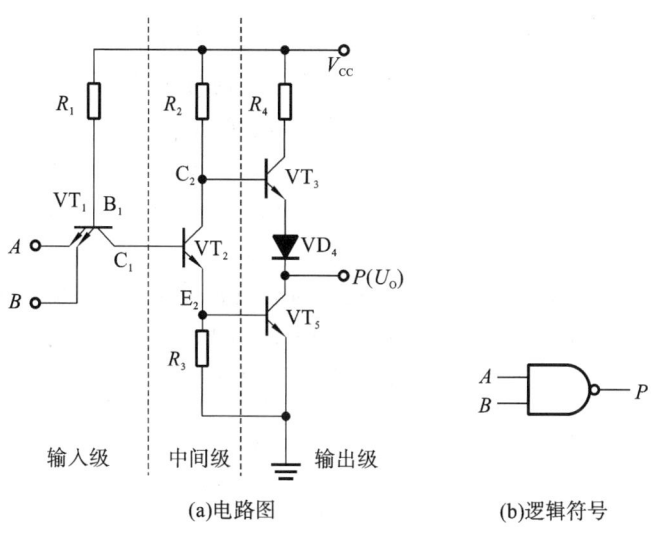

(a)电路图   (b)逻辑符号

图 2.3.2 两输入 TTL 与非门

输入级的多发射极晶体管一般是靠近基极制造多个发射结,如图 2.3.3(a)所示,将发射结和集电结都视为二极管,可以将多发射极晶体管等效成图 2.3.3(b)所示电路,显然这是一个二极管与门电路。

中间级是共射组态的基本放大电路,其主要作用是将 VT_2 的基极电流放大,以增强对输出级的驱动能力。

2. 工作原理

输出级有两种稳定工作状态:开态和关态。VT_5 导通,VT_3、VD_4 截止,输出为低电平,称为开态;VT_5 截止,VT_3、VD_4 导通,输出为高电平,称为关态。因此,输出级电路结构形式也称为推挽式输出级或图腾柱(totem post)输出级,这种结构有利于提高开关速度和带负载的能力。

当输入端都为高电平(3.6 V)时,V_{CC} 通过 R_1、VT_1 的集电结向 VT_2 提供基极电流 i_{B2}。

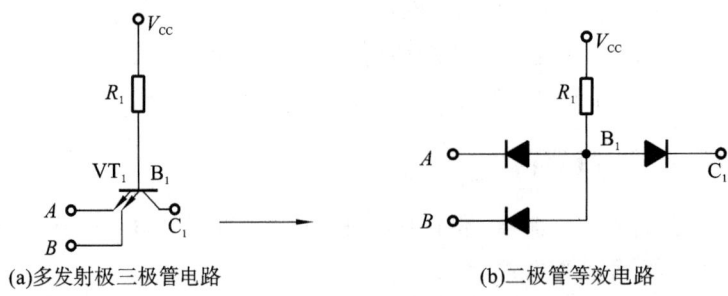

(a)多发射极三极管电路   (b)二极管等效电路

图 2.3.3   多发射极晶体管及其二极管等效电路

只要电路参数设计正确,VT_2 可饱和,VT_2 将 i_{B2} 放大后又可驱动 VT_5 饱和,输出低电平 $U_{OL} = U_{CES5} \approx 0.3$ V。此时 VT_2 管的集电极对地的电位 $u_{C2} = u_{E2} + U_{CES} \approx (0.7 + 0.3)$ V $= 1$ V,所以 C_2 和输出端之间的电位差值不能使 VT_3 和 VD_4 同时导通,故 VT_3 和 VD_4 截止。所以 V_{CC} 不会经 R_4、VT_3、VD_4 向 VT_5 灌入电流,VT_5 的集电极电流只可能由外电路提供,并流入 VT_5。当输入端都为高电平时,由于 VT_2 和 VT_5 饱和导通,$u_{B1} = u_{BC1} + u_{BE2} + u_{BE5} = 2.1$ V,所以,VT_1 管的两个发射结都反偏。

当输入端至少有一个为低电平(0.3 V)时,V_{CC} 经 R_1 有电流 i_{IL} 向输入端流去,所以 $u_{B1} = (0.3 + 0.7)$ V $= 1$ V,该电压不足以使 VT_2 及 VT_5 同时导通,因此 VT_2 和 VT_5 截止。VT_2 截止,V_{CC} 经 R_2 有电流向 VT_3 的基极流去,使 VT_3 饱和,于是

$$V_{CC} = i_{B3} R_2 + u_{BE3} + u_{VD_4} + u_O \tag{2.3.3}$$

$$u_O \approx V_{CC} - u_{BE3} - u_{VD_4} = (5 - 0.7 - 0.7) \text{ V} = 3.6 \text{ V} \tag{2.3.4}$$

由此可确定输出为高电平。

通过上面的分析,可以确定上述电路实现了与非逻辑关系,即输入全为 1,输出为 0;输入有 0,输出为 1,因而该电路是与非门,真值表如表 2.3.1 所示。

表 2.3.1   TTL 与非门电路真值表

A	B	P
0	0	1
0	1	1
1	0	1
1	1	0

2.3.3   TTL 与非门的外部特性和主要参数

为了能够正确合理地使用集成逻辑电路,有必要了解其外部特性及一些主要参数。TTL 与非门外部特性主要有电压传输特性、输入 U-I 特性、输入负载特性、输出低电平负载特性、输出高电平负载特性、扇出系数、静态功耗、传输延迟特性、噪声容限等。

1. 电压传输特性

TTL 与非门电压传输特性曲线是指在某一输入端接可调直流电源,其余输入端接高电平情况下,输出电压 u_O 随输入电压 u_I 变化的曲线。电压传输特性描述了输出电压与输入电压的函数关系,测试电路如图 2.3.4(a)所示,电压传输特性曲线如图 2.3.4(b)所示。电压传输

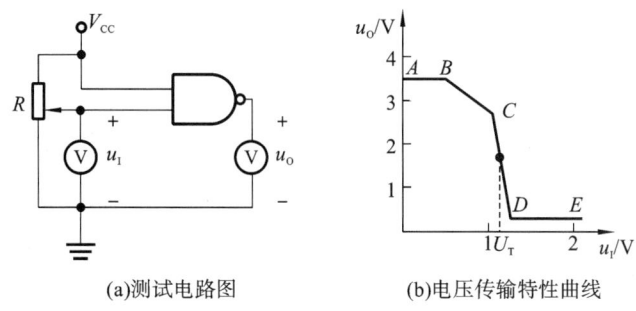

(a)测试电路图   (b)电压传输特性曲线

图 2.3.4 电压传输特性

特性曲线可以分为四个部分。

AB 段(截止区):当 $u_1 < 0.6$ V 时,$u_{B1} < 1.3$ V,VT_2 和 VT_5 截止,输出高电平 $u_O = 3.6$ V,这一段特性曲线称为截止区。

BC 段(线性区):0.6 V $\leqslant u_1 < 1.3$ V 时,1.3 V $\leqslant u_{B1} < 2.0$ V,由于输入的提高,输入电流有一部分开始流入 VT_2 的基极,使 VT_2 进入放大状态,但 i_{E2} 在 R_3 上的压降还不足以使 VT_5 导通,此时

$$u_O = u_{C2} - u_{BE3} - u_{VD_4} = u_{C2} - 1.4 \text{ V} \tag{2.3.5}$$

VT_2 集电极电压 u_{C2} 随着 VT_2 基极电压升高而下降,经过 VT_3 和 VD_4 后使得 u_O 下降。这一段特性曲线被称为线性区。

CD 段(过渡区):当 $u_1 > 1.3$ V 时,$U_{B1} > 2.0$ V,随着输入电压升高,输出电压急剧下降。VT_2 和 VT_5 将同时导通,VT_3 和 VD_4 截止,输出电压急剧下降为低电平,过渡区是 VT_5 从开始导通到临界饱和的状态。这一段特性曲线被称为过渡区。

DE 段(饱和区):当 u_1 继续增大时,VT_2 和 VT_5 饱和导通,VT_3 和 VD_4 截止,输出低电平 $u_O = 0.3$ V,此时输出电压基本不随输入电压的增大而变化。这一段特性曲线被称为饱和区。

从 TTL 与非门的电压传输特性曲线上,可以定义几个重要的电路参数。

1) 输出高电平电压 U_{OH}

输出高电平电压指与非门工作在截止区时对应的输出电压值,U_{OH} 的典型值是 3.6 V,产品手册一般规定输出高电平电压的最小值 $U_{OHmin} = 2.4$ V,即大于 2.4 V 的输出电压就可以称为输出高电平电压 U_{OH}。

2) 输出低电平电压 U_{OL}

输出低电平电压指与非门工作在饱和区时对应的输出电压值,U_{OL} 的典型值为 0.2 V,产品手册一般规定输出低电平电压的最大值 $U_{OLmax} = 0.4$ V,即小于 0.4 V 的输出电压就可以称为输出低电平电压 U_{OL}。

3) 阈值电压 U_T

阈值电压是决定电路截止和导通的分界线,也是决定输出高、低电压的分界线。U_T 是个很重要的参数,在近似分析和估算时,常把它作为决定与非门工作状态的关键值。$u_1 < U_T$,与非门关门,输出高电平;$u_1 > U_T$,与非门开门,输出低电平。U_T 的典型值为 $1.3 \sim 1.4$ V。

在通常情况下,影响电压传输特性的主要因素是电源电压和环境温度。一般情况下,电源电压的变化主要影响输出高电平值,$\Delta U_{OH} \approx \Delta V_{CC}$,而对输出低电平值影响不大;随着环境温度的升高,阈值电压 U_T 降低,而输出高电平值和输出低电平值都会有所升高。

4）关门电平电压 U_{off}

在电压传输特性曲线中，当输出高电平电压下降到 U_{OHmin} 时，对应的输入电压称为关门电平。当 $u_1 < U_{off}$ 时，门电路输出高电平，处于关态。

5）开门电平电压 U_{on}

在电压传输特性曲线中，当输出低电平电压上升到 U_{OLmax} 时，对应的输入电压称为开门电平。当 $u_1 > U_{on}$ 时，门电路输出低电平，处于开态。

6）输入高低电平电压

由于 U_{off} 和 U_{on} 处于电压传输特性曲线的陡直处，不便于测量，此外电源、温度的变化，门电路制造工艺也会造成 U_{off} 和 U_{on} 的分散性，所以，在门电路技术参数里，U_{off} 和 U_{on} 各留有一定的余量，用输入低电平最大值 U_{ILmax} 和输入高电平最小值 U_{IHmin} 分别代替 U_{off} 和 U_{on}。当 $u_1 < U_{ILmax}$ 时，电路处于关态；当 $u_1 > U_{IHmin}$ 时，电路处于开态。中速系列 TTL 与非门 $U_{ILmax} = 0.8$ V，$U_{IHmin} = 2$ V。

7）噪声容限

在数字系统中，由于信号传输、高低电平转换、外界干扰等噪声因素的存在，工作信号中都可能会叠加各种各样的噪声，只要其幅度值不超过门电路输入逻辑电平最大值或最小值要求，则门电路输出的逻辑状态就不会受到噪声的影响。通常将所允许叠加到信号中的最大噪声幅度称为噪声容限。因此，噪声容限可用来定量表示门电路抗干扰能力。电路的噪声容限越大，其抗干扰能力越强。

噪声容限一般用两个门连接时后一个门输入端允许的电压干扰的大小来表示，如图2.3.5所示。当前一个门输出低电平时，后一个门输入端虽有外来正向干扰，但只要不超过 U_{ILmax}，后一个门的关态就不会受到破坏，此时，允许的干扰电平范围（$U_{ILmax} \sim U_{OLmax}$）称为低电平噪声容限 U_{NL}。同样，当前一个门输出高电平时，加上外来干扰，只要不低于后一个门的最小输入高电平，就不会破坏后一个门的开态，此时，允许的干扰电平范围（$U_{OHmin} \sim U_{IHmin}$）称为高电平噪声容限 U_{NH}。

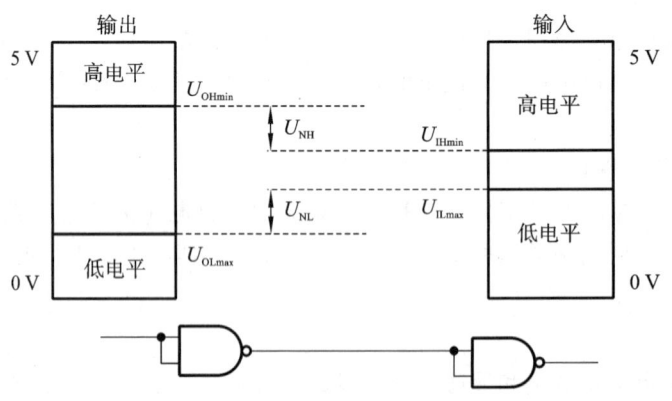

图 2.3.5　噪声容限的概念

2. 输入 U-I 特性

TTL 与非门的输入特性曲线描述了输入电流与输入电压的函数关系，测试电路如图2.3.6(a)所示，输入特性曲线如图2.3.6(b)所示。

由输入特性曲线可得参数:

(1) 输入短路电流 I_S:当 $u_1 = 0$ V 时,所对应的输入电流称为输入短路电流。

(2) 反向漏电流 I_R:当 $u_1 > 1.3$ V 时,i_1 流入 VT_1 管,且 i_1 约为 50 μA,该电流称为反向漏电流,它是输入端为高电平时从该输入端流入 VT_1 管的电流。

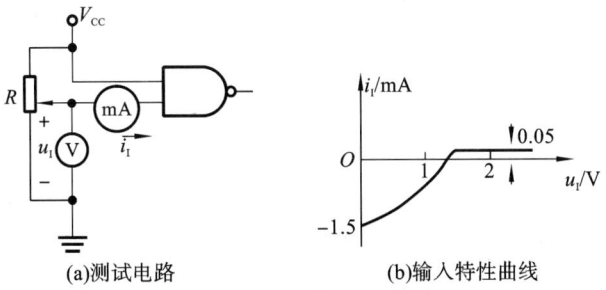

(a)测试电路　　　　　　　(b)输入特性曲线

图 2.3.6　输入 *U-I* 特性曲线测试

必须注意的是,当 $u_1 = 7 \sim 8$ V 时,VT_1 管的 CE 结将会被击穿,使 i_1 猛增。另外,当 $u_1 \leqslant -1$ V 时,VT_1 管的发射结也可能会被烧坏。这两种情况下,都会使与非门损坏。因此在使用时,尤其在混合使用电源电压不同的集成电路时,应采取相应措施,将输入电平钳制在安全工作区域内。

3. 输入负载特性

输入负载特性中的 R 是外接于与非门输入端的电阻,u_1 是射极电流流过 R 时产生的压降,它不是外加的电压。测试电路如图 2.3.7(a)所示,输入负载特性曲线如图 2.3.7(b)所示。

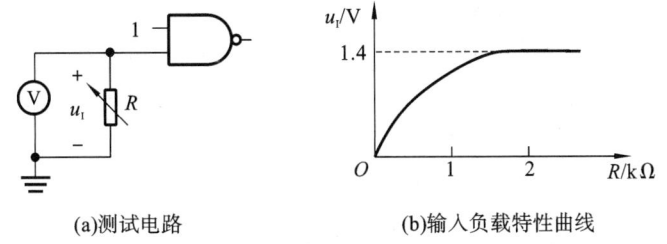

(a)测试电路　　　　　　　(b)输入负载特性曲线

图 2.3.7　输入负载特性曲线测试

(1) 与非门输入端接有电阻 $R = 0$ 时,该支路中的电流即为 I_S,$u_1 = 0$,输出高电平。

(2) R_{off}:关门电阻。当 R 稍有增加时,R 上的压降也稍有增加,但这个压降 u_1 很小,仍能保持输入低电平的状态。随着 R 的增加,u_1 不断增加,当增加到某一数值时,R 上的压降达到关门电平 U_{off} 时,对应的电阻值称为关门电阻 R_{off}。当 $R < R_{off}$ 时,与非门处于关态。因关门电阻 R_{off} 的大小与逻辑门内部的参数有关,加上分散性,不同系列的逻辑门有所差别。对于中速系列 TTL 门,$R_{off} \approx 1$ kΩ。

(3) R_{on}:开门电阻。如果把与非门输入端的电阻 R 继续加大,输入电压 u_1 随之增加,当 u_1 增加到 1.4 V 时,VT_2 和 VT_5 同时导通,将 u_{B1} 钳位在 2.1 V,所以即使 R 再增大,u_1 也不会再升高了,当与非门转入开态,输出低电平。u_1 增加到 1.4 V 时,对应的电阻值就是开门电阻。当 $R > R_{on}$ 时,与非门处于开态。对于中速系列 TTL 门,$R_{on} \approx 2.5$ kΩ。

(4) 与非门输入端接有电阻 $R = \infty$,即输入端悬空时,电源电流不能流向输入端,则电流从电源流出,通过电阻 R_1 流向 VT_2 和 VT_5,只要电路参数设计正确,VT_2 和 VT_5 可饱和导通,输出低电平。VT_2 和 VT_5 饱和导通后,VT_1 基极被钳位在 2.1 V,此时用万用表测量输入端电压,相当于在地和输入端之间串入一个大电阻,测得 $u_1 = (2.1 - 0.7)\ V = 1.4\ V$,相当于输入端接高电平。

【例 2.3.1】 电路如图 2.3.8 所示,其中门电路均为 TTL 门,求输出 P_1、P_2、P_3 的表达式。

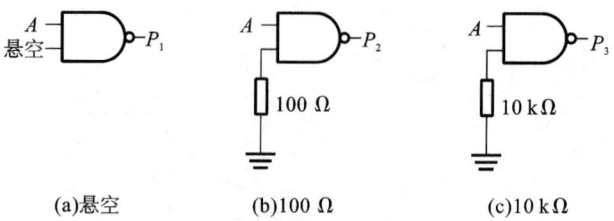

(a)悬空   (b)100 Ω   (c)10 kΩ

图 2.3.8 例 2.3.1 电路图

解: 图 2.3.8(a)中与非门一个输入端悬空,相当于这个输入端接高电平,$P_1 = \overline{A \cdot 1} = \overline{A}$;
图 2.3.8(b)中与非门一个输入端接小电阻,相当于这个输入端接低电平,$P_2 = \overline{A \cdot 0} = 1$;
图 2.3.8(c)中与非门一个输入端接大电阻,相当于这个输入端接高电平,$P_3 = \overline{A \cdot 1} = \overline{A}$。

4. 输出低电平负载特性

输出低电平负载特性曲线也称灌电流负载特性曲线。在实际电路中,灌电流是由后面外接电路的电流汇集在一起,灌入前面逻辑门的输出端所形成的。灌电流负载特性测试电路如图 2.3.9(a)所示,灌电流负载特性曲线如图 2.3.9(b)所示。门电路输入端所加的逻辑电平保证输出端能够获得低电平,灌电流通过接向电源的一个电位器而模拟获得,调节电位器可改变灌电流的大小,输出低电平的电压值也将随之变化。当输出低电平的电压值随着灌电流的增加而增加到输出低电平最大值时,即 $u_O = U_{OLmax}$ 时,所对应的灌电流值定义为输出低电平电流的最大值 I_{OLmax}。不同系列的逻辑电路,同一系列的不同型号的集成电路,I_{OLmax} 的规范值是不同的。中速系列 TTL 门的 $I_{OLmax} = 16\ mA$。

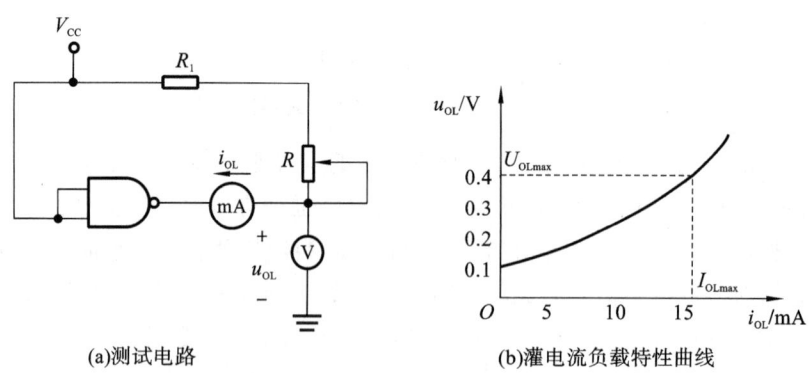

(a)测试电路   (b)灌电流负载特性曲线

图 2.3.9 灌电流负载特性曲线测试

5. 输出高电平负载特性

输出高电平负载特性曲线也称为拉电流负载特性曲线。在实际电路中,拉电流是门电路输出高电平时从逻辑门流向外接电路的电流。由于门电路输出是高电平,VT_3 导通,VT_5 截止,门电路的输出电流比较小,所以拉电流也比较小。拉电流测试电路如图 2.3.10(a)所示,输入端所加的低电平是为了获得输出高电平,拉电流的大小可通过接向地线的一个电位器进行调节。输出高电平负载特性曲线的实测结果如图 2.3.10(b)所示,随着拉电流的增加,输出高电压下降,当 $u_O = U_{OHmin}$ 时,所对应的拉电流 $I_{OHmax} = -40~\mu A$,负号表示电流是从输出端流出的。

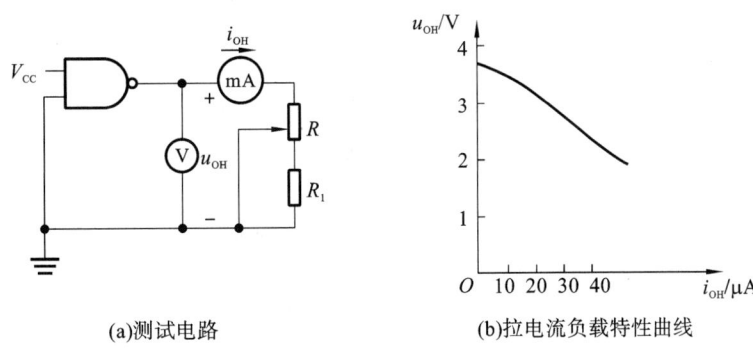

(a)测试电路　　　　　　(b)拉电流负载特性曲线

图 2.3.10　拉电流负载特性曲线测试

6. 扇出系数

门电路带实际负载时电路连接图如图 2.3.11所示,实线箭头表示前级门电路的输出灌电流 i_{OL} 和后级门电路的输入低电平电流 i_{IL};虚线箭头表示前级门电路的输出拉电流 i_{OH} 和后级门电路的输入高电平电流 i_{IH}。

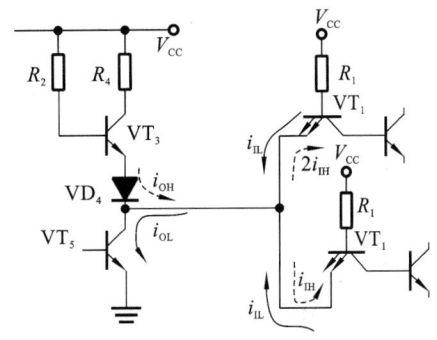

图 2.3.11　前、后级门电路的灌电流和拉电流

扇出系数 N_O 是指在不超过额定电流值的情况下,逻辑门电路输出端能够连接同种类型逻辑门电路的个数,因此它是描述门电路带负载能力的参数。

低电平扇出系数计算式为

$$N_{OL} = \frac{I_{OLmax}}{I_{ILmax}} \qquad (2.3.6)$$

高电平扇出系数计算式为

$$N_{OH} = \frac{I_{OHmax}}{I_{IHmax}} \qquad (2.3.7)$$

式中 I_{ILmax} 为输入低电平电流最大值,指输入端加 0.3 V 电压时对应的输入电流,测试电路如图 2.3.12(a)所示。I_{ILmax} 与短路电流 I_S 近似相等。I_{IHmax} 为输入高电平电流最大值,指输入端加 2.4 V 电压时对应的输入电流,测试电路如图 2.3.12(b)所示。i_{IH} 为 PN 结反偏电流,一般为微安级。由于 i_{IL} 的数值要大几百倍,对于集成电路来说,扇出系数主要取决于低电平扇出系数。标准 TTL 电路的扇出系数一般为 10。

当输入为低电平时,从逻辑门输入端流出的 i_{IL} 与并联端子数无关。但是,当输入为高电平时,电流的方向变为流进输入端,逻辑门输入级的多发射极晶体管相当于由两个晶体管并联构成,流入的电流 i_{IH} 就要加倍,流入输入端的电流与并联端子数有关,如图 2.3.13 所示。

【例 2.3.2】　某 TTL 门电路的低电平输入电流 $I_{ILmax} = 1.4$ mA(输入短路电流 I_S),高电

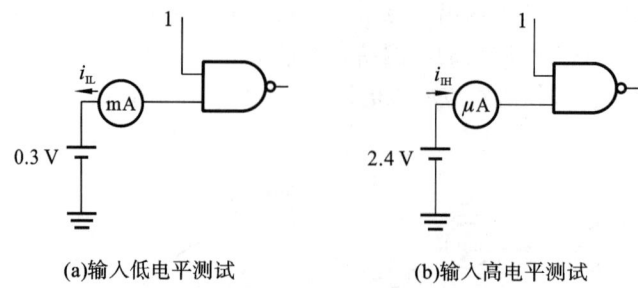

(a)输入低电平测试   (b)输入高电平测试

图 2.3.12　输入电流最大值测试电路

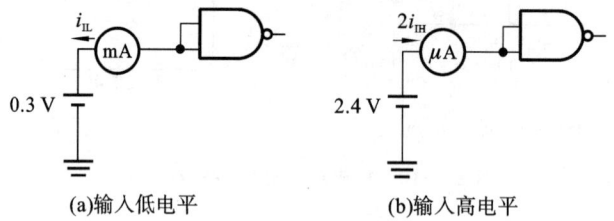

(a)输入低电平   (b)输入高电平

图 2.3.13　输入端并联时的输入电流

平输入电流 $I_{IHmax}=0.02$ mA,最大灌电流 $I_{OLmax}=15$ mA,最大拉电流 $I_{OHmax}=0.4$ mA,试计算其扇出系数 N_O。

解：

低电平扇出系数为

$$N_{OL}=\frac{I_{OLmax}}{I_{ILmax}}=\frac{15\text{ mA}}{1.4\text{ mA}}=10.7\approx10$$

高电平扇出系数为

$$N_{OH}=\frac{I_{OHmax}}{I_{IHmax}}=\frac{0.4\text{ mA}}{0.02\text{ mA}}=20$$

N_{OL} 和 N_{OH} 中取最小的,因此 $N_O=10$。

7. 静态功耗

TTL 集成门电路的工作电源一般是 $+5$ V,允许波动范围为 $\pm10\%$。TTL 与非门在关门状态和开门状态时电源提供的电流是不同的。空载情况下,门电路分别工作于开门状态和关门状态时功耗的平均值称为静态平均功耗(简称静态功耗 P_D)。

静态功耗 P_D 由下式计算得出

$$P_D = 0.5(I_{CCL}+I_{CCH})\times V_{CC} \tag{2.3.8}$$

式中,I_{CCL} 为输出低电平电源电流;I_{CCH} 为输出高电平电源电流。

要注意对于几个相同的逻辑门电路封装在一起的产品,如四-二输入与非门 7400,4 个与非门共用一个电源,因此从电源端(14 脚)测出的电流是 4 个逻辑门的电流值,计算出来的功耗要除以 4 才是一个逻辑门的功耗。

静态功耗 P_D 是衡量门电路优劣的重要指标,对于标准 TTL 门,典型值是每门功耗 10 mW。

当 TTL 门电路在开门状态和关门状态之间转换时,VT_3 和 VT_5 会在瞬间同时导通,从而导致电源电流出现瞬时最大冲击电流,该电流称为动态尖峰电流。动态尖峰电流使电路在一个工作周期内的平均功耗加大,所以当电路状态频繁转换时,对系统电源的设计不可忽略动态尖峰电流的影响。

8. 传输延迟特性

时间参数属于动态参数,不同系列、不同型号差别较大,对逻辑门而言,主要包括如下 3 个时间参数:

t_{PHL}:输出电压从高电平变化到低电平相对于输入电压变化的延迟时间。

t_{PLH}:输出电压从低电平变化到高电平相对于输入电压变化的延迟时间。

t_{pd}:平均延迟时间,它是 t_{PHL} 和 t_{PLH} 的平均值。

$$t_{pd} = \frac{t_{PHL} + t_{PLH}}{2} \tag{2.3.9}$$

具体参阅图 2.3.14。

与非门平均传输延迟时间是指一个数字信号从输入端输入,经过门电路再从输出端输出所延迟的时间,它反映了电路传输信号的速度。为了测试方便,都以电压波形变化的二分之一处为起始点去测量平均延迟时间。

输入端电压从低电平上升到 50% 开始计时,到输出端电压从高电平下降到 50% 为止的时间叫作导通延迟时间 t_{PHL}。输入端电压从高电平下降到 50% 开始计时,到输出端电压从低电平上升到 50% 为止的时间叫作截止延迟时间 t_{PLH}。

TTL 门产生对输入信号延迟的原因主要有两点:逻辑门中晶体管的开启和关闭时间的影响;对电容负载充电时间的影响。对电容负载充电时间的影响可由图 2.3.15 说明。

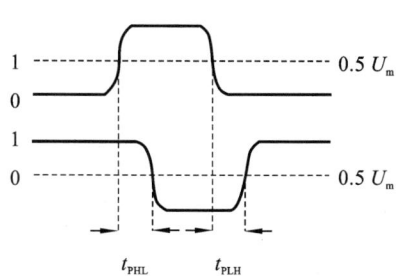

图 2.3.14　传输延迟特性

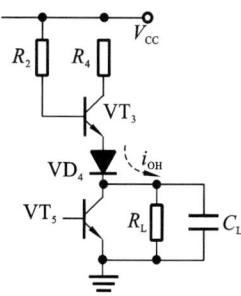

图 2.3.15　电容负载对传输延迟的影响

由于集成电路输出端存在着分布电容等电容效应,电路的输出端总是等效接着一个电容性负载 C_L,有外接负载时 C_L 更大。当电路输出从低电平 U_{OL} 向高电平 U_{OH} 转换时,VT_5 截止,电源通过 R_4、VT_3 和 VD_4 向 C_L 充电,该充电时间较长,充电时间常数成为影响电路开关速度的一个重要因素。当 u_O 由 U_{OH} 转换到 U_{OL} 时,C_L 上充的电荷通过 VT_5 很快放掉。VT_5 饱和时电阻很小,所以放电时间很短,对电路工作速度的影响可以忽略。

传输延迟时间是衡量门电路优劣的重要指标,对于标准 TTL 门,典型值是每门平均延迟 10 ns。

9. 噪声容限

TTL 与非门对输入信号的响应总是有一定延迟的,输入信号状态变化时必须有足够的作用时间才能使输出改变状态。如果干扰脉冲持续的时间很短,甚至输出状态还未来得及变化,干扰脉冲就消失了,显然这样的脉冲信号对电路的逻辑状态毫无影响。

TTL 与非门对输入信号的响应也需要达到一定的电压幅度变化,输入信号幅度变化必须足够大才能使输出改变状态。如果干扰幅度较小,叠加在正常输入信号上后,仍然未能达到改变门电路输出电压变化所需要的阈值,显然这样的脉冲信号对电路的逻辑状态毫无影响。

只有当输入脉冲宽度达到接近于门电路传输延迟时间,且脉冲信号的幅度达到输入信号的变化阈值时,对门电路的输出状态才会产生影响。通常把门电路对这类窄脉冲或小信号的噪声容限称为交流噪声容限。而且,门电路交流噪声容限远高于直流噪声容限,传输延迟越大,交流噪声容限也越大。

2.3.4 TTL 集电极开路门(OC 门)

TTL 门电路的输出级除了采用推挽式输出外,还可以采用集电极开路(open collector,简称 OC)输出。

1. 电路结构

在 OC 输出与非门电路中,R_4、VT_3、VD_4 被移除,如图 2.3.16 所示。当 VT_5 导通时,输出低电平;当 VT_5 截止时,输出端悬空,将不能得到高电平输出。为此 OC 门在工作时必须在输出端与电源之间外接一个集电极电阻 R_C,这个电阻也被称为上拉电阻。

OC 门的输出为低电平灌电流,电流较大,因此能够承受较大的负载,如显示器、继电器、电动机等。典型的 OC 门产品有 OC 反相器 7406 和 OC 缓冲器 7407,输出电流高达 40 mA,是中速系列反相器 7404 输出电流的 2.5 倍。

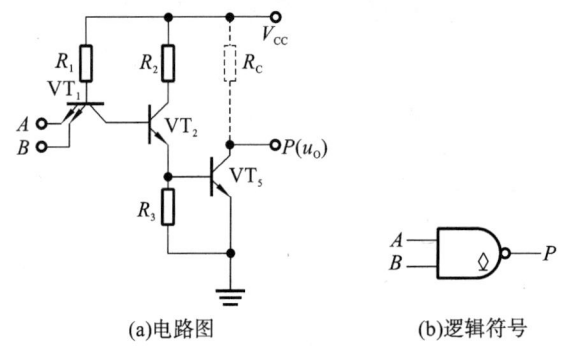

(a)电路图   (b)逻辑符号

图 2.3.16 两输入 OC 与非门

2. 线与输出方式

前已述及,标准 TTL 系列逻辑门的输出端是不允许并联使用的。如果两个标准 TTL 门的输出端并联,如图 2.3.17 所示,当左边的门是高电平输出,右边的门是低电平输出时,左边的门会有输出电流流出,灌入右边的门的输出端,从而使输出电压值超出规定的逻辑电平。于是,逻辑门的输出既不是高电平,也不是低电平,而是中间电压,在双值逻辑系统中出现这种情况是绝对不允许的;另外由于该电流较大,也有可能使门电路损坏。

OC 门的输出端允许并联,这样就可以在输出线上实现与逻辑关系,通常把这种实现逻辑与的方式称为线与输出。

图 2.3.18 中给出两个 OC 与非门并联的情况,两个门输出端连在一起后,共用一个上拉电阻 R_C,只要 R_C 的阻值大小合适,电路就可正常工作。如果有一个 OC 门输出低电平,那么

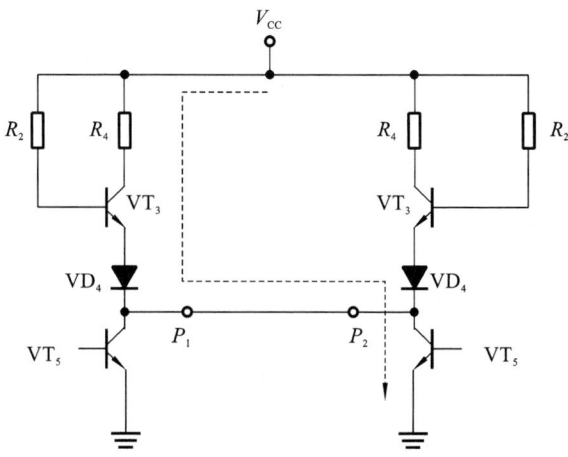

图 2.3.17 标准 TTL 门电路输出并联

总的输出就是低电平,只有两个门都输出高电平时,总的输出才是高电平。

综合分析得

$$P = \overline{AB} \cdot \overline{CD} = \overline{AB + CD} \tag{2.3.10}$$

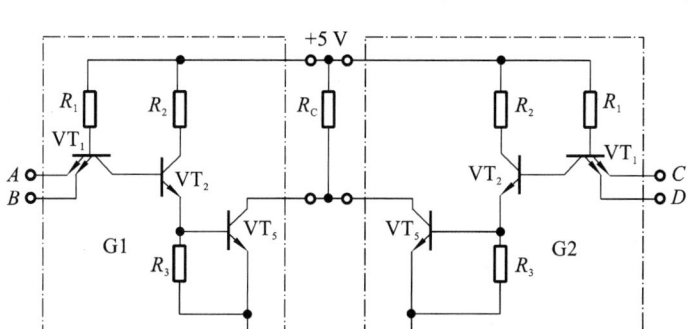

图 2.3.18 OC 门电路线与输出

3. 上拉电阻 R_C 的确定

R_C 的值大小合适,OC 门连在一起才能正常工作。当 n 个 OC 门并联后输出高电平,即 $U_O = U_{OH}$,后面带 k 个 TTL 门的输入端,如图 2.3.19 所示。由于 OC 门输出高电平,输出端悬空,仅有微小漏电流 I_{OH}。I_{RC} 从 V_{CC} 流出,经过 R_C,分别流入 OC 门输出端和 TTL 门输入端。根据图中有关电流的标记,可得

$$U_{OH} = V_{CC} - I_{RC} R_C = V_{CC} - (k I_{IH} + n I_{OH}) R_C \tag{2.3.11}$$

将 $I_{OH} \approx 0$ 代入可得

$$U_{OH} = V_{CC} - I_{RC} R_C = V_{CC} - k I_{IH} \times R_C \tag{2.3.12}$$

后面连接的 TTL 门,输入端有的并联,有的不并联,对 I_{IH} 的计算会有不同的结果。由上式可看出,如果 R_C 越大,U_{OH} 越低,将 U_{OHmin} 代入式(2.3.11),可得 R_{Cmax} 为

$$R_{Cmax} = \frac{V_{CC} - U_{OHmin}}{k I_{IH} + n I_{OH}} \tag{2.3.13}$$

当 OC 门中有低电平输出时,对应的电路情况如图 2.3.20 所示。

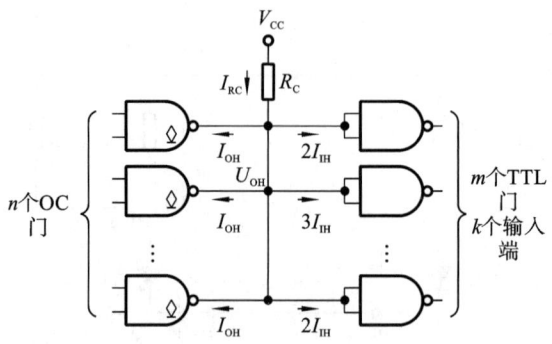

图 2.3.19 OC 门并联输出高电平

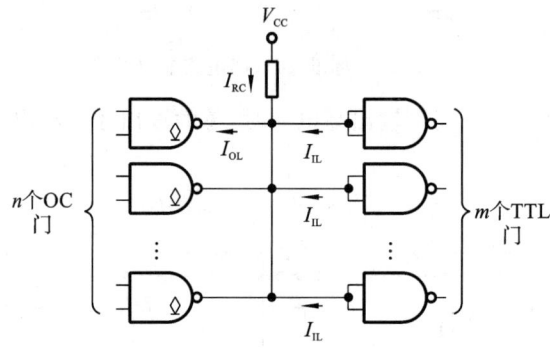

图 2.3.20 OC 门并联输出低电平

假设 n 个 OC 门中只有一个导通,由图中有关电流的标记可得

$$I_{OL} = I_{RC} + mI_{IL} = \frac{V_{CC} - U_{OL}}{R_C} + mI_{IL} \qquad (2.3.14)$$

显然 R_C 越小,流入 OC 门中的电流就越大,U_{OL} 上升也越多,当 U_{OL} 升至上限值 U_{OLmax} 时,就确定了 R_C 的最小值。于是有

$$R_{Cmin} = \frac{V_{CC} - U_{OLmax}}{I_{OL} - mI_{IL}} \qquad (2.3.15)$$

最后应取

$$R_{Cmin} \leqslant R_C \leqslant R_{Cmax} \qquad (2.3.16)$$

如果单从工作速度考虑,R_C 越大,驱动电容负载的能力越差,工作速度降低,如果从提高工作速度这一角度考虑,R_C 应取接近 R_{Cmin} 值。如果对工作速度没有特别的要求,R_C 一般选 5～10 kΩ 即可。

4. OC 门的主要应用

1) 实现电平转换

在数字系统的应用中,经常需要电平转换,例如将 TTL 电平转换为 CMOS 电平、高阈值 TTL(HTL)电平等,常用 OC 门来实现。如图 2.3.21 所示,把上拉电阻 R_C 接到 V_{CC} 上,这样在 OC 门输入普通的 TTL 电平,通过改变电源 V_{CC} 的值,就可以改变输出 u_O 高电平的值,实现 TTL 电平到其他类型电路电平的转换。

2）驱动不同的负载

OC 门可以用来驱动不同的负载,例如驱动发光二极管、继电器、指示灯和脉冲变压器等。图 2.3.22 所示为 OC 门用来驱动发光二极管的电路。

3）实现线与

两个 OC 门实现线与时的电路如图 2.3.23 所示。此时的逻辑关系为

$$Y = \overline{AB} \cdot \overline{CD} = \overline{AB + CD} \tag{2.3.17}$$

即在输出线上实现的与运算,通过逻辑变换可转换为与或非运算。在使用 OC 门实现线与时,外接上拉电阻 R_c 的选择至关重要,只有 R_c 选择适当,才能保证 OC 门输出满足高低电平要求。

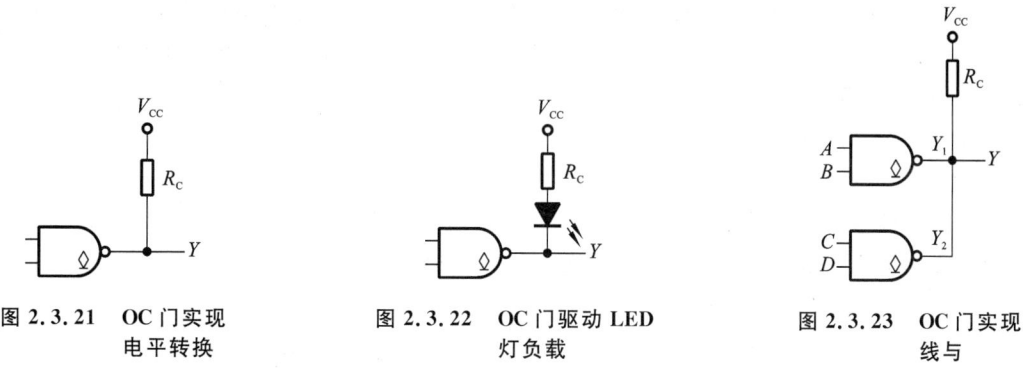

图 2.3.21　OC 门实现
电平转换

图 2.3.22　OC 门驱动 LED
灯负载

图 2.3.23　OC 门实现
线与

2.3.5　TTL 三态门

三态输出门(three state output gate,TS 门)简称三态门,是在普通门电路的基础之上加入使能控制电路组合而成的。三态输出门与一般门电路不同,它的输出端除了可以出现高电平、低电平外,还可以出现第三种状态——高阻状态(简称高阻态)。

1. 电路结构

图 2.3.24(a)所示电路是一个三态输出与非门电路,该电路实际上是由一个与非门和一个反相器构成的,图 2.3.24(b)为三态门的逻辑符号。

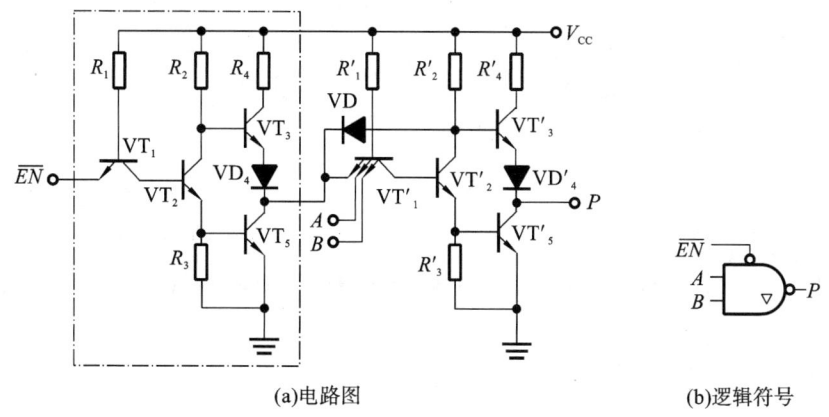

(a)电路图　　　　　　　　　　　　(b)逻辑符号

图 2.3.24　三态两输入与非门

图 2.3.24(a)的右半部分是一个与非门,左半部分点画线框内是一个非门,非门的输入端是 $\overline{EN}$,称为使能端,当 $\overline{EN}=0$ 时,左侧的非门输出一个高电平给右侧的与非门。这时,二极管 VD 截止,右边的与非门将按照与非的逻辑关系把输入信号 A 和 B 传送到输出端,即当 $\overline{EN}=0$ 时,$P=\overline{AB}$。

当 $\overline{EN}=1$ 时,非门输出一个低电平,与非门的输入端有一个是低电平,这个低电平使与非门输出高电平,即与非门输出级的 VT_5' 是截止的。非门输出低电平 0.3 V,二极管 VD 导通,使得 $u_{B3}'\approx0.3+U_D=1$ V,不足以令 VT_3' 和 VD_4' 同时导通,所以 VT_3' 和 VD_4' 截止。这时从输出端看进去,VT_3'、VD_4' 和 VT_5' 均截止,于是称此时的电路处于高阻状态。

2. 三态门的应用

三态门在数字电路中是一种非常重要的器件,可以实现数据的双向传输。如图 2.3.25(a)所示电路,当控制端 $C=0$ 时,三态门 G_1 工作,G_2 高阻,数据由 A 传输到 B;当 $C=1$ 时,G_2 工作,G_1 高阻,数据由 B 传输到 A。

三态门还可以挂接在一组总线(BUS)上,来实现不同数字器件之间的数据传输。如图 2.3.25(b)所示,若干个三态门挂在同一条传输线上,通过对各门使能端的控制,使其中一个门工作,其余的门不工作,且对总线呈现高阻状态,这样工作的门就可以向总线传输数据。这样一来,通过控制三态门的使能端就可以分时地将数据传输到总线上。

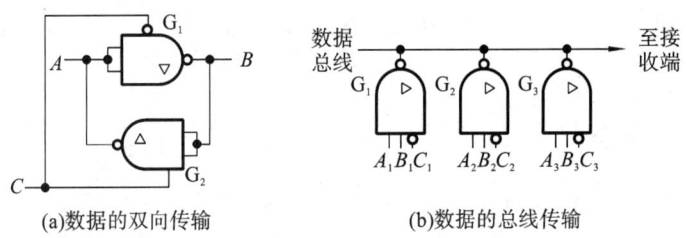

(a)数据的双向传输　　　(b)数据的总线传输

图 2.3.25　三态门的应用

【例 2.3.3】　如图 2.3.26(a)所示电路,G_1 为 TTL 三态门,G_2 为 TTL 与非门,图 2.3.26(b)为其电压传输特性曲线。万用表的内阻为 20 kΩ/V,量程为 5 V。当 $C=0$ 和 $C=1$ 时,试分别说明万用表的读数为多少伏。

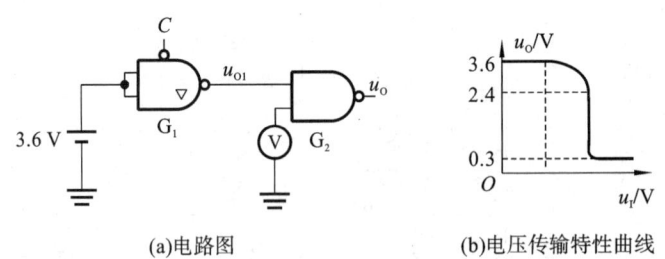

(a)电路图　　　　　(b)电压传输特性曲线

图 2.3.26　例 2.3.3 电路图及电压传输特性曲线

解:(1) 当 $C=0$ 时,G_1 工作,$u_{O1}=0.3$ V,G_2 门 VT_1 管导通,如图 2.3.27(a)所示,$u_{B1}=(0.3+0.7)$ V$=1$ V,因此,万用表的读数为 $(1-0.7)$ V$=0.3$ V。

(2) 当 $C=1$ 时,G_1 门输出高阻,G_2 门相应输入端相当于悬空,VT_2 和 VT_5 饱和导通,$u_{B1}=2.1$ V,因此,万用表的读数为 $(2.1-0.7)$ V$=1.4$ V,如图 2.3.27(b)所示。

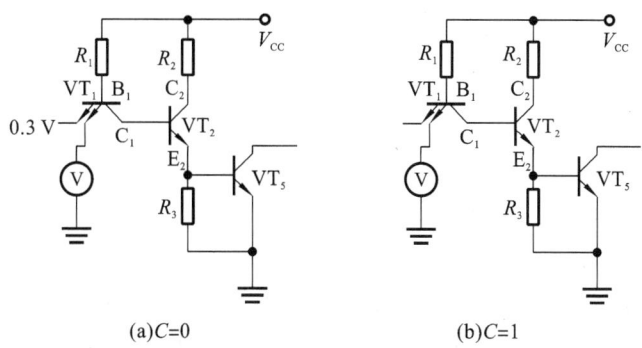

(a)C=0   (b)C=1

图 2.3.27 例 2.3.3 取不同值时 G₂ 电路图

2.3.6 TTL 门电路系列

TTL 门电路系列主要是依据美国 TI 公司的产品命名的,基本系列分为 54 系列和 74 系列,两者具有基本相同的电路结构和电气性能参数,主要区别在于工作温度范围和电源电压工作范围。54 系列为军用级产品,该系列供电电源范围广,温度范围为 $-55\sim125$ ℃;74 系列为商用级产品,该系列对供电电源有严格要求,并且温度范围为 $0\sim70$ ℃。本章主要讨论 74 系列产品。

TTL 电路有基本系列(54/74 系列)、高速系列(54H/74H 系列)、肖特基系列(54S/74S 系列)、低功耗肖特基系列(54LS/74LS 系列)等,这四个系列分别与国标 C1000 系列、C2000 系列、C3000 系列、C4000 系列相对应。

74 系列又称为标准 TTL 系列,属中速 TTL 器件,其平均传输延迟时间约为 10 ns,平均功耗约为 10 mW/门。74L 系列为低功耗 TTL 系列,又称 LTTL 系列,用增加电阻阻值的方法将电路的平均功耗降低为 1 mW/门,但平均传输延迟时间较长,约为 33 ns。

74H 系列为高速 TTL 系列,又称 HTTL 系列,与 74 标准系列相比,电路结构上主要作了两点改进:一是输出级采用了达林顿结构;二是大幅度地降低了电路中的电阻的阻值。从而提高了工作速度和负载能力,但电路的平均功耗增加了。该系列的平均传输延迟时间为 6 ns,平均功耗约为 22.5 mW/门。

74S 系列为肖特基 TTL 系列,又称 STTL 系列。与 74 系列相比较,为了进一步提高速度,作了四点改进:一是输出级采用了达林顿结构,降低了输出高电平时的电阻,有利于提高速度,也提高了负载能力;二是采用了抗饱和晶体管;三是采用了"有源泄放电路";四是输入端增加了二极管,用于抑制输入端出现的负向干扰,起保护作用。由于采用了这些措施,74S 系列的延迟时间缩短为 3 ns,但电路的功耗较大,约为 20 mW/门。

74LS 系列为低功耗肖特基系列,又称 LSTTL 系列。电路中采用了抗饱和晶体管和专门的肖特基二极管来提高工作速度,同时通过加大电路中电阻的阻值来降低电路的功耗,从而使电路既具有较高的工作速度,又有较低的平均功耗。其平均传输延迟时间为 9.5 ns,平均功耗约为 2 mW/门。

为了进一步提高转换速度或降低功耗,在肖特基系列基础上又开发了几个改进系列。

74AS 系列:先进肖特基系列,又称 ASTTL 系列,它是 74S 系列的后继产品,在 74S 的基础上大大降低了电路中的电阻阻值,从而提高了工作速度。其平均传输延迟时间为 1.5 ns,但平均功耗较大,约为 20 mW/门。

74ALS 系列:先进低功耗肖特基系列,又称 ALSTTL 系列,是 74LS 系列的后继产品,在 74LS 的基础上通过增大电路中的电阻阻值、改进生产工艺和缩小内部器件的尺寸等措施,降低了电路的平均功耗,提高了工作速度。其平均传输延迟时间约为 4 ns,平均功耗约为 1 mW/门。

74F 系列:快速肖特基系列,其功耗及工作速度介于 74AS 系列和 74ALS 系列之间,功耗延迟积略低于 74AS 系列。

上述不同系列的 TTL 产品,若产品编号相同,则其逻辑功能必然相同。由于每一系列产品的电参数有一定的差异,所以在同一个数字系统中应选用同一系列的产品,不同系列的产品不要混用和替代。表 2.3.2 给出了典型门电路的延迟时间、功耗和速度功耗积。

表 2.3.2 典型门电路性能指标

类 型	延迟时间/ns	单门功耗/mW	速度功耗积/(pW·s)
74	10	10	100
74S	3	20	60
74LS	9.5	2	18
74ALS	4	1	4
74F	2.7	4	11

为了对门电路参数有一个全面的了解,表 2.3.3～表 2.3.5 给出了 TTL 门电路的参数规范标准,以便熟悉 TTL 门电路的性能和掌握查阅元件手册的方法。表中 7400 为四-二输入与非门,7404 为六反相器,7410 为三-三输入与非门,7420 为二-四输入与非门,7430 为八输入与非门。

表 2.3.3 TTL 门的参数规范标准

名 称	符号	54/74 系列	标准 54/74TTL 00,04,10,20,30			低功耗肖特基 54/74LSTTL 00,04,10,20,30			单位
			min	nom	max	min	nom	max	
电源电压	V_{CC}	54	4.5	5	5.5	4.5	5	5.5	V
		74	4.75	5	5.25	4.75	5	5.25	
高电平输出电流	I_{OH}	54/74		−400				−400	μA
低电平输出电流	I_{OL}	54			16			4	mA
		74			16			8	
工作环境温度	t_A	54	−55		125	−55		125	℃
		74	0		70	0		70	
低电平输入电压	U_{IL}	54			0.8			0.7	V
		74			0.8			0.8	
高电平输入电压	U_{IH}	54/74	2			2			V

名　　称	符号	54/74 系列	标准 54/74TTL 00,04,10,20,30			低功耗肖特基 54/74LSTTL 00,04,10,20,30			单位
			min	nom	max	min	nom	max	
低电平输出电压	U_{OL}	54		0.2	0.4		0.25	0.4	V
		74		0.2	0.4		0.25	0.4	
高电平输出电压	U_{OH}	54	2.4	3.4		2.5	3.4		V
		74	2.4	3.4		2.7	3.4		
低电平输入电流	I_{IL}	54/74			−1.6			−0.4	mA
高电平输入电流	I_{IH}	54/74			40			20	μA
短路输出电流	I_{OS}	54	−20		−55	−20		−100	mA
		74	−20		−55	−20		−100	

表 2.3.4　TTL 门的电源电流参数规范标准（$V_{CC}=5$ V，$t_A=25$ ℃）

型　　号	I_{CCH}/mA		I_{CCL}/mA		I_{CCL}/mA　每门平均 50%占空比
	typ	max	typ	max	typ
00	4	8	12	22	2
04	6	12	18	33	2
20	2	4	6	11	2
30	1	2	3	6	2
LS00	0.8	1.6	2.4	4.4	0.4
LS04	1.2	2.4	3.6	6.6	0.4
LS10	0.6	1.2	1.8	3.3	0.4
LS20	0.4	0.8	12	2.2	0.4
LS30	0.35	0.5	0.6	1.1	0.48

表 2.3.5　TTL 门的时间参数规范标准（$V_{CC}=5$ V，$t_A=25$ ℃）

型　　号	测试条件	t_{PLH}/ns		t_{PHL}/ns	
		typ	max	typ	max
00	$C_L=15$ pF $R_L=400$ Ω	11	22	7	15
04,20		12	22	8	15
30		13	22	8	15
LS00,LS04	$C_L=15$ pF $R_L=2$ kΩ	9	15	10	15
LS10,LS20		9	15	10	15
LS30		8	15	13	20

◀ 2.4 其他类型的双极型集成门电路 ▶

在双极型数字集成电路中,TTL门电路的应用最广泛。但在某些有特殊要求的场合有可能使用其他种类的双极型集成电路,如二极管晶体管逻辑(diode transistor logic,DTL)、高阈值逻辑(high threshold logic,HTL)、发射极耦合逻辑(emitter coupled logic,ECL)和集成注入逻辑(integrated injection logic,I²L)等。下面简要介绍 ECL 和 I²L 电路。

2.4.1 ECL 门电路

由于 TTL 门中晶体管工作于饱和状态,开关速度受到了一定的限制。只有改变电路的工作方式,从饱和型变为非饱和型,才能从根本上提高开关速度。发射极耦合逻辑电路,也称为电流开关型逻辑电路,就是一种非饱和型高速度数字集成电路。这种电路具有开关速度快、带负载能力强、内部噪声低等优点;主要缺点是噪声容限小、电路功耗大、输出电平受温度影响大。该电路常用于高速中、小规模集成电路中。

发射极耦合逻辑门电路是利用运放原理通过晶体管射极耦合实现的门电路。ECL 门电路的主要优点是开关速度较快,因此主要用于高速数字电路中。

1. 电路结构

两输入 ECL 或/或非门电路如图 2.4.1 所示,$VT_1 \sim VT_3$ 管的发射极连在一起构成发射极耦合电路,VT_4 和 VT_5 是两个射随器,A 和 B 为输入信号,VT_3 管的基极接 -1.3 V 的基准电压源,Y_1 和 Y_2 为两个互补输出端,Y_1 为或非输出,Y_2 为或输出,电路的供电电源为 -5.2 V。输入逻辑高电平 $U_{IH} = -0.9$ V,逻辑低电平 $U_{IL} = -1.75$ V,输出逻辑高电平 $U_{OH} = -0.7$ V,逻辑低电平 $U_{OL} = -1.7$ V。

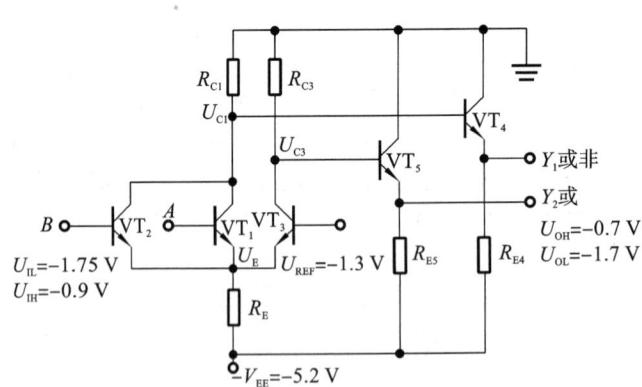

图 2.4.1 两输入 ECL 或/或非门电路结构

(1) 输入端都接低电平时,$VT_1 \sim VT_3$ 管中 VT_3 管的基极电位最高,所以 VT_3 管优先导通,若发射结压降为 0.7 V,$U_E = (-1.3-0.7)$ V $= -2$ V。此时 VT_1 和 VT_2 管发射结压降仅为 $[-1.75-(-2)]$ V $= 0.25$ V,因此 VT_1 和 VT_2 管同时截止,$U_{C1} \approx 0$ V,VT_4 管发射极输出为 $(0-0.7)$ V $= -0.7$ V,即 Y_1 输出逻辑高电平。VT_3 管导通,如果电路参数设计合理,可使 $U_{C3} \approx -1$ V,VT_5 射极输出为 $(-1-0.7)$ V $= -1.7$ V,即 Y_2 输出逻辑低电平。

（2）输入端有一个接高电平时,设 A 接高电平,$VT_1 \sim VT_3$ 管中 VT_1 管的基极电位最高,所以 VT_1 管优先导通,$U_E = (-0.9 - 0.7)$ V $= -1.6$ V。此时,VT_3 管发射结压降仅为 $[-1.3 - (-1.6)]$ V $= 0.3$ V,因此 VT_3 管截止,$U_{C3} \approx 0$ V,VT_5 射极输出为 $(0 - 0.7)$ V $= -0.7$ V,即 Y_2 输出逻辑高电平。VT_1 管导通,如果电路参数设计合理,可使 $U_{C1} \approx -1$ V,VT_4 管发射极输出为 $(-1 - 0.7)$ V $= -1.7$ V,即 Y_1 输出逻辑低电平。

通过上面的分析,得到输入和输出之间的真值表如表 2.4.1 所示。不难看出,Y_1 是或非门电路输出,而 Y_2 是或门电路输出。

表 2.4.1　ECL 或/或非门电路的真值表

A	B	Y_1	Y_2
0	0	1	0
0	1	0	1
1	0	0	1
1	1	0	1

2. 电路特点

ECL 门电路的主要优点如下:

（1）开关速度很高。由于 ECL 门中发射极耦合电路的晶体管只工作在放大和截止状态,未进入饱和状态,缩短了电容负载的充电时间,输出部分的射随器输出电阻很小,同样缩短了电容负载的充电时间,两方面使得 ECL 门电路的平均延迟时间 t_{pd} 可达到 0.1 ns 以下。

（2）扇出系数很大。输入端的发射极耦合电路实际上是差分放大电路,其输入电阻很大,输出端采用射随器,输出电阻很小,输入电阻高和输出电阻低使 ECL 门电路的扇出系数可达 90 以上。

（3）开关噪声很低。由于采用差分放大电路,如果电路设计合理,可以使 $VT_1 \sim VT_3$ 管中集电极电流非常接近,这样就不会使电源电流在开关过程中波动过大,消除了动态尖峰电流的影响,所以电路的开关噪声很低。

（4）可实现线或逻辑。由于射极开路,可以直接将 ECL 门的输出端并联,实现线或逻辑。图 2.4.2 是利用两个两输入 ECL 或/或非门电路实现的线或逻辑电路。

$$Y_1 = A + B + C + D, \quad Y_2 = \overline{A+B} + \overline{C+D}$$

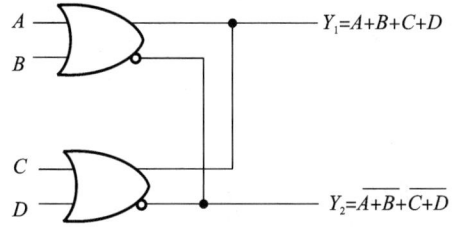

图 2.4.2　ECL 实现线或逻辑

ECL 门电路的缺点也比较明显,主要缺点如下:

（1）功耗较大。ECL 电路功耗为差分放大电路、基准电压源和射随器三部分之和。为了提高工作速度,电路中电阻值都设计得较小,所以电路的总功耗比 TTL 要大,每门平均功耗达 100 mW,可见 ECL 的高速是以增加功耗为代价的。

(2) 噪声容限低,抗干扰能力差。ECL 电路的逻辑摆幅为 0.8 V 左右,其噪声容限一般约为 200 mV。

(3) 与其他门连接时,需要电平移动电路。

3. 常用系列

ECL 门电路主要有 10K 和 100K 两大系列。100K 系列速度最快,供电电源为 −4.5 V,10K 系列供电电源为 −5.2 V。典型产品有四-二输入或/或非门 MC10101、四-二输入或非门 MC10102、四-二输入或门 MC10104 等。

2.4.2 I²L 电路

集成注入逻辑门的电路简单,其基本结构是由一个 NPN 型多集电极晶体管和一个 PNP 型恒流源负载组成的反相器。由于 I²L 电路的驱动电流是由 PNP 晶体管的发射极注入的,所以称为集成注入逻辑。它的功耗低,集成度高,电路的每个基本逻辑单元占的芯片面积很小,工作电流不超过 1 μA,因而其集成度可达 500 门/mm² 以上(一般 TTL 电路集成度约为 20 门/mm²)。

集成注入逻辑电路可以在低电压下工作,其高电平 $V_H=0.7$ V,低电平 $V_L=0.1$ V。集成注入逻辑电路的缺点是抗干扰能力差,开关速度较低。

◀ 2.5 CMOS 集成门电路 ▶

MOS 门电路与 TTL 门电路相比具有很多优点:

(1) 工艺简单,集成度高;

(2) MOS 管可以作为负载电阻使用;

(3) 输入阻抗高,可以超过 10^{10} Ω,扇出系数大;

(4) 功耗低、噪声小;

(5) 可以做成双向开关;

(6) 利用极间电容存储电荷效应,可以组成动态存储器件。

MOS 集成电路有 PMOS、NMOS 和 CMOS(由互补的 PMOS 和 NMOS 组成)集成电路三种。由于 CMOS 具有更低的功耗和更快的工作速度,所以 CMOS 集成电路已经成为当今数字集成电路、模数混合集成电路的主流,广泛应用于大规模集成电路和超大规模集成电路存储器和微处理器中。

2.5.1 MOS 管的开关特性

MOS 管的开关电路如图 2.5.1 所示。该 MOS 为 NMOS,当加到 NMOS 管栅源间的电压 u_I 小于开启电压 U_T 时,NMOS 管截止,相当于开关断开,输出高电平;当加到 NMOS 管栅源间的电压 u_I 大于开启电压 U_T 时,NMOS 管导通,相当于开关连接,输出低电平。

$$u_O = \frac{R_{DS}}{R_{DS}+R_D}V_{DD} \tag{2.5.1}$$

R_{DS} 是 MOS 管导通时的沟道电阻,当 $R_D \gg R_{DS}$ 时,$u_O \approx$ 0 V。

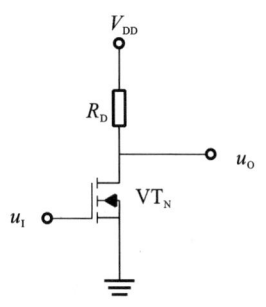

图 2.5.1　MOS 管的开关电路

2.5.2　标准 CMOS 非门(反相器)

图 2.5.1 所示反相器称为电阻负载反相器,该电路为了实现反相的逻辑功能,要求 $R_D \gg R_{DS}$,即要求 R_D 是一个较大的电阻,但在集成电路里大电阻不易制造。CMOS 反相器能够解决这一问题,CMOS 反相器由一对互补的 PMOS 管和 NMOS 管构成。

NMOS 管的源极接地 V_{SS},高电平导通。当栅源电压 u_{GSN} 为高电平,大于开启电压 U_{TN} 时,NMOS 导通,相当于 D、S 短接,输出低电平;反之,当栅源电压 u_{GSN} 为低电平,小于开启电压 U_{TN} 时,NMOS 截止,相当于 D、S 断开。

PMOS 管的源极接 V_{DD},低电平导通。当栅源电压 u_{GSP} 为低电平,小于开启电压 U_{TP} 时,PMOS 导通,相当于 D、S 短接,输出高电平;反之,当栅源电压 u_{GSP} 为高电平,大于开启电压 U_{TP} 时,PMOS 截止,相当于 D、S 断开。

【本节任务】　用 CMOS 电路设计一个非门(反相器),电路结构和工作原理如下。

1. 电路结构

CMOS 非门(反相器)如图 2.5.2 所示,CMOS 反相器中的 NMOS 管和 PMOS 管一般都是增强型 MOS 管,两个漏极连在一起作为反相器的输出端,两个栅极连在一起作为反相器的输入端。CMOS 反相器要求电源电压大于两个管子的开启电压绝对值之和,即 $V_{DD} > |U_{TP}| + |U_{TN}|$。

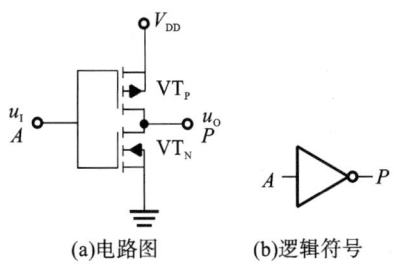

(a)电路图　　　(b)逻辑符号

图 2.5.2　CMOS 非门(反相器)

2. 工作原理

当 u_I 为高电平(V_{DD})时,VT_N 管的栅源电压 u_{GSN} 大于开启电压 U_{TN},于是 VT_N 管导通。对于 VT_P 管来说,栅源间的电压 u_{GSP} 绝对值小于 VT_P 管开启电压的绝对值 $|U_{TP}|$,因此 VT_P 管截止。VT_N 管导通和 VT_P 管截止,输出低电平。

当 u_I 为低电平(0 V)时,VT_N 管的栅源电压 u_{GSN} 小于 VT_N 管的开启电压,VT_N 管截止。对于 VT_P 管来说,栅源电压 u_{GSP} 绝对值大于 VT_P 管开启电压的绝对值 $|U_{TP}|$,因此 VT_P 管导通。VT_N 管截止和 VT_P 管导通,输出高电平。

综上,该电路是一个反相器。

3. 主要特点

1)静态功耗低

当反相器处于稳态时,无论是输出高电平还是低电平,VT_P 管和 VT_N 管中必有一个截止,另一个导通。由于截止时等效电阻很大,流过 VT_P 管和 VT_N 管的电流很小,故 CMOS 反相器的静态功耗很低。

2)开关速度快

当反相器的输出由高电平变为低电平时,VT_N 管导通,由于 NMOS 管的沟道电阻小,给负载电容提供一快速放电回路。当反相器的输出由低电平变为高电平时，VT_P 管导通，由于 PMOS 管的沟道电阻小，给负载电容提供一快速充电回路。所以 CMOS 反相器的开关速度比较快。当负载电容较小时，或采用驱动电流大的电路后，CMOS 反相器的平均延迟时间可以小到几十纳秒。

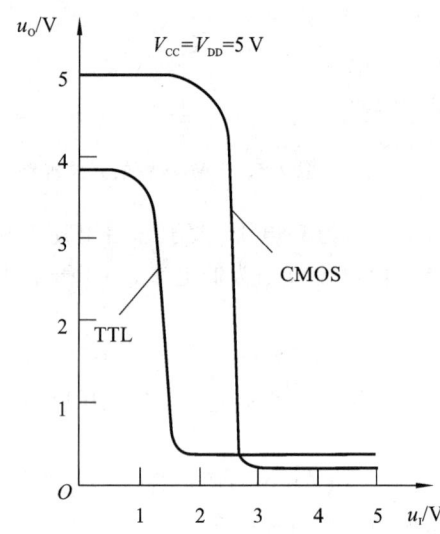

图 2.5.3　CMOS 反相器和 TTL 反相器的电压传输特性曲线

3）电源电压低

CMOS 反相器和 TTL 反相器的电压传输特性曲线如图 2.5.3 所示，CMOS 反相器输出高电平的数值基本上等于电源电压，因此为了获得一个同 TTL 反相器一样的高电平，对于 CMOS 反相器所需要的电源电压要更小一些。CMOS 反相器输出低电平的数值要比 TTL 反相器更低，一般小于 0.1 V。这样，CMOS 反相器的高、低电平差值比 TTL 反相器大许多。所以，CMOS 反相器可以在较低的供电电压下工作，同时供电电压范围很宽，可以从一点几伏到二十几伏。

4）噪声容限高

CMOS 反相器的阈值电平大约等于电源电压的 50%，一般在电源电压的 45%～55% 之间。例如，在 5 V 供电电压条件下，CMOS 反相器的阈值要比 TTL 反相器的阈值高出大约 1 V。因此 CMOS 反相器的噪声容限高于 TTL 反相器。

5）动态功耗不低

CMOS 反相器的静态功耗很低，但是动态功耗不一定低。在 MOS 管的开关过程中，对于 NMOS 管从开到关、PMOS 管从关到开，或者 NMOS 管从关到开、PMOS 管从开到关都存在延迟，因此会出现 NMOS 管和 PMOS 管同时导通的现象，这样就形成了动态功耗。CMOS 逻辑门的动态功耗曲线如图 2.5.4 所示。由图可见，CMOS 逻辑门的动态功耗基本上随工作频率的增加而线性增加，静态时，CMOS 逻辑门的静态功耗在微瓦数量级，当工作频率达到 1 MHz 时，可能达到毫瓦数量级。

CMOS 反相器的缺点是比较容易受到静电的损伤，这是由于场效应管的栅源极之间几乎是绝缘的，电阻十分大，而栅源之间的电容又较小，所以一旦受到静电的影响，栅源之间会有较高的电压产生，这个电压可能会击穿栅极，使场效应管损坏。不过现在的 CMOS 门都有输入保护回路，用以防止静电损伤，但仍应注意静电的危害。

2.5.3　CMOS 非门（反相器）的外部特性和主要参数

下面我们研究 CMOS 非门（反相器）的外部特性和主要参数，包括电压传输特性、输入 U-I 特性、输出低电平负载特性、输出高电平负载特性、扇出系数、静态功耗、传输延迟特性、噪声容限等。

1. 电压传输特性

如图 2.5.2 所示的 CMOS 反相器电路中，设 $V_{DD} > (U_{TN} + |U_{TP}|)$，且 $U_{TN} = |U_{TP}|$，VT_P、VT_N 具有相同的导通内阻 R_{on} 和截止电阻 R_{off}，则电压传输特性（输出电压随着输入电压变化

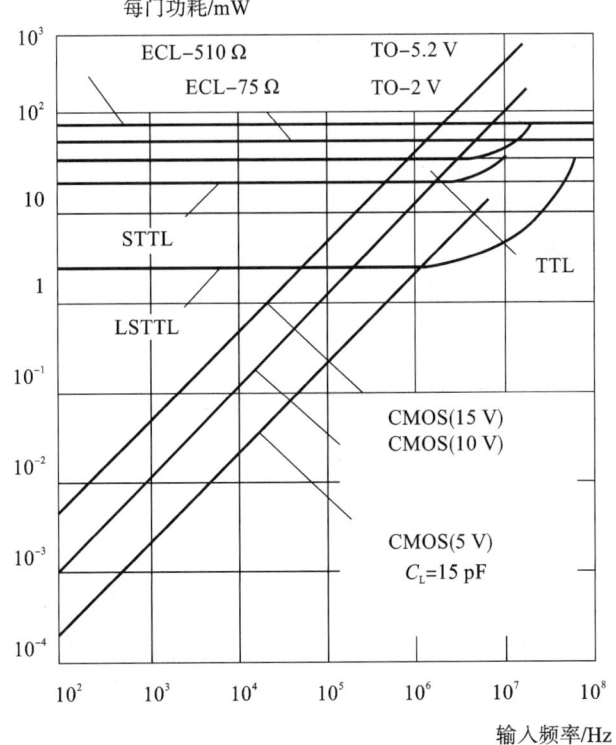

图 2.5.4　CMOS 反相器的动态功耗曲线

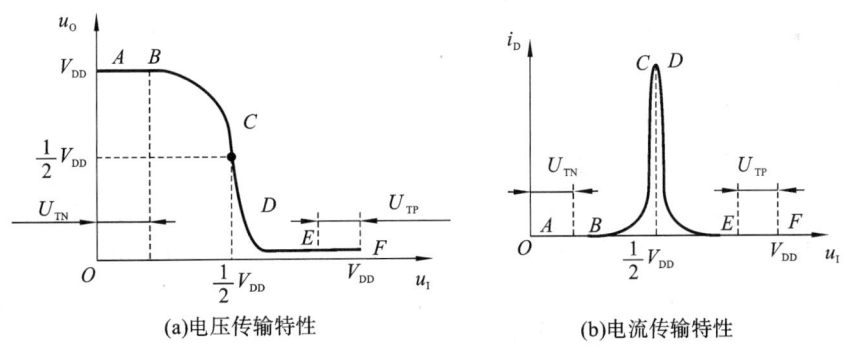

(a)电压传输特性　　　　　　　　　　(b)电流传输特性

图 2.5.5　CMOS 反相器的传输特性

的曲线)如图 2.5.5(a)所示,电流传输特性(漏极电流随输入电压变化的曲线)如图 2.5.5(b)所示。

根据 VT$_P$ 和 VT$_N$ 两个 MOS 管工作情况的不同,传输特性曲线可分为五段。

曲线 *AB* 段或 *EF* 段:由前述 CMOS 反相器工作原理的两种情况 $u_I = U_{IL} = 0$ V 和 $u_I = U_{IH} = V_{DD}$ 的分析可知,不论输入是高电平还是低电平,总有一个 MOS 管处于截止状态,流过两管的 i_D 也接近于 0。

曲线 *BC* 段或 *DE* 段:VT$_P$ 和 VT$_N$ 总有一个 MOS 管处于可变电阻区而另一个处于恒流区,此时电路输出电流比较大,传输特性变化比较快,两管在 $u_I = V_{DD}/2$ 处转换状态。

曲线 *CD* 段:在 $u_I = V_{DD}/2$ 时,由于 VT$_P$ 和 VT$_N$ 均工作在恒流区,电流 i_D 达到最大值,此

时功耗也达到最大。这一段特性曲线称为转折区,转折区的中点对应的输入电压值称为 CMOS 反相器的阈值电压,通常用 U_T 表示。因此 CMOS 反相器的阈值电压为 $U_T = V_{DD}/2$。

2. 输入 $U\text{-}I$ 特性

CMOS 反相器静态输入特性是指输入电流 i_I 随输入电压 u_I 变化的曲线。因为 MOS 管的栅极 G 和衬底之间存在着以二氧化硅为介质的输入电容,而绝缘层极薄,非常容易被击穿,一般耐压 100 V 左右,而人体静电就达千伏以上,所以必须采取一定的保护措施。

在目前生产的各类 CMOS 集成电路中都采用了各种形式的输入保护措施。其中 74HC 系列多采用图 2.5.6(a)所示的输入保护电路,该反相器的输入特性曲线如图 2.5.6(b)所示。

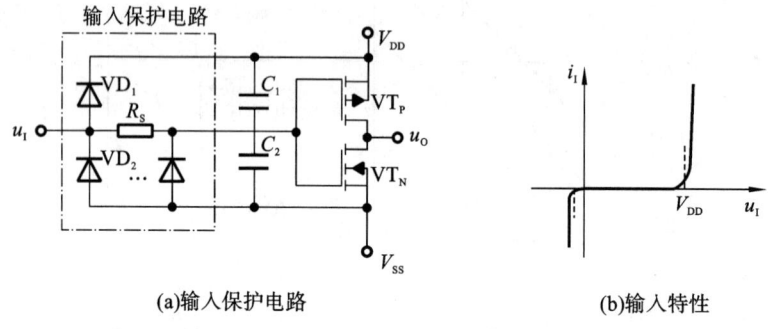

(a)输入保护电路　　　　　　　　(b)输入特性

图 2.5.6　74HC 系列 CMOS 反相器的输入特性

在输入信号电压的正常工作范围内($0 < u_I < V_{DD}$),输入保护电路不起作用。当输入端出现瞬时的过冲电压,使保护二极管 VD_1 或 VD_2 发生正向导通的情况下,VD_1 将输入过高电压钳制 $V_{DD} + 0.7$ 以下,VD_2 将输入过低电压钳制 $V_{SS} - 0.7$ 以上。只要 VD_1 或 VD_2 正向导通电流不过大,而且持续的时间很短,那么瞬间电压冲击过去后,二极管的 PN 结仍然可以恢复正常工作状态。

3. 输出低电平负载特性

当 $U_{IH} = V_{DD}$ 时,CMOS 反相器的 VT_N 导通,VT_P 截止,输出低电平 U_{OL},其工作状态如图 2.5.7(a)所示。该状态下负载电流 I_{OL} 为灌电流,输出电平 U_{OL} 随着 I_{OL} 的增加而提高;又因为 VT_N 的 U_{GSN} 越大,导通内阻越小,所以在同样的 I_{OL} 值下 V_{DD} 越高,VT_N 导通时 U_{GSN} 越大,U_{OL} 越低,如图 2.5.7(b)所示。

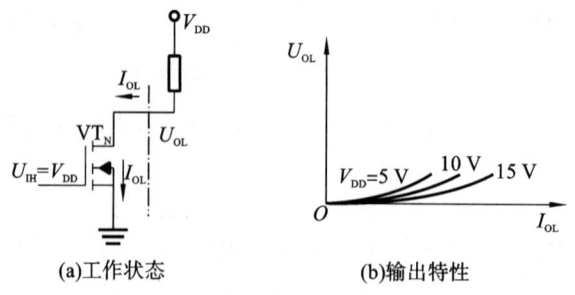

(a)工作状态　　　　　　　　(b)输出特性

图 2.5.7　CMOS 反相器低电平负载特性

4. 输出高电平负载特性

当 $U_{IL} = 0$ 时,CMOS 反相器的 VT_P 导通,VT_N 截止,输出高电平 U_{OH},其工作状态如图

2.5.8(a)所示。该状态下负载电流 I_{OH} 为拉电流,输出电平 U_{OH} 随着 I_{OH} 增加而下降;又因为 VT_P 的 U_{GSP} 电压越大,导通内阻越小,所以在同样的 I_{OH} 值下 V_{DD} 越高,VT_P 导通时的 U_{GSP} 越大,U_{OH} 下降得越少,如图 2.5.8(b)所示。

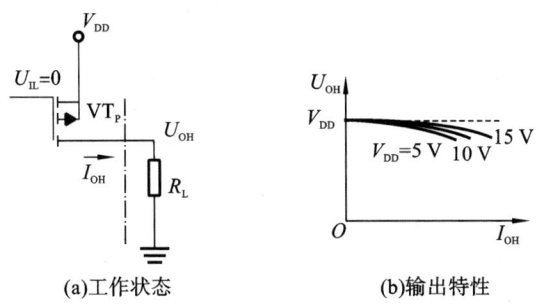

(a)工作状态   (b)输出特性

图 2.5.8　CMOS 反相器高电平负载特性

5. 扇出系数

因 CMOS 电路有极高的输入阻抗,故其扇出系数很大,一般额定扇出系数可达 50。但必须指出的是,扇出系数是指驱动 CMOS 电路的个数,若就灌电流负载能力和拉电流负载能力而言,CMOS 电路远远低于 TTL 电路。

6. 静态功耗

CMOS 反相器在静态下,因为 VT_P 和 VT_N 总是处在有一个截止的工作状态,而截止时的漏电流又极其微弱,所以这个电路产生的功耗可以忽略不计。当然,由于存在保护二极管,其反向漏电流要比 VT_P 和 VT_N 的漏电流大得多。动态功耗主要由两部分构成:一部分是对负载电容充放电所消耗的功率 P_C,另一部分是由于两个 MOS 管 VT_P 和 VT_N 在短时间内同时导通所消耗的瞬时导通功率 P_T。

对电容负载的充、放电电流为状态转换时的瞬时输出电流,若负载电容为 C_L,工作频率为 f,则

$$P_C = C_L \times f \times V_{DD}^2 \tag{2.5.2}$$

瞬时导通功耗 P_T 和电源电压 V_{DD}、输入信号的频率 f 以及电路内部参数有关,可按下式计算

$$P_T = C_{PD} \times f \times V_{DD}^2 \tag{2.5.3}$$

C_{PD} 称为功耗电容,它的具体数值由器件生产商给出。例如 74HC 系列门电路的 C_{PD} 数值通常为 20 pF 左右。

总的功耗 P_D 应为 P_C 与 P_T 之和,即

$$P_D = P_C + P_T = (C_L + C_{PD}) \times f \times V_{DD}^2 \tag{2.5.4}$$

7. 传输延迟特性

在 CMOS 反相器电路中,由于 MOS 管的电极之间及衬底和电极之间都存在寄生电容,在反相器的输出端更不可避免地存在着负载电容,例如负载为下一级 CMOS 门时,其输出电容和接线电容就构成了上一级的负载电容,在输出电压发生跳变时,输出电压的变化必然将落后于输入电压的变化。

像在 TTL 电路中一样,这里将输出电压滞后于输入电压波形的时间称为传输延迟时间。将输入波形上升沿的中点到输出波形下降沿的中点所经历的延迟时间记为 t_{PHL},将输入波形

下降沿的中点到输出波形上升沿的中点所经历的延迟时间记为 t_{PLH}，如图 2.5.9 所示。在 CMOS 电路中一般情况下 t_{PHL} 和 t_{PLH} 是相等的，所以可以用平均延迟时间 t_{pd} 表示 t_{PHL} 或 t_{PLH}。

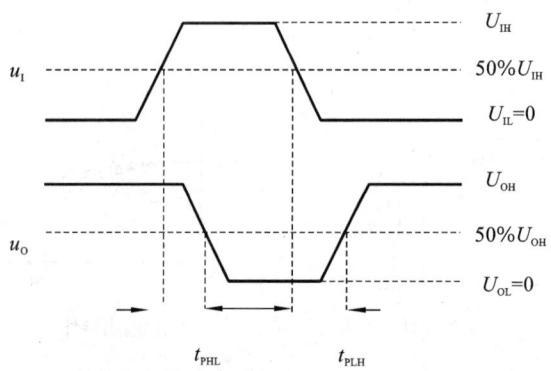

图 2.5.9　CMOS 反相器传输延迟时间

8. 噪声容限

从图 2.5.5(a)所示的 CMOS 反相器的电压传输特性曲线上可以看出，当输入电压从低电平略有升高时，输出的高电平状态并不立刻改变。同样，当输入电压从高电平略有降低时，输出的低电平状态也不立刻改变。因此，和 TTL 反相器类似，同样存在一个允许的噪声容限，即保证输出高、低电平基本不变的条件下，允许输入电平有一定的波动范围。

噪声容限的计算方法也和 TTL 反相器一样，输入为高电平和低电平的噪声容限为

$$U_{NH} = U_{OHmin} - U_{IHmin} \tag{2.5.5}$$

$$U_{NL} = U_{ILmax} - U_{OLmax} \tag{2.5.6}$$

在 CMOS 门电路中，负载为其他 CMOS 门时，负载电流几乎等于零，与空载情况相当，一般规定 $U_{OHmin} = V_{DD} - 0.1$，$U_{OLmax} = V_{SS} + 0.1$。其中，V_{SS} 表示 N 沟道 MOS 管的源极电压，通常接地情况下，$U_{OLmax} = 0.1 \text{ V}$。

一般在输出高、低电平变化不大于限定的 $10\% V_{DD}$ 的情况下，输入信号高、低电平允许变化的范围不大于 $30\% V_{DD}$，所以 $U_{NH} = U_{NL} = 30\% V_{DD}$，CMOS 门电路噪声容限的大小是和电源电压 V_{DD} 紧密相关的，V_{DD} 越大，噪声容限越高。

和 TTL 反相器一样，CMOS 电路的交流噪声容限也远大于直流噪声容限。这是由于负载电容和 MOS 管寄生电容的存在，输入信号状态变化时必须有足够的变化幅度和作用时间才能使输出改变状态。在输入信号为窄脉冲，而且脉冲宽度接近于门电路传输延迟时间的情况下，为使输出状态改变，所需要的脉冲信号幅度将远大于直流输入信号幅度。因此，反相器对窄脉冲的噪声容限(交流噪声容限)远高于直流噪声容限，且传输延迟时间越长，交流噪声容限越大。

2.5.4　其他类型的 CMOS 门电路

CMOS 非门(反相器)是 CMOS 门电路的最基本单元，在反相器的基础上可将逻辑非功能扩展为与非、或非等基本电路，而任何复杂的逻辑功能都可以分解为与、或、非的操作。通常，CMOS 门电路采用由 NMOS 管组成的逻辑块电路和由 PMOS 管组成的逻辑块电路分别代替单个 NMOS 管和 PMOS 管。对于 NMOS 逻辑块，遵循"与逻辑串联，或逻辑并联"的规律；对

于 PMOS 逻辑块,则遵循"或逻辑串联,与逻辑并联"的规律。在这种互补集成电路中,PMOS 管数目和 NMOS 管数目是相等的。

1. CMOS 与非门

图 2.5.10(a)为 CMOS 与非门的电路图,图 2.5.10(b)为其等效的逻辑符号图,可知

$$P = \overline{\overline{\overline{A} + \overline{B}}} = \overline{AB} \tag{2.5.7}$$

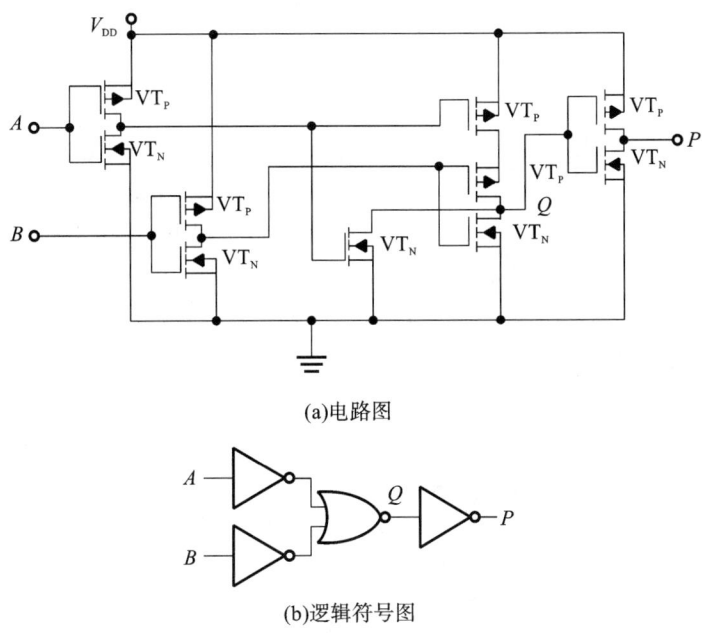

(a)电路图

(b)逻辑符号图

图 2.5.10 两输入 CMOS 与非门

如图 2.5.10 所示,CMOS 与非门的与非逻辑是在或非门的基础上,在输入端和输出端都加上起缓冲作用的反相器而得到的。$\overline{A}$ 和 $\overline{B}$ 代表输入侧的两个反相器;逻辑式最上面的大反号,则代表输出侧的反相器。中间的或非门,NMOS 逻辑块是并联结构,PMOS 逻辑块是串联结构。当 A 和 B 只要有一个输入端是低电平,经过输入侧反相器,加到或非门输入端的高电平就使与其相连的 NMOS 管导通,PMOS 管截止;或非门输出 Q 为低电平,经过输出侧反相器,输出端 P 为高电平,符合与非门的逻辑关系。当 A 和 B 两个输入端都是高电平时,输入侧的 2 个反相器输出都是低电平,使串联的 2 个 PMOS 管导通,并联的 2 个 NMOS 管截止,或非门输出 Q 为高电平,经输出侧反相器,输出 P 为低电平,这也符合与非门的逻辑关系。真值表如表2.5.1所示。

表 2.5.1 CMOS 与非门真值表

A	B	$\overline{A}$	$\overline{B}$	Q	P
0	0	1	1	0	1
0	1	1	0	0	1
1	0	0	1	0	1
1	1	0	0	1	0

2. CMOS 或非门

图 2.5.11(a)为 CMOS 或非门的电路图,它是在中间与非门的基础上,在输入侧和输出侧加上起缓冲作用的反相器而得到的。中间的与非门,NMOS 逻辑块是串联结构,PMOS 逻辑块是并联结构。它的逻辑功能可以仿照 CMOS 与非门进行分析,在此不多赘述,其真值表如表2.5.2所示。图 2.5.11(b)为其等效的逻辑电路图,由图可知

$$P = \overline{\overline{\overline{A} \cdot \overline{B}}} = \overline{A + B} \tag{2.5.8}$$

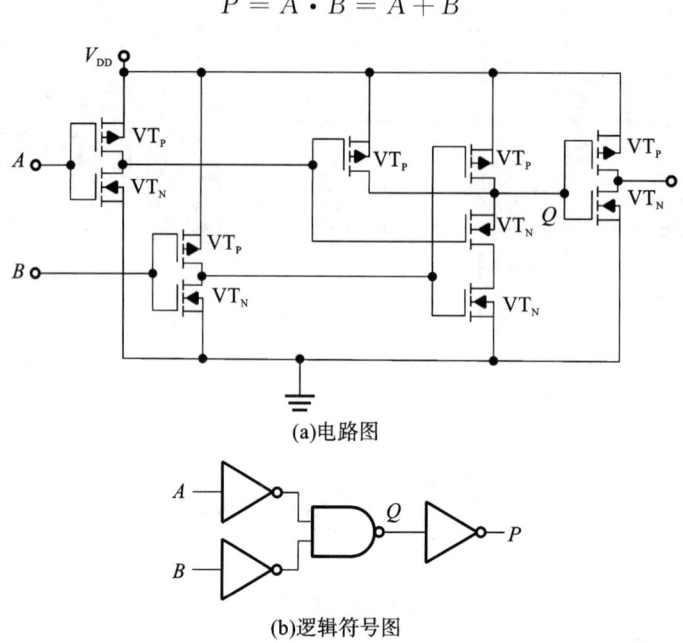

(a)电路图

(b)逻辑符号图

图 2.5.11　两输入 CMOS 或非门

表 2.5.2　CMOS 或非门真值表

A	B	$\overline{A}$	$\overline{B}$	Q	P
0	0	1	1	0	1
0	1	1	0	1	0
1	0	0	1	1	0
1	1	0	0	1	0

【例 2.5.1】　CMOS 电路如图 2.5.12 所示,试写出其逻辑表达式,并说明逻辑功能。

解: 当两个输入端都是低电平时,使串联的 2 个 PMOS 管导通,NMOS 管截止,Q 输出高电平,经反相器后,P 输出低电平;当两个输入端中有一个是高电平时,使相连的 NMOS 管导通,PMOS 管截止,Q 输出低电平,经反相器后,P 输出高电平。其真值表如表 2.5.3 所示。由真值表得 $Q = \overline{A + B}$,$P = \overline{Q} = A + B$,所以该电路是或门,实现或逻辑功能。

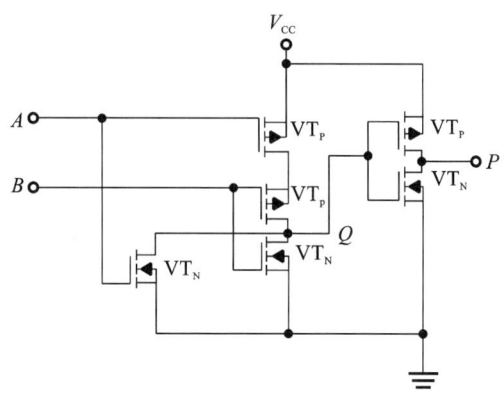

图 2.5.12 例 2.5.1 电路图

表 2.5.3 例 2.5.1 电路的真值表

A	B	Q	P
0	0	1	0
0	1	0	1
1	0	0	1
1	1	0	1

3. CMOS 漏极开路输出门(OD 门)

和 TTL 门电路中的 OC 门电路输出结构类似,为了满足输出电平转换、吸收大负载电流以及实现线与连接等需要,在 CMOS 电路中也有一种漏极开路(open drain,OD)输出结构的门电路。

图 2.5.13(a)所示为 Philips 公司生产的 74HC/HCT03 四-二输入 OD 输出与非门的电路结构,其输出电路是一个漏极开路的 N 沟道增强型 MOS 管 VT_N。图 2.5.13(b)给出了 OD 门的逻辑图形符号,它的图形符号和 OC 门相同。

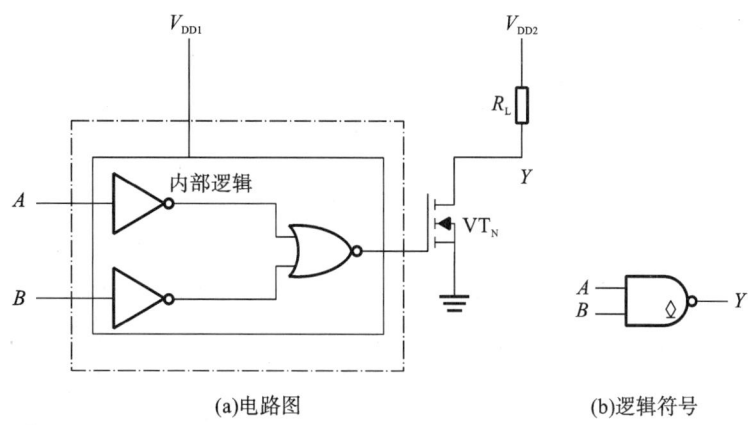

(a)电路图   (b)逻辑符号

图 2.5.13 两输入 CMOS OD 输出与非门

OD 门在工作时间同样需要外接上拉电阻和电源。只要电阻的阻值和电源电压的数值选择得当,就能够实现符合要求的高、低电平输出及负载电流。OD 门的应用及使用方法和前面讲过的 TTL OC 门类似,利用 OD 门同样能接成线与结构以及实现输出与输入之间的电平转换。

OD 门外接电阻的计算方法和 OC 门外接电阻的计算方法基本相同,唯一不同的地方是在多个负载门输入端并联的情况下,低电平输入电流的数目与输入端的数目相等。

4. CMOS 三态门

在 CMOS 电路中同样也有一种三态输出结构的门电路,CMOS 门电路中的三态输出门是在普通门电路基础上附加控制电路构成的。图 2.5.14 所示是 CMOS 三态输出反相器的电路结构和逻辑图形符号。

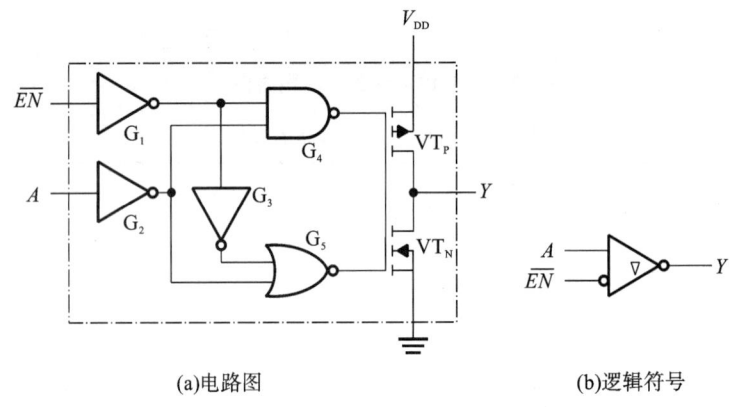

(a)电路图   (b)逻辑符号

图 2.5.14 三态输出的 CMOS 反相器

当使能端 $\overline{EN}=0$ 时,G_1 输出 1,G_3 输出 0。若 $A=1$,G_2 输出 0,G_4 输出 1,G_5 输出 1;VT_P 截止,VT_N 导通,输出 $Y=0$。若 $A=0$,则 G_2 输出 1,G_4 输出 0,G_5 输出 0;VT_N 截止,VT_P 导通,输出 $Y=1$。这时三态门等价于一个正常的非门,输出为高电平还是低电平由 A 决定,有 $Y=\overline{A}$。

当使能端 $\overline{EN}=1$ 时,G_1 输出 0,G_3 输出 1。不论 A 的状态如何,G_4 输出 1,G_5 输出 0,VT_P 和 VT_N 同时截止,输出端呈现高阻状态。该电路是 $\overline{EN}$ 低电平使能有效的三态非门。

5. CMOS 传输门

1) 电路结构

根据单个 NMOS 管和 PMOS 管的开关特性,将 NMOS 管和 PMOS 管并联在一起可以构成 CMOS 传输门,其电路图和逻辑符号如图 2.5.15(a)、图 2.5.15(b)所示。两个管的漏极作为输入端 u_1,两个管的源极相接作为输出端 u_O;两管的栅极作为控制端,分别接一对互为反相的控制电压 C 和 $\overline{C}$,可以控制传输门导通或关断。由于 MOS 管的结构对称,源极和漏极可以互换,电流可以从两个方向流通,所以传输门的输入端和输出端可以对换,即 CMOS 传输门可以双向传输,所以 CMOS 传输门也称为双向开关。图 2.5.15(c)为 CMOS 传输门的功能示意图,通过控制信号 C 的状态可以使开关断开或闭合。CMOS 传输门具有很低的导通电阻(几百欧)和很高的截止电阻(大于 10^7 Ω),接近于理想开关,这种开关受数字信号控制,因此也称为数字开关,既可以传输数字信号,也可以传输模拟信号,在数字系统中有着广泛的应用。

2) 工作原理

CMOS 传输门两个管的开启电压绝对值之和要小于等于电源电压,即 $V_{DD} \geqslant |U_{TP}| +$

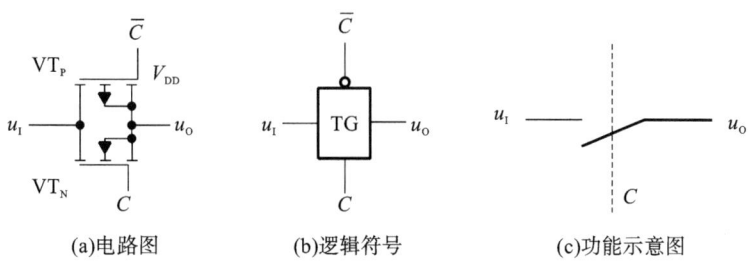

(a)电路图　　　　　　　(b)逻辑符号　　　　　　　(c)功能示意图

图 2.5.15　CMOS 传输门

$|U_{TN}|$。输入电压 $0 \leqslant u_I \leqslant V_{DD}$。在图 2.5.16 中,设电源电压 $V_{DD} = 10$ V,MOS 管开启电压绝对值 $|U_{TP}|$、$|U_{TN}|$ 均为 3 V。

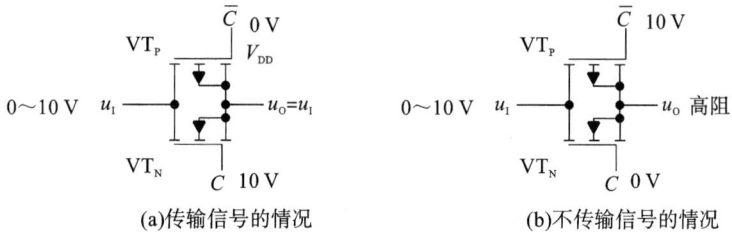

(a)传输信号的情况　　　　　　　　　(b)不传输信号的情况

图 2.5.16　CMOS 传输门工作状态

C 端加 10 V 电压,$\overline{C}$ 端加 0 V 电压,如图 2.5.16(a)所示,当输入电压 u_I 在 0～3 V 范围内变化时,仅 VT_N 管导通;当 u_I 在 3～7 V 范围内变化时,VT_N 和 VT_P 管同时导通;当 u_I 在 7～10 V 范围内变化时,仅 VT_P 管导通。所以,u_I 在 0～10 V 范围内变化时,至少有一个管子导通,这相当于开关闭合,有 $u_O = u_I$,实现了信号的传输。

如果在 VT_N 管的栅极加 0 V 电压,在 VT_P 管的栅极加 +10 V 电压,如图 2.5.16(b)所示,当输入电压仍在 0～10 V 内变化时,VT_N 管和 VT_P 管总是截止的,相当于开关断开,u_I 不能传到输出端。

综上,CMOS 传输门的导通与截止取决于控制端电平。当 C 端为 1 和 $\overline{C}$ 端为 0 时,传输门导通;当 C 端为 0 和 $\overline{C}$ 端为 1 时,传输门截止。

CMOS 传输门和反相器结合也可以组成单刀开关,电路如图 2.5.17 所示。外电路送来的控制电压直接送到传输门的 C 端,经反相器反相后送到 $\overline{C}$ 端。用多组这样的电路还可以构成双刀开关等多种开关形式。

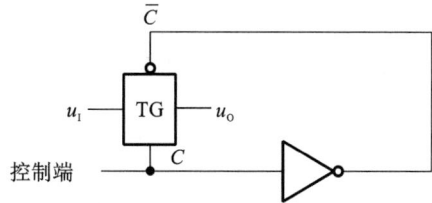

图 2.5.17　CMOS 传输门和反相器结合构成单刀开关

2.5.5　CMOS 门电路系列

CMOS 集成电路诞生于 20 世纪 60 年代末,经过制造工艺的不断改进,它的技术参数从总体上说,已经达到并超过 TTL 的水平,其中功耗、噪声容限、扇出系数等参数优于 TTL。早期生产的 CMOS 门电路为 4000 系列,后来发展为 4000B 系列,随后出现了高速的 74HC 和 74HCT 系列,以及超低电压的 74AUC 系列。为了使 CMOS 技术应用在射频和模拟电路中,采用 BiCMOS 技术,该技术将 BJT 的高速性能和高驱动能力与 CMOS 的高密度、低功耗和低成本相结合,既可用于数字集成电路,也可用于模拟集成电路。

4000 系列是早期的 CMOS 集成逻辑门产品,工作电源电压范围是 3~18 V,由于具有功耗低、噪声容限大等优点,已得到广泛应用。缺点是最大的负载电流仅有 0.5 mA 左右,工作速度较低,平均传输延迟时间为几十纳秒,最小工作频率小于 5 MHz,目前已基本被HC/HCT 系列的产品取代。

HC/HCT 系列也称为高速 CMOS 逻辑系列。电路主要从制造工艺上做了改进,使其大大提高了工作速度,平均传输延迟时间小于 10 ns,最高工作频率可达 50 MHz。HC 系列和 HCT 系列的主要区别在于工作电压范围和对输入电平的要求有所不同。HC 系列的电源电压范围为 2~6 V。HCT 系列的主要特点是与 TTL 器件电压兼容,它的电源电压范围为 4.5~5.5 V,输入电压参数为 $U_{\mathrm{IHmin}} = 2.0\ \mathrm{V}$,$U_{\mathrm{ILmax}} = 0.8\ \mathrm{V}$,与 TTL 完全相同,可以用于 CMOS 和 TTL 混合系统。另外,74HC/HCT 系列与 74LS 系列的产品,只要最后 3 位数字相同,则两种器件的逻辑功能、外形尺寸相同,引脚排列顺序也完全相同,这样就为以 CMOS 产品代替 TTL 产品提供了方便。

AHC/AHCT 系列也称改进的高速 CMOS 逻辑系列,电路的工作频率得到了进一步的提高,同时保持了 CMOS 超低功耗的特点。其中 AHCT 系列与 TTL 器件电压兼容,电源电压范围为 4.5~5.5 V。AHC 系列的电源电压范围为 1.5~5.5 V。AHC/AHCT 系列的逻辑功能、引脚排列顺序等都与同型号的 HC/HCT 系列完全相同。

LVC 系列也称为低压 CMOS 逻辑系列。LVC 系列的主要特点是电源电压低,范围为 1.65~3.3 V,传输延迟时间可以缩短至 3.8 ns,电源电压为 3 V 时,负载电流可高达 24 mA。此外,LVC 的输入可以接收高达 5 V 的高电平信号,能将 5 V 电平信号转换为 3.3 V 以下的电平信号,LVC 系列提供的总线驱动电路又能将 3.3 V 以下的电平信号转换为 5 V 的电平信号,可以有效地实现 3.3 V 系统与 5 V 系统之间的连接。

ALVC 系列也称改进的低压 CMOS 逻辑系列。ALVC 在 LVC 的基础上进一步提高工作速度,并提供性能更加优越的总线驱动器件。LVC 系列和 ALVC 系列是目前 CMOS 系列产品中性能最好的两个系列,广泛应用于诸如移动式的便携式电子设备中,满足其高性能数字系统设计的需要。

表 2.5.4 给出了常用系列的传输延迟时间、功耗和速度功耗积。

表 2.5.4 典型 CMOS 门电路性能指标

类　　型	传输延迟时间/ns	单门功耗/mW	速度功耗积/(pW·s)
4000B	100	1(1 MHz)	100
74HC	10	1.5(1 MHz)	15
74BCT	2.9	0.000 3~7.5	0.000 87~22

表 2.5.5～表 2.5.8 给出了 CD4011、54/74HC00 和 54/74HCT00 的主要技术指标。

表 2.5.5 CD4011 静态参数指标

名　　称	符　　号		测 试 条 件			参 数 规 范		单位
			U_I/V	U_O/V	V_{DD}/V	min	max	
电源静态电流	I_{DD}	I 类	0/5		5		0.25	μA
			0/15		15		1	
		II 类	0/5		5		1	
			0/15		15		4	
输出低电平电压	U_{OL}		0/5		5		0.05	V
			0/15		15		0.05	
输出高电平电压	U_{OH}		0/5		5	4.95		V
			0/15		15	14.95		
输入低电平电压	U_{IL}			0.5/4.5	5		1.5	V
				1.5/13.5	15		4.0	
输入高电平电压	U_{IH}			4.5/0.5	5	3.5		V
				13.5/1.5	15	11		
输出低电平电流	I_{OL}		0/5		5	0.51		mA
			0/15		15	3.4		
输出高电平电流	I_{OH}		0/5		5		−0.51	
			0/15		15		−3.4	
输入电流	I_I		0/15		15		±0.1	μA
			0/15		15		±0.3	

表 2.5.6 CD4011 动态特性($t_A = 25\ ℃$, $C_L = 50$ pF, $R_L = 200$ kΩ, 输入信号 $t_r = t_f = 20$ ns)

参　　数	V_{DD}/V	规 范 值		单位
		typ	max	
t_{PLH}	5	125	250	ns
t_{PHL}	10	60	120	ns
	15	45	90	

表 2.5.7 54/74HC00、54/74HCT00 静态电特性

名　　称	符号	74HC		54HC		74HCT		54HCT		单位
		min	max	min	max	min	max	min	max	
输入高电平电压	U_{IH}	3.15		3.15		2		2		V
输入低电平电压	U_{IL}		0.9		0.9		0.8		0.8	V

续表

名　　称	符号	74HC		54HC		74HCT		54HCT		单位
		min	max	min	max	min	max	min	max	
输出高电平电压		4.8		4.8		4.8		4.8		
CMOS 负载	U_{OH}	4.4		4.4		4.4		4.4		V
TTL 负载		3.84		3.7		3.84		3.7		
输出低电平电压			0.2		0.2		0.2		0.2	
CMOS 负载	U_{OL}		0.1		0.1		0.1		0.1	V
TTL 负载			0.33		0.4		0.3		0.4	
输出高电平电流	I_{OH}	−4		−3.4		−4		−3.4		mA
输出低电平电流	I_{OL}	4		3.4		4		3.4		mA
输入电流	I_1		±1		±1		±1		±1	μA
静态电源电流	I_{DD}		20		40		20		40	μA

表 2.5.8　54/74HC00、54/74HCT00 动态电特性

参　　数	74HC	54HC	74HCT	54HCT	单　位
	max	max	max	max	
t_{PLH}	23	27	25	30	ns
t_{PHL}	19	22	19	22	ns

2.5.6　CMOS 门电路与 TTL 门电路的比较

CMOS 门电路和 TTL 门电路相比较,主要区别如下:

(1) TTL 门电路是由双极晶体管构成的,CMOS 门电路是由单极晶体管构成的。

(2) CMOS 门电路的电源电压范围宽(1.5～18 V),而 TTL 门电路电源电压为 5 V。

(3) TTL 门电路输入端悬空相当于高电平,CMOS 门电路不允许输入端悬空,因为输入电阻大,栅极电容上的感应电荷不易泄放,会造成输出状态不稳定。若有干扰信号,还容易击穿 MOS 管。

(4) TTL 门电路输入端与地之间接电阻时,输入电压随着输入电阻的变化而变化。当 $R \geqslant R_{on}$ 时,输入 $u_1 = 1.4$ V,相当于高电平。当 $R \leqslant R_{off}$ 时,输入相当于低电平。CMOS 门电路输入端与地之间接电阻时,由于输入电流近似为 0,输入相当于低电平。

(5) CMOS 门电路输出高电平的数值比 TTL 门电路高,接近于电源电压 V_{DD};CMOS 门电路输出低电平的数值比 TTL 门电路低,接近于 0。

(6) CMOS 逻辑电路的扇出系数计算与 TTL 逻辑电路不同。如果按 TTL 电路的计算方法,CMOS 电路的扇出系数将是一个十分大的数字。输出端接的逻辑电路越多,等效的负载电容也越大,这会影响电路的工作速度,所以 CMOS 逻辑电路的扇出系数取决于工作速度,工作速度低,扇出系数可大一些,工作速度高,扇出系数小一些。TTL 逻辑电路的扇出系数比 CMOS 逻辑电路的扇出系数小。

（7）CMOS 逻辑电路的静态功耗很小,动态功耗随着工作速度的增加而增加,当工作速度达到 1 MHz 左右时,CMOS 逻辑电路的功耗与 TTL 逻辑电路差不多。CMOS 门电路适合制作大规模集成电路。

（8）CMOS 门电路的噪声容限比 TTL 门电路高,抗干扰能力强。

（9）CMOS 门电路的热稳定性比 TTL 门电路好。

◀ 2.6 逻辑门电路应用 ▶

2.6.1 常见逻辑门集成电路

几乎所有的逻辑门都有对应的 TTL 系列和 CMOS 系列集成电路。例如,74LS04 和 CD4069 都是具有六个反相器的芯片,分别对应 TTL 系列和 CMOS 系列;74LS01 和 CD4011 都是具有四个 2 输入与非门的芯片,分别对应 TTL 系列和 CMOS 系列;74LS02 和 CD4001 都是具有四个 2 输入或非门的芯片。其他常用与非门和或非门为 3 输入、4 输入、8 输入结构。查阅 TTL 和 CMOS 数据手册可寻找合适的门电路,并了解引脚结构。

1. 六反相器 74LS04 和 CD4069

六反相器 74LS04 和 CD4069 的引脚结构如图 2.6.1 所示,其中 A_1、A_2、A_3、A_4、A_5、A_6 为输入端;Y_1、Y_2、Y_3、Y_4、Y_5、Y_6 为对应的输出端;V_{CC} 为电源;GND 为地,CD4069 的 V_{ss} 为地;NC 表示空置脚。

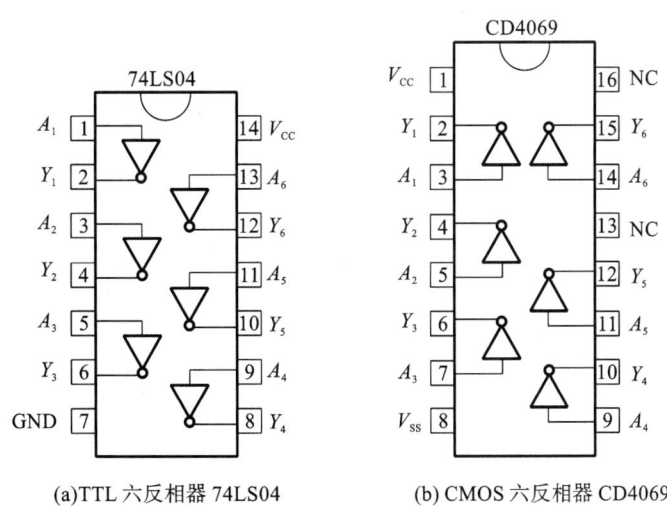

(a)TTL 六反相器 74LS04　　　　(b) CMOS 六反相器 CD4069

图 2.6.1　六反相器引脚图

2. TTL 与非门 74LS00 和 74LS10

74LS00 为四-二输入与非门,74LS10 为三-三输入与非门,引脚图如图 2.6.2 所示。

3. 总线缓冲器 74LS244 和 74LS245

在微处理器系统中,多个输入和输出设备通过总线与微处理器电路相连进行数据传输,需要保证在同一时间内,只允许一个设备数据传输到总线上,同时禁止其他设备传输数据,为此

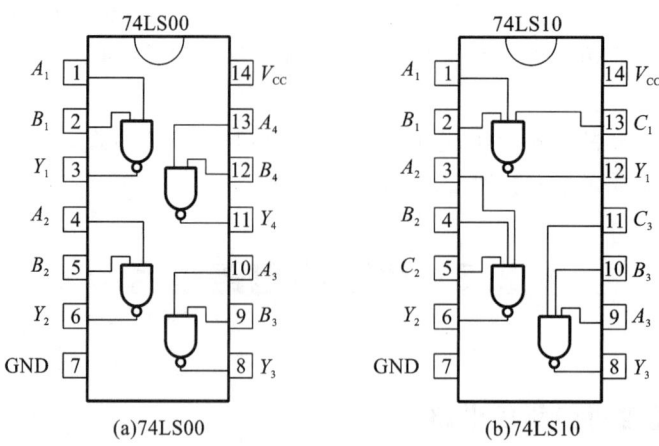

图 2.6.2　TTL 与非门引脚图

需要用到总线缓冲器。总线缓冲器是这样一种设备,当使能信号有效时,可以将输入信号不加改变地传输到输出端。当使能信号无效时,它在输入设备和数据总线之间起到隔离作用。一种常用的三态输出 8 位总线输入缓冲器是 74LS244,逻辑图如图 2.6.3(a)所示。该芯片由两组 4 位缓冲器构成,第 1 组由使能信号 1$\overline{OE}$控制 $1A_1 \sim 1A_4$ 数据输入,第 2 组由使能信号 2$\overline{OE}$控制 $2A_1 \sim 2A_4$ 数据输入,使能信号都是低电平有效;使能信号无效时,输出端对外部总线呈高阻态。74LS244 的引脚结构如图 2.6.3(b)所示。74LS244 的主要电气特性的典型值为 t_{PLH} $=12$ ns,$t_{PHL}=12$ ns,$P_D=110$ mW。74LS244 另一个特性是具有施密特触发器滞后特性及非常大的灌电流和拉电流(分别为 24 mA 和 15 mA)。

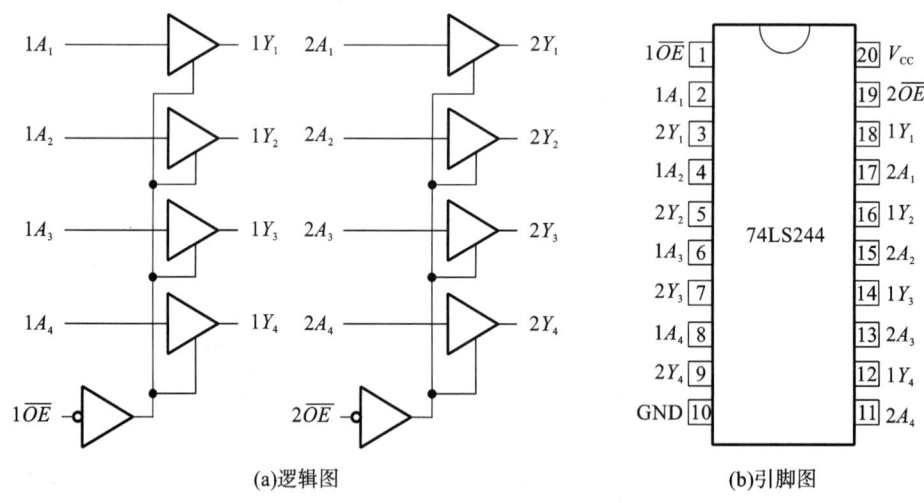

图 2.6.3　单向总线缓冲器 74LS244

74LS244 的功能表如表 2.6.1 所示,表中 Z 表示高阻态。

当微处理器需要连接输入/输出接口设备时,需要缓冲器既能发送又能接收数据,为此需要双向总线缓冲器,逻辑图如图 2.6.4(a)所示。$A_0 \sim A_7$、$B_0 \sim B_7$ 为双向数据端,若将 A 作为输入端,则 B 作为输出端,反之亦然。$\overline{OE}$ 为使能信号(低电平有效),DIR 为方向控制端。当 $\overline{OE}$有效,DIR 为高电平时,A 端向 B 端传送数据;DIR 为低电平时,B 端向 A 端传送数据。

$\overline{OE}$ 无效时,输出端 A 或 B 对外部总线呈高阻态。74LS245 的引脚结构图如图 2.6.4(b)所示。74LS245 的主要电气特性的典型值为 $t_{PLH}=8$ ns, $t_{PHL}=8$ ns, $P_{D}=275$ mW。

表 2.6.1 74LS244 的功能表

输 入		输 出
$\overline{OE}$	A	Y
0	0	0
0	1	1
1	×	Z

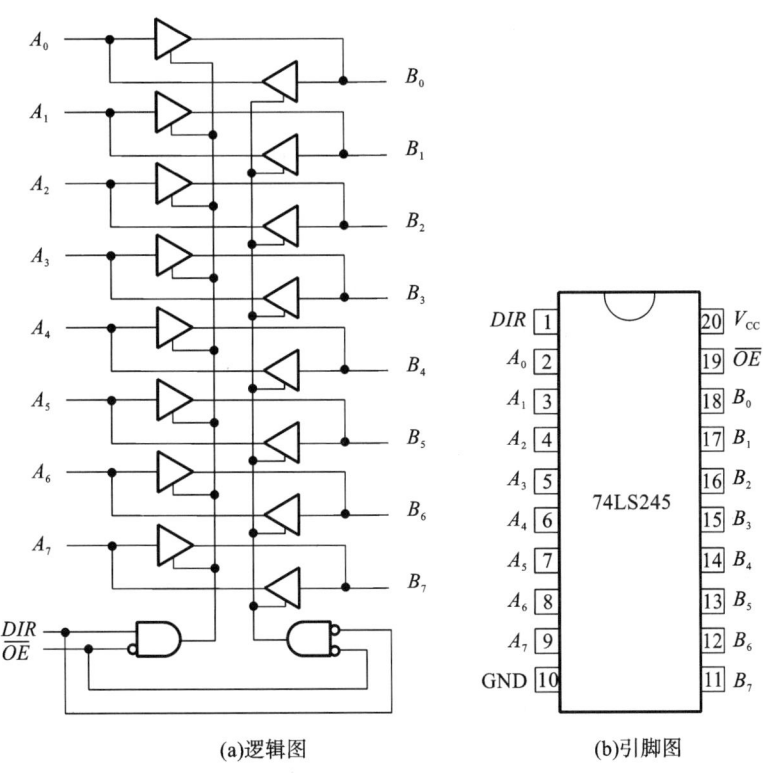

(a)逻辑图   (b)引脚图

图 2.6.4 双向总线缓冲器 74LS245

74LS245 的功能表如表 2.6.2 所示,表中 Z 表示高阻态。

表 2.6.2 74LS245 的功能表

$\overline{OE}$	DIR	输 出 状 态
0	0	B 向 A 传送数据
0	1	A 向 B 传送数据
1	×	Z

2.6.2 逻辑门电路使用中的几个实际问题

在使用集成门电路时,有几个实际问题必须注意,如不同门电路之间、门电路与负载之间的接口问题,门电路输入端的处理、接地等。

1. TTL 门电路使用注意事项

(1) TTL 门电路的电源一般均采用+5 V,纹波及稳定度通常要求不大于10%,甚至有的要求不大于5%,即电源电压应限制在 5 V±0.5 V(或 5 V±0.25 V)以内。电源极性不能接反,否则会损毁器件。

(2) 输入端不能直接与高于+5.5 V 或低于-0.5 V 的低内阻电源连接,否则会因为低内阻电源供给较大电流而烧坏器件。

(3) 输出端不允许与电源或地短接,必要时必须通过串联电阻与电源连接,以提高输出电平。除 OC 门外输出端不能并接。

(4) 插入或拔出集成电路时,务必切断电源,否则会因为电源冲击而造成永久损坏。

2. CMOS 门电路使用注意事项

(1) CMOS 门电路的电源工作范围较宽,但要符合工作电压上下限要求。如同 TTL 电路,电源极性不能接反。另外,在保证电路正常工作的前提下,电流不宜过大。

(2) 输入高电平不得高于 $V_{DD}+0.5$,低电平不得低于 $V_{SS}-0.5$,输入端的电流一般应限制在 1 mA 以内。

(3) 与 TTL 门电路一样,输出端不允许与电源或地短接,必要时必须通过串接电阻与电源连接,以提高输出能力。除 OD 门外输出端不能并接。

(4) 测试 CMOS 电路时,如果信号电源和电路供电采用两组电源,则在上电时应先接电路供电电源,后接信号电源;断电时先断信号电源,后断电路供电电源。插拔芯片时先切断电源。

2.6.3 门电路之间的接口

所谓门电路之间的"接口",就是用于不同类型逻辑门电路之间或逻辑门电路与外部电路之间,使二者有效连接、正常工作的中间电路。

两种不同类型的集成电路相互连接,驱动门必须要为负载门提供符合要求的高低电平和足够的输入电流,即要满足下列条件:

驱动门 $V_{OHmin}\geqslant$负载门 V_{IHmin};

驱动门 $V_{OLmax}\leqslant$负载门 V_{ILmax};

驱动门 $I_{OHmax}\geqslant$负载门 I_{IH};

驱动门 $I_{OLmax}\geqslant$负载门 I_{IL}。

下面分别讨论 TTL 门驱动 CMOS 门、CMOS 门驱动 TTL 门及低电压 CMOS 门电路的接口情况。

1. TTL 门驱动 CMOS 门

由于 TTL 门的 I_{OHmax} 和 I_{OLmax} 远远大于 CMOS 门的 I_{IH} 和 I_{IL},所以 TTL 门驱动 CMOS 门时,主要考虑 TTL 门的输出电平是否满足 CMOS 输入电平的要求。

1) TTL 门驱动 74HC 和 74AHC 系列

当都采用 5 V 电源时,TTL 的 V_{OHmin} 为 2.4 V,而 CMOS4000 系列和 74HC 系列电路的 V_{IHmin} 为 3.5 V,显然不完全满足要求。这时可在 TTL 电路的输出端和电源之间接一上拉电

阻 R_U,如图 2.6.5(a)所示。R_U 的阻值取决于负载器件的数目及 TTL 和 CMOS 器件的电流参数,一般在几百欧姆到几千欧姆之间。如果 TTL 和 CMOS 器件采用的电源电压不同,则应使用 OC 门,同时使用上拉电阻 R_U,如图 2.6.5(b)所示。

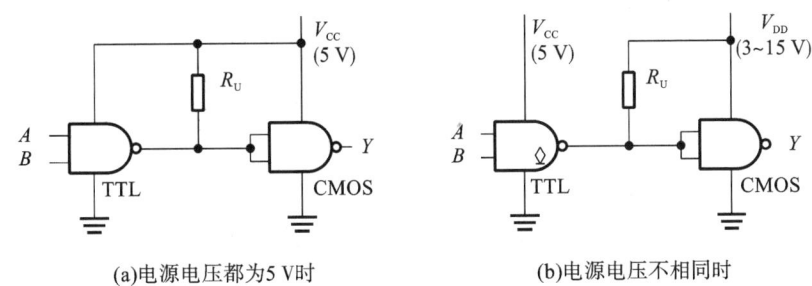

(a)电源电压都为5 V时　　　　　　(b)电源电压不相同时

图 2.6.5　TTL 门驱动 CMOS 门

2) TTL 门驱动 74HCT 系列和 74AHCT 系列

前面提到 74HCT 系列和 TTL 器件电压兼容。它的输入电压参数为 $V_{IHmin}=2.0\text{ V}$,而 TTL 的输出电压参数 V_{OHmin} 为 2.4 V,因此二者可以直接相连,不需外加其他器件。

2. CMOS 门驱动 TTL 门

当都采用 5 V 电源时,CMOS 门的 V_{OHmin} 大于 TTL 门的 V_{IHmin},CMOS 门的 V_{OLmax} 小于 TTL 门的 V_{ILmax},两者电压参数兼容。但是 CMOS 门的 I_{OH}、I_{OL} 参数较小,所以,这时主要考虑输出电流是否满足 TTL 输入电流的要求。

【例 2.6.1】　一个 74HC00 与非门电路能否驱动四个 7400 与非门?能否驱动四个 74LS00 与非门?

解:74 系列门的 $I_{IL}=1.6\text{ mA}$,74LS 系列的 $I_{IL}=0.4\text{ mA}$,四个 74 门的 $I_{IL}=6.4\text{ mA}$,四个 74LS 门的 $I_{IL}=1.6\text{ mA}$。而 74HC 系列门的 $I_{OL}=4\text{ mA}$,所以不能驱动四个 7400 与非门,可以驱动四个 74LS00 与非门。

要提高 CMOS 门的驱动能力,可在 CMOS 驱动门的输出端与 TTL 负载门的输入端之间加一驱动器,该驱动器可选用 TTL 系列同相缓冲器,如图 2.6.6 所示。

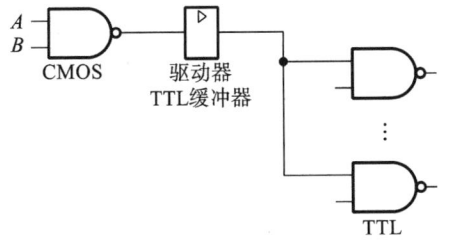

图 2.6.6　CMOS 门驱动 TTL 门

3. 低电压 CMOS 门电路及接口

为了减小功耗,半导体厂家推出了供电电压分别为 3.3 V、2.5 V、1.8 V 等一系列的低电压集成逻辑电路。在同一系统中采用不同电压的逻辑器件,需要考虑不同逻辑器件之间的接口问题。由于 3.3 V 供电电源的 CMOS 逻辑器件 74LVC 系列门具有 5 V 输入容限,输入端可以承受 5 V 输入电压,可以与 74HCT 系列、74AHCT 系列 CMOS 或 TTL 系列门直接连接。当用 74LVC 系列门驱动 74HC 和 74AHC 系列 CMOS 门时,因为高电平参数不兼容,所以需要用上拉电阻、OD门或采用专门的逻辑电平转换器解决接口问题。

2.5 V 或 1.8 V 供电电源的 CMOS 逻辑器件与其他系列的逻辑电路连接时,需要采用专用的逻辑电平转换器件,如 74ALVC164245 等。

2.6.4　门电路与其他负载的接口

在工程实践中,常常需要用 TTL 或 CMOS 电路去驱动指示灯、发光二极管(LED)、继电器等负载。

对于电流较小、电平能够匹配的负载可以直接驱动。图 2.6.7(a)所示为用 TTL 门电路驱动发光二极管,这时只要在电路中串接一个几百欧姆的限流电阻即可。图 2.6.7(b)所示为用 TTL 门电路驱动低电流继电器,其中二极管 VD 作保护,用以防止继电器线圈产生反向冲击电压。

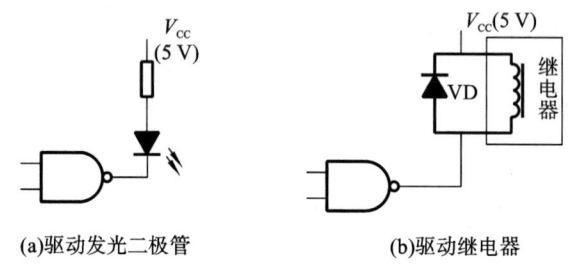

(a)驱动发光二极管　　　　　　　　(b)驱动继电器

图 2.6.7　门电路驱动小电流负载

如果负载电流较大,可将同一芯片上的多个门并联作为驱动器,如图 2.6.8(a)所示。也可在门电路输出端接晶体管,以提高负载能力,如图 2.6.8(b)所示。如果负载电流达到几百毫安,则需要在数字电路的输出与负载之间接入一个功率驱动器件,例如 ULN2003A 达林顿晶体管阵列。

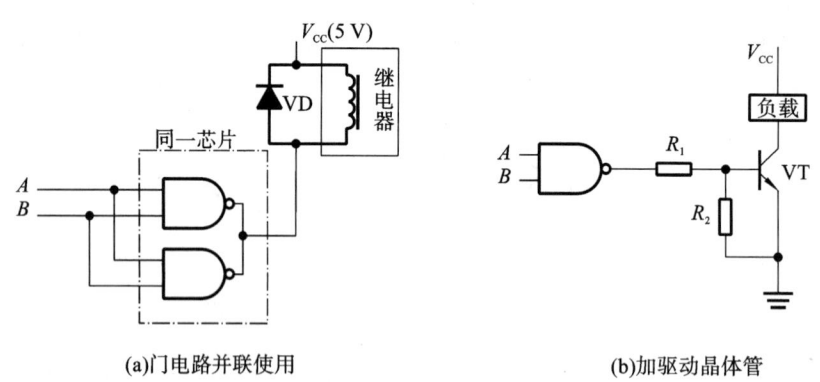

(a)门电路并联使用　　　　　　　　(b)加驱动晶体管

图 2.6.8　门电路驱动大电流负载

2.6.5　抗干扰措施

1. 门电路多余端的处理

在电子线路中,当电路开关速度增加时,输入端悬空很容易引起电路的交流噪声,例如 3 输入与非门的 2 个输入端正常使用,而第 3 个输入端引入电噪声,输出结果将很难确定。与门

和与非门的多余输入端应该接高电平,而或门和或非门的多余输入端应该接地。

特别注意,对于 CMOS 电路的多余端绝对不能悬空,这是因为它的输入电阻很大,容易受到静电干扰,而破坏电路的正常工作状态。

同样,芯片中未使用逻辑门的输出端应使其输出高电平,以减小供电电流,降低功率损耗,具体操作时,将与门和或门的输入端接高电平,而将与非门和或非门的输入端接低电平。

2. 门电路的电源去耦

在数字系统中,主电源需要很大的电流,在逻辑电路电源主线上,很容易产生毛刺,尤其在逻辑电平转换时,推挽式输出电路的上、下两个晶体管交替导通,电源电流的剧烈变化将导致电源线上产生高频尖脉冲,该尖脉冲将使连接该电源的其他器件切换失败,同时产生电磁干扰。为了去除主电源线上的尖脉冲,可以在每个门电路的 V_{CC} 和地之间直接连接一个 $0.01 \sim 0.1\ \mu F$ 的电容,电容可以使每个器件的 V_{CC} 电平保持平稳,进而减小系统的电磁干扰。

本章小结

集成门电路是构成各种复杂数字电路的基本单元电路,本章主要介绍了目前应用广泛的 TTL 和 CMOS 集成门电路,掌握各种门电路的逻辑功能和电气特性,有利于正确设计和使用数字集成电路。

(1) TTL 门电路主要以 TTL 与非门电路为例进行介绍,首先介绍 TTL 与非门电路的工作原理和逻辑功能,然后介绍门电路的特性曲线和参数指标。TTL 门电路的参数包括电压参数、电流参数和极限参数。电压参数主要包括 U_{OHmin}、U_{OLmax}、U_{IHmin}、U_{ILmax}。此外,噪声容限也是与电压参数相关的参数,它是表示电路抗干扰能力大小的参数。电流参数包括 I_{OHmax}、I_{OLmax}、I_{IHmax}、I_{ILmax},扇出系数是与电流参数相关的参数,它表示电路带负载能力的大小。极限参数包括功耗、延迟时间和工作电压。

(2) 本章介绍的 TTL 与非门的输出级有推拉式、集电极开路、三态等结构;CMOS 门电路的输入端和输出端一般都有反相器作为缓冲电路,CMOS 门电路的输出级和 TTL 门电路一样也有三种电路结构形式。集电极开路输出方式在使用时需要在输出端和电源间接上拉电阻,它的输出级可以并联实现线与。三态门输出有三个状态,有利于和总线的连接。对于这些门电路,还要能区分它们的逻辑符号。

(3) CMOS 门电路的输入端和输出端一般都有反相器作为缓冲电路,因此 CMOS 门电路主要以反相器为例进行介绍。同时介绍了 CMOS 与非门和或非门,本章还介绍了 CMOS 传输门,它是一种数字开关,由数字信号控制,可以导通和截止,导通时既可以传输数字信号,又可以传输模拟信号,还具有双向传输的功能。

(4) 本章对 CMOS 门电路和 TTL 门电路从电路构成、电源电压范围、输入端悬空或端接电阻、输出逻辑电平数值、扇出系数、功耗、噪声容限、热稳定性等方面进行了比较。利用门电路进行电路设计时,还应当注意多余端处理和电源去耦两个问题。

习题

2-1　试画出题 2-1 图中各个 TTL 门电路输出端的电压波形,输入端 A、B、C 的电压波形如题 2-1 图(c)所示。

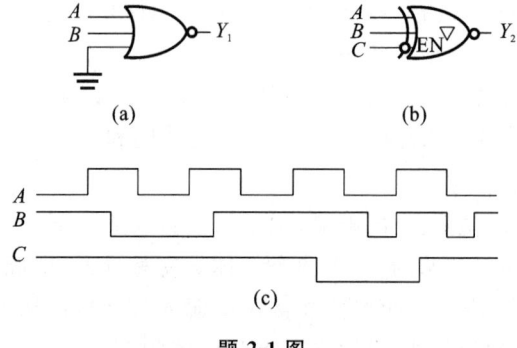

(a)　　　　　　　　(b)

(c)

题 2-1 图

2-2　如题 2-2 图所示。

(1) 电路若均为 TTL 电路,试写出各个输出信号的表达式;

(2) 电路若为 CMOS 电路,试写出各个输出信号的表达式。

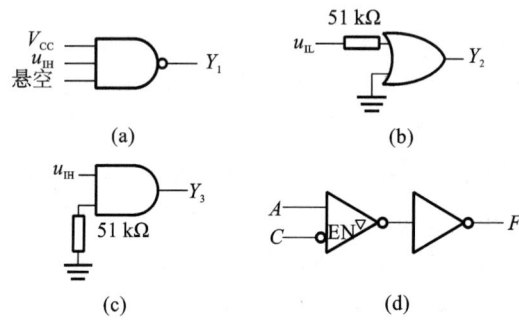

(a)　　　　　　　　(b)

(c)　　　　　　　　(d)

题 2-2 图

2-3　在题 2-3 图所示电路中,R_1、R_2 和 C 构成输入滤波电路。当开关 S 闭合时,要求门电路的输入电压 $U_{IL} \leqslant 0.4$ V;当开关 S 断开时,要求门电路的输入电压 $U_{IH} \geqslant 4$ V,试求 R_1、R_2 的最大允许阻值。$G_1 \sim G_5$ 为 74LS 系列 TTL 反相器,它们的高电平输出电流 $I_{OH} \leqslant 20$ μA,低电平输入电流 $I_{IL} \leqslant 20$ mA。

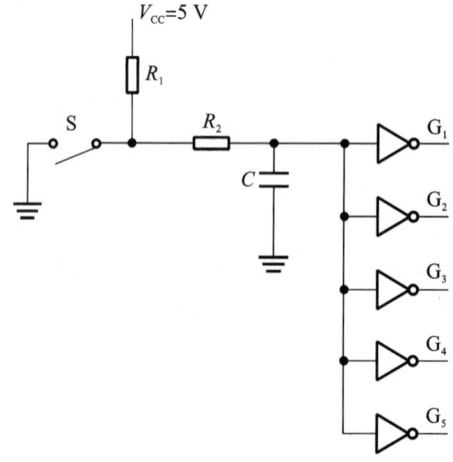

题 2-3 图

2-4 已知 TTL 反相器的电压参数为 $U_{ILmax}=0.8$ V,$U_{OHmin}=3$ V,$U_{TH}=1.8$ V,$U_{OLmax}=0.3$ V,$V_{CC}=5$ V,试计算其高电平噪声容限 U_{NH} 和低电平噪声容限 U_{NL}。

2-5 TTL 门电路如题 2-5 图所示,已知门电路参数 $I_{IH}=25$ μA,$I_{IL}=-1.5$ mA,$I_{OH}=-500$ μA,$I_{OL}=12$ mA。

(1) 求门电路的扇出系数 N_O;

(2) 若电路中的扇入系数 N_I 为 4,则扇出系数 N_O 又应为多少?

2-6 计算题 2-6 图所示电路中上拉电阻 R_U 的阻值范围。其中 G_1、G_2、G_3 是 74LS 系列 OC 门,输出管截止时的漏电流 $I_{OH}\leqslant100$ μA,输出低电平 $U_{OL}\leqslant0.4$ V 时允许的最大负载电流 $I_{LM}=8$ mA。G_4、G_5、G_6 为 74LS 系列与非门,它们的输入电流为 $I_{IL}\leqslant-0.46$ mA,$I_{IH}\leqslant20$ μA。OC 门的输出高、低电平应满足 $U_{OH}\geqslant3.2$ V,$U_{OL}\leqslant0.4$ V。

2-7 试说明在下列情况下,用万用表测量的题 2-7 图中的 u_{I2} 各为多少。图中的与非门为 74 系列的 TTL 电路,万用表使用 5 V 量程,内阻为 20 kΩ/V。

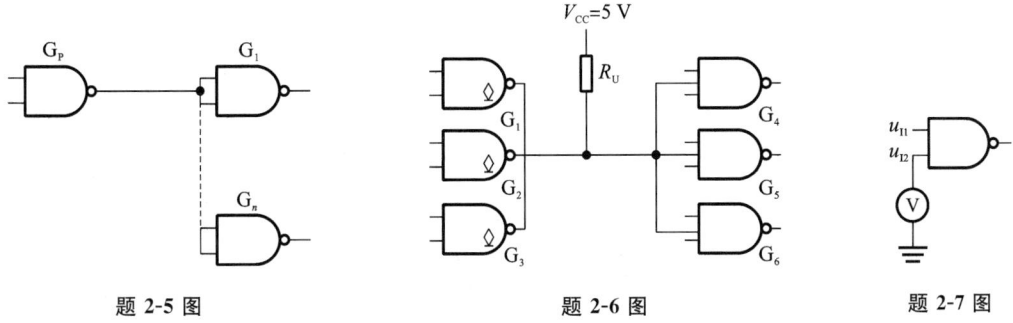

题 2-5 图　　　　　　题 2-6 图　　　　　　题 2-7 图

(1) u_{I1} 悬空;

(2) u_{I1} 接低电平(0.2 V);

(3) u_{I1} 接高电平(3.2 V);

(4) u_{I1} 经 51 Ω 电阻接地;

(5) u_{I1} 经 10 kΩ 电阻接地。

2-8 若将题 2-7 中的与非门改为 74 系列 TTL 或非门,试问在上列五种情况下测得的 u_{I2} 各为多少?

2-9 若将题 2-8 中的门电路改为 CMOS 与非门,试说明当 u_{I1} 为题 2-7 给出的五种状态时测得的 u_{I2} 各等于多少。

2-10 试说明下列各种门电路中哪些可以将输出端并联使用(输入端的状态不一定相同)。

(1) 具有推拉式输出级的 TTL 门电路;

(2) TTL 电路的 OC 门;

(3) TTL 电路的三态输出门;

(4) 普通的 CMOS 门;

(5) 漏极开路输出的 CMOS 门;

(6) CMOS 电路的三态输出门。

第3章　组合逻辑电路

本章任务

试设计一个一位十进制数的加法系统。加数对应开关 $K_0 \sim K_9$,被加数对应开关 $E_0 \sim E_9$,通过开关输入加数和被加数(只要开关 K_9、E_9 按下,其他开关就不起作用),运算结果用数码管显示。比如要实现 $8+4$ 的运算,只要分别按下开关 K_4 和 E_8,数码管就能显示两数之和12。

◀ 3.1　概　　述 ▶

组合逻辑电路是数字系统的重要组成部分,常用于不需要记忆和存储信息的数字系统中。例如,少数服从多数的表决器、抢答器以及医院病房呼叫系统等。

本章首先介绍组合逻辑电路的基本概念,包括结构特点和功能描述,再重点介绍组合逻辑电路的分析方法和设计方法,然后介绍几种典型的组合逻辑电路、典型芯片,最后介绍组合逻辑电路中存在的竞争冒险现象。

◀ 3.2　组合逻辑电路的基本概念 ▶

根据逻辑功能的不同特点,数字电路可以分为组合逻辑电路(简称组合电路)和时序逻辑电路(简称时序电路)。

在组合逻辑电路中,任意时刻的输出仅仅取决于该时刻的输入,与电路原来的状态无关。

图 3.2.1　组合逻辑电路的示意框图

组合逻辑电路的基本单元电路是本书前面所介绍的门电路;它的输出与输入之间不存在反馈途径,因此组合逻辑电路中不包含存储单元,即没有记忆功能,也就是说组合逻辑电路不含记忆单元(触发器)。

组合逻辑电路可用图 3.2.1 所示框图描述。

图 3.2.1 中有 n 个输入 $a_0, a_1, \cdots, a_{n-1}$,$m$ 个输出 $z_0, z_1, \cdots, z_{m-1}$,输出与输入之间的逻辑关系可以用一组逻辑函数表示

$$z_0 = f_0(a_0, a_1, \cdots, a_{n-1})$$
$$z_1 = f_1(a_0, a_1, \cdots, a_{n-1})$$
$$\vdots$$

$$z_{m-1} = f_{m-1}(a_0, a_1, \cdots, a_{n-1}) \tag{3.2.1}$$

简记为

$$Y = F(A) \tag{3.2.2}$$

3.3 组合逻辑电路的分析

组合逻辑电路的分析是指分析一个给定的逻辑电路,找出其逻辑功能。组合逻辑电路往往用基本逻辑符号表示,称为逻辑电路图。

通常,分析组合逻辑电路,首先根据逻辑电路,从输入端开始,逐步写出各级输出端的输出函数,经过化简或变换,得到最简逻辑表达式,然后根据最简逻辑表达式,列出真值表,最终由真值表或最简逻辑表达式确定电路的逻辑功能。其一般步骤为:已知逻辑图→逐级写出输出逻辑表达式并化简→列出真值表→确定逻辑功能。

下面通过举例介绍组合逻辑电路的分析方法。

【例 3.3.1】 图 3.3.1 是单输出的组合逻辑电路,试分析该电路的逻辑功能。

解:

(1) 根据逻辑电路图,列出逻辑表达式,并化简。

$$P = \overline{ABC}$$

$$L = AP + BP + CP = A\,\overline{ABC} + B\,\overline{ABC} + C\,\overline{ABC} = \overline{\overline{ABC} + \overline{A}\,\overline{B}\,\overline{C}} \tag{3.3.1}$$

(2) 根据式(3.3.1)列出真值表,如表 3.3.1 所示。

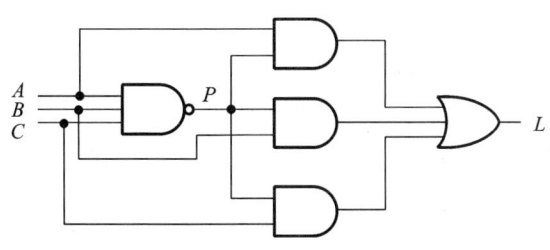

图 3.3.1　例 3.3.1 的逻辑电路图

表 3.3.1　例 3.3.1 的真值表

A	B	C	L
0	0	0	0
0	0	1	1
0	1	0	1
0	1	1	1
1	0	0	1
1	0	1	1
1	1	0	1
1	1	1	0

(3) 逻辑功能描述。由真值表可知,当 A、B、C 三个变量不一致时,电路输出为"1",所以这个电路称为"不一致电路"。

例 3.3.1 中输出变量只有一个,对于多输出变量的组合逻辑电路,分析方法是完全相同的。

3.4 组合逻辑电路的设计

组合逻辑电路的设计过程与分析过程相反,它是根据给定的实际逻辑问题,求出能够实现这一逻辑问题的最简或最合理的逻辑电路的过程。

【注意】 这里所说的"最简",是指在最终设计出的逻辑电路中,所用的器件数最少,器件的种类最少,而且器件之间的连线也最少。一般来说,找到被实现逻辑函数的最简与或式,就能满足"最简"的要求。

组合逻辑电路的设计目的是画出逻辑电路,而逻辑电路可根据表达式得到,表达式则根据真值表写出,真值表是根据逻辑功能列出的。由此可见,组合逻辑电路的设计是分析的逆过程。其设计的一般步骤如下:

(1) 逻辑抽象:分析设计要求,确定输入、输出的逻辑变量,并对变量进行逻辑赋值(通常采用正逻辑进行赋值)。

(2) 列出真值表:根据具体的逻辑功能列出真值表。

(3) 写出逻辑函数表达式:根据真值表,并利用卡诺图化简方法,写出逻辑函数的最简与或式。

(4) 选择逻辑器件,并转换表达式:这一步的任务是根据给定的门电路类型,将第(3)步得到的最简与或式转换为所需要的形式,以便按此形式画出逻辑电路。例如给定的是与非门,则应把表达式转换成与非-与非形式。

(5) 画出逻辑电路。

下面通过举例介绍组合逻辑电路的设计方法。

1. 单输出组合逻辑电路的设计

【例 3.4.1】 试用与非门设计一个三人(A、B、C)表决电路。当表决某个提案时,多数人同意,则提案通过,但 A 具有否决权。

解:

逻辑抽象:分析题意,该电路有 3 个输入变量,用 A、B、C 表示。假设变量值取"1"表示对应的表决人"同意";取"0"表示对应的表决人"不同意"。该电路有 1 个输出,用 F 表示。假设 F 取"1"表示提案通过;取"0"表示提案不通过。

列真值表:根据逻辑抽象可以知道,$ABC=001$ 表示表决人 A、B"不同意",表决人 C"同意",并且 A 有否决权,则提案不通过,所以 $F=0$。如果 $ABC=101$,表示表决人 A、C"同意",表决人 B"不同意",按少数服从多数的原则,提案可以通过,所以 $F=1$。其余情况以此类推,可列出三人表决电路的真值表,如表 3.4.1 所示。

表 3.4.1 例 3.4.1 的真值表

A	B	C	F
0	0	0	0
0	0	1	0
0	1	0	0
0	1	1	0
1	0	0	0
1	0	1	1
1	1	0	1
1	1	1	1

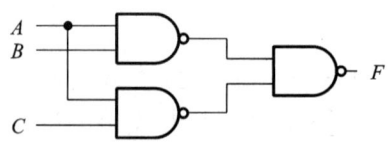

图 3.4.1 例 3.4.1 的逻辑电路

写出逻辑函数表达式:由卡诺图化简,得最简表达式

$$F = AB + AC \qquad (3.4.1)$$

转换表达式:由于要求用与非门实现电路,因此需要把式(3.4.1)转换成与非-与非形式。式(3.4.1)可写成

$$F = AB + AC = \overline{\overline{AB + AC}} = \overline{\overline{AB} \cdot \overline{AC}} \qquad (3.4.2)$$

画出逻辑电路:按式(3.4.2)可画出图 3.4.1 所示的逻辑电路。

2. 多输出逻辑电路的设计

【例 3.4.2】　水箱有大小两台水泵排水,水位到达低水位时,只开小水泵即可;水位到达中水位时,只开大水泵即可;水位到达高水位时,必须两台水泵同时排水。设计实现上述功能的逻辑电路。

解:

逻辑抽象:分析题意,该电路有 3 个输入变量,分别用 A、B、C 表示水箱中水位的高、中、低位置,并假设水位到达相应位置时,对应变量用 1 表示,反之用 0 表示。该电路的输出有 2 个,用 P_S 表示小水泵,P_L 表示大水泵,水泵排水用 1 表示,反之用 0 表示。为了便于分析,不妨画出水池中水位的示意图,如图 3.4.2 所示。

列出真值表:根据题意,当水位还没有到达低水位时,变量 $ABC = 000$,此时大、小水泵均不需要排水,所以 $P_S = 0$,$P_L = 0$。当水位到达低水位,但没有到达中水位时,$ABC = 001$,此时小水泵排水,大水泵不需要排水,所以 $P_S = 1$,$P_L = 0$。当水位到达中水位,但还没有到达高水位时,$ABC = 011$,此时小水泵不排水,大水泵排水,所以 $P_S = 0$,$P_L = 1$。当水位到达高水位时,$ABC = 111$,此时两台水泵都需要排水,所以 $P_S = 1$,$P_L = 1$。

3 个变量有 8 种组合状态。当 ABC 为 010 时,其含义是水位到达中水位,但没有到达低水位,这显然是不现实的。那么 ABC 为 100、101、110 也是不现实的。因此 ABC 为 010、100、101、110 这四种组合是不存在的,在真值表中用无关项表示,即用"×"表示。由此可以得到真值表,如表 3.4.2 所示。

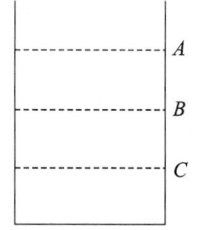

图 3.4.2　例 3.4.2 的水位示意图

表 3.4.2　例 3.4.2 的真值表

A	B	C	P_S	P_L
0	0	0	0	0
0	0	1	1	0
0	1	0	×	×
0	1	1	0	1
1	0	0	×	×
1	0	1	×	×
1	1	0	×	×
1	1	1	1	1

写出逻辑函数表达式

$$\begin{cases} P_S = A + \overline{B}C \\ P_L = B \end{cases} \qquad (3.4.3)$$

画出逻辑图:按式(3.4.3)可画出图 3.4.3 所示的逻辑电路。

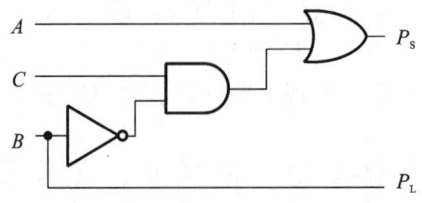

图 3.4.3 例 3.4.2 的逻辑电路

从以上实例可看出,组合逻辑电路的设计很灵活,在设计时应具体问题具体分析。要会分析电路的输入变量和输出变量,并理解变量值取"0""1"的含义。只有这样才能正确列出真值表。有了真值表,表达式和逻辑电路就迎刃而解了。

◢ 3.5 典型的组合逻辑电路 ◣

由于人们在实践中遇到的逻辑问题千变万化,因而为解决这些逻辑问题而设计的逻辑电路也数不胜数。然而在实际应用中发现,其中有些逻辑电路经常、大量地出现在各种数字系统当中,比如在数字系统特别是计算机中,加法器、编码器、译码器等组合逻辑电路,是不可缺少的基本部件。因此,为了方便使用,已将这些逻辑电路制作成标准化的中规模集成电路(medium scale integration,MSI)产品。在设计大规模集成电路时,也经常调用这些模块电路,作为设计电路的组成部分。本节主要介绍这些常用的 MSI 组合器件的工作原理、逻辑功能和应用。

3.5.1 加法器

加法器是用以实现二进制数加法运算的组合电路,是构成算术运算器的基本单元。在数字系统中,加法器可分为一位加法器和多位加法器,而一位加法器又可分为半加器和全加器两种。

【注意】 二进制加法运算与逻辑加法运算的含义不同。前者是数值的运算,后者是逻辑运算。在二进制加法中 $1+1=10$,而在逻辑运算中 $1+1=1$。

1. 一位加法器

1)半加器

所谓半加,就是不考虑低位运算的进位数,只求本位的和。设两个数 A、B 相加,相加的和为 S,向高位的进位为 CO,则其逻辑状态表如表 3.5.1 所示。

表 3.5.1 半加器的真值表

A	B	S	CO
0	0	0	0
0	1	1	0
1	0	1	0
1	1	0	1

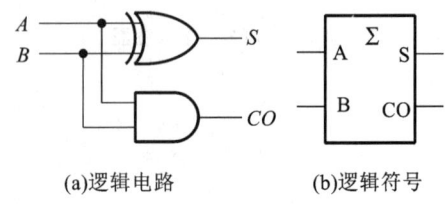

(a)逻辑电路　　　(b)逻辑符号

图 3.5.1 半加器的逻辑电路和逻辑符号

由表 3.5.1 可写出逻辑表达式

$$\begin{cases} S = A\overline{B} + \overline{A}B = A \oplus B \\ CO = AB \end{cases} \tag{3.5.1}$$

由逻辑表达式(3.5.1)可画出逻辑电路,如图 3.5.1 所示。

2) 全加器

多位二进制数相加时,半加器可以用于最低位数求和,高位相加则须用全加器。"全加"是指被加数、加数的本位数 A、B 和来自低位的进位数 CI 三个数的相加运算。仿照半加器的分析方法,可列出全加器的逻辑状态,如表 3.5.2 所示,其中 S 表示本位全加的和输出,CO 为向高位的进位输出。全加器的逻辑符号如图 3.5.2 所示。

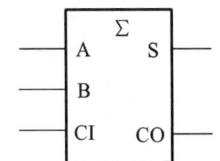

图 3.5.2　全加器的逻辑符号

表 3.5.2　全加器逻辑状态表

A	B	CI	S	CO
0	0	0	0	0
0	1	0	1	0
1	0	0	1	0
1	1	0	0	1
0	0	1	1	0
0	1	1	0	1
1	0	1	0	1
1	1	1	1	1

由表 3.5.2 可写出全加器的逻辑表达式

$$\begin{cases} S = \overline{A}\,\overline{B} \cdot CI + \overline{A}B \cdot \overline{CI} + A\overline{B} \cdot \overline{CI} + AB \cdot CI = A \oplus B \oplus CI \\ CO = A \cdot CI + B \cdot CI + AB = (A \oplus B) \cdot CI + AB \end{cases} \tag{3.5.2}$$

一位全加器的特点:全加器在结构上是三输入两输出的逻辑电路,在功能上一位全加器的和位是三变量相异或;进位时,3 个输入变量中"1"的个数等于或大于 2,输出为"1"。

典型的一位集成加法器有 74LS183 双全加器,其逻辑图形符号和引脚排列图如图 3.5.3 所示。

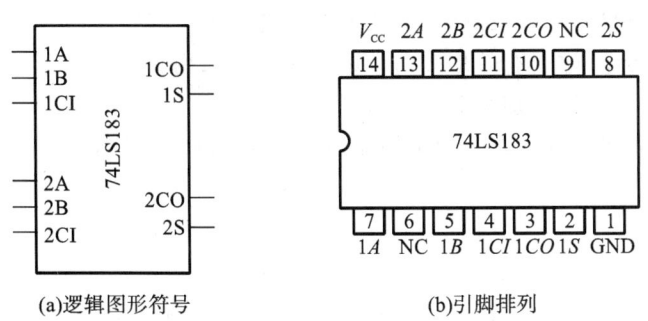

(a)逻辑图形符号　　　　　　　　(b)引脚排列

图 3.5.3　74LS183 的逻辑图形符号及引脚排列

图 3.5.3(b)中,引脚 $1A$、$1B$、$1CI$、$1CO$、$1S$ 对应于一个全加器的输入和输出;引脚 $2A$、$2B$、$2CI$、$2CO$、$2S$ 对应于另一个全加器的输入和输出;NC 表示空脚,即多余脚。74LS183 是 14 引脚的集成电路,其中有两个多余引脚。

2. 多位加法器

多位数加法按进位方式不同,分为串行进位加法和并行进位加法两种。

1) 串行进位加法器

两个多位数相加时,每一位都是带进位相加的,因而必须使用全加器。只要把多个全加器从低位到高位排列起来,同时依次将低位全加器的进位输出端 CO 接到高位全加器的进位输入端 CI,这样就可以构成串行进位的多位加法器了,也称逐位进位加法器。

例如,两个 4 位二进制数相加,可用 4 个 1 位全加器实现。如图 3.5.4 所示,图中 $A_3A_2A_1A_0$ 和 $B_3B_2B_1B_0$ 分别是两个 4 位二进制数的输入,CO 为两个 4 位二进制数相加的进位输出,$S_3S_2S_1S_0$ 为和位输出。

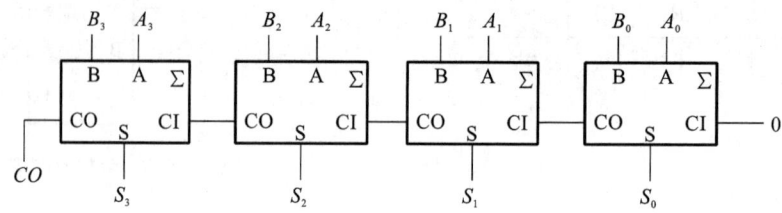

图 3.5.4 4 位串行进位加法器

串行进位加法器的特点是结构简单,但最大的缺点是运算速度慢。由图 3.5.4 可发现,每一位的相加结果必须等到低一位的进位输出信号到来以后才能得到。因此,做一次加法运算需要经过 4 个全加器的传输延迟时间(从输入加数到输出状态稳定建立起来所需要的时间)才能得到稳定可靠的运算结果。但考虑到串行进位加法器的电路结构比较简单,因而在对运算速度要求不高的设备中,这种加法器仍不失为一种可取的电路。

2) 并行进位加法器

为了提高运算速度,必须设法减少由于进位信号逐级传递所耗费的时间。那么高位的进位输入信号能否在相加运算开始时就知道呢?

我们已知,加到第 i 位的进位输入信号是这两个加数第 i 位以下各位状态的函数,所以第 i 位的进位输入信号 CI_i 一定能由 $A_{i-1}A_{i-2}\cdots A_0$ 和 $B_{i-1}B_{i-2}\cdots B_0$ 唯一地确定。根据这个原理,就可以通过逻辑电路事先得出每一位全加器的进位输入信号,而无须再从最低位开始向高位逐位传递进位信号了,这就有效地提高了运算速度。采用这种结构形式的加法器称为并行进位加法器,也称为超前进位加法器。

这里仅介绍并行进位加法器。由全加器的表达式(3.5.2)可知

$$\begin{cases} S_0 = A_0 \oplus B_0 \oplus CI_{-1} \\ CO_0 = (A_0 \oplus)B_0 CI_{-1} + A_0 B_0 \end{cases} \quad (3.5.3)$$

$$\begin{cases} S_1 = A_1 \oplus B_1 \oplus CI_0 \\ CO_1 = (A_1 \oplus B_1)CI_0 + A_1 B_1 \end{cases} \quad (3.5.4)$$

$$\begin{cases} S_i = A_i \oplus B_i \oplus CI_{i-1} \\ CO_i = (A_i \oplus B_i)CI_{i-1} + A_i B_i \end{cases} \quad (3.5.5)$$

把式(3.5.3)代入式(3.5.4),一步步迭代就可得到 S_i 和 CO_i。由这种思路得到的加法器称为并行进位加法器。其特点是运算速度快,但结构复杂。

典型的 4 位并行集成加法器有 CT1283、74LS283 等。74LS283 的逻辑图形符号和引脚排

列如图 3.5.5 所示。

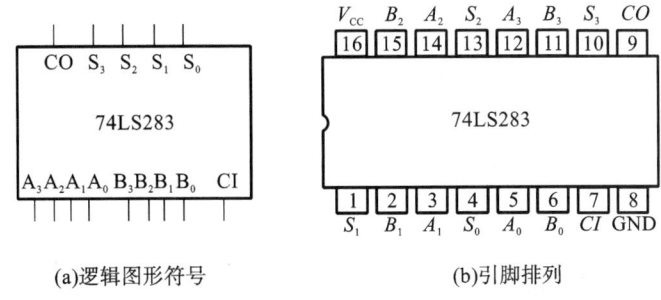

(a)逻辑图形符号　　　　　　　(b)引脚排列

图 3.5.5　74LS283 的逻辑图形符号及引脚排列

图 3.5.5 中，$A_3A_2A_1A_0$、$B_3B_2B_1B_0$ 分别是两个 4 位二进制数输入端，CI 为进位输入端，$S_3S_2S_1S_0$ 为和位输出端，CO 为进位输出端。

【例 3.5.1】　用 74LS283 设计一个代码转换电路，将十进制代码的 8421BCD 码转换成余三码。

解：设输入 8421BCD 码用变量 $DCBA$ 表示，输出余三码用变量 $Y_3Y_2Y_1Y_0$ 表示。余三码由 8421BCD 码加 0011 得到。两者之间的关系可用下式表示：

$$Y_3Y_2Y_1Y_0 = DCBA + 0011 \tag{3.5.6}$$

根据式(3.5.6)，用一片 4 位加法器 74LS283 便可接成要求的代码转换电路，如图 3.5.6 所示。把 8421BCD 码 $DCBA$ 从加法器的 A 端输入，加法器的 B 端接"0011"，进位输入端接"0"即可。

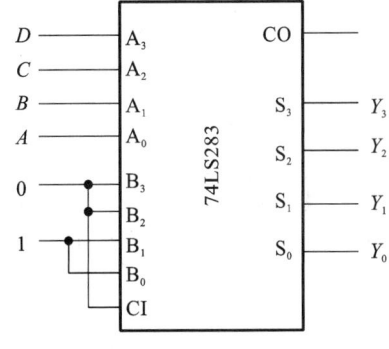

图 3.5.6　例 3.5.1 的逻辑电路

3.5.2　编码器

用文字、符号或数码表示特定对象的过程称为编码，如邮政编码、身份证号码、汽车牌号等。为了区分一系列不同事物，在二值逻辑电路中，信号都是以高、低电平的形式给出的。因此，编码器(encoder)的逻辑功能就是将输入的每一个高、低电平信号编成一个对应的二进制代码。日常生活中，大家熟悉的键盘、手机按键等都离不开编码电路，电话号码等利用的也是编码原理。

根据输出代码的不同，常见的编码器有二进制编码器和 BCD 编码器两类；根据输入信号优先权的不同，编码器又可分为普通编码器和优先编码器两类。在普通编码器中，任何时刻只允许一个输入信号有效，否则输出将发生混乱。在优先编码器中，对每一位输入都设置了优先权，因此允许两位以上的输入信号同时有效，但只对优先级较高的输入信号进行编码，从而保证了编码器工作的可靠性。

1. 普通编码器

1) 二进制编码器

用 n 位二进制代码对 2^n 个信号进行编码的电路称为二进制编码器。n 位二进制数可对 $N(=2^n)$ 个信号进行编码。

3 位二进制编码器有 8 个输入端、3 个输出端，所以常称为 8 线-3 线编码器，其功能真值表如表 3.5.3 所示,输入为高电平有效。

【注意】 如果输入端是低电平有效,则其逻辑图形符号在输入端加圈,外部输入信号 I 用 $\bar{I}$ 表示即可。

表 3.5.3　8线-3线编码器真值表

输　　入								输　　出		
I_0	I_1	I_2	I_3	I_4	I_5	I_6	I_7	Y_2	Y_1	Y_0
1	0	0	0	0	0	0	0	0	0	0
0	1	0	0	0	0	0	0	0	0	1
0	0	1	0	0	0	0	0	0	1	0
0	0	0	1	0	0	0	0	0	1	1
0	0	0	0	1	0	0	0	1	0	0
0	0	0	0	0	1	0	0	1	0	1
0	0	0	0	0	0	1	0	1	1	0
0	0	0	0	0	0	0	1	1	1	1

如果任何时刻 $I_0 \sim I_7$ 当中仅有一个取值为 1,即输入变量取值的组合仅有表 3.5.3 中列出的八种状态,则输入变量为其他取值下其值等于 1 的那些最小项均为约束项。利用这些约束项可化简逻辑表达式,得到

$$\begin{cases} Y_2 = I_4 + I_5 + I_6 + I_7 \\ Y_1 = I_2 + I_3 + I_6 + I_7 \\ Y_0 = I_1 + I_3 + I_5 + I_7 \end{cases} \quad (3.5.7)$$

用门电路实现逻辑电路,如图 3.5.7 所示。

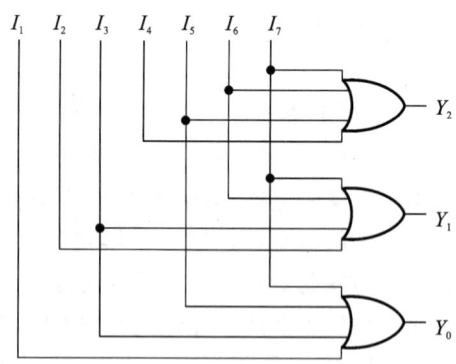

图 3.5.7　3位二进制编码器逻辑电路

2) 二-十进制编码器

二-十进制码第 1 章已介绍过,由四位数组成,也就是说把 $0 \sim 9$ 十个输入信号转换成 8421BCD 码的逻辑电路,称为二-十进制编码器,或 8421BCD 编码器(也称 BCD 码输出的 10 线-4 线编码器)。其真值表如表 3.5.4 所示。

表 3.5.4   8421BCD 编码器真值表

输　　　入										输　　出			
$\overline{I_9}$	$\overline{I_8}$	$\overline{I_7}$	$\overline{I_6}$	$\overline{I_5}$	$\overline{I_4}$	$\overline{I_3}$	$\overline{I_2}$	$\overline{I_1}$	$\overline{I_0}$	Y_3	Y_2	Y_1	Y_0
1	1	1	1	1	1	1	1	1	1	0	0	0	0
1	1	1	1	1	1	1	1	1	0	0	0	0	0
1	1	1	1	1	1	1	1	0	1	0	0	0	1
1	1	1	1	1	1	1	0	1	1	0	0	1	0
1	1	1	1	1	1	0	1	1	1	0	0	1	1
1	1	1	1	1	0	1	1	1	1	0	1	0	0
1	1	1	1	0	1	1	1	1	1	0	1	0	1
1	1	1	0	1	1	1	1	1	1	0	1	1	0
1	1	0	1	1	1	1	1	1	1	0	1	1	1
1	0	1	1	1	1	1	1	1	1	1	0	0	0
0	1	1	1	1	1	1	1	1	1	1	0	0	1

【注意】   输入信号名 $\overline{I_i}$ 表示输入低电平有效,不表示变量取反。

由表 3.5.4 写出各输出的逻辑表达式

$$\begin{cases} Y_3 = \overline{\overline{I_8}} + \overline{\overline{I_9}} = \overline{\overline{I_8}\,\overline{I_9}} \\ Y_2 = \overline{\overline{I_4}} + \overline{\overline{I_5}} + \overline{\overline{I_6}} + \overline{\overline{I_7}} = \overline{\overline{I_4}\,\overline{I_5}\,\overline{I_6}\,\overline{I_7}} \\ Y_1 = \overline{\overline{I_2}} + \overline{\overline{I_3}} + \overline{\overline{I_6}} + \overline{\overline{I_7}} = \overline{\overline{I_2}\,\overline{I_3}\,\overline{I_6}\,\overline{I_7}} \\ Y_0 = \overline{\overline{I_1}} + \overline{\overline{I_3}} + \overline{\overline{I_5}} + \overline{\overline{I_7}} + \overline{\overline{I_9}} = \overline{\overline{I_1}\,\overline{I_3}\,\overline{I_5}\,\overline{I_7}\,\overline{I_9}} \end{cases}$$

(3.5.8)

根据式(3.5.8)画出 8421BCD 编码器逻辑电路,如图 3.5.8 所示。

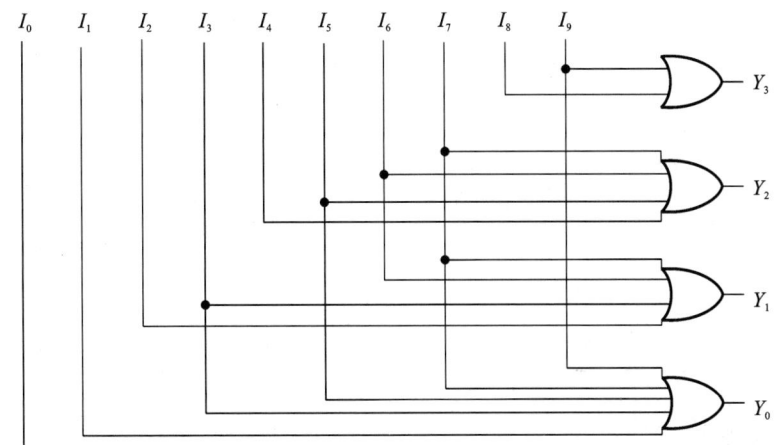

图 3.5.8   8421BCD 编码器逻辑电路

2. 优先编码器

以上所述编码器每次只允许有一个输入信号,否则会引起混乱。实际应用中,常常出现两个或多个输入端同时有信号的情况,比如计算机的中断系统。此时要求编码器允许多个信号同时有效,并按优先级别,按次序编码。能够实现这种功能的编码器称优先编码器。

典型的集成编码器有 74LS148 8 线-3 线优先编码器。74LS148 的逻辑图形符号及引脚排列如图 3.5.9 所示。

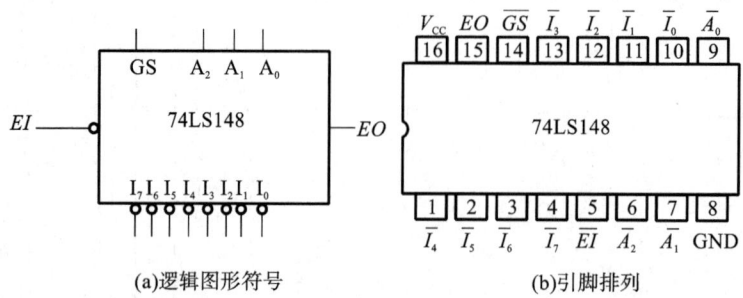

(a)逻辑图形符号 (b)引脚排列

图 3.5.9 74LS148 的逻辑图形符号及引脚排列

其功能如表 3.5.5 所示,其中 $I_0 \sim I_7$ 为编码输入端,低电平有效。$A_0 \sim A_2$ 为编码输出端,也为低电平有效,即反码输出。其他功能如下:

(1) EI 为使能输入端,低电平有效。

(2) 优先顺序为 $I_7 \rightarrow I_0$,即 I_7 的优先级最高,然后是 $I_6, I_5, \cdots, I_0$。

(3) GS 为编码器的工作标志,低电平有效。

(4) EO 为使能输出端,高电平有效。

表 3.5.5 74LS148 优先编码器真值表

输　　入									输　　出				
EI	I_0	I_1	I_2	I_3	I_4	I_5	I_6	I_7	A_2	A_1	A_0	GS	EO
1	×	×	×	×	×	×	×	×	1	1	1	1	1
0	1	1	1	1	1	1	1	1	1	1	1	1	0
0	×	×	×	×	×	×	×	0	0	0	0	0	1
0	×	×	×	×	×	×	0	1	0	0	1	0	1
0	×	×	×	×	×	0	1	1	0	1	0	0	1
0	×	×	×	×	0	1	1	1	0	1	1	0	1
0	×	×	×	0	1	1	1	1	1	0	0	0	1
0	×	×	0	1	1	1	1	1	1	0	1	0	1
0	×	0	1	1	1	1	1	1	1	1	0	0	1
0	0	1	1	1	1	1	1	1	1	1	1	0	1

3.5.3 译码器

将每一组输入二进制代码"翻译"成一个特定的输出信号,用来表示该组代码原来所代表信息的过程称为译码。译码是编码的逆过程。实现译码的电路称为译码器。

根据输入代码的不同,译码器通常有二进制译码器、BCD 译码器和七段显示译码器。

1. 二进制译码器

将二进制代码译成对应输出信号的数字电路,称为二进制译码。

例如,2 位二进制译码器是将输入的 2 位二进制代码译成 $2^2 = 4$ 个输出信号,又称 2 线-4 线(2/4)译码器。

下面以 2 线-4 线译码器为例,介绍二进制译码的工作原理。

2 线-4 线译码器有 2 位($A_1 A_0$)二进制代码输入,有 4 位($\overline{Y_3}\ \overline{Y_2}\ \overline{Y_1}\ \overline{Y_0}$)输出信号,其真值表如表 3.5.6 所示。

表 3.5.6 2 位二进制译码器真值表

A_1	A_0	$\overline{Y_3}$	$\overline{Y_2}$	$\overline{Y_1}$	$\overline{Y_0}$
0	0	1	1	1	0
0	1	1	1	0	1
1	0	1	0	1	1
1	1	0	1	1	1

由真值表 3.5.6 可写出译码器的输出逻辑表达式

$$\overline{Y_0} = \overline{\overline{A_1}\ \overline{A_0}} = \overline{m_0}$$

$$\overline{Y_1} = \overline{\overline{A_1} A_0} = \overline{m_1}$$

$$\overline{Y_2} = \overline{A_1\ \overline{A_0}} = \overline{m_2}$$

$$\overline{Y_3} = \overline{A_1 A_0} = \overline{m_3} \tag{3.5.9}$$

式中,m_i 是以输入代码为变量的最小项。

由式(3.5.9)可推出:对于输出低电平有效的 n 位二进制译码器,其输出与输入代码的逻辑关系均为

$$\overline{Y_i} = \overline{m_i}, \quad i = 0, \cdots, 2^n - 1 \tag{3.5.10}$$

由式(3.5.9)可画出 2 位二进制译码器的逻辑电路,如图 3.5.10 所示。

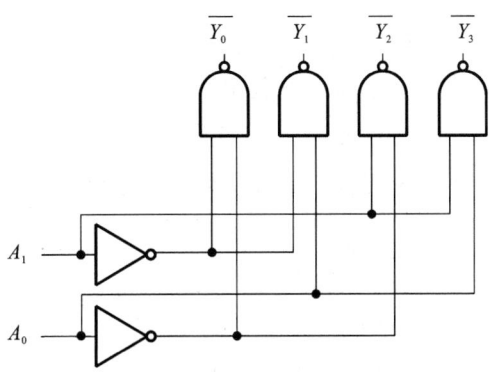

图 3.5.10 2 线-4 线译码器逻辑电路

典型的二进制译码器有 74LS138 3 线-8 线集成译码器,其基本功能与上述 2 位二进制译码器类似,译码输入为 3 位二进制码 $A_2 A_1 A_0$,8 位输出为 $\overline{Y_7} \sim \overline{Y_0}$。为了增加使用的灵活性和功能扩展,74LS138 附加了三个使能信号 S_1、$\overline{S_2}$、$\overline{S_3}$。其逻辑图形符号及引脚排列如图 3.5.11 所示,功能表如表 3.5.7 所示。

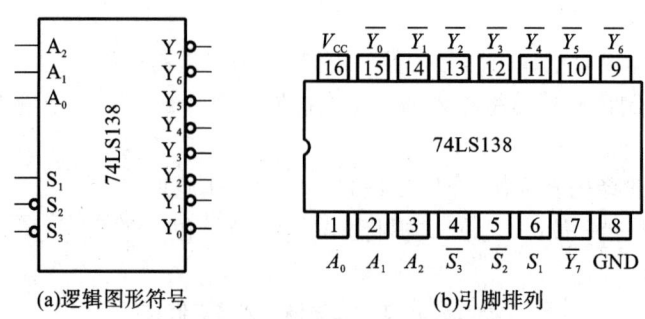

(a)逻辑图形符号   (b)引脚排列

图 3.5.11   74LS138 的逻辑图形符号及引脚排列

表 3.5.7   74LS138 的功能表

输 入					输 出							
使 能		代 码										
S_1	$\overline{S_2}+\overline{S_3}$	A_2	A_1	A_0	$\overline{Y_7}$	$\overline{Y_6}$	$\overline{Y_5}$	$\overline{Y_4}$	$\overline{Y_3}$	$\overline{Y_2}$	$\overline{Y_1}$	$\overline{Y_0}$
0	$\times$	$\times$	$\times$	$\times$	1	1	1	1	1	1	1	1
$\times$	1	$\times$	$\times$	$\times$	1	1	1	1	1	1	1	1
1	0	0	0	0	1	1	1	1	1	1	1	0
1	0	0	0	1	1	1	1	1	1	1	0	1
1	0	0	1	0	1	1	1	1	1	0	1	1
1	0	0	1	1	1	1	1	1	0	1	1	1
1	0	1	0	0	1	1	1	0	1	1	1	1
1	0	1	0	1	1	1	0	1	1	1	1	1
1	0	1	1	0	1	0	1	1	1	1	1	1
1	0	1	1	1	0	1	1	1	1	1	1	1

由功能表 3.5.7 可知,74LS138 使能信号 S_1 是高电平有效,$\overline{S_2}$、$\overline{S_3}$ 是低电平有效,从相应的逻辑图形符号上也体现了这一点。如果把使能信号写进表达式,则式(3.5.10)可写成

$$\overline{Y_i} = \overline{(m_i S_1 \, (\overline{(\overline{S_2}+\overline{S_3})}))} \tag{3.5.11}$$

【**例 3.5.2**】 试用 3 线-8 线译码器 74LS138 和非门设计一个多输出的组合逻辑电路。输出的逻辑函数式为

$$\begin{cases} F_1 = AB + A\overline{C} \\ F_2 = A\overline{C} + \overline{A}BC + A\overline{B}C \\ F_3 = BC + \overline{A}\,\overline{B}C \end{cases} \tag{3.5.12}$$

解:首先将式(3.5.12)给定的逻辑函数化为最小项之和的形式,得到

$$\begin{cases} F_1 = m_4 + m_6 + m_7 \\ F_2 = m_3 + m_4 + m_5 + m_6 \\ F_3 = m_1 + m_3 + m_7 \end{cases} \tag{3.5.13}$$

由图 3.5.11(a)和式(3.5.10)可知,只要令 74LS138 的输入 $A_2 = A$、$A_1 = B$、$A_0 = C$,则它

的输出 $\overline{Y_0} \sim \overline{Y_7}$ 就是式(3.5.13)中的 $\overline{m_0} \sim \overline{m_7}$。由于这些最小项是以反函数形式给出的,所以还需要将 $F_1 \sim F_3$ 变换为 $\overline{m_0} \sim \overline{m_7}$ 的函数式。

$$
\begin{cases}
F_1 = \overline{\overline{m_4} \cdot \overline{m_6} \cdot \overline{m_7}} \\
F_2 = \overline{\overline{m_3} \cdot \overline{m_4} \cdot \overline{m_5} \cdot \overline{m_6}} \\
F_3 = \overline{\overline{m_1} \cdot \overline{m_3} \cdot \overline{m_7}}
\end{cases}
\tag{3.5.14}
$$

式(3.5.14)表明,只需在 74LS138 的输出端附加 4 个与非门,即可得到 $F_1 \sim F_3$ 的逻辑电路。电路的接法如图 3.5.12 所示。

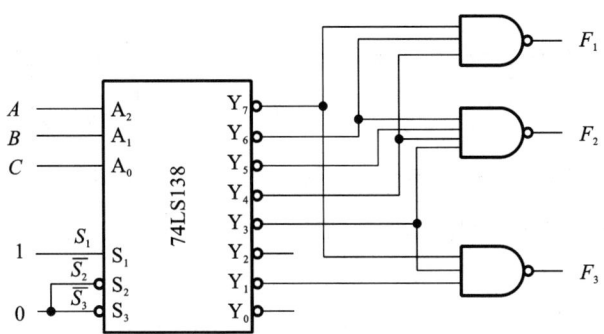

图 3.5.12　例 3.5.2 的电路

【注意】　画逻辑电路时,必须注意输入代码与逻辑变量之间的对应关系;译码器的使能端必须接成有效状态。

【例 3.5.3】　试用两片 3 线-8 线译码器 74LS138 组成 4 线-16 线译码器。

由图 3.5.11(a)可见,74LS138 仅有 3 个地址输入端 A_2、A_1、A_0。如果想对 4 位二进制代码译码,只能利用一个附加控制端(S_1、$\overline{S_2}$、$\overline{S_3}$ 当中的一个)作为第四个地址输入端。

取第(1)片 74LS138 的 $\overline{S_2}$ 和 $\overline{S_3}$ 作为它的第四个地址输入端(同时令 $S_1 = 0$),取第(2)片的 S_1 作为它的第四个地址输入端(同时令 $\overline{S_2} = \overline{S_3} = 0$),取两片的 $A_2 = D_2$、$A_1 = D_1$、$A_0 = D_0$,并将第(1)片的 $\overline{S_2}$ 和 $\overline{S_3}$ 接 D_3,第(2)片的 S_1 接 D_3,如图 3.5.13 所示,得到两片 74LS138 的输出分别为

$$
\begin{cases}
\overline{Z_0} = \overline{\overline{D_3}\, \overline{D_2}\, \overline{D_1}\, \overline{D_0}} \\
\overline{Z_1} = \overline{\overline{D_3}\, \overline{D_2}\, \overline{D_1} D_0} \\
\quad\vdots \\
\overline{Z_7} = \overline{\overline{D_3} D_2 D_1 D_0}
\end{cases}
\tag{3.5.15}
$$

$$
\begin{cases}
\overline{Z_8} = \overline{D_3\, \overline{D_2}\, \overline{D_1}\, \overline{D_0}} \\
\overline{Z_9} = \overline{D_3\, \overline{D_2}\, \overline{D_1} D_0} \\
\quad\vdots \\
\overline{Z_{15}} = \overline{D_3 D_2 D_1 D_0}
\end{cases}
\tag{3.5.16}
$$

式(3.5.15)表明,当 $D_3 = 0$ 时,第(1)片 74LS138 工作而第(2)片 74LS138 禁止,将 $D_3 D_2 D_1 D_0$ 的 0000~0111 这 8 个代码译成 $\overline{Z_0} \sim \overline{Z_7}$ 8 个低电平信号。而式(3.5.16)表明,当 $D_3 = 1$ 时,第(2)片 74LS138 工作,第(1)片 74LS138 禁止,将 $D_3 D_2 D_1 D_0$ 的 1000~1111 这 8 个

代码译成$\overline{Z}_8 \sim \overline{Z}_{15}$ 8 个低电平信号。这样就用两个 3 线-8 线译码器扩展成一个 4 线-16 线译码器了。

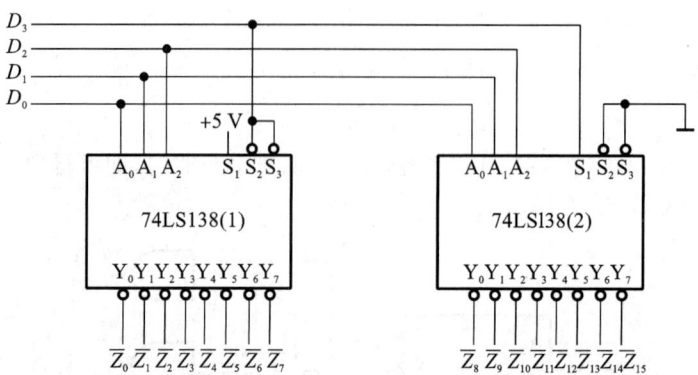

图 3.5.13　用两个 74LS138 接成的 4 线-16 线译码器

同理,也可以用两个带控制端的 4 线-16 线译码器接成一个 5 线-32 线译码器。

2. BCD 译码器

BCD 译码器是将输入的 4 位 BCD 码译成 10 个高、低电平输出信号的逻辑电路,又称 4 线-10 线(4/10)译码器。典型的器件有 74HC42,如图 3.5.14 所示。

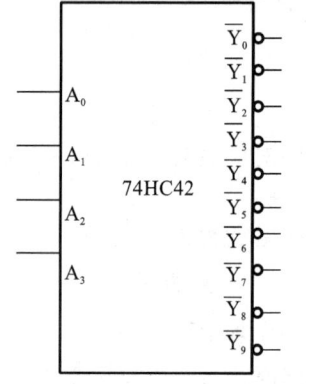

图 3.5.14　74HC42(8421BCD 译码器)的逻辑符号

当输入一个 8421BCD 码,就会在它所表示的十进制数的对应输出端产生一个低电平有效信号。当输入的是非法码(在 8421 BCD 码中,1010～1111 不代表任何数,称为伪码,属于非法码),$Y_0 \sim Y_9$ 均不能产生低电平信号,即译码器具有拒绝非法码的功能。

3. 显示译码器

数字译码显示电路一般由译码器、驱动器和显示器等组成。

在数字系统中,常常要把数据或字符直观地显示出来,这就需要用显示译码器驱动显示器件来实现。显示译码器随显示器件的类型而变。最常用的显示译码器是直接驱动数码管的七段显示译码器。

七段数字显示器就是将七个发光二极管(加小数点为八个)按一定的方式排列起来,如图 3.5.15 所示,七段 a、b、c、d、e、f、g(小数点 DP)各对应一个发光二极管,利用不同发光段的组合,显示不同的阿拉伯数字。

按内部连接方式不同,七段数字显示器分为共阴极和共阳极两种,如图 3.5.16 所示。

半导体显示器的优点是工作电压较低(1.5～3 V)、体积小、寿命长、亮度高、响应速度快、工作可靠性高。缺点是工作电流大,每个字段的工作电流为 10 mA 左右。

驱动七段数码管的是与之对应的 8421BCD 七段显示译码器。

输入一个 4 位 8421 码,经七段显示译码器输出数码管各段的驱动信号,控制显示相应的十进制数。若驱动共阳极 LED 管,则七段显示译码器的逻辑状态表如表 3.5.8 所示,可得逻辑关系式,进而画出逻辑图。

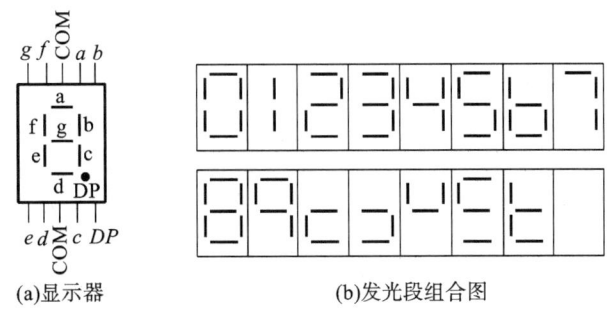

(a)显示器　　　　　　　　　(b)发光段组合图

图 3.5.15　七段数字显示器及发光段组合图

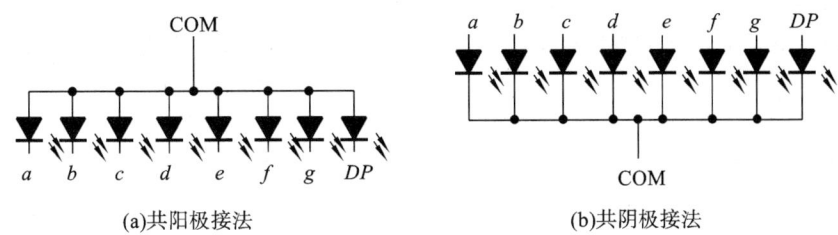

(a)共阳极接法　　　　　　　　　　(b)共阴极接法

图 3.5.16　半导体数字显示器的内部接法

表 3.5.8　8421 七段译码器译码表(共阳极 LED)

D_3	D_2	D_1	D_0	$\overline{F_a}$	$\overline{F_b}$	$\overline{F_c}$	$\overline{F_d}$	$\overline{F_e}$	$\overline{F_f}$	$\overline{F_g}$	显示字符
0	0	0	0	0	0	0	0	0	0	1	0
0	0	0	1	1	0	0	1	1	1	1	1
0	0	1	0	0	0	1	0	0	1	0	2
0	0	1	1	0	0	0	0	1	1	0	3
0	1	0	0	1	0	0	1	1	0	0	4
0	1	0	1	0	1	0	0	1	0	0	5
0	1	1	0	0	1	0	0	0	0	0	6
0	1	1	1	0	0	0	1	1	1	1	7
1	0	0	0	0	0	0	0	0	0	0	8
1	0	0	1	0	0	0	0	1	0	0	9

3.5.4　数据选择器

在 n 个地址信号控制下,从多路(2^n 个)输入信息中选择其中的某一路信息作为输出的电路称为数据选择器。数据选择器又叫多路选择器,简称 MUX。若 $n=2$,则有 2 位地址信号,4 个数据输入端,1 个数据输出端,成为四选一数据选择器,其框图如图 3.5.17 所示。其作用相当于多路开关,图中,D_0、D_1、D_2、D_3 是数据输入,S_1、S_0 是选择输入信号,Y 是选择器的输出信号。

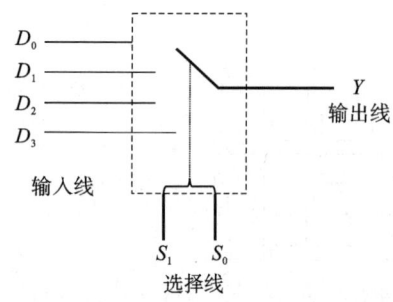

以四选一数据选择器为例,当 $S_1S_0=00$ 时,$Y=D_0$;$S_1S_0=01$ 时,$Y=D_1$;$S_1S_0=10$ 时,$Y=D_2$;$S_1S_0=11$ 时,$Y=D_3$。由此可得四选一数据选择器的真值表,如表 3.5.9 和表 3.5.10 所示。

由真值表可以写出四选一选择器的表达式

$$Y=\overline{S_1S_0}D_0+\overline{S_1}S_0D_1+S_1\overline{S_0}D_2+S_1S_0D_3$$

$$=m_0D_0+m_1D_1+m_2D_2+m_3D_3=\sum_{i=0}^{3}m_iD_i$$

$$(3.5.17)$$

图 3.5.17 四选一数据选择器的框图

式中,m_i 是选择信号 S_1S_0 所对应的最小项。

表 3.5.9 四选一数据选择器的真值表

选择信号		数据输入				输出
S_1	S_0	D_3	D_2	D_1	D_0	Y
0	0	×	×	×	0	0
0	0	×	×	×	1	1
0	1	×	×	0	×	0
0	1	×	×	1	×	1
1	0	×	0	×	×	0
1	0	×	1	×	×	1
1	1	0	×	×	×	0
1	1	1	×	×	×	1

表 3.5.10 四选一数据选择器的简化真值表

选择信号		输出
S_1	S_0	Y
0	0	D_0
0	1	D_1
1	0	D_2
1	1	D_3

同理,对于 n 选一的选择器,其输出逻辑函数表达式为

$$Y=\sum_{i=0}^{2^n-1}m_iD_i$$

数据选择器为目前逻辑设计中应用十分广泛的逻辑部件,它有二选一、四选一、八选一、十六选一等类别。

1. 四选一数据选择器(74LS153)

74LS153 是双四选一数据选择器,就是在一块集成芯片上有两个四选一数据选择器。74LS153 的逻辑图形符号和引脚排列如图 3.5.18 所示,功能表如表 3.5.11 所示。

$1\overline{S}$、$2\overline{S}$ 为两个独立的使能端,A_1、A_0 为公用的地址输入端;$1D_0\sim1D_3$ 和 $2D_0\sim2D_3$ 分别为两个四选一数据选择器的数据输入端;$1Q$、$2Q$ 为两个输出端。

由表 3.5.11 可知,当使能端 $\overline{S}$($1\overline{S}$ 或 $2\overline{S}$)=1 时,多路开关被禁止,无输出,$Q=0$。当使能端 $\overline{S}$($1\overline{S}$ 或 $2\overline{S}$)=0 时,多路开关正常工作,根据地址码 A_1、A_0 的状态,将相应的数据 $D_0\sim D_3$ 送到输出端 Q。

如:$A_1A_0=00$,则选择 D_0 数据到输出端,即 $Q=D_0$;$A_1A_0=01$,则选择 D_1 数据到输出端,即 $Q=D_1$,其余类推。

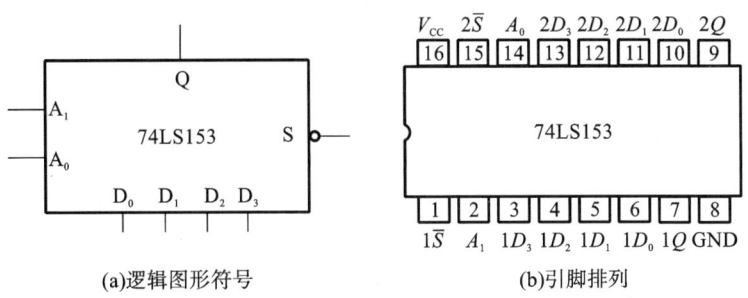

(a)逻辑图形符号   (b)引脚排列

图 3.5.18   74LS153 的逻辑图形符号和引脚排列

2. 八选一数据选择器(74LS151)

74LS151 为互补输出的八选一数据选择器,其逻辑图形符号和引脚排列如图 3.5.19 所示,功能表如表 3.5.12 所示。

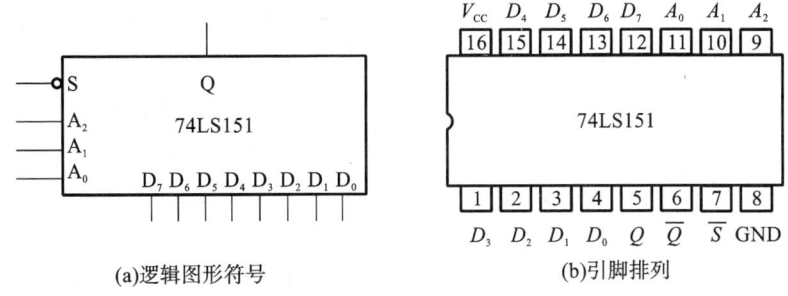

(a)逻辑图形符号   (b)引脚排列

图 3.5.19   74LS151 的逻辑图形符号和引脚排列

表 3.5.11   74LS153 的功能表

输	入		输 出
$\overline{S}$	A_1	A_0	Q
1	$\times$	$\times$	0
0	0	0	D_0
0	0	1	D_1
0	1	0	D_2
0	1	1	D_3

表 3.5.12   74LS151 的功能表

输		入		输	出
$\overline{S}$	A_2	A_1	A_0	Q	$\overline{Q}$
1	$\times$	$\times$	$\times$	0	1
0	0	0	0	D_0	$\overline{D}_0$
0	0	0	1	D_1	$\overline{D}_1$
0	0	1	0	D_2	$\overline{D}_2$
0	0	1	1	D_3	$\overline{D}_3$
0	1	0	0	D_4	$\overline{D}_4$
0	1	0	1	D_5	$\overline{D}_5$
0	1	1	0	D_6	$\overline{D}_6$
0	1	1	1	D_7	$\overline{D}_7$

选择控制端(地址端)为 $A_2 \sim A_0$,按二进制译码,从 8 个输入数据 $D_0 \sim D_7$ 中,选择 1 个需要的数据送到输出端 Q,S 为使能端,低电平有效。

由表 3.5.12 可知,当使能端 $\overline{S}=1$ 时,不论 $A_2 \sim A_0$ 状态如何,均无输出(即 $Q=0$,$\overline{Q}=1$),多路开关被禁止。当使能端 $\overline{S}=0$ 时,多路开关正常工作,根据地址码 A_2、A_1、A_0 的状态,选择 $D_0 \sim D_7$ 中某一个通道的数据输送到输出端 Q。

如：$A_2A_1A_0 = 000$，则选择 D_0 数据到输出端，即 $Q = D_0$。再如：$A_2A_1A_0 = 001$，则选择 D_1 数据到输出端，即 $Q = D_1$，其余类推。

【**例 3.5.4**】 试用四选一数据选择器实现交通信号灯监视电路。其中已知交通信号灯电路的逻辑函数式为 $Z = \overline{R}\,\overline{A}\,\overline{G} + \overline{R}A\overline{G} + R\overline{A}\overline{G} + RA\overline{G} + RAG$。

解： 将题中的式子稍加变换即可化成与式(3.5.17)完全对应的形式，如下式

$$Z = \overline{R}(\overline{A}\,\overline{G}) + R(\overline{A}\,\overline{G}) + R(A\overline{G}) + 1 \cdot AG$$

将此式与式(3.5.17)对照一下便知，只要令数据选择器的输入为

$$A_1 = A \quad A_0 = G$$

$$D_0 = \overline{R}, \quad D_1 = D_2 = R, \quad D_3 = 1$$

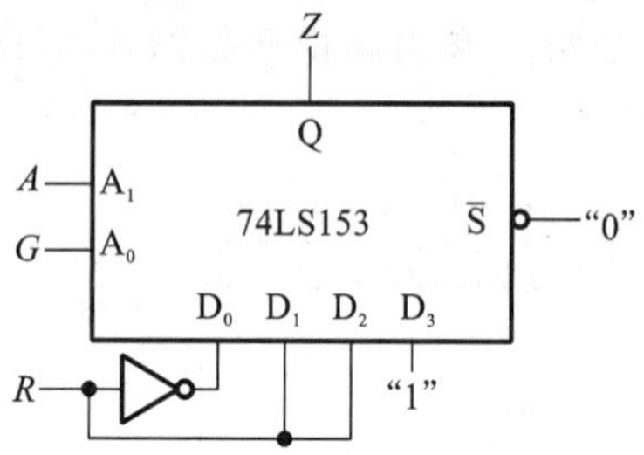

如图 3.5.20 所示，则数据选择器的输出就是题中所要求的逻辑函数 Z。

【**例 3.5.5**】 试用八选一数据选择器 74LS151 实现三变量逻辑函数 $Z = \overline{A}\,\overline{B}\,\overline{C} + AC + \overline{A}BC$。

解： 一片八选一数据选择器有 3 位地址输入（$n = 3$），能产生任何形式的四变量以下的逻辑函数，故可以生成题中的三变量逻辑函数。

第一步，画出选择器的卡诺图，如图 3.5.21(a) 所示。

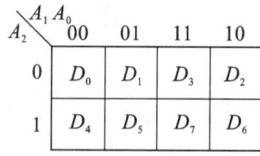

图 3.5.20 例 3.5.4 的电路

第二步，写出 Z 的最小项表达式，并画出 Z 的卡诺图，如图 3.5.21(b)所示。

$$Z(A,B,C) = m_0 + m_3 + m_5 + m_7$$

A_2＼$\,^{A_1A_0}$	00	01	11	10
0	D_0	D_1	D_3	D_2
1	D_4	D_5	D_7	D_6

(a)选择器的卡诺图

A＼$\,^{BC}$	00	01	11	10
0	1	0	1	0
1	0	1	1	0

(b)逻辑函数的卡诺图

图 3.5.21 例 3.5.5 的卡诺图

第三步，要使选择器的输出等于被实现的逻辑函数（$Q = Z$），必须使两张卡诺图完全相同，即令 $A_2 = A, A_1 = B, A_0 = C$，且 $D_1 = D_2 = D_4 = D_6 = 0$，$D_0 = D_3 = D_5 = D_7 = 1$。

第四步，根据上述对应关系画出逻辑电路，如图 3.5.22 所示。

从上述例题可看出，用具有 n 个选择信号的数据选择器实现 n 变量的逻辑函数是十分方便的，它

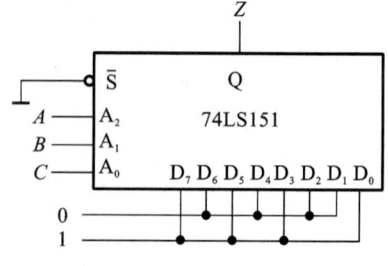

图 3.5.22 例 3.5.5 的逻辑电路

不需要将函数化简成最简式，只要将输入变量加到选择信号端，选择器的数据输入端按逻辑函数的卡诺图对应连接即可。一个八选一的数据选择器可实现三变量的 $256(2^8)$ 种不同函数。

3.5.5 数值比较器

数值比较器是用于比较两个二进制数大小关系的逻辑电路。

1. 一位数值比较器

两个一位二进制数 A 和 B 进行比较,结果有三种情况:

(1) 若 $A > B$,即 $A = 1, B = 0$,则输出 $Y_{A>B} = 1$,可以用表达式 $Y_{A>B} = A\overline{B}$ 表示。

(2) 若 $A < B$,即 $A = 0, B = 1$,则输出 $Y_{A<B} = 1$,可以用表达式 $Y_{A<B} = \overline{A}B$ 表示。

(3) 若 $A = B$,即 $A = B = 1$ 或 $A = B = 0$,则输出 $Y_{A=B} = 1$,可以用表达式 $Y_{A=B} = \overline{A}\,\overline{B} + AB = \overline{A \oplus B}$ 表示。

上述三种情况也可以用真值表表示,如表 3.5.13 所示,其逻辑电路如图 3.5.23 所示。

表 3.5.13　一位数值比较器的真值表

A	B	$Y_{A>B}$	$Y_{A<B}$	$Y_{A=B}$
0	0	0	0	1
0	1	0	1	0
1	0	1	0	0
1	1	0	0	1

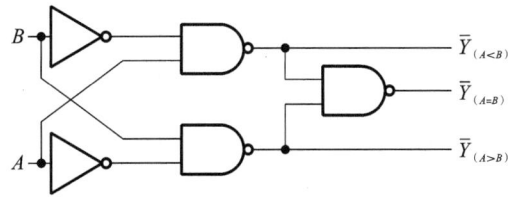

图 3.5.23　一位数值比较器的逻辑电路

2. 多位数值比较器

在比较两个多位数的大小时,应该自高向低地逐位比较,只能在高位相等时,才需要比较低位。典型的集成数值比较器有 CC14585。CC14585 是集成四位数值比较器,为了便于扩展,增加了 $I_{A>B}$、$I_{A=B}$、$I_{A<B}$ 三个级联信号输入端,用于接收低位比较器的输出。CC14585 的逻辑图形符号如图 3.5.24 所示,功能表如表 3.5.14 所示。

表 3.5.14　CC14585 的功能表

比　较　输　入				级　联　输　入			输　　出		
$A_3\ B_3$	$A_2\ B_2$	$A_1\ B_1$	$A_0\ B_0$	$I_{A>B}$	$I_{A<B}$	$I_{A=B}$	$Y_{A>B}$	$Y_{A<B}$	$Y_{A=B}$
$A_3 > B_3$	$\times$	$\times$	$\times$	$\times$	$\times$	$\times$	1	0	0
$A_3 < B_3$	$\times$	$\times$	$\times$	$\times$	$\times$	$\times$	0	1	0
$A_3 = B_3$	$A_2 > B_2$	$\times$	$\times$	$\times$	$\times$	$\times$	1	0	0
$A_3 = B_3$	$A_2 < B_2$	$\times$	$\times$	$\times$	$\times$	$\times$	0	1	0
$A_3 = B_3$	$A_2 = B_2$	$A_1 > B_1$	$\times$	$\times$	$\times$	$\times$	1	0	0

续表

比 较 输 入				级 联 输 入			输 出		
$A_3 B_3$	$A_2 B_2$	$A_1 B_1$	$A_0 B_0$	$I_{A>B}$	$I_{A<B}$	$I_{A=B}$	$Y_{A>B}$	$Y_{A<B}$	$Y_{A=B}$
$A_3=B_3$	$A_2=B_2$	$A_1<B_1$	×	×	×	×	0	1	0
$A_3=B_3$	$A_2=B_2$	$A_1=B_1$	$A_0>B_0$	×	×	×	1	0	0
$A_3=B_3$	$A_2=B_2$	$A_1=B_1$	$A_0<B_0$	×	×	×	0	1	0
$A_3=B_3$	$A_2=B_2$	$A_1=B_1$	$A_0=B_0$	1	0	0	1	0	0
$A_3=B_3$	$A_2=B_2$	$A_1=B_1$	$A_0=B_0$	0	1	0	0	1	0
$A_3=B_3$	$A_2=B_2$	$A_1=B_1$	$A_0=B_0$	0	0	1	0	0	1

真值表中的输入变量包括 A_3 与 B_3、A_2 与 B_2、A_1 与 B_1、A_0 与 B_0 和 A 与 B 的比较结果，A 与 B 是另外两个低位数，设置低位数比较结果输入端，是为了能与其他数值比较器连接，以便组成更多位数的数值比较器；3 个输出信号 $Y_{A>B}$、$Y_{A<B}$ 和 $Y_{A=B}$ 分别表示本级的比较结果。

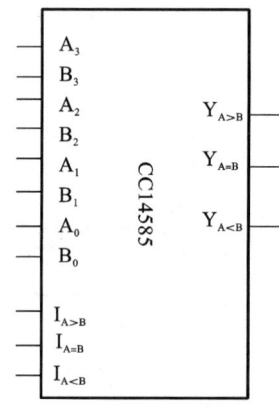

图 3.5.24 CC14585 的逻辑图形符号

3.6 组合逻辑电路中的竞争冒险现象

3.6.1 竞争冒险现象及其成因

数字电路中的竞争与冒险出现在组合逻辑电路中。前面分析组合逻辑电路时，都没有考虑门电路的延迟时间对电路产生的影响。实际上，从信号输入到稳定输出需要一定的时间。由于从输入到输出的过程中，不同通路上门的级数不同，或者门电路平均延迟时间的差异，使信号从输入经不同通路传输到输出级的时间不同。由于这个原因，可能会使逻辑电路产生错误输出，通常把这种现象称为竞争冒险。

因此，组合逻辑电路中，同一信号经不同的路径传输后，到达电路中某一会合点的时间有先有后，这种现象称为逻辑竞争，而因此产生输出干扰脉冲的现象称为冒险，如图 3.6.1 所示。

由以上分析可知，只要两个互补的信号送入同一门电路，就可能出现竞争冒险。因此把冒

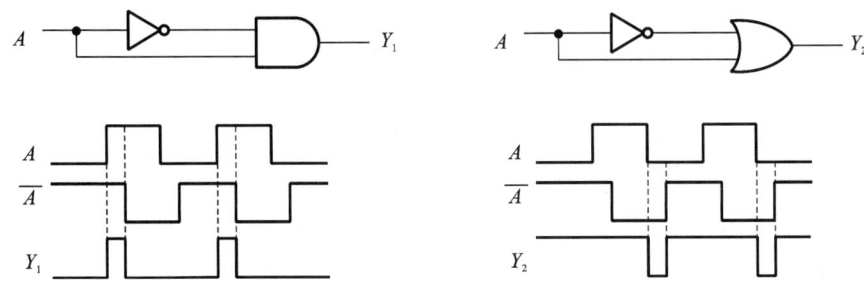

图 3.6.1　冒险示意图

险现象分为两种：

1. "0"型冒险

$A+\overline{A}$ 冒险在理想情况下输出电平为"1"，由于竞争输出产生低电平窄脉冲。

2. "1"型冒险

$A\cdot\overline{A}$ 冒险在理想情况下输出电平为"0"，由于竞争输出产生高电平窄脉冲。

3.6.2　检查竞争冒险的方法

判断竞争冒险是否存在的方法很多，最常见的方法有：

1. 代数法

在逻辑函数表达式中，是否存在某变量的原变量和反变量。若去掉其他变量得到 $Y=A+\overline{A}$，电路有可能产生"0"型冒险；若得到 $Y=A\cdot\overline{A}$，则可能产生"1"型冒险。

2. 卡诺图法

画出逻辑函数的卡诺图，当卡诺图中两个合并最小项圈相切，即两个合并最小项圈相邻——有相邻项，各合并最小项圈各自独立——不相交时，这个逻辑函数有可能出现冒险现象。

3.6.3　消除竞争冒险的方法

1. 修改逻辑设计

（1）代数法。

① 逻辑变换消去互补量。

$$Y=(A+B)(\overline{A}+C)$$

当 $B=C=0$ 时，$Y=A\cdot\overline{A}$，存在竞争冒险。若将逻辑函数表达式进行逻辑变换，则 $Y=AC+\overline{A}B+BC$，这时消去了 $A\cdot\overline{A}$ 互补量，从而不会产生竞争冒险。

② 增加乘积项。

$$Y=AB+\overline{A}C$$

当 $B=C=1$ 时，$Y=A+\overline{A}$，存在竞争冒险。若增加乘积项 BC，则 $Y=AB+\overline{A}C+BC$，消除了竞争冒险。

（2）卡诺图法。

将卡诺图中相切的圈用一个多余的圈连接起来，即可消除冒险现象。

2. 引入选通脉冲

选通法是当有冒险脉冲时，利用选通脉冲把输出级封锁住，使冒险脉冲不能输出，而当冒险脉冲消失之后,选通脉冲又允许正常输出。它出现的时间应与输入信号变化的时间错开,从而避开了冒险,在时间上则在干扰脉冲已经消失之后才加入,这样电路的输出不再是电位信号,而是一个脉冲信号。

3. 输出端并联滤波电容

因为竞争冒险所产生的干扰脉冲一般很窄(几十纳秒内),所以当电路工作频率不很高时,在输出端并接一个电容,可以吸收掉干扰脉冲,将尖峰脉冲的幅度减小到不起影响的程度。但应注意电容量不能太大,否则使波形变坏,影响电路的工作速度。

以上三种方法各有特点:修改逻辑设计,效果非常好,但使电路增加了连接线和门电路,而且多余项并非任何时候都存在,因此适用范围有限;外接电容简单易行,是实验时常采用的应急措施,但输出波形随之变坏;加选通脉冲是行之有效的方法,目前许多 MSI(中规模集成电路)器件都备有使能端,为加选通信号消去毛刺提供了方便,但必须设法得到一个与输入信号同步的选通脉冲,对这个脉冲的宽度和作用时间均有严格的要求。

【本章任务求解】

根据对设计要求的分析,可以把整个加法系统划分为 10 线-4 线优先编码器、BCD 码加法电路、数码显示电路三大部分,如图 3.1 所示。优先编码器电路把 $K_0 \sim K_9$、$E_0 \sim E_9$ 给出的开关信号变成对应的 BCD 码。BCD 加法电路接收编码电路的输出,并完成两个 BCD 码的相加,输出为 BCD 码。数码显示电路把 BCD 加法电路的输出转换成七段码,并实现数码驱动和显示功能。

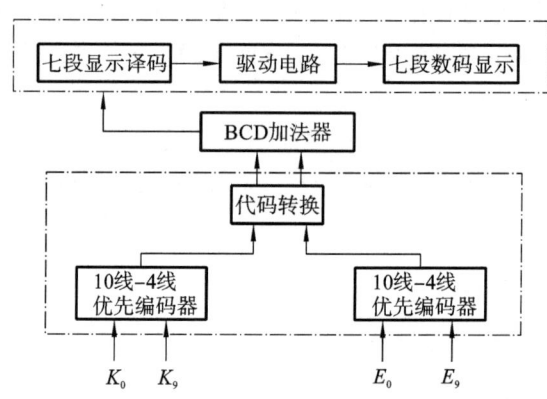

图 3.1 本章任务的一般框图

下面给出每个部分电路的设计过程。

10 线-4 线优先编码电路:

主要由两片 74147 构成优先编码电路,如图 3.2 所示。由于 74147 是 BCD 码的反码输出,因此需加反相器还原成原码。当按下开关 K、E 时,输出与 K、E 对应的 BCD 码 $A(A_3 A_2 A_1 A_0)$ 和 $B(B_3 B_2 B_1 B_0)$。

BCD 码加法电路:

主要由两片 74LS283 构成加法电路,如图 3.3 所示,完成两个 BCD 码相加,输出为 BCD 码 $Y(Y_4 Y_3 Y_2 Y_1 Y_0)$。

数码显示电路:

这部分电路首先把 BCD 加法电路的输出 $Y(Y_4 Y_3 Y_2 Y_1 Y_0)$ 经过 7448 译码驱动器转换成

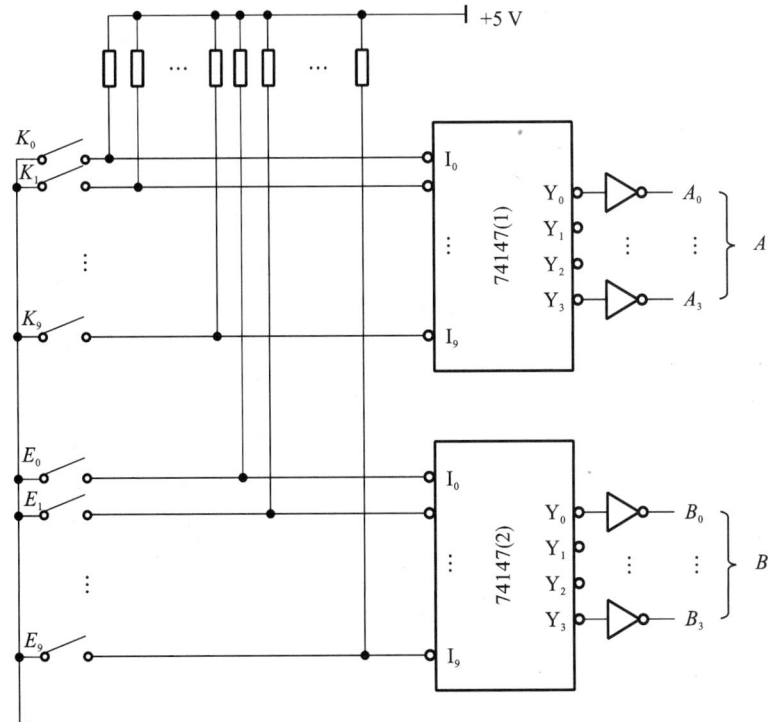

图 3.2 优先编码电路

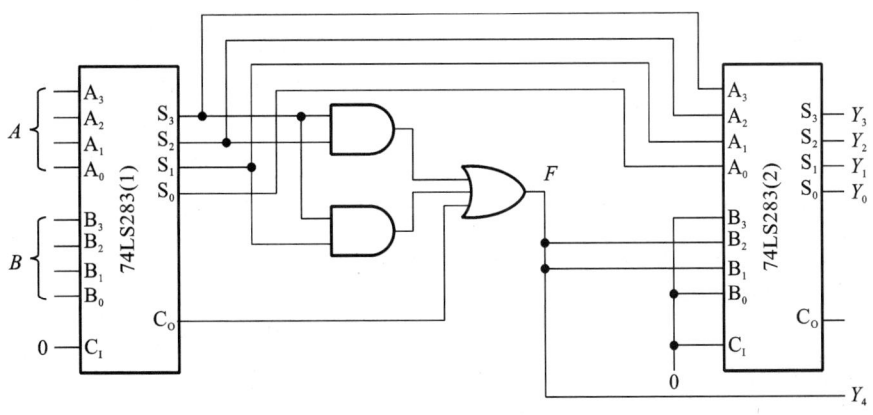

图 3.3 加法电路

七段码,然后由数码管显示,如图 3.4 所示。由于两个 1 位十进制数相加,最大和为 18,因此 $Y_4 = 0$ 或 $Y_4 = 1$,即对应的数码管显示"0"或"1",这种情况下,不必通过译码驱动,只要把数码管的 e、f 两段接 Y_4 即可。逻辑电路如图 3.4 所示,其中 7448 器件内阻很小,为了确保数码管亮度的稳定性,需接上拉电阻(电阻值的大小根据数码管点亮电流计算得到)。

系统电路分析:

系统电路如图 3.5 所示。如果按下开关 K_2,则编码电路 74147(1) 的编码输入端 $I_2 = 0$,其余输入端均为高电平,74147(1) 输出 $\overline{Y_3}\ \overline{Y_2}\ \overline{Y_1}\ \overline{Y_0} = 1101$,经过反相器输出 $A_3A_2A_1A_0 = 0010$。同理,按下开关 E_5 输出 $B_3B_2B_1B_0 = 0101$,即编码电路输出 2 和 5 的 BCD 码。

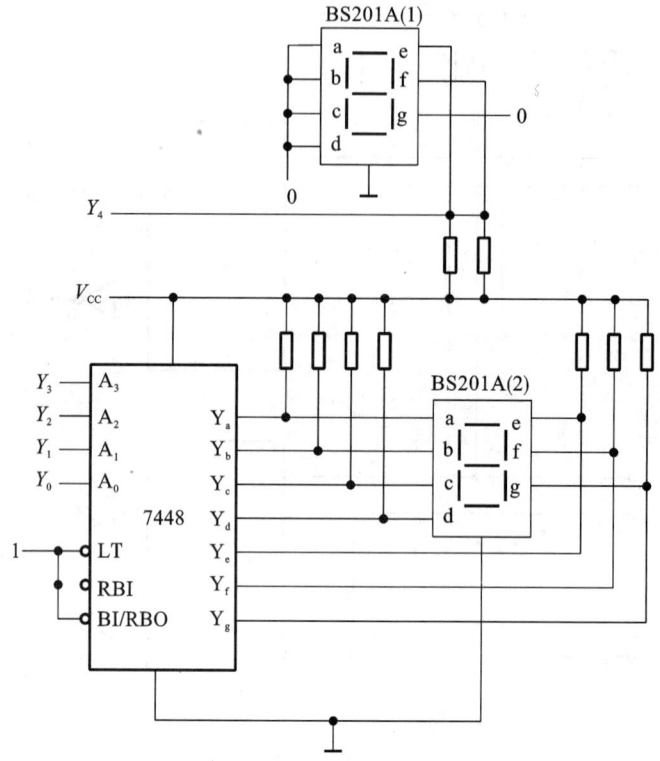

图 3.4　数码显示电路

把 2 和 5 的 BCD 码送入加法器 74LS283(1)的加数和被加数输入端,此时 74LS283(1)的输出 $CO=0,S_3S_2S_1S_0=0111$,则 $F=0$。此时 74LS283(2)的输入分别为 0111 和 0000,因此 74LS283(2)的输出 $Y_4Y_3Y_2Y_1Y_0=00111$。

由于 $Y_4=0$,因此数码管 BS201A(1)的七段均为低电平,数码管不显示。$Y_3Y_2Y_1Y_0=0111$ 经 BCD 译码驱动器转换成"7"的七段码,使数码管显示"7"的字符。

按下其他开关,同样可以分析电路中各器件的输入输出端逻辑电平。熟悉了分析方法,有助于调试电路时的故障分析及排除。

 **本章小结**

本章主要介绍组合逻辑电路的基本概念和组合电路的分析、设计方法,其次介绍几种典型的组合逻辑电路,如加法器、编码器、译码器、数据选择器和数值比较器等,最后介绍组合逻辑电路中存在的竞争冒险现象。

组合逻辑电路的特点是电路的输出仅与该时刻的输入有关,而与电路原来的状态无关。组合逻辑电路中没有反馈回路,不存在存储元件,其组成单元是门电路。

组合逻辑电路的分析方法是根据逻辑电路写出对应的逻辑表达式,列出真值表,并分析其逻辑功能。组合逻辑电路的设计是分析的逆过程,其方法是由给定的逻辑功能列出真值表,写出表达式、画出逻辑电路。

加法器是用来完成两个二进制数相加的逻辑电路,是数字系统中不可缺少的组成单元。

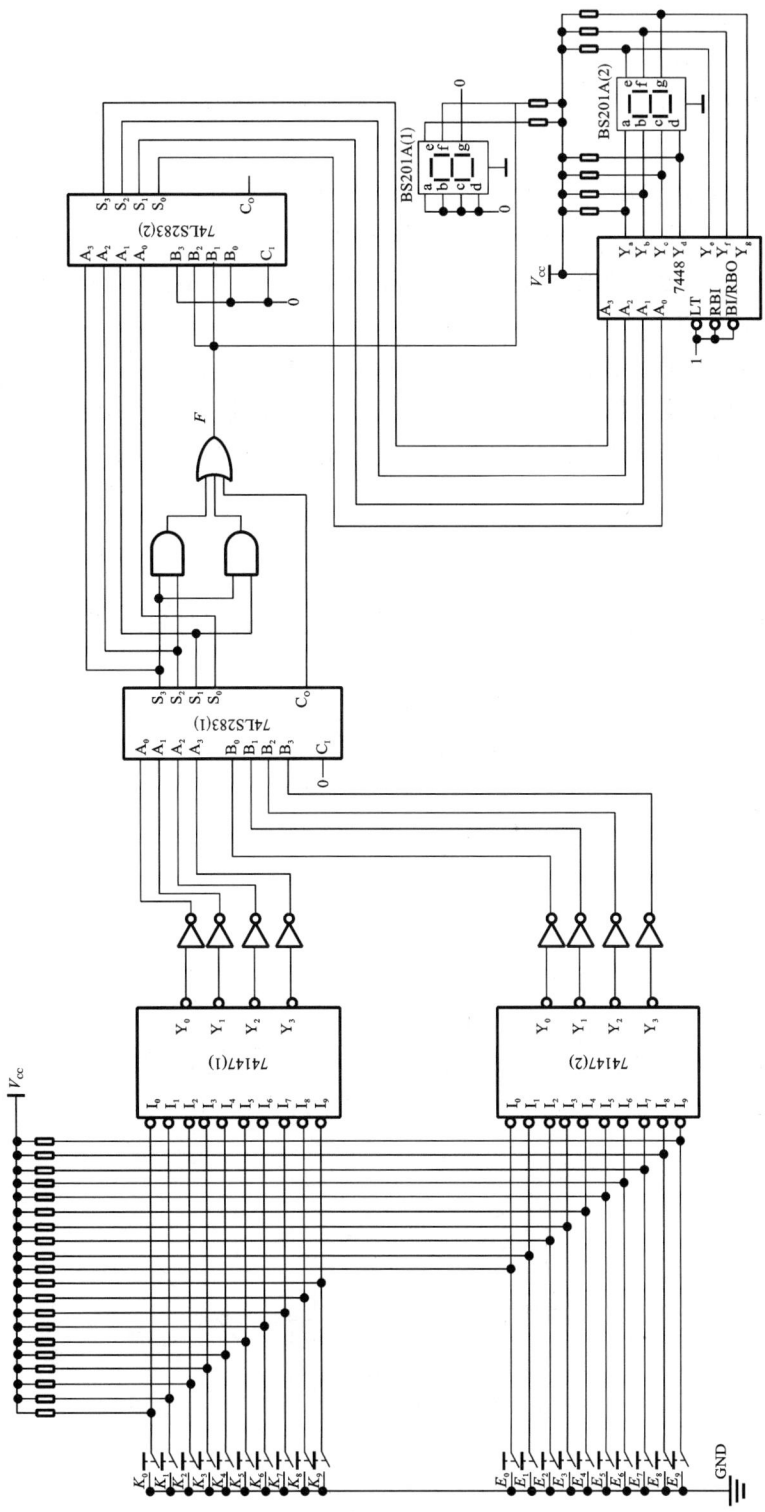

 数字电子技术

当某一逻辑函数的输出等于输入变量所表示的数加上另一常数或一组代码时,用加法器实现是十分方便的。

编码器是把输入信号转换成特定代码的逻辑电路,有普通编码器和优先编码器两类。在普通编码器中,任何时刻只允许有一个输入信号有效,而优先编码器允许两个以上输入信号同时有效。输入信号可以是低电平有效,也可以是高电平有效,输出代码可以是原码输出,也可以是反码输出。

译码器是把输入代码转换成输出信号的逻辑电路,其工作过程是编码的逆过程。有二进制译码器、BCD 译码器和七段显示译码器。译码器可以实现地址译码,译码器附加小规模集成电路可以实现组合逻辑函数等,它是计算机及其他数字系统中使用最广泛的一种多输入多输出的逻辑器件。

数据选择器是根据控制信号从多路输入数据中选择对应的一路输出,它是多输入单输出的逻辑电路。常用于多路数据传输,并行码转换成串行码,实现组合逻辑函数等。

数值比较器是用来对两个数字进行比较,并判别其大小的逻辑电路。

习题

3-1 试分析题 3-1 图所示的逻辑电路,写出逻辑表达式,列出真值表,并说明电路实现的逻辑功能。

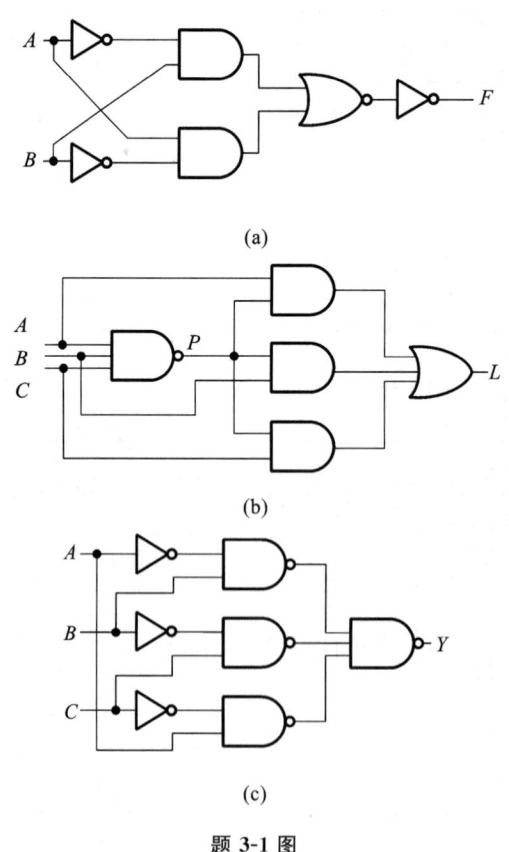

(a)

(b)

(c)

题 3-1 图

3-2 在有原变量又有反变量的输入条件下,用与非门实现下列函数的组合逻辑电路。

$$F_1(A,B,C,D) = \sum m(2,4,8,9,10,12,14);$$

$$F_2(A,B,C,D) = \sum m(2,4,5,6,7,10) + \sum d(0,3,8,15)。$$

3-3 设计一个楼上、楼下开关的控制逻辑电路来控制楼梯上的路灯,要求:在上楼前,用楼下开关打开电灯,上楼后,用楼上开关关灭电灯;或者在下楼前,用楼上开关打开电灯,下楼后,用楼下开关关灭电灯。

3-4 用与非门设计一个举重裁判表决电路,要求:

(1) 设举重比赛有三个裁判,一个主裁判和两个副裁判。

(2) 杠铃完全举上的裁决由每一个裁判按一下自己面前的按钮来确定。

(3) 只有当两个或两个以上裁判判明成功,并且其中有一个为主裁判时,表明成功的灯才亮。

3-5 试设计一个 8421BCD 码的检码电路。要求当输入量 $ABCD \leqslant 4$ 或 $\geqslant 8$ 时,电路输出为高电平,否则为低电平。用与非门设计该电路。

3-6 有一键盘输入电路,一共有四个按键 I_0、I_1、I_2、I_3,不按键时,对应的输入信号为低电平,键按下时,对应的输入信号为高电平,且任意时刻只能有一个按键被按下。用与非门设计出对应的按键编码电路,要求使用与非门的个数最少。

3-7 试用译码器及必要的门电路实现下列函数。

$$F_1(A,B,C) = \sum m(0,2,6,7);$$

$$F_2(A,B,C) = A \odot B \odot C;$$

$$F_3 = AB + BC + AC。$$

3-8 已知逻辑电路如题 3-8 图所示:(1)写出电路的输出函数表达式;(2)列出真值表。

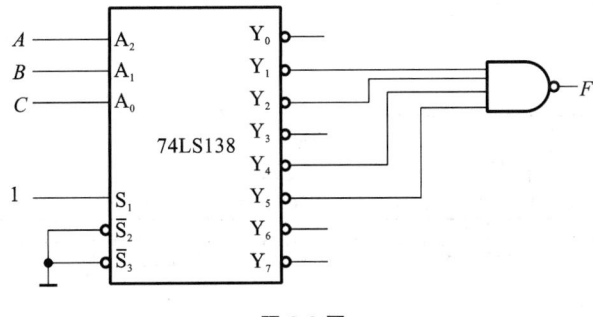

题 3-8 图

3-9 用 74LS138 译码器扩展成 5/32 译码电路。

3-10 4 线-16 线译码器 74LS154 接成题 3-10 图所示电路。图中 S_0、S_1 为选通输入端,芯片译码时,S_0、S_1 同时为 0,芯片才被选通,实现译码操作。芯片输出端为低电平有效。

(1) 写出电路的输出函数 $F_1(A,B,C,D)$ 和 $F_2(A,B,C,D)$ 的表达式。当 $ABCD$ 为何种取值时,函数 $F_1 = F_2 = 1$?

(2) 若要用 74LS154 芯片实现两个两位二进制数 A_1A_0、B_1B_0 的大小比较电路,即 $A > B$ 时,$F_1 = 1$,$A < B$ 时,$F_2 = 1$,画出其接线图。

3-11 已知 8421BCD 可用 7 段译码器驱动日字 LED 管,显示出十进制数字。指出题3-11

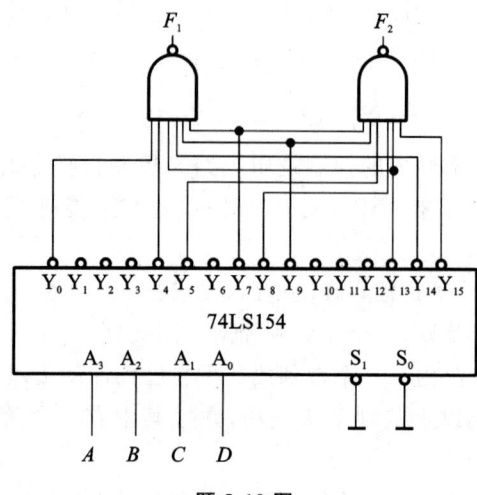

题 3-10 图

表所示变换真值表中哪一行是正确的。(注:逻辑"1"表示灯亮)

题 3-11 表

	D	C	B	A	a	b	c	d	e	f	$g*$
0	0	0	0	0	0	0	0	0	0	0	0
4	0	1	0	0	0	1	1	0	0	1	1
7	0	1	1	1	0	0	0	1	1	1	1
9	1	0	0	1	0	0	0	0	1	0	0

3-12 已知逻辑电路图如题 3-12 图所示:(1)分别写出电路的输出函数表达式;(2)列出真值表;(3)将表达式化为最简与或式。

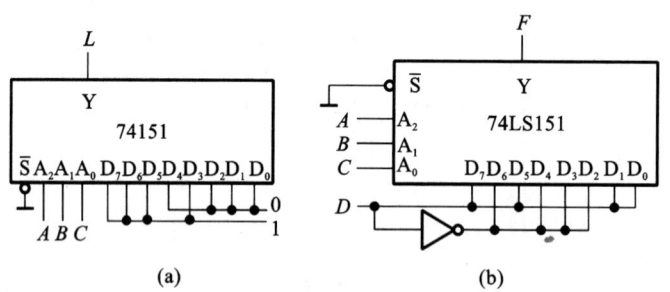

(a)   (b)

题 3-12 图

3-13 试用 74LS151 数据选择器实现逻辑函数:

$$F_1(A,B,C) = \sum m(1,2,4,7);$$

$$F_2(A,B,C,D) = \sum m(1,5,6,7,9,11,12,13,14);$$

$$F_3(A,B,C,D) = \sum m(0,2,3,5,6,7,8,9) + \sum d(10,11,12,13,14,15).$$

3-14 有三台电动机 A、B、C。要求:任意时刻有且仅有一台电动机工作,否则发生报警。设计报警信号的电路,并用译码器 74LS138 和与非门实现,画出电路逻辑图。

3-15　学生参加三门课程考试,其中:课程 A 及格得 1 分;课程 B 及格得 2 分;课程 C 及格得 4 分;课程不及格得 0 分。若总得分为 5 分及 5 分以上就能结业。试用四选一数据选择器 74LS153 设计判断学生能否结业的电路,写出设计过程,画出电路逻辑图。

3-16　设计一个三人表决器电路。在表决一般问题时,以多数同意为通过;在表决重要问题时,必须一致同意才通过。要求列出真值表,写出表达式,分别用译码器和选择器实现。

3-17　试用 4 位并行加法器 74LS283 设计一个加/减运算电路。当控制信号 $M=0$ 时它将两个输入的 4 位二进制数相加,而 $M=1$ 时它将两个输入的 4 位二进制数相减。允许附加必要的电路。

3-18　能否用一片 4 位并行加法器 74LS283 将余 3 代码转换成 8421 的二-十进制代码?如果可能,应当如何连线?

3-19　用两位四位数值比较器组成三个数的判断电路。要求能够判断三个 4 位二进制数 (A,B,C) 是否相等,A 是否最大,A 是否最小,分别给出三个数相等、A 最大、A 最小的输出信号。

3-20　下列各逻辑函数中,试判断是否存在竞争冒险现象。

(1) $F(A,B,C,D) = \overline{A}D + A\overline{B} + \overline{A}BC$;

(2) $F(A,B,C,D) = \overline{A}D + A\overline{B} + BC\overline{D}$;

(3) $F(A,B,C,D) = \overline{A}D + C\overline{D} + \overline{A}BC$;

(4) $F(A,B,C,D) = \overline{A}D + A\overline{B}C + AB\overline{C}$。

第4章 触 发 器

**本章任务**

在数字系统的调试和测量中,经常要用到脉宽固定的单脉冲发生器以便作信号源使用。试设计一个单脉冲发生器,它可以输出一个与时钟脉冲 CP 周期相等的负脉冲。

◀ 4.1 概　述 ▶

在各种不同的数字电路中,除了需要对二值信号进行逻辑运算或算术运算,还经常需要将这些信号和运算结果保存起来,那么就需要使用具有记忆功能的基本逻辑单元。而触发器就是一种具有记忆功能,并能够存储二进制信号的基本逻辑单元。触发器拥有广泛的应用,如应用在计数器、运算器、存储器等电子部件中。

本章将为第 5 章时序逻辑电路的内容学习做铺垫,主要从以下几方面展开介绍:触发器的基本概念;几种常用触发器的电路结构、工作原理和逻辑功能;集成触发器以及触发器的逻辑功能转换。

◀ 4.2 触发器的基本概念 ▶

4.2.1 触发器的基本性质

触发器是一种具有记忆功能的逻辑电路,是能够存储一位二值信息的双稳态电路,是组成时序逻辑电路的基本单元。触发器有以下特点:

(1)具有两个互补的输出。原码输出 Q;反码输出 $\overline{Q}$。当 $Q=1$ 时,$\overline{Q}=0$;而当 $Q=0$ 时,$\overline{Q}=1$。

(2)具有两个稳定的状态。将 $Q=1$ 和 $\overline{Q}=0$ 称为触发器处于"1"状态;将 $Q=0$ 和 $\overline{Q}=1$ 称为触发器处于"0"状态。

(3)在输入信号的作用下,触发器可以由一个稳态到另一个稳态;若输出信号不变,则触发器将长期稳定在其中一个状态,即具有记忆功能。

【注意】 若输入信号使触发器的输出 $Q=\overline{Q}$,则触发器正常工作状态被破坏。实际运用触发器时应该避免出现这种情况。

在描述触发器状态时,又分为现态(或初态)和次态。现态也称为初态,是指触发器的输入信号发生改变之前触发器所处的状态,用 Q^n 和 $\overline{Q^n}$ 表示;次态是指触发器的输入信号发生改变之后触发器的状态,用 Q^{n+1} 和 $\overline{Q^{n+1}}$ 表示。

若用 X 表示输入信号的集合,则触发器的次态是它的现态和输入信号的逻辑函数,也表示为

$$Q^{n+1} = F(Q^n, X) \qquad (4.2.1)$$

式(4.2.1)称为触发器的状态方程,这是描述时序逻辑电路的最基本的表达式。因为每一种功能的触发器都有自身特定的状态方程,所以式(4.2.1)也称为特性方程。

4.2.2 触发器的分类

按触发方式的不同,可分为基本触发器、电平触发器、脉冲触发器、边沿触发器。

根据逻辑功能的不同,可分为 RS 触发器、D 触发器、JK 触发器、T 触发器、T' 触发器。

按照使用的开关元件不同,可分为 TTL 触发器和 CMOS 触发器。

按照是否集成,可分为分立元件触发器、集成触发器。

同一种触发方式可以实现具有不同功能的触发器,同一种功能也可以用不同的触发方式实现,触发方式和逻辑功能没有固定的对应关系,也不能把两者混为一谈。

◀ 4.3 基本 RS 触发器 ▶

基本 RS 触发器可以由与非门构成,也可由或非门构成。本节介绍与非门构成的基本 RS 触发器。

1. 基本 RS 触发器的逻辑电路与符号

图 4.3.1(a)所示的就是由与非门组成的基本 RS 触发器的逻辑电路图,图 4.3.1(b)为基本 RS 触发器的逻辑符号。

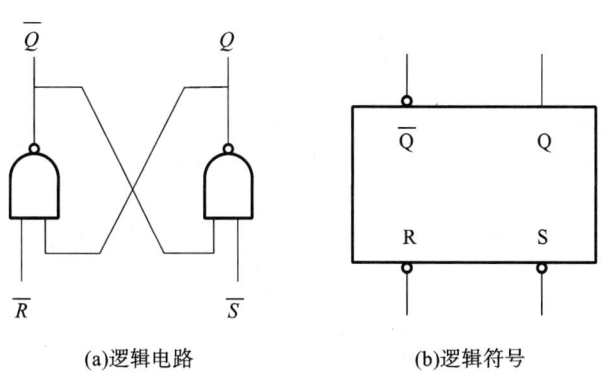

(a)逻辑电路　　　　　　　　(b)逻辑符号

图 4.3.1　基本 RS 触发器

从基本 RS 触发器的逻辑电路图中可以看出,它有两个输入信号 $\overline{R}$(置"0"端,低电平有效)和 $\overline{S}$(置"1"端,低电平有效),两个输出端 Q 和 $\overline{Q}$。

【注意】　输入 $\overline{R}$ 和 $\overline{S}$ 字母上的"—"号表示低电平有效,也就是说 $\overline{R}$ 和 $\overline{S}$ 为低电平时表示有信号输入,为高电平时表示无信号输入;输出 Q 和 $\overline{Q}$ 既表示两个互补的信号输出,又表示触

发器的状态。在触发器正常工作时,输出 Q 和 $\overline{Q}$ 的状态是互补的,一个端口为高电平,另一个端口则为低电平。

2. 基本 RS 触发器的工作原理与状态转换表

基本 RS 触发器的工作原理如下:

当 $\overline{R}=1,\overline{S}=0$ 时,$Q=1$,$Q^{n+1}=1$,$\overline{Q^{n+1}}=0$。触发器输出"1"状态,简称为置 1;

当 $\overline{R}=0,\overline{S}=1$ 时,$Q^{n+1}=0$,$\overline{Q^{n+1}}=1$。触发器输出"0"状态,简称为置 0;

当 $\overline{R}=1,\overline{S}=1$ 时,触发器输出状态保持不变,即与原始状态相同;

当 $\overline{R}=0,\overline{S}=0$ 时,$Q^{n+1}=1$,$\overline{Q^{n+1}}=1$。触发器既不是"1"状态,也不是"0"状态。一般在逻辑设计中是禁止使用的。

上述分析也可以用触发器的状态转换表表示,如表 4.3.1 所示。

状态转换表是用表格的形式描述触发器的次态 Q^{n+1}、现态 Q^{n} 与输入信号之间的逻辑关系,可简称状态表。

表 4.3.1　基本 RS 触发器状态转换表

$\overline{R}$	$\overline{S}$	Q^{n}	Q^{n+1}	功能(状态说明)
0	0	0	1	×①
0	0	1	1	
0	1	0	0	置0
0	1	1	0	
1	0	0	1	置1
1	0	1	1	
1	1	0	0	保持原状态不变
1	1	1	1	

注:①在这种情况下,一旦 $\overline{R}$、$\overline{S}$ 同时由"0"变为"1",触发器状态无法预料,实际应用时,应避免出现这种情况。

3. 基本 RS 触发器的工作波形图

基本 RS 触发器的工作波形图如图 4.3.2 所示,画出该触发器的输出波形时需注意:根据同一时刻的 $\overline{R}$ 和 $\overline{S}$ 去查找触发器的状态表,找出 Q^{n+1} 和 $\overline{Q^{n+1}}$ 的对应状态,按时间顺序逐段画出 Q^{n+1} 和 $\overline{Q^{n+1}}$ 的波形。该波形中有一处 $\overline{R}\,\overline{S}$ 为"00",并同时翻转为"11",形成了竞争,所以触发器的状态不能确定。

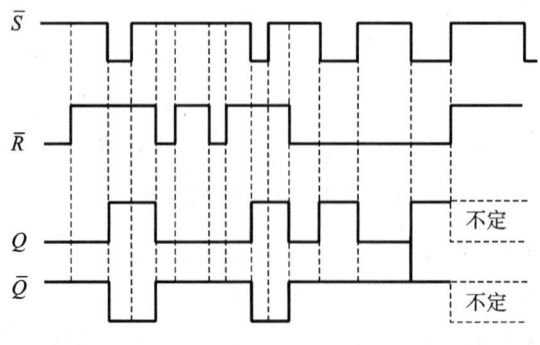

图 4.3.2　波形图

4. 基本 RS 触发器的特性方程

特性方程是描述触发器逻辑功能的函数表达式。由表 4.3.1 可得与非门组成的基本 RS 触发器的特性方程为

$$\begin{cases} Q^{n+1} = S + \overline{R}Q^n \\ \overline{S} + \overline{R} = 1 \end{cases} \tag{4.3.1}$$

【思考】　为什么 RS 触发器的输入信号需要遵守 $\overline{S} + \overline{R} = 1$ 的约束条件?

◀ **4.4 电平触发的触发器** ▶

在电平触发的触发器电路中,除了置 1、置 0 输入端外,又增加了一个触发信号输入端。只有触发信号变为有效电平后,触发器才能根据输入信号(置 1、置 0 信号)改变输出状态。通常,我们将这个触发信号称为时钟信号(CLOCK),记作 CLK 或 CP(clock pulse)。

4.4.1　电平触发的 RS 触发器

1. 电平触发的 RS 触发器的逻辑电路与符号

图 4.4.1(a)是电平触发的 RS 触发器的逻辑电路,习惯上也将这个电路称为同步 RS 触发器。这个电路由一个基本 RS 触发器和两个由时钟控制的与非门电路组成。图 4.4.1(b)为其逻辑符号。

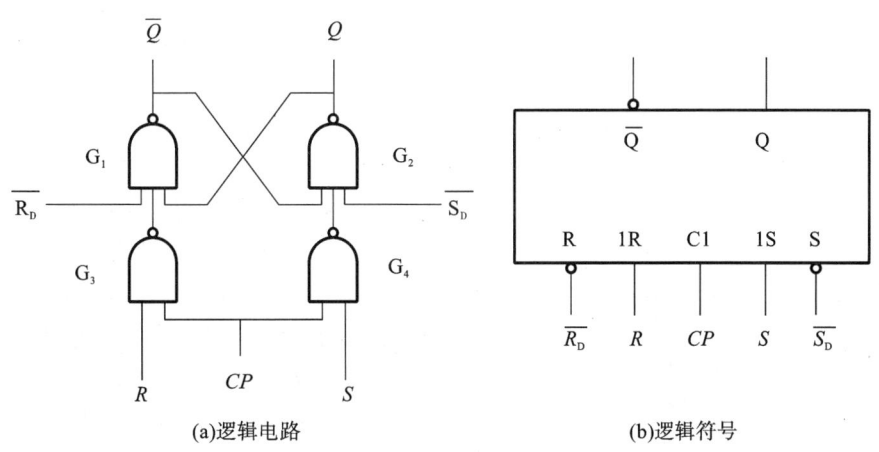

(a)逻辑电路　　　　　　　　　　　　　(b)逻辑符号

图 4.4.1　电平触发的 RS 触发器

引入 $\overline{S_D}$ 和 $\overline{R_D}$ 增加了控制功能,这里 $\overline{S_D}$ 和 $\overline{R_D}$ 分别称为直接置"1"端和直接置"0"端,其符号加非号表示低电平有效;在分析由 R、S 控制的输入功能时,必须令 $\overline{S_D} = \overline{R_D} = 1$。

由图可知,当 $CP = 0$ 时,控制门 G_3、G_4 关闭,都输出"1"。这时,不管 R 端和 S 端的信号如何变化,触发器的状态保持不变。

当 $CP = 1$ 时,G_3、G_4 打开,R、S 端的输入信号才能通过这两个门,使基本 RS 触发器的状态翻转,其输出状态由 R、S 端的输入信号决定。

2. 电平触发的 RS 触发器的状态转换表

电平触发的 RS 触发器的功能实现是在 CP 脉冲同步控制下进行的,当 CP 脉冲在高电平期间时,输入信号 R 和 S 才能起作用。其状态转换真值表如表 4.4.1 所示。

表中"0"表示低电平,"1"表示高电平;"×"表示对应状态可任意为 0 或 1。

表中 Q^n 表示初始状态,简称初态(或现态);Q^{n+1} 表示翻转后的状态,简称次态。显然,电平触发的 RS 触发器的初态有 R、S 和 Q^n,在 CP 脉冲的上升沿同步翻转为次态,下降沿后保持。

表 4.4.1 同步 RS 触发器的状态转换表

输	入		现态	次态	功 能 说 明
CP	R	S	Q^n	Q^{n+1}	
0	×	×	0	0	$CP=0$
0	×	×	1	1	保持原状态不变
1	0	0	0	0	保持
1	0	0	1	1	
1	0	1	0	1	置"1"
1	0	1	1	1	
1	1	0	0	0	置"0"
1	1	0	1	0	
1	1	1	0	×	×(不定状态)
1	1	1	1	×	

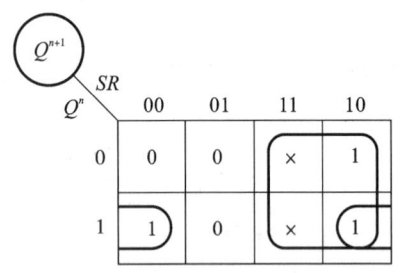

图 4.4.2 电平触发的 RS 触发器的次态卡诺图

3. 电平触发的 RS 触发器的特性方程

根据电平触发的 RS 触发器的状态转换表,画出触发器的次态卡诺图,如图 4.4.2 所示,进行简化得到 RS 触发器逻辑功能的函数表达式为

$$\begin{cases} Q^{n+1} = S + \overline{R}Q^n \\ R \cdot S = 0(约束条件) \end{cases} \tag{4.4.1}$$

4.4.2 同步 D 触发器

为了避免电平触发的 RS 触发器的输入信号同时为 1,可以在 S 和 R 之间接一个"非门",信号只从 S 端输入,并将 S 端改称为数据输入端 D,如图 4.4.3 所示。这种单输入的触发器称为同步 D 触发器。

由图 4.4.3(a)可知,当 $CP=0$ 时,G_3、G_4 门被封锁,$Q_3=1$,$Q_4=1$。因此,无论输入信号 R、S 如何变化,都不会影响触发器的输出 Q 和 $\overline{Q}$,即触发器状态保持不变。

当 $CP=1$ 时,G_3、G_4 门打开,触发器输出状态随 D 而变化,完成置0、置1和保持三种逻辑功能。

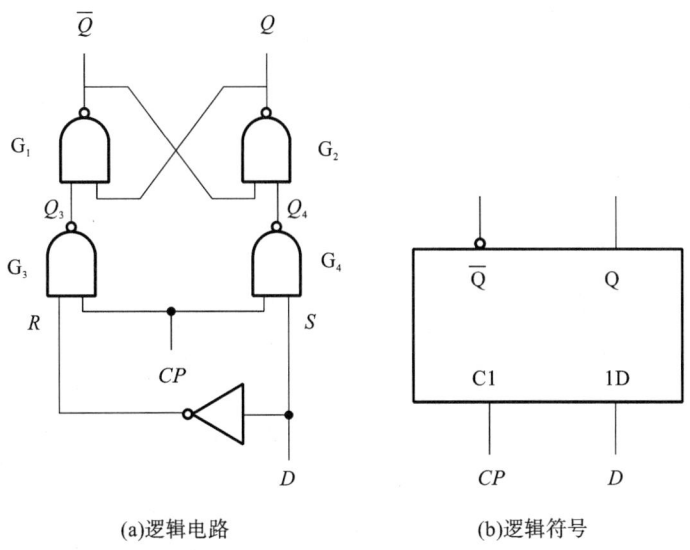

(a)逻辑电路   (b)逻辑符号

图 4.4.3   同步 D 触发器

由此得到同步 D 触发器的状态转换真值表,如表 4.4.2 所示。

表 4.4.2   同步 D 触发器的状态转换表

CP	D	Q^n	Q^{n+1}	说　　明
0	×	×	Q^n	保持
1	0	0	0	
1	0	1	0	输出状态
1	1	0	1	与输入 D 一致
1	1	1	1	

根据同步 D 触发器的状态转换表,进行简化得到 D 触发器逻辑功能的函数表达式为

$$Q^{n+1} = D \tag{4.4.2}$$

同步 D 触发器逻辑功能表明:只要向同步触发器送入一个 CP,即可将输入数据 D 存入触发器。CP 过后,触发器将存储该数据,直到下一个 CP 到来时为止,故可锁存数据。这种触发器同样要求 $CP=1$ 时,D 保持不变。

电平触发的触发器存在的最大问题就是空翻。在一个时钟周期的整个高电平期间或整个低电平期间都能接收输入信号,并改变状态的触发方式称为电平触发。由此引起的在一个时钟脉冲周期中,触发器发生多次翻转的现象叫作空翻。空翻是一种有害的现象,它使得时序电路不能按时钟节拍工作,造成系统的误动作。

◀ 4.5   脉冲触发的触发器 ▶

因为电平触发的触发器状态翻转是在一定的时间间隔内(时钟脉冲的高电平期间或低电平期间),而不是控制在某一时刻进行翻转,所以会产生空翻现象。造成空翻现象的原因是可

控触发器结构的不完善,因此采用脉冲触发的触发器可以克服空翻现象。脉冲触发的触发器由两级触发器构成,前级直接接收输入信号,称为主触发器;后级接收主触发器的输出信号,称为从触发器;两级触发器的时钟信号互补。

1. 脉冲触发的触发器的逻辑电路与符号

脉冲触发的触发器如图 4.5.1 所示。

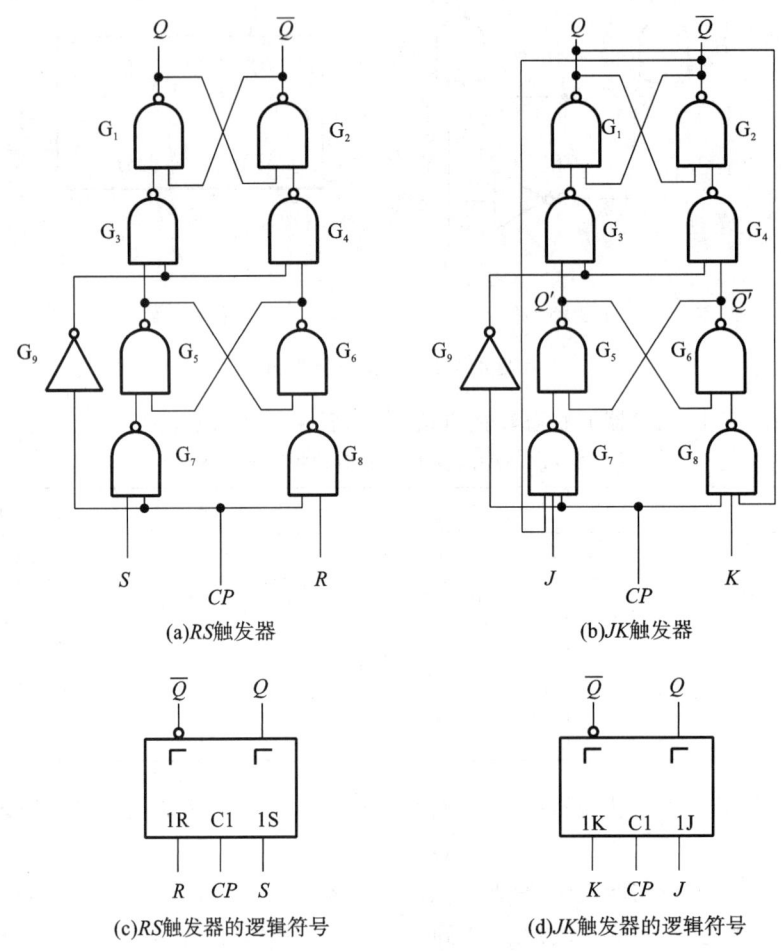

(a)RS触发器   (b)JK触发器

(c)RS触发器的逻辑符号   (d)JK触发器的逻辑符号

图 4.5.1 脉冲触发的触发器

图 4.5.1(a)为脉冲触发的 RS 触发器(也称主从 RS 触发器)。该电路由两个电平触发的 RS 触发器组成,非门使这两个触发器的时钟电平相反。从触发器状态的改变只会发生在 CP 下降沿处,所以不会产生空翻现象。但由于主触发器本身是电平触发的 RS 触发器,所以在 CP 高电平期间主触发器的状态仍会随输入信号 R、S 的变化而多次改变,并且输入信号 R、S 仍需遵守 RS＝0 的约束条件。

图 4.5.1(b)为脉冲触发的 JK 触发器。主从 JK 触发器的工作原理可从主从 RS 触发器入手分析。图 4.5.1(b)中,Q 端与 R 端相连,$\overline{Q}$ 端与 S 端相连,构成计数引导回路,假设 J＝K ＝1,那么它的工作过程总是 CP 的上升沿到来时接收从触发器的反信号输出,而在 CP 的下降沿到来时将主触发器接收的信号送到从触发器输出,实现了无空翻的计数功能。

脉冲触发的 JK 触发器的逻辑功能分析如下:

当 $J=0$，$K=0$ 时，主触发器状态不变，所以从触发器也不会改变，主从 JK 触发器的输出状态称为不变，或表示为 $Q^{n+1}=Q^n$。

当 $J=0$，$K=1$，不管 Q^n 初态为 0 还是为 1，CP 的上升沿到来后主触发器状态为 0，所以在 CP 的下降沿到来后从触发器状态也为 0，主从 JK 触发器的输出状态称为置 0，或表示为 $Q^{n+1}=0$。

当 $J=1$，$K=0$，不管 Q^n 初态为 0 还是为 1，CP 的上升沿到来后主触发器状态为 1，所以在 CP 的下降沿到来后从触发器状态也为 1，主从 JK 触发器的输出状态称为置 1，或表示为 $Q^{n+1}=1$。

当 $J=1$，$K=1$，当 Q^n 初态为 0，CP 的上升沿到来后主触发器状态为 1，所以在 CP 的下降沿到来后从触发器状态也为 1；当 Q^n 初态为 1，CP 的上升沿到来后主触发器状态为 0，所以在 CP 的下降沿到来后从触发器状态也为 0，主从 JK 触发器的输出状态称为计数，或表示为 $Q^{n+1}=\overline{Q^n}$。

2. 脉冲触发的 JK 触发器的状态转换表

脉冲触发的 JK 触发器的状态转换表如表 4.5.1 所示，表中，CP 为"0"表示无 CP 作用，"↓"表示有 CP 作用，且为下降沿有效，"×"表示与变量无关。J、K、Q^n 表示初态；Q^{n+1} 表示翻转后的状态，简称次态。

表 4.5.1 脉冲触发的 JK 触发器的状态转换表

CP	J	K	Q^n	Q^{n+1}	功能说明
0	×	×	0	0	保持原状态不变
0	×	×	1	1	
↓	0	0	0	0	保持
↓	0	0	1	1	($Q^{n+1}=Q^n$)
↓	0	1	0	0	置"0"
↓	0	1	1	0	($Q^{n+1}=0$)
↓	1	0	0	1	置"1"
↓	1	0	1	1	($Q^{n+1}=1$)
↓	1	1	0	1	取反
↓	1	1	1	0	($Q^{n+1}=\overline{Q^n}$)

3. 脉冲触发的 JK 触发器的特性方程

根据脉冲触发的 JK 触发器的状态转换表，画出触发器的次态卡诺图，如图 4.5.2 所示，进行简化得到 JK 触发器逻辑功能的函数表达式为

$$Q^{n+1}=J\overline{Q^n}+\overline{K}Q^n \tag{4.5.1}$$

在下降沿触发的主从 JK 触发器的正常工作规则是：在 CP 的高电平期间，输入控制信号 J 和 K 不能变化。其工作过程是：在 CP 的上升将 J、K 和 Q^n 的状态反映到 $\overline{Q}$ 端，而在 CP 的下降沿到来后将 $\overline{Q}$ 的状态复制到 Q 端，工作波形如图 4.5.3(a) 所示。

但在 CP 的高电平期间，输入控制信号 J 和 K 有变化时，会出现所谓的一次翻转问题，如图 4.5.3(b) 所示，干扰"2"正脉冲使得 $\overline{Q}=1$，所以在 CP 的下降沿到来后将 $\overline{Q}=1$ 的状态复制

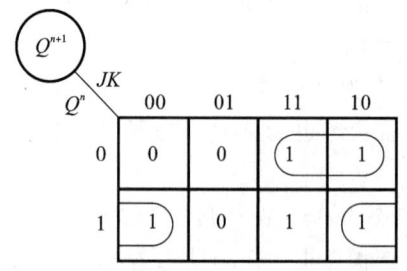

图 4.5.2 脉冲触发的 JK 触发器的次态卡诺图

到 Q 端；同理干扰"4"正脉冲使得 $\overline{Q}=0$，所以在 CP 的下降沿到来后将 $\overline{Q}=0$ 的状态复制到 Q 端；而干扰"1"和"3"未起作用。按照正常工作状态在 CP 的下降沿到来后，由于 $J=K=0$，触发器不该翻转，这就是脉冲触发的 JK 触发器的一次翻转问题。可喜的是目前市场上出售的芯片都是边沿型的，没有一次翻转问题。

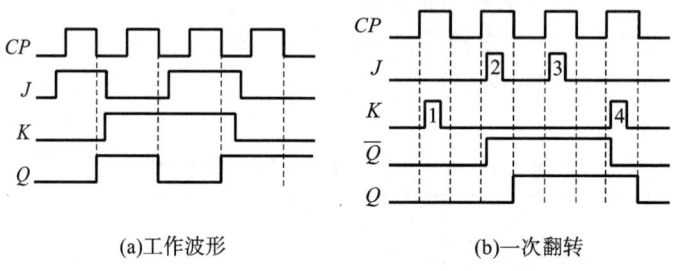

(a)工作波形   (b)一次翻转

图 4.5.3 脉冲触发的 JK 触发器的工作特性

【思考】 脉冲触发方式有哪些动作特点？它和电平触发方式有何不同？

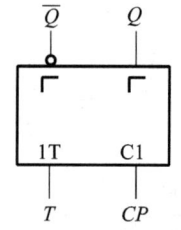

图 4.5.4 T 触发器的逻辑符号

4. T 触发器

若将图 4.5.1(d)中的 JK 触发器的 J、K 输入端相连，接成一个输入端 T，即 $J=K=T$，组成的触发器就称为 T 触发器。T 触发器的逻辑符号如图 4.5.4 所示。

在 JK 触发器的基础上可以得出 T 触发器的特性方程为

$$Q^{n+1} = T\overline{Q^n} + \overline{T}Q^n \tag{4.5.2}$$

由其特性方程可得，当 $T=0$ 时，在时钟信号的作用下，它的状态保持不变。

当 $T=1$ 时，在时钟信号的作用下，它的状态就翻转一次。在这种状态下，触发器称为 T' 触发器。T' 触发器的特性方程为

$$Q^{n+1} = \overline{Q^n} \tag{4.5.3}$$

◀ 4.6 边沿触发的触发器 ▶

为了提高触发器的可靠性，增强抗干扰能力，希望触发器的次态仅仅取决于 CLK 信号下降沿（或上升沿）到达时刻输入信号的状态。而在此之前和之后输入状态的变化对触发器的次

态没有影响。为实现这一设想,人们相继研制出边沿触发的触发器。

1. 维持-阻塞上升沿 D 触发器

维持-阻塞上升沿 D 触发器如图 4.6.1 所示。

图 4.6.1(a)是维持-阻塞上升沿 D 触发器的逻辑电路,这个电路是在电平触发的同步 RS 触发器的基础上演变而来的。图 4.6.1(b)为其逻辑符号。

【注意】 在图形符号中,用 CLK 输入端处框内的">"表示触发器为边沿触发方式,而且是上升沿触发。在状态转换表中,则用 CLK 一栏里的"↑"表示上升沿触发方式,如表 4.6.1 所示。(如果是下降沿触发,则应在 CLK 输入端加画小圆圈,并在状态转换表中以"↓"表示。)

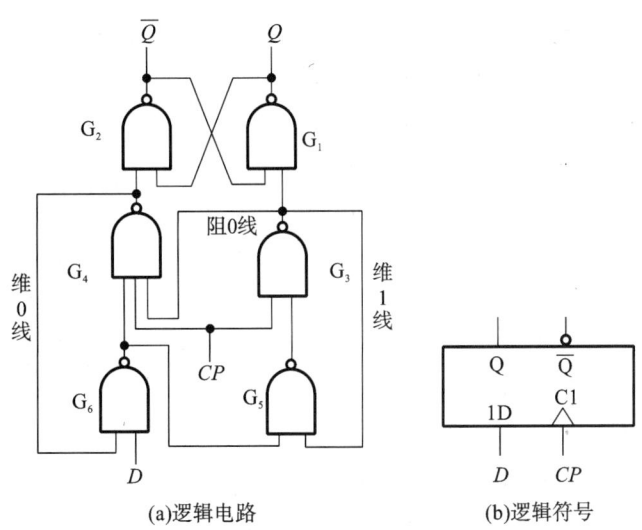

(a)逻辑电路   (b)逻辑符号

图 4.6.1 维持-阻塞上升沿 D 触发器

由图可知,当 CP 脉冲的上升沿同步读入 $D=1$ 时,G_3 为逻辑 0,$Q=1$,只要保证 G_3 始终为逻辑 0,$Q=1$ 就不会改变。加维 1 线可以使得 D 输入被 G_5 封死,阻 0 线可阻止 $\overline{Q}=1$。这说明在 CP 脉冲的高电平期间 D 状态变化不会影响 $Q=1$。

当 CP 脉冲的上升沿同步读入 $D=0$ 时,G_4 为逻辑 0,$Q=0$,$\overline{Q}=1$,只要保证 G_4 始终为逻辑 0,$Q=0$ 就不会改变。同理加维 0 线可以使得 D 输入被 G_6 封死,说明在 CP 脉冲的高电平期间 D 状态变化不会影响 $Q=0$。

维持-阻塞结构的 D 触发器属于具有数据封锁能力的触发器,因为它的状态翻转仅与 CP 的上升沿作用时的 D 输入有关。边沿触发器克服了空翻问题,可用于计数器、移位寄存器等时序逻辑电路设计中。

维持-阻塞上升沿 D 触发器的状态转换真值表如表 4.6.1 所示。

根据维持-阻塞上升沿 D 触发器的状态转换表,得到 D 触发器逻辑功能的函数表达式为

$$Q^{n+1} = D \qquad\qquad (4.6.1)$$

2. 下降沿触发的 JK 触发器

下降沿触发的 JK 触发器的时钟 CP 脉冲的作用与维持-阻塞 D 触发器类似,此处讲解以 CP 脉冲的下降沿有效的 JK 触发器。

表 4.6.1　维持-阻塞上升沿 D 触发器的状态转换表

CP	D	Q^n	Q^{n+1}	说　　明
$\times$	$\times$	$\times$	Q^n	保持
$\uparrow$	0	0	0	
$\uparrow$	0	1	0	输出状态
$\uparrow$	1	0	1	与输入 D 一致
$\uparrow$	1	1	1	

图 4.6.2(a)是下降沿触发的 JK 触发器的逻辑电路。图中 G_1、G_2 两个与或非门交叉耦合组成基本 RS 触发器，两个与非门 G_3、G_4 的输入信号分别为 J 和 K 输入信号、时钟信号 CP 以及来自 Q 和 $\overline{Q}$ 的交叉反馈信号。J、K 为输入端。图 4.6.2(b)为其逻辑符号，其中框内"＞"表示边沿触发输入，左边又加了小圆圈"。"，则表示下降沿触发输入。

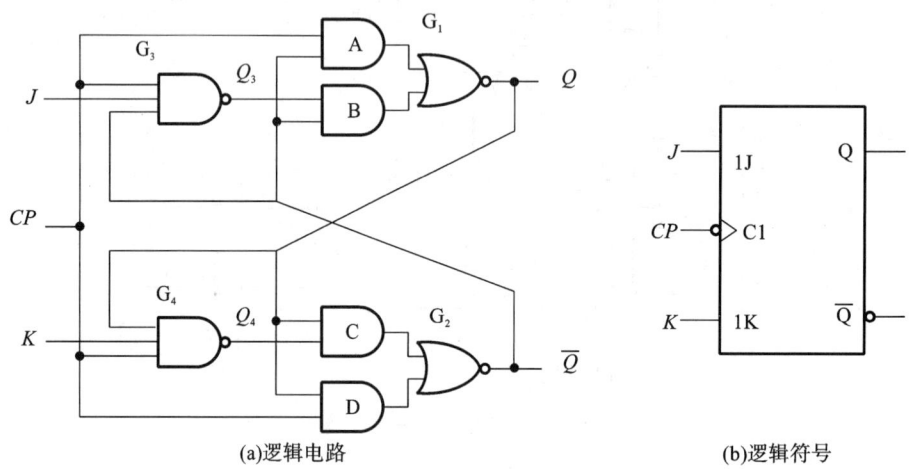

(a)逻辑电路　　　　　　　　　　　　　　(b)逻辑符号

图 4.6.2　下降沿触发的 JK 触发器

由图可知：

$CP=0$ 时，触发器的状态不变。

当 $CP=0$ 时，G_3、G_4 被封锁，$Q_3=1$，$Q_4=1$，与门 A 和 D 被封锁，因此，触发器保持原稳定状态不变。如触发器处于 $Q^n=0$、$\overline{Q^n}=1$ 的 0 状态，则与门 B 输入全 1，输出 $Q^{n+1}=0$，与门 C 和 D 都输入有 0，输出 $\overline{Q^{n+1}}=1$，触发器保持 0 状态不变。如触发器原处于 1 状态，同样能保持 1 状态不变。

CP 由 0 正跃到 1 时，触发器状态不变。

在 $CP=0$ 时，如触发器的状态为 $Q^n=0$，$\overline{Q^n}=1$，当 CP 由 0 正跃到 1 时，首先与门 A 输入全 1，不论与门 B 输入为何状态，输出 $Q^{n+1}=0$。由于 $Q^{n+1}=0$，同时加到与门 C 和 D 的输入端，所以输出 $\overline{Q^{n+1}}=1$，触发器同样保持 0 状态不变。

CP 由 1 负跃到 0 时，触发器的状态根据 JK 端的输入信号翻转。

(1) $J=0$，$K=0$ 时，如在 $CP=1$ 期间触发器处于 $Q^n=0$、$\overline{Q^n}=1$ 的 0 状态，由于 $J=0$，$K=0$，使 $Q_3=1$，$Q_4=1$，与门 A 和 B 的输入全 1，与门 C 和 D 的输入有 0。因此，当 CP 由 1 负跃到 0 时，由于与门 B 输入仍为全 1，输出 $Q^{n+1}=0$，与门 C 和 D 的输入有 0，输出 $\overline{Q^{n+1}}=1$，触发

器保持 0 状态不变。同理,如触发器处于 $Q^n=1$、$\overline{Q^n}=0$ 的 1 状态,则 CP 由 1 负跃到 0 时,同样能保持 1 状态。

(2) $J=1$,$K=1$ 时,如在 $CP=1$ 时,触发器处于 $Q^n=0$、$\overline{Q^n}=1$ 的 0 状态,该状态反馈到 G_3、G_4 的输入端,使 $Q_3=0$,$Q_4=1$,与门 B、C、D 的输入端都有 0,只有与门 A 输入全 1。当 CP 由 1 负跃到 0 时,由于 G_3 和 G_4 延迟时间较长,其输出 Q_3 和 Q_4 的状态不会马上改变,在此时刻与门 A 首先被封锁,使 $Q^{n+1}=1$,接着与门 C 输入全 1,输出 $\overline{Q^{n+1}}=0$,触发器由 0 状态翻到 1 状态,即 $Q^{n+1}=\overline{Q^n}$。如触发器原处于 $Q^n=1$、$\overline{Q^n}=0$ 的 1 状态,同理,在 CP 由 1 负跃到 0 时,电路由 1 状态翻到 0 状态。因此,当输入 CP 为连续脉冲时,则触发器的状态便不断来回翻转。

(3) $J=1$,$K=0$ 时,如在 $CP=1$ 时触发器处于 $Q^n=0$、$\overline{Q^n}=1$ 的 0 状态,则 $Q_3=0$,$Q_4=1$,与门 B、C 和 D 的输入都有 0,与门 A 输入全 1。当 CP 由 1 负跃到 0 时,首先封锁与门 A,使 $Q^{n+1}=1$。因此,与门 C 输入全 1,输出 $\overline{Q^{n+1}}=0$,触发器由 0 状态翻转到 1 状态。可见,在 JK 端输入信号不同时,触发器翻到和 J 相同的状态。如触发器原处于 $Q^n=1$、$\overline{Q^n}=0$ 的 1 状态,则在 CP 由 1 负跃到 0 时,触发器保持 1 状态不变。应当指出:在 G_1 和 G_2 组成的基本 RS 触发器反转期间,由于 G_3 和 G_4 的延迟,Q_3 和 Q_4 的状态不会改变。

(4) $J=0$,$K=1$ 时,在 CP 由 1 负跃到 0 时,利用同样的分析方法可知,触发器会翻转到 0 状态,和 J 的状态相同。

由以上分析可知,边沿 JK 触发器是利用时钟脉冲 CP 的下降沿进行触发的,它的逻辑功能和前面讨论的同步 JK 触发器的功能相同,因此,它们的状态转换表和特性方程也相同。但在边沿 JK 触发器中,特性方程只有在 CP 下降沿到来时刻才有效,即

$$Q^{n+1} = J\,\overline{Q^n} + \overline{K}Q^n \quad (CP \text{ 下降沿到达时有效}) \tag{4.6.2}$$

◀ 4.7 集成触发器及功能转换 ▶

4.7.1 常用的集成触发器

市场上有各种集成边沿 JK 触发器的集成芯片出售,如上升沿触发的 74109、74LS109A、74HC109 和下降沿触发的 74S112、74LS112A、74HC112 等。图 4.7.1 所示是一个型号为 74HC112 的双 JK 下降沿触发器的管脚图。

图中,引脚 14 和 15 为清零端,低电平有效;引脚 4 和 10 为置位端,低电平有效;引脚 1 和 13 为时钟端,下降沿触发;引脚 2、3、11 和 12 为触发信号输入端。

表 4.7.1 为 74HC112 的功能表。其中,当 $\overline{S_D}=\overline{R_D}=1$,$J=K=1$ 时,在 CP 的下降沿作用下,触发器的状态翻转一次,即变为原状态的非,这种情况常被用来计数。

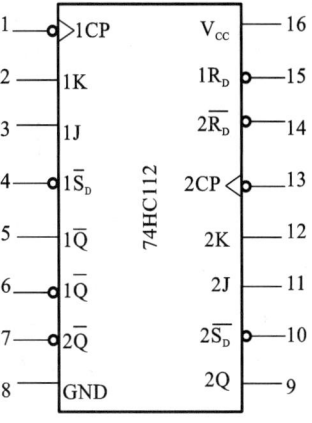

图 4.7.1 74HC112 的管脚图

表 4.7.1 74HC112 功能表

$\overline{S}_D$	$\overline{R}_D$	CP	J	K	Q^{n+1}	功 能 说 明
1	0	$\times$	$\times$	$\times$	0	异步清0
0	1	$\times$	$\times$	$\times$	1	异步置1
1	1	$\downarrow$	0	0	Q^n	保持
1	1	$\downarrow$	0	1	0	置0
1	1	$\downarrow$	1	0	1	置1
1	1	$\downarrow$	1	1	$\overline{Q^n}$	翻转计数
0	0	$\times$	$\times$	$\times$	$\times$	不允许

4.7.2 触发器的功能转换

触发器按功能分有 RS、JK、D、T、T' 等类型,最常见的集成触发器是 JK 触发器和 D 触发器。T、T' 触发器没有集成产品,可用 JK 触发器和 D 触发器转换成 T 或 T' 触发器。JK 触发器和 D 触发器之间的功能也是可以相互转换的。

1. 将 JK 触发器转换为 D 触发器

根据 JK 触发器的特性方程 $Q^{n+1}=J\overline{Q^n}+\overline{K}Q^n$ 和 D 触发器的特性方程 $Q^{n+1}=D$ 可知,只要令 $J=\overline{K}=D$ 就变为下降沿触发的 D 触发器,如图 4.7.2 所示。

2. 将 D 触发器转换为 JK 触发器

同理,根据 JK 触发器的特性方程 $Q^{n+1}=J\overline{Q^n}+\overline{K}Q^n$ 和 D 触发器的特性方程 $Q^{n+1}=D$,把 D 触发器转换为 JK 触发器,只需令 $D=J\overline{Q^n}+\overline{K}Q^n$,如图 4.7.3 所示。

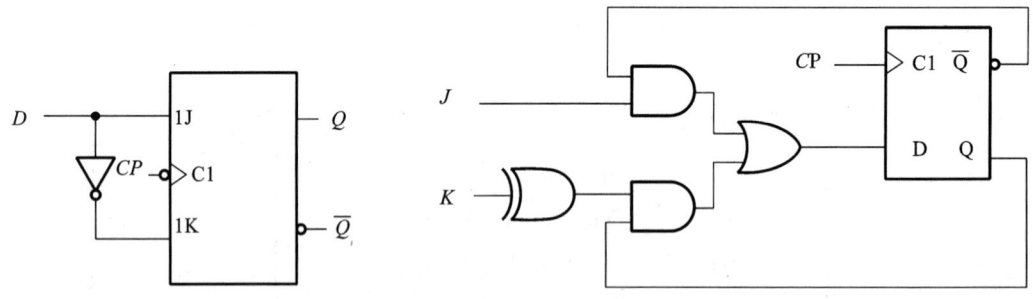

图 4.7.2 JK 触发器转换为 D 触发器　　　　　图 4.7.3 D 触发器转换为 JK 触发器

3. 将 JK 触发器转换为 T 触发器

令 JK 触发器的 $J=K=T$,就变为 T 触发器,如图 4.7.4 所示。从 JK 触发器的状态转换表可知,当 $J=K=1$ 时,在有 CP 的作用下 $Q^{n+1}=\overline{Q^n}$;当 $J=K=0$ 时,有 CP 作用下,$Q^{n+1}=Q^n$。所以 T 触发器,当 $T=1$ 时,在有 CP 作用下为计数状态,$T=0$ 时保持原状态不变。

4. 将 D 触发器转换为 T 触发器

同理,令 D 触发器的 $D=T\overline{Q^n}+\overline{T}Q^n$,就变为 T 触发器,如图 4.7.5 所示。

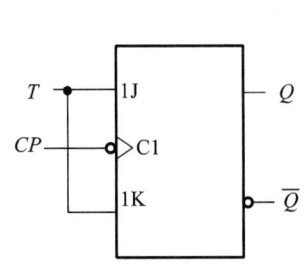

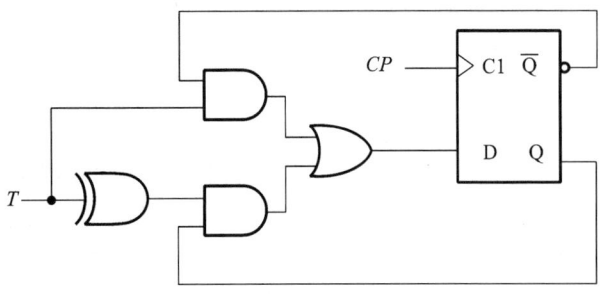

图 4.7.4 JK 触发器转换为 T 触发器　　　　　图 4.7.5 D 触发器转换为 T 触发器

【本章任务求解】

图 4.1(a) 就是用两个 D 触发器和一个开关组成的单脉冲发生器。下面简单分析它的工作原理。

电路工作前两个触发器处于 $Q_1 Q_2 = 00$。未按下开关 S 时，触发器 FF_1 的输入 $D_1 = 1$，第一个 CP 脉冲来到后，FF_1 的输出 $Q_1^{n+1} = 1$，FF_2 的状态不变，此时 $D_2 = Q_1 = 1$。第二个 CP 来到后，FF_2 的输出 $Q_2^{n+1} = 1$。此后因输入 D_1 无变化，触发器的状态保持不变，与非门的输出为 $F = \overline{Q_2 \, \overline{Q_1}} = \overline{1 \cdot \overline{1}} = 1$。

当按下开关 S 时，$D_1 = 0$，在 CP 作用下，$Q_1^{n+1} = 0$，但 $Q_2 = 1$ 保持不变。与非门输出为 $F = \overline{Q_2 \, \overline{Q_1}} = \overline{1 \cdot \overline{0}} = 0$。

再来一个 CP，FF_2 接收 FF_1 的状态，输出 $Q_2^{n+1} = 0$，而 $Q_1 = 0$ 不变。此时与非门输出 $F = 1$。若不释放开关，触发器的状态不变。一旦开关断开，经一个 CP 后，$Q_1^{n+1} = 1$，$Q_2 = 0$，则 $F = 1$，再来一个 CP，$Q_2^{n+1} = 1$，$Q_1 = 1$，则 $F = 1$，没有脉冲输出，波形图如图 4.1(b) 所示。

由波形图可看出单脉冲发生器的工作特性，每动一次开关，只产生了一个负脉冲，负脉冲的宽度与按下开关时间的长短无关。每次产生的负脉冲宽度与时钟 CP 的周期相等，并且该发生器还可消除机械开关抖动的噪声。

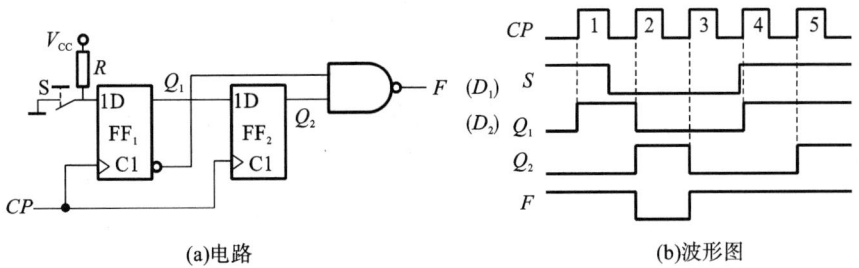

(a)电路　　　　　　　　　　　　　　(b)波形图

图 4.1 单脉冲发生器

本章小结

触发器具有记忆功能，是构成时序电路的基本器件。触发器逻辑功能的基本特点是可以保存 1 位二值信息。

由于输入方式以及触发器状态随输入信号变化的规律不同，各种触发器在具体的逻辑功能上有所差别。根据这些差异,将触发器分成了基本 RS、JK、D、T、T' 等几种逻辑功能的类型。这些逻辑功能可以用特性方程或状态转换表进行描述。

本章按照触发方式的不同,重点介绍了基本 RS 触发器、同步 RS 触发器、同步 D 触发器、主从 JK 触发器、维持-阻塞 D 触发器等的工作原理。

基本 RS 触发器是低电平有效触发的触发器,它可用于随机储存一位数据。

同步 RS 触发器是具有 CP 同步的触发器,状态转换功能是:在 $CP=0$ 期间,保持原始状态不变;$CP=1$ 期间,Q 的状态按照 RS 状态 00 不变、11 不定、其余随 S 记,其中 11 不定状态禁止使用。它可用于在 CP 的上升沿同步储存一位数据。典型应用是将同步 RS 触发器转换为同步 D 触发器锁存一位数据。

这里必须注意,同步 RS 触发器或同步 D 触发器不能构成计数器功能,因为用它构成的计数器存在空翻问题。

边沿 JK 触发器是在 CP 的边沿同步的触发器,它的状态转换功能是:在 CP 下降沿作用下,Q 的状态按照初态 JK 的取值 00 不变、11 计数、其余按 J 的初态记。它克服了空翻问题,可以构成计数器功能。

维持-阻塞 D 触发器是在 CP 上升沿同步的边沿触发器,它的状态转换功能是最简单的,即 Q 的状态总是同初态 D 一样。

触发器的特性方程分别为

(1) RS 触发器

$$\begin{cases} Q^{n+1} = S + \overline{R}Q^n \\ \overline{S} + \overline{R} = 1 \end{cases}$$

(2) JK 触发器

$$Q^{n+1} = J\,\overline{Q^n} + \overline{K}Q^n$$

(3) D 触发器

$$Q^{n+1} = D$$

(4) T 触发器

$$Q^{n+1} = T\,\overline{Q^n} + \overline{T}Q^n$$

(5) T' 触发器

$$Q^{n+1} = \overline{Q^n}$$

 习题

4-1 试判断下述说法是否正确。

(1) 触发器有两个稳定状态,在外界输入信号的作用下,可以从一个稳定状态转变为另一个稳定状态。

(2) 触发器的逻辑功能可以用真值表、卡诺图、特性方程、状态图和波形图等五种方式描述。

(3) 同步 D 触发器的 Q 端和 D 端的状态在任何时刻都是相同的。

(4) 主从 JK 触发器和边沿 JK 触发器的特性方程是相同的。

(5) 同一逻辑功能的触发器,其电路结构一定相同。

4-2 试分析题 4-2 图所示电路的逻辑功能,列出真值表,写出逻辑函数式。

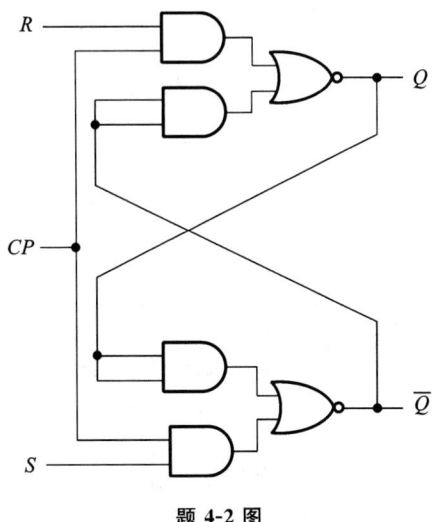

题 4-2 图

4-3 若由两个与非门构成的基本 RS 触发器中,已知 RS 的输入波形如题 4-3 图所示,试画出输出 Q 和 $\overline{Q}$ 的波形。设初始状态为 $Q=0$。

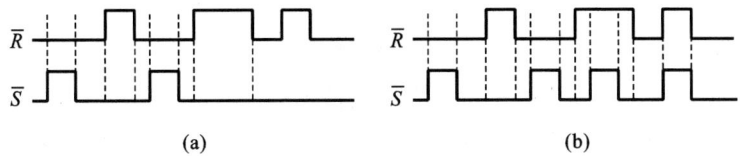

(a)   (b)

题 4-3 图

4-4 若主从结构的 RS 触发器各输入端的电压波形如题 4-4 图所示,试画 Q、$\overline{Q}$ 端对应的电压波形。设触发器的初始状态为 $Q=0$。

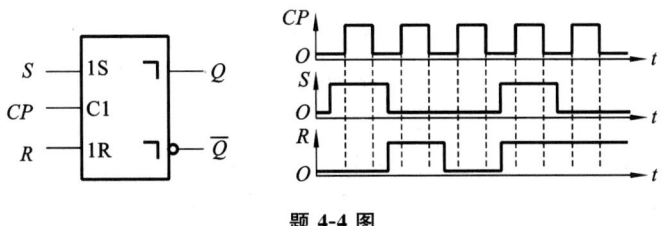

题 4-4 图

4-5 已知同步 D 触发器的输入信号波形如题 4-5 图所示,试画出输出 Q 端的电压波形。设触发器的初始状态为 $Q=0$。

题 4-5 图

4-6 在 T 触发器中,已知 T、CP 端的电压波形如题 4-6 图所示,试画出 Q 和 $\overline{Q}$ 端对应的电压波形。设触发器的初始状态为 $Q=0$。

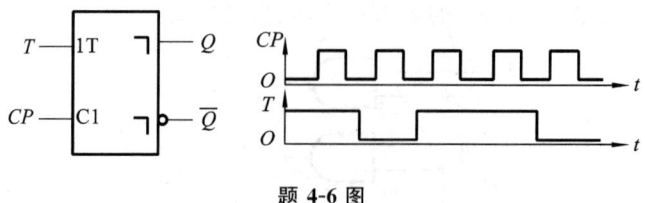

题 4-6 图

4-7 已知题 4-7 图中各触发器的初始状态 $Q=0$,试画出在 CP 脉冲作用下各触发器 Q 端的电压波形。

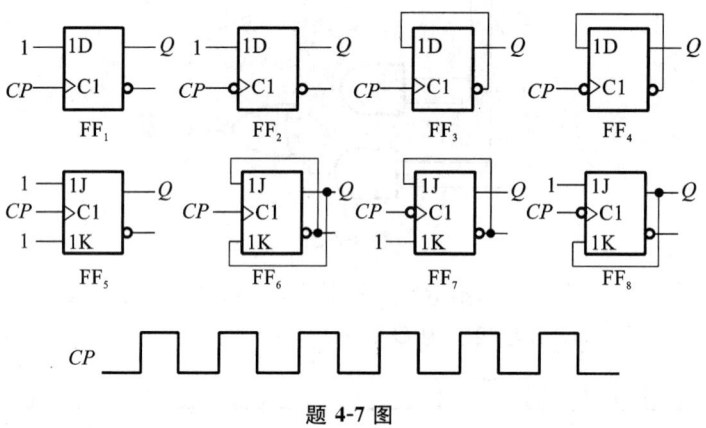

题 4-7 图

4-8 维持-阻塞上升沿 D 触发器的电路输入波形如题 4-8 图所示,画出输出 Q 端的波形。

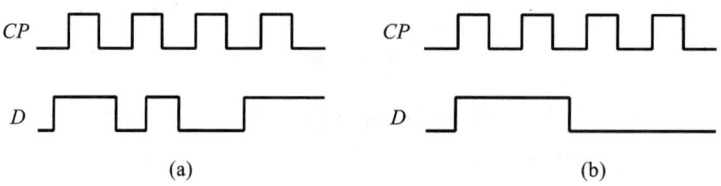

(a)   (b)

题 4-8 图

4-9 根据题 4-9 图所示的触发器的电路和输入 CP 的波形,画出 Q_0 和 Q_1 的波形。设触发器的初始状态为 $Q_0=Q_1=0$。

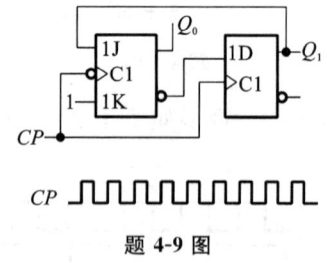

题 4-9 图

4-10 试画出题 4-10 图所示电路输出端 Y、Z 的电压波形。输入信号 A 和 CP 的电压波形如图中所示。设触发器的初始状态均为 $Q=0$。

4-11 试画出题 4-11 图所示电路输出端 Q_2 的电压波形。输入信号 A 和 CP 的电压波形与题 4-10 相同。假定触发器为主从结构,初始状态均为 $Q=0$。

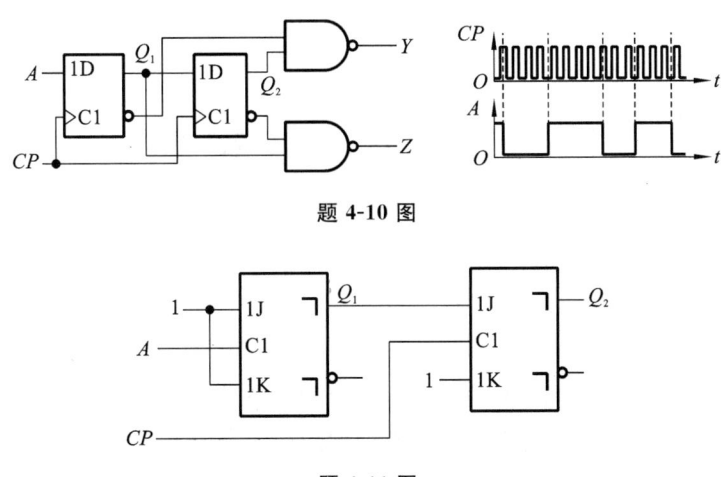

题 4-10 图

题 4-11 图

4-12 设计一个 4 人抢答逻辑电路。具体要求如下：

（1）每个参赛者控制一个按钮，按动按钮发出抢答信号。

（2）竞赛主持人另有一个按钮，用于将电路复位。

（3）竞赛开始后，先按动按钮者将对应的一个发光二极管点亮，此后其他 3 人再按动按钮对电路不起作用。

第5章 时序逻辑电路

 **本章任务**

设计一个课间 5 分钟计时器,具有显示和响铃的功能。当计满 5 分钟后,持续响铃 10 秒,同时,红黄绿三色灯按照全灭、红灯亮、黄灯亮、绿灯亮、全亮的顺序依次循环显示 1 秒,直到铃声停下。

◀ 5.1 概　述 ▶

时序逻辑电路主要应用在具有存储功能的数字系统中,几乎遍布人们的日常生活,例如自动电梯、电子计步器、秒表、出租车计价器、交通信号控制系统、电子广告牌等。

本章首先介绍时序逻辑电路的基本概念,包括时序电路的结构特点、分类和功能描述,再介绍时序电路的分析方法和设计方法,重点介绍同步时序逻辑电路的分析和设计方法,并引导大家完成本章主任务。最后,介绍实际应用中的典型时序电路、典型芯片等。

◀ 5.2 时序逻辑电路的基本概念 ▶

5.2.1 时序逻辑电路的特点

如前所述,组合逻辑电路的特点是,任意时刻电路的输出仅取决于此时刻的输入,与此前此后的电路状态无关,可见,组合电路是没有记忆功能的,因此结构上不需要存储电路。那么时序逻辑电路的特点是什么呢?

我们来观察下典型的时序逻辑电路——高楼的自动电梯控制电路。假设某高楼有一部电梯,当你站在 5 楼、想去 17 楼时,你会在电梯入口处按"上行"键,那么,电梯会立刻开门送你上楼吗? 生活经验告诉我们,不一定。电梯接下来的运行轨迹,可能是先下行至 1 楼、再上行至 5 楼、开门请你进、再送你上行至 17 楼,也可能从 2 楼上行至 5 楼、开门请你进、再送你上行至 17 楼,也可能直接开门请你进、再送你上行至 17 楼,等等。请问,你的"出发点"5 楼和"目的地"17 楼并没变,为何电梯的运行轨迹却有多种,是什么因素决定了电梯的运行轨迹呢? 因为,在你按"上行"键时,电梯可能正在下行、上行或停在某楼层,可能又有其他楼层的人按了"上行"键或"下行"键,等等,即电梯在那时的状态有多种。可见,自动电梯下一时刻的状态(次态、输出信号),不仅与当时电梯入口处的按键(输入信号)有关,还与电梯此时的状态(现态)有关。显然,电梯控制电路中必须包含存储电路,以存储、记忆电梯此时的状态。

由此可见,时序逻辑电路的特点是:

(1) 任意时刻的输出不仅取决于该时刻的输入,还与电路原来的状态有关;

(2) 具有记忆功能,即存储电路,一般由触发器构成;

(3) 时序逻辑电路由组合逻辑电路和存储电路组成。

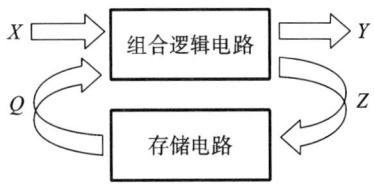

图 5.2.1 时序逻辑电路的结构框图

时序逻辑电路的结构框图如图 5.2.1 所示。其中 $X(x_1, x_2, \cdots, x_i)$ 为时序逻辑电路的输入信号,$Y(y_1, y_2, \cdots, y_i)$ 为时序逻辑电路的输出信号,$Z(z_1, z_2, \cdots, z_i)$ 为存储电路的输入信号(也称驱动信号或激励信号),$Q(q_1, q_2, \cdots, q_i)$ 为存储电路的输出信号(也称状态变量)。这些信号之间的逻辑关系可以用向量函数形式的方程表示为

$$输出方程 \quad Y(t_n) = F[X(t_n), Q(t_n)] \tag{5.2.1}$$

$$驱动方程 \quad Z(t_n) = G[X(t_n), Q(t_n)] \tag{5.2.2}$$

$$状态方程 \quad Q(t_{n+1}) = H[Z(t_n), Q(t_n)] \tag{5.2.3}$$

式中 t_n、t_{n+1} 是相邻的两个离散时间。一般,式中的 $Q(t_n)$ 表示现态,常简写成 Q^n;式中的 $Q(t_{n+1})$ 表示次态,常简写成 Q^{n+1}。

在实际的时序逻辑电路中,其结构并非完全如图 5.2.1 所示。有的时序电路中没有组合逻辑电路,有的时序电路中没有输入信号,但都具有存储电路,它们在逻辑功能上仍属于时序逻辑电路。

【思考】 本章的主任务是设计一个具有显示和响铃功能的课间五分钟倒计时器,是否属于时序逻辑电路? 为什么?

5.2.2 时序逻辑电路的分类

时序逻辑电路中的存储电路一般由多个触发器组成,根据所有触发器是否同时发生状态转换,可以将时序逻辑电路分为同步时序逻辑电路和异步时序逻辑电路。在同步时序逻辑电路中,存储电路的所有触发器受同一个时钟控制,即所有触发器同时发生状态转换,如图5.2.2 所示,两个触发器的时钟同为 CP;在异步时序逻辑电路中,存储电路的所有触发器受不同的时钟控制,即所有触发器发生状态转换的时间不同,如图5.2.3 所示,显然两个触发器的时钟不相同。

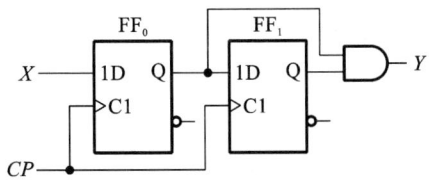

图 5.2.2 某同步时序逻辑电路

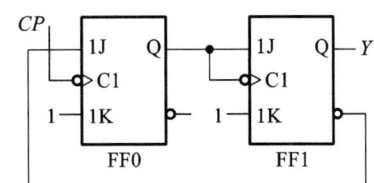

图 5.2.3 某异步时序逻辑电路

根据时序逻辑电路输出信号的特点,时序逻辑电路可以分为米利(Mealy)型和莫尔(Moore)型。米利型时序电路有来自外部的输入信号,其输出方程正如式(5.2.1),例如图

5.2.2 所示电路,其输入信号是 X;莫尔型时序电路没有来自外部的输入信号,其输出只取决于存储电路的状态,故输出方程表示为

$$Y(t_n) = F[Q(t_n)] \qquad (5.2.4)$$

例如图 5.2.3 所示电路。可见,莫尔型时序电路是米利型时序电路的一种特例。

5.2.3 时序逻辑电路的功能描述

时序逻辑电路可以用逻辑图、逻辑函数式、状态转换表、状态转换图、时序图和状态机流程图来描述,这些描述方法可以相互转换。

逻辑图可以形象地描述时序逻辑电路的组成关系,例如图 5.2.1。根据逻辑图写出逻辑函数式,就能得到式(5.2.1)、式(5.2.2)和式(5.2.3)所示的输出方程、驱动方程和状态方程,这就是用逻辑函数式描述时序逻辑电路的逻辑功能。同理,根据输出方程、驱动方程和状态方程,以及选定的器件,也能作出逻辑图。但,无论逻辑图或逻辑函数式,都不能直观地表示出电路在一系列时钟信号作用下状态转换的全过程。

用于描述时序逻辑电路状态转换全过程的方法是状态转换表、状态转换图、时序图和状态机流程图。

1. 状态转换表

将时序逻辑电路的输入变量、现态和次态随时钟的转换关系列成表格的形式,就是状态转换表。其形式有多种,只要能描述清楚时序电路状态转换的全过程即可,主要有三种形式。以三进制加法计数器为例,其状态转换表可如表 5.2.1、表 5.2.2 或表 5.2.3 所示。

状态转换表 5.2.1,每行描述了现态转换为次态的过程,若 $Q_1^n Q_0^n$ 现态 00 则次态 01、输出 0,若 $Q_1^n Q_0^n$ 现态 01 则次态 10、输出 0,若 $Q_1^n Q_0^n$ 现态 10 则次态 00、输出 1,若 $Q_1^n Q_0^n$ 现态 11 则次态 00、输出 1。可见三进制加法计数器的状态是 00、01、10 三个状态循环。

表 5.2.1 三进制加法计数器的状态转换表之一

Q_1^n	Q_0^n	Q_1^{n+1}	Q_0^{n+1}	Y
0	0	0	1	0
0	1	1	0	0
1	0	0	0	1
1	1	0	0	1

状态转换表 5.2.2,描述了状态随时钟顺序依次转换的过程。若 $Q_1^n Q_0^n$ 现态 00,随时钟控制信号的依次到达,状态依次转换为 01、10、00,输出依次为 0、1、0,形成三个状态循环。若 $Q_1^n Q_0^n$ 现态 11 则次态 00、进入三状态循环中。

【注意】 时钟信号不是输入变量,只是控制触发器状态转换的操作信号。

状态转换表 5.2.3,类似卡诺图,也称为次态卡诺图,每个格子所对应的坐标为现态,格子内列出的是相对应的次态和输出。如坐标 01 所对应的格子内是 10/0,表示 $Q_1^n Q_0^n$ 现态 01 则次态 10、输出 0。

表 5.2.2　三进制加法计数器的状态转换表之二

时钟	Q_1^n	Q_0^n	Y
0	0	0	0
1	0	1	0
2	1	0	1
3	0	0	0
0	1	1	1
1	0	0	0

表 5.2.3　三进制加法计数器的状态转换表之三

Q_1^n ＼ Q_0^n	0	1
0	01/0	10/0
1	11/1	00/1

2. 状态转换图

为了更加形象地描述时序逻辑电路的状态转换过程,可采用状态转换图。用写明状态值的圆圈表示时序逻辑电路的各个状态;圆圈之间用箭头表示状态转换的次序,从现态指向次态;箭头旁注明状态转换时的输入变量值和对应的输出值,一般将输入值依次标在斜线左侧,输出值依次标在斜线右侧,若没有输入变量则斜线左侧无须标注。

【注意】　状态转换图旁必须有图例,标明状态变量、输入变量和输出变量的表示顺序。

图 5.2.4 是某时序逻辑电路的状态转换图,从图中可知,该电路是莫尔型,电路状态 $Q_1^n Q_0^n$ 依次从 00、01、10、11 形成四状态循环,并依次输出 0、0、0、1。

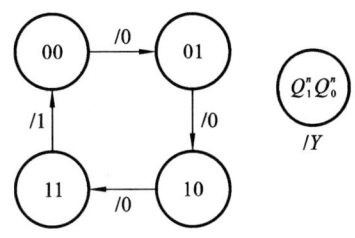

图 5.2.4　电路的状态转换图

3. 时序图

在输入信号作用下,电路状态随时间变化的波形图称为时序图。在实验测试和计算机模拟中,经常利用时序图检查时序逻辑电路的功能。

【注意】　时序图中一定要有时钟信号的波形。

图 5.2.5 是某时序逻辑电路的时序图,直观地表示出电路状态 Q_1^n、Q_0^n 和输出 Y 在输入信号 X 的作用下,随时钟 CP 变化的波形图。

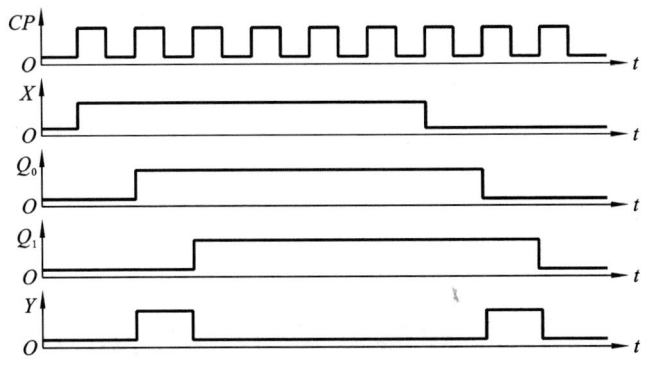

图 5.2.5　电路的时序图

4. 状态机流程图

由于时序逻辑电路的工作实质是按一定规律转换有限个电路状态,因此又称时序逻辑电路为状态机(state machine,简称 SM)或算法状态机(algorithmic state machine,简称 ASM)。

状态机的逻辑功能可以用状态机流程图(SM 图或 ASM 图)进行描述。

SM 图与计算机编程的程序流程图相似,表示在一系列时钟信号控制下电路状态转换的流程及相应的输入和输出。SM 图可看作状态转换图按时钟信号顺序展开的图形,能够更加直观地表示时序逻辑电路的工作流程。

SM 图主要使用三种图形符号:判断框、状态框和条件输出框,如图 5.2.6 所示。

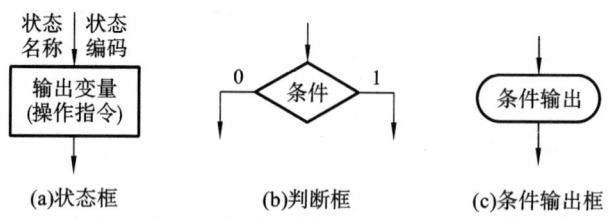

图 5.2.6 SM 图的三种图形符号

状态框的外形为矩形,每个状态框表示电路的一个状态,状态框的左上角注明状态的名称,右上角注明状态编码,框内列出该状态下值为 1 的输出变量。由于框内的输出仅与电路状态有关,因此框内列出的一定是莫尔型电路的输出变量,即米利型电路的输出变量不能列入状态框内。对于复杂系统的时序控制电路,输出信号大多是各种操作的控制指令,为增加 SM 图的可读性,有时也在状态框内直接注明输出信号所代表的操作指令。

判断框的外形为菱形,一般接在状态框的输出端,决定状态转换的去向。框内应注明判断条件,例如一个逻辑变量或一个逻辑式,因此判断框又称条件分支框。根据判断结果是 1 或 0,决定电路状态在时钟控制下的次态。

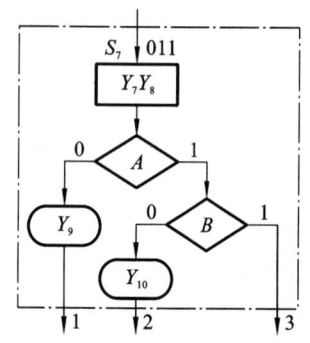

图 5.2.7 某 SM 模块

条件输出框的外形为扁圆形,一般接在判断框的输出端,框内标注输出变量。当所接的判断框输出条件满足时,框内输出变量为 1,否则为 0。

一个时序逻辑电路的 SM 图由多个 SM 模块组成。每个模块包含一个状态框、多个判断框和条件输出框。某个 SM 模块如图 5.2.7 所示:当电路进入 S_7 状态后,输出 $Y_7 = Y_8 = 1$;若经判断 $A = 0$,则输出 $Y_9 = 1$,当下一个时钟信号到达时,电路状态转向出口 1;若经依次判断 $A = 1$、$B = 0$,则输出 $Y_{10} = 1$,当下一个时钟信号到达时,电路状态转向出口 2;若经依次判断 $A = 1$、$B = 1$,则输出 $Y_{10} = 0$,当下一个时钟信号号到达时,电路状态转向出口 3。可见,一个 SM 模块相当于状态转换图中一个状态所表示的内容。

◀ 5.3 时序逻辑电路的分析 ▶

所谓分析时序逻辑电路,就是根据逻辑图,分析时序逻辑电路的状态和输出信号在输入信号的作用下,随时间的变化规律,说明电路的逻辑功能。

5.3.1 同步时序逻辑电路的分析

对于同步时序逻辑电路,存储电路中的所有触发器受同一个时钟控制,分析方法相对比较简单。

由触发器和门电路组成的同步时序逻辑电路,一般其分析步骤如下:

(1) 列写驱动方程和输出方程。

根据时序电路的逻辑图,确定输入变量、输出变量和状态变量;写出驱动方程,即各个触发器输入信号的逻辑表达式;写出输出方程,即时序电路的各个输出变量的逻辑表达式。

(2) 求状态方程。

将驱动方程代入每个触发器的特性方程中,求出各个触发器的状态方程,即触发器的次态与输入信号和初态的逻辑表达式。

(3) 计算次态和输出。

将电路的输入变量和现态所有可能的取值,代入状态方程和输出方程进行计算,求出相应的次态和输出。

【注意】 计算时不要漏掉任何可能出现的现态;现态的起始值如果给定了(一般设触发器的初态为 0),就从起始值开始依次代入计算。

(4) 列状态转换表,画状态转换图或时序图。

将全部计算结果列入状态转换表,作出状态转换图或时序图。

(5) 确定电路的逻辑功能。

根据状态转换表、状态转换图或时序图,确定时序电路的逻辑功能。在实际应用中,各输入、输出信号都有确定的物理含义,应综合考虑后,说明时序电路的具体功能。

实际分析中可根据具体情况,适当增、减以上步骤。

【例 5.3.1】 分析图 5.3.1 所示的时序逻辑电路的逻辑功能。

解:(1) 分析电路。该电路由两个下降沿触发的 JK 触发器构成,只有一个统一时钟 CP,没有来自外部的输入信号,因此是莫尔型同步时序逻辑电路。

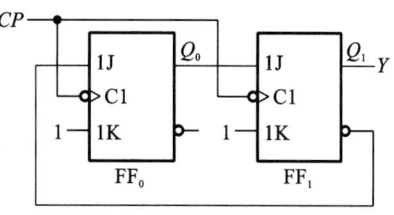

图 5.3.1 例 5.3.1 图

(2) 输出方程

$$Y = Q_1^n$$

(3) 驱动方程

$$J_0 = \overline{Q_1^n} \qquad K_0 = 1$$
$$J_1 = Q_0^n \qquad K_1 = 1$$

(4) 将驱动方程代入 JK 触发器的特性方程 $Q^{n+1} = J\overline{Q^n} + \overline{K}Q^n$,得状态方程

$$Q_0^{n+1} = J_0\overline{Q_0^n} + \overline{K_0}Q_0^n = \overline{Q_1^n}\,\overline{Q_0^n}$$
$$Q_1^{n+1} = J_1\overline{Q_1^n} + \overline{K_1}Q_1^n = \overline{Q_1^n}Q_0^n$$

(5) 状态转换表。将电路所有可能的现态代入状态方程和输出方程,计算相应的次态与输出,得状态转换表,如表 5.3.1 所示。

表 5.3.1　例 5.3.1 的状态转换表

Q_1^n	Q_0^n	Q_1^{n+1}	Q_0^{n+1}	Y
0	0	0	1	0
0	1	1	0	0
1	0	0	0	1
1	1	0	0	1

（6）状态转换图，如图 5.3.2 所示。

（7）时序图，如图 5.3.3 所示。设触发器的初态为"0"。

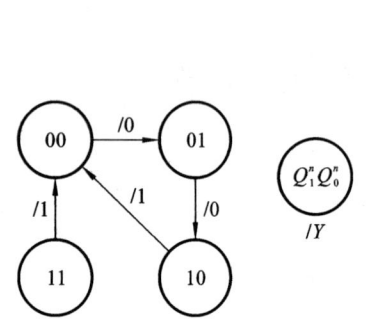

图 5.3.2　例 5.3.1 的状态转换图

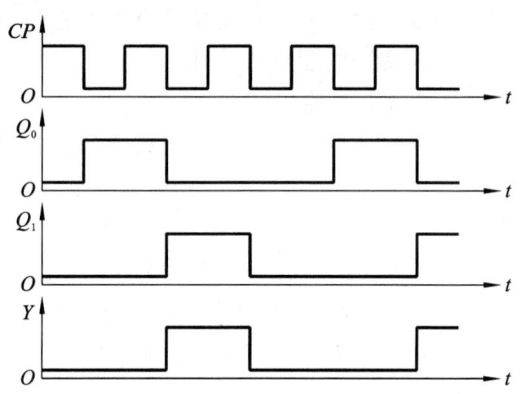

图 5.3.3　例 5.3.1 的时序图

（8）分析逻辑功能。根据状态转换表、状态转换图和时序图可知，当时钟下降沿到达时，电路的状态依次从 00、01、10 输出 1 回到 00，形成三个状态的循环，若电路初态是"11"，一个时钟后进入 00、01、10 循环中，可见，该电路的功能可作为一个三进制递增计数器，输出变量 Y 是进位信号。若以时钟信号的频率为基准，两个触发器的输出频率是时钟频率的三分之一，该电路的功能可作为三分频器。

【例 5.3.2】　分析图 5.3.4 所示的时序逻辑电路的逻辑功能。

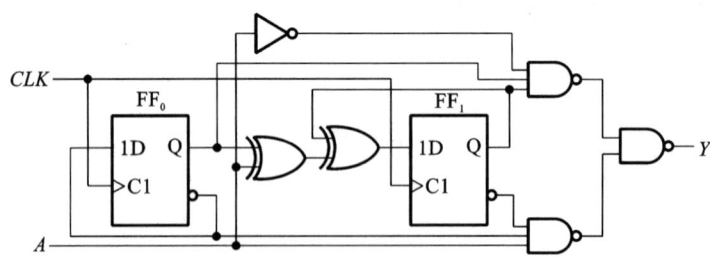

图 5.3.4　例 5.3.2 图

解：（1）分析电路。该电路由两个上升沿触发的 D 触发器构成，只有一个统一时钟 CLK，有来自外部的输入信号 A，因此是米利型同步时序逻辑电路。

（2）输出方程

$$Y = \overline{(\overline{Q_1^n \overline{A} Q_0^n})(\overline{\overline{Q_1^n} A \overline{Q_0^n}})} = Q_1^n \overline{A} Q_0^n + \overline{Q_1^n} A \overline{Q_0^n}$$

（3）驱动方程

$$D_0 = \overline{Q_0^n} \qquad D_1 = A \oplus Q_0^n \oplus Q_1^n$$

（4）将驱动方程代入 D 触发器的特性方程 $Q^{n+1} = D$，得状态方程

$$Q_0^{n+1} = D_0 = \overline{Q_0^n}$$

$$Q_1^{n+1} = D_1 = A \oplus Q_0^n \oplus Q_1^n$$

（5）状态转换表。将电路所有可能的现态和输入信号 A 的取值，代入状态方程和输出方程，计算相应的次态与输出，得状态转换表，如表 5.3.2 所示。

表 5.3.2　例 5.3.2 的状态转换表

A	Q_1^n	Q_0^n	Q_1^{n+1}	Q_0^{n+1}	Y
0	0	0	0	1	0
0	0	1	1	0	0
0	1	0	1	1	0
0	1	1	0	0	1
1	0	0	1	1	1
1	0	1	0	0	0
1	1	0	0	1	0
1	1	1	1	0	0

（6）状态转换图，如图 5.3.5 所示。

（7）时序图。设触发器的初态为"0"，根据给定的输入信号 A 的波形作电路的时序图，如图 5.3.6 所示。

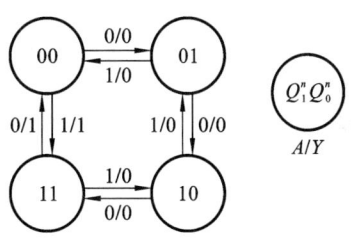

（8）分析逻辑功能。根据状态转换表、状态转换图和时序图可知，当时钟上升沿到达时：若输入信号 A 为 0，则电路的状态依次从 00、01、10、11 输出 1 回到 00，形成四个状态的循环，电路的功能是四进制递增计数器，输出变量 Y 是进位信号；若输入信号 A 为 1，则电路的状态依次从 10、01、00、11 输出 1 回到"10"，形成四个

图 5.3.5　例 5.3.2 的状态转换图

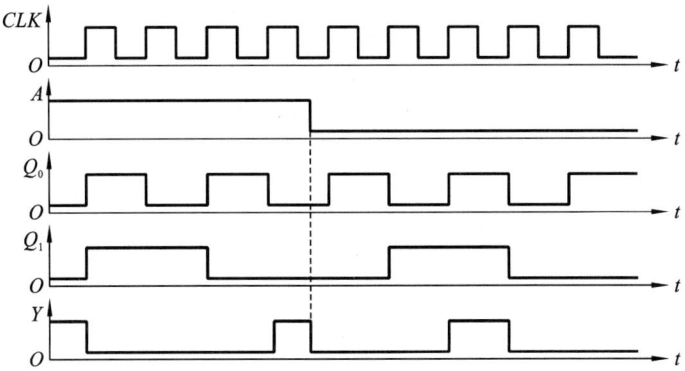

图 5.3.6　例 5.3.2 的时序图

状态的循环,电路的功能是四进制递减计数器,输出变量 Y 是借位信号。

【思考】 由中规模集成电路构成的同步时序逻辑电路,分析方法是什么?

5.3.2 异步时序逻辑电路的分析

异步时序逻辑电路的分析方法与同步时序逻辑电路基本相同。与同步时序逻辑电路相比,主要区别在于,异步时序逻辑电路中所有触发器的时钟不统一,即电路状态发生转换的时间不一致。分析时需要特别注意每个触发器的时钟信号,仅当该触发器的时钟信号到达时,该触发器的状态才能转换,否则次态保持现态不变。

分析异步时序逻辑电路的步骤,一般如下:

(1)列写时钟方程、驱动方程和输出方程。

根据时序电路的逻辑图,写出每个触发器的时钟方程;确定输入变量、输出变量和状态变量;写出驱动方程,即各个触发器输入信号的逻辑表达式;写出输出方程,即时序电路的各个输出变量的逻辑表达式。

(2)求状态方程。

将驱动方程代入每个触发器的特性方程中,求出各个触发器的状态方程,即触发器的次态与输入信号和初态的逻辑表达式。

(3)计算次态和输出。

结合时钟方程,每次状态转换必须从时钟信号到达的第一个触发器开始逐级分析,将电路的输入变量和现态的取值,代入状态方程和输出方程进行计算,求出相应的次态和输出。

(4)列状态转换表、状态转换图或时序图。

将计算结果列入状态转换表,作出状态转换图或时序图。

(5)确定电路的逻辑功能。

根据状态转换表、状态转换图或时序图,确定时序电路的逻辑功能。

实际分析中可根据具体情况,适当增、减以上步骤。

【注意】 分析时序逻辑电路时,一般不考虑状态转换所需要的时间,即延迟时间,但是,对异步时序逻辑电路要特别注意状态转换的先后次序,以时钟到达前一瞬间的输入和状态为准,分析次态和输出。

【例 5.3.3】 分析图 5.3.7 所示电路的逻辑功能。

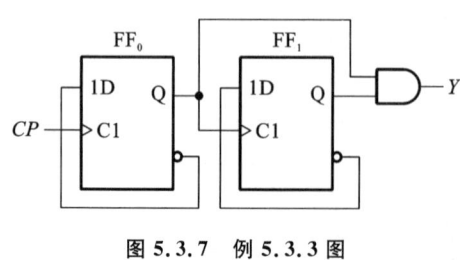

图 5.3.7 例 5.3.3 图

解:(1)分析电路。该电路由两个上升沿触发的 D 触发器构成,时钟不统一,没有来自外部的输入信号,因此是莫尔型异步时序逻辑电路。

(2)时钟方程。电路的时钟 CP 的上升沿就是触发器 FF_0 的时钟,触发器 FF_1 的时钟是触发器 FF_0 的输出 Q_0 的上升沿。

$$CP_0 = CP \uparrow \qquad CP_1 = Q_0 \uparrow$$

(3)驱动方程。

$$D_0 = \overline{Q_0^n} \qquad D_1 = \overline{Q_1^n}$$

(4)状态方程。仅当触发器各自的时钟到达时,次态按照状态方程变化,否则状态保持不变。

$$Q_0^{n+1} = D_0 = \overline{Q_0^n} \qquad Q_1^{n+1} = D_1 = \overline{Q_1^n}$$

（5）状态转换表，如表 5.3.3 所示。为方便分析，一般增加时钟列，设触发器时钟到达为 1。

表 5.3.3　例 5.3.3 的状态转换表

Q_1^n	Q_0^n	CP_1	CP_0	Q_1^{n+1}	Q_0^{n+1}	Y
0	0	1	1	1	1	0
0	1	0	1	0	0	0
1	0	1	1	0	1	0
1	1	0	1	1	0	1

（6）状态转换图，如图 5.3.8 所示。

（7）时序图，如图 5.3.9 所示。设触发器的初态为"0"。

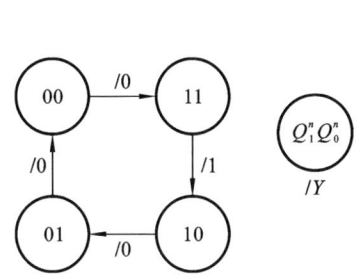

图 5.3.8　例 5.3.3 的状态转换图

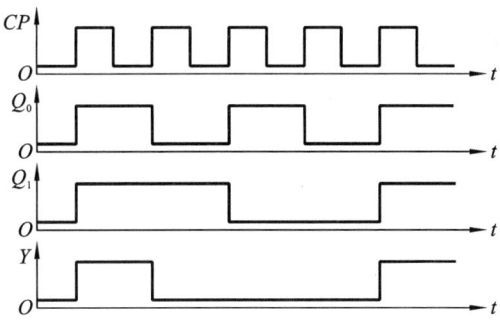

图 5.3.9　例 5.3.3 的时序图

（8）分析逻辑功能。根据状态转换表、状态转换图和时序图可知，电路的状态依次从 00、11、10、01 回到 00，形成四个状态的循环，可见，该电路的功能可作为一个四进制递减计数器，输出变量 Y 是借位信号。若以时钟信号的频率为基准，两个触发器 FF_0、FF_1 的输出频率分别是时钟频率的四分之一、八分之一，该电路的功能也可作为分频器。由于输出变量 Y 可看作序列"1000"或"0001"以 4 倍时钟周期为重复周期的信号，因此该电路的功能也可作为序列信号发生器。

【思考】　对于同系列相似功能的同步时序逻辑电路和异步时序逻辑电路，哪种电路的响应速度较快？

◀ 5.4　同步时序逻辑电路的设计 ▶

时序逻辑电路的设计，是根据给定的逻辑功能，选择适当的逻辑器件，作出逻辑图。设计时序逻辑电路的过程，恰好是分析时序逻辑电路的逆过程。

同步时序逻辑电路的设计重点是存储电路，即触发器的选择与设计。对于采用中小规模集成器件进行设计，一般以器件数最少为设计原则，但有时需综合考虑设计要求来选择器件。

对于采用大规模集成器件进行设计,一般采用计算机软件辅助设计,即电子设计自动化(EDA)。本节主要介绍采用中小规模器件设计同步时序逻辑电路的方法。

5.4.1　设计同步时序逻辑电路的步骤

采用触发器设计同步时序逻辑电路的一般步骤如下:

(1)逻辑抽象,确定原始状态转换表或状态转换图。

根据逻辑功能的要求,确定输入变量、输出变量、电路的状态数以及状态转换关系,作出原始的状态转换表或状态转换图。

(2)状态化简。

若两个状态在相同输入下有相同的输出,且转换为相同的次态,则称这两个状态为等价状态。将原始的状态转换表或状态转换图中多余的等价状态去除,得到最简状态转换表或状态转换图,这个过程就是状态化简。状态化简的目的是减少电路中器件的数量,以简化电路。

(3)状态分配。

为每个状态设定一个二进制代码,并使代码与触发器的状态相对应,这就是状态分配,又称为状态编码。

首先确定触发器的个数 n,若电路需要 M 个状态,则需满足

$$2^{n-1} < M < 2^n \tag{5.4.1}$$

然后选择编码方案,选择适当,可使电路结构更简单、工作更可靠。为了便于记忆和识别,状态的编码与状态的次序基本一致,一般采用二进制数自然递增的顺序编码,也可采用具有一定特征的编码,如格雷码,有利于降低输出信号产生竞争冒险的可能。

(4)选择触发器。

不同触发器的特性方程不同,使电路的驱动方程和输出方程不同,从而影响电路结构,所以选择不同类型的触发器,会导致电路的复杂程度不一样。实际上,触发器可选择的类型并不多,小规模集成电路的触发器产品中,大多是 D 触发器和 JK 触发器。

(5)求驱动方程和输出方程。

根据选择的触发器的特性方程,结合状态转换表,求出各个触发器的驱动方程和电路的输出方程。

(6)画出电路的逻辑图。

根据驱动方程和输出方程,画出逻辑图。

(7)检查电路能否自启动。

时序逻辑电路正常工作的状态,称为有效状态,反之称为无效状态。对于含有 n 个触发器的时序逻辑电路,若有效状态为 m 个,则无效状态为 $2^n - m$ 个。若时序逻辑电路所有的无效状态经过有限个时钟周期后能转换为有效状态,则称该电路具有自启动能力。显然,具有自启动能力的电路,开机后无论处于什么状态,经过一段时间后,都能自动转换为有效状态,即正常工作状态,而不会死机。

因此,设计的时序逻辑电路若有无效状态,应具有自启动能力。检查的方法是,将无效状态作为现态,代入驱动方程和输出方程中进行计算,经有限个时钟后,算出的次态是有效状态,则说明设计的电路具有自启动能力。否则,需要修改设计。

实际设计中可根据具体情况,适当增、减以上步骤。

5.4.2 同步时序逻辑电路的设计举例

【例 5.4.1】 用 JK 触发器设计一个带进位输出端的五进制递增计数器。

解:(1)逻辑抽象。拟设计的计数器是在时钟作用下自动循环变换 5 个状态,无须输入变量,但需要进位输出变量,因此可采用莫尔型同步时序逻辑电路。设进位输出变量为 Y,当计至第 5 个状态时,Y 为 1,否则为 0。设 5 个状态分别是 S_0、S_1、S_2、S_3 和 S_4,得原始的状态转换图,如图 5.4.1 所示。

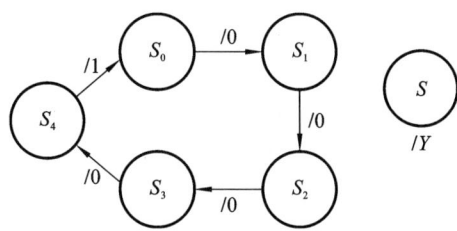

图 5.4.1 例 5.4.1 原始的状态转换图

(2)状态分配。为实现 5 个状态,至少需要 3 个触发器 FF_0、FF_1 和 FF_2,采用二进制数递增顺序进行编码,状态 $S_0 \sim S_4$ 依次编码为 $000 \sim 100$,由于 3 个触发器有 8 个编码,显然,未采用的 3 个编码是无关项,得状态转换表,如表 5.4.1 所示。

表 5.4.1 例 5.4.1 的状态转换表

Q_2^n \ $Q_1^n Q_0^n$	00	01	11	10
0	001/0	010/0	100/0	011/0
1	000/1	$\times$	$\times$	$\times$

(3)求驱动方程和输出方程。

先将状态转换表分解成卡诺图,如图 5.4.2 所示。

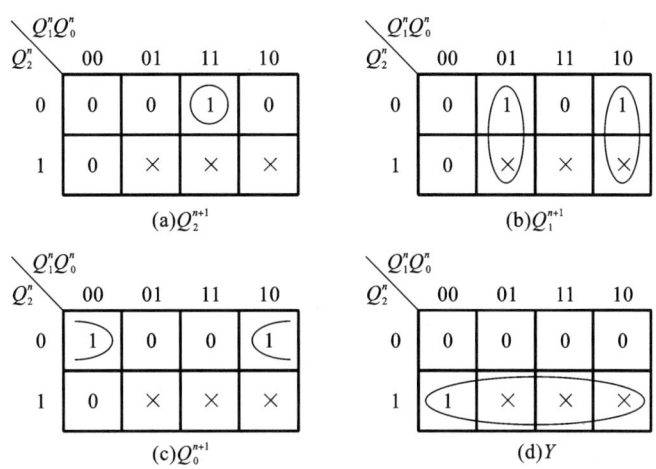

图 5.4.2 例 5.4.1 分解的状态卡诺图

根据卡诺图化简,得状态方程

$$Q_2^{n+1} = Q_1^n Q_0^n \overline{Q_2^n}$$
$$Q_1^{n+1} = Q_0^n \overline{Q_1^n} + \overline{Q_0^n} Q_1^n$$
$$Q_0^{n+1} = \overline{Q_2^n}\ \overline{Q_0^n}$$

得输出方程

$$Y = Q_2^n$$

根据 JK 触发器的特性方程

$$Q_2^{n+1} = J_2 \overline{Q_2^n} + \overline{K_2} Q_2^n$$
$$Q_1^{n+1} = J_1 \overline{Q_1^n} + \overline{K_1} Q_1^n$$
$$Q_0^{n+1} = J_0 \overline{Q_0^n} + \overline{K_0} Q_0^n$$

与对应的状态方程对比,得驱动方程

$$J_2 = Q_1^n Q_0^n \qquad K_2 = 1$$
$$J_1 = K_1 = Q_0^n$$
$$J_0 = \overline{Q_2^n} \qquad K_0 = 1$$

(4)画出电路逻辑图,如图 5.4.3 所示。

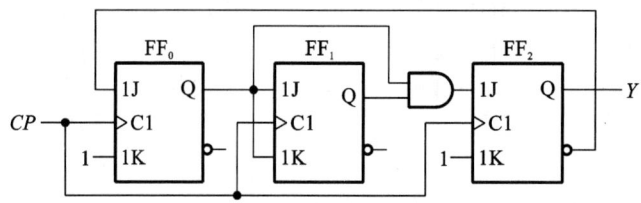

图 5.4.3　例 5.4.1 的电路逻辑图

(5)检查自启动。设计的电路采用了 3 个触发器,使用了其中 5 个状态,将未使用的 3 个状态 101、110 和 111 依次代入状态方程和输出方程,求出对应的次态分别为 010、010 和 000,输出均为 1,即进入了有效的五状态循环中,画出完整的状态转换图,如图 5.4.4 所示。可见,设计的电路能够自启动。

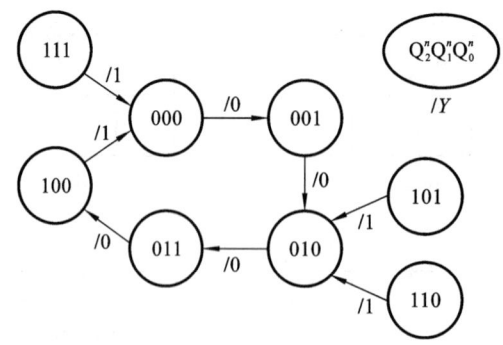

图 5.4.4　例 5.4.1 完整的状态转换图

【思考】

(1)例 5.4.1 求解过程中,根据分解的状态卡诺图求状态方程,如图 5.4.2 所示,状态方程是否化至最简,为什么?

（2）例 5.4.1 若改用 D 触发器进行设计,如何实现?

【例 5.4.2】 设计一个串行数据检测器,当检测到数据连续输入三个或三个以上"1"时输出"1",否则输出"0"。

解:（1）逻辑抽象。拟设计的电路有一个输入变量和一个检测结果输出变量,因此可采用米利型同步时序逻辑电路。设每次输入的串行信号 X 为输入变量,检测结果 Y 为输出变量。根据题意,设电路有以下几种状态:没有输入 1 之前的状态 S_0、输入一个 1 之后的状态 S_1、连续输入两个 1 之后的状态 S_2、连续输入三个及以上 1 之后的状态 S_3,得原始的状态转换图,如图 5.4.5 所示。

（2）状态化简。仔细观察图 5.4.5 所示的原始状态转换图,对于状态 S_2 和 S_3:当输入 $X=0$ 时,均输出 $Y=0$,且转换为状态 S_0;当输入 $X=1$ 时,均输出 $Y=1$,且转换为状态 S_3,可见 S_2 和 S_3 是等价状态,可以合并为一个状态。化简后的状态转换图如图 5.4.6 所示。

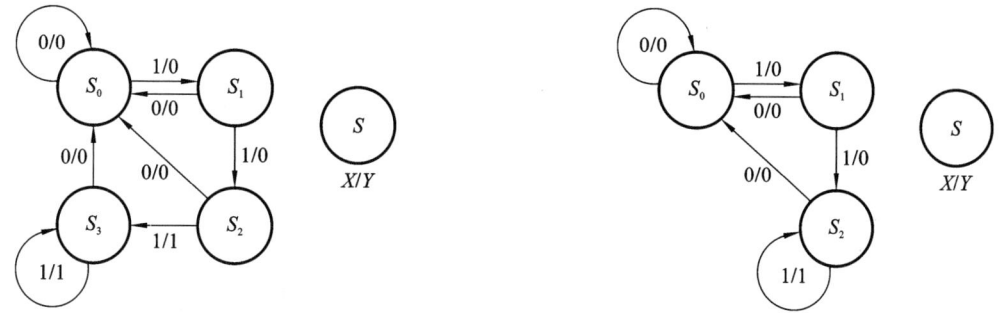

图 5.4.5　例 5.4.2 原始的状态转换图　　　　图 5.4.6　例 5.4.2 的状态转换图

（3）状态分配。根据状态转换图,为实现 3 个状态,至少需要 2 个触发器 FF_0 和 FF_1,采用二进制数递增顺序进行编码,状态 $S_0 \sim S_2$ 依次编码为 $00 \sim 10$,由于 2 个触发器有 4 个编码,显然,剩余未采用的 1 个编码是无关项,得状态转换表,如表 5.4.2 所示。

表 5.4.2　例 5.4.2 的状态转换表

X \ $Q_1^n Q_0^n$	00	01	11	10
0	00/0	00/0	$\times$	00/0
1	01/0	10/0	$\times$	10/1

（4）选择下降沿 D 触发器,求驱动方程和输出方程。

先将状态转换表分解成卡诺图,如图 5.4.7 所示。

根据卡诺图化简,得状态方程

$$Q_1^{n+1} = XQ_0^n + XQ_1^n$$

$$Q_0^{n+1} = X\,\overline{Q_1^n}\,\overline{Q_0^n}$$

得输出方程

$$Y = XQ_1^n$$

根据 D 触发器的特性方程

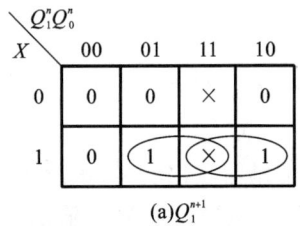 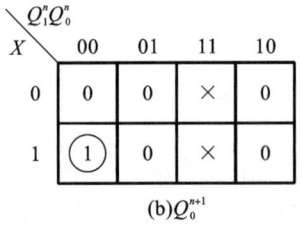 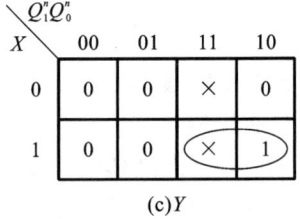

图 5.4.7　例 5.4.2 分解的状态卡诺图

$$Q_1^{n+1} = D_1$$
$$Q_0^{n+1} = D_0$$

与对应的状态方程对比,得驱动方程

$$D_1 = XQ_0^n + XQ_1^n$$
$$D_0 = X\,\overline{Q_1^n}\,\overline{Q_0^n}$$

(5)画出电路逻辑图,如图 5.4.8 所示。

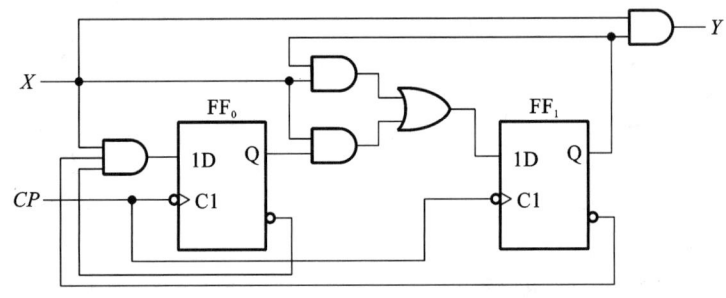

图 5.4.8　例 5.4.2 的电路逻辑图

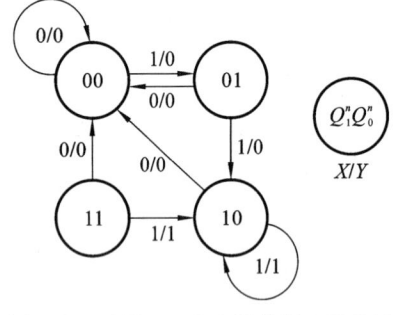

图 5.4.9　例 5.4.2 完整的状态转换图

(6)检查自启动。设计的电路采用了 2 个触发器,使用了其中 3 个状态,将未使用的 1 个状态 11 代入状态方程和输出方程,求得:当输入 $X=0$ 时,输出 $Y=0$,次态转换为 00;当输入 $X=1$ 时,输出 $Y=1$,次态转换为 10。可见,设计的电路能够自启动,画出完整的状态转换图,如图 5.4.9 所示。

【思考】　采用中规模集成电路设计同步时序逻辑电路的方法是什么?

◀ 5.5　典型的时序逻辑电路 ▶

如前所述,完成本章任务的解法 1,是采用触发器设计的,过程比较烦琐,器件比较多,那么,能否使用中规模集成电路进行设计呢?本节介绍典型的中规模时序逻辑电路:计数器、寄存器、移位寄存器、顺序脉冲发生器和序列信号发生器。重点介绍典型的时序芯片,并介绍用典型中规模集成芯片完成本章任务。

5.5.1 计数器

计数问题遍布人们的日常生活、工作、学习中，购买商品付款要计数、单位核算工资要计数、地质勘探测量要计数、手机时间要计数，等等。本章任务中，课间五分钟要计数，响铃时间要计数，彩灯变换次序也要计数。广义地讲，具有计数功能的器件就是计数器，例如算盘、钟表、温度计等。

时序逻辑电路中最常见的就是计数器，它是记忆时钟脉冲个数的电路，还具有分频、定时、产生节拍脉冲等功能，是绝大多数数字系统中不可或缺的组成部分。在本章 5.3 节，通过分析时序逻辑电路，我们已经认识了一些计数器，如例 5.3.1、例 5.3.3 等。

计数器种类繁多，按计数的进制或容量可分为二进制计数器、十进制计数器和 N 进制计数器，有时也把计数器的计数容量称为计数器的模；按计数方式递增与否可分为加法计数器、减法计数器和可逆计数器（可递增计数，也可递减计数）；按计数器中所有触发器的时钟是否统一可分为同步计数器和异步计数器。除此之外，由移位寄存器也能构成计数器，主要有环形计数器和扭环形计数器。

1. 集成同步加法计数器

同步加法计数器中所有触发器的时钟是相同的。

1）四位同步加法计数器 74161/74160

计数器 74161/74160 都是四位同步加法计数器，属于中规模集成电路，是集成同步加法计数器的典型器件。两者的主要区别是计数容量不同，74161 是十六进制，74160 是十进制。

（1）逻辑图形符号。

74161 和 74160 的逻辑符号端子完全一样，其逻辑图形符号如图 5.5.1 所示，具有一个时钟信号输入端 CP、两个高电平有效的使能端 EP 和 ET、一个清零控制端 CR、一个置数控制端 LD、四个并行数据输入端 $D_0 \sim D_3$、四个触发器的状态输出端 $Q_0 \sim Q_3$、一个进位输出端 CO。

（2）逻辑功能。

74161 和 74160 的逻辑功能也完全相同，都具有异步清零、同步置数、保持和计数的功能。

异步清零的功能，清零信号 $\overline{CR}$ 低电平有效。当清零端 $\overline{CR}=0$ 时，计数器清零，则四位输出 $Q_3^n Q_2^n Q_1^n Q_0^n = 0000$。此时，计数器不响应其他输入信号，也不受时钟控制，这种清零方式称为异步清零。

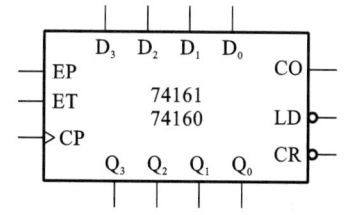

图 5.5.1 74161/74160 的逻辑图形符号

同步置数的功能，置数信号 $\overline{LD}$ 低电平有效。当计数器处于不清零状态，即 $\overline{CR}=1$ 时，若置数端 $\overline{LD}=0$ 且时钟到达，计数器被置数，则四位输出 $Q_3^n Q_2^n Q_1^n Q_0^n = D_3 D_2 D_1 D_0$。这种需要时钟配合的置数方式称为同步置数。

保持的功能。当计数器不处于清零或置数状态，即 $\overline{CR}=1$、$\overline{LD}=1$ 时，若 $EP \cdot ET=0$，计数器的状态输出保持原来的状态不变，即 $Q_3^{n+1} Q_2^{n+1} Q_1^{n+1} Q_0^{n+1} = Q_3^n Q_2^n Q_1^n Q_0^n$。

计数的功能。当 $\overline{CR}=1$、$\overline{LD}=1$、$EP=ET=1$ 时，计数器随时钟的到达依次递增计数。EP 和 ET 称为计数使能端，高电平有效。74161 是十六进制计数器，其中的四个触发器采用二进制顺序编码成 16 个状态，使状态输出 $Q_3^n Q_2^n Q_1^n Q_0^n$ 分别从 $0000,0001,0010,\cdots,1110,1111$

回到 0000,形成 16 个状态的有效循环,当计数到 1111 时进位输出端 $CO=1$,实现十六进制计数,其状态转换图如图 5.5.2 所示。74160 是十进制计数器,其中的四个触发器采用 BCD 编码成 10 个状态,使状态输出 $Q_3^n Q_2^n Q_1^n Q_0^n$ 分别从 0000,0001,0010,$\cdots$,1000,1001 回到 0000,形成 10 个状态的有效循环,当计数到 1001 时进位输出端 $CO=1$,实现十进制计数,其状态转换图如图5.5.3所示。

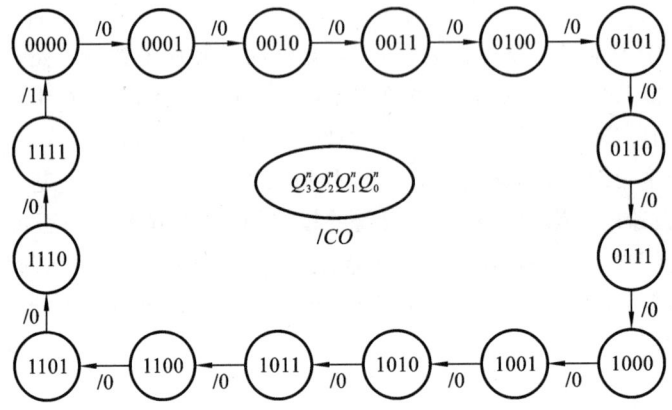

图 5.5.2 计数器 74161 的状态转换图

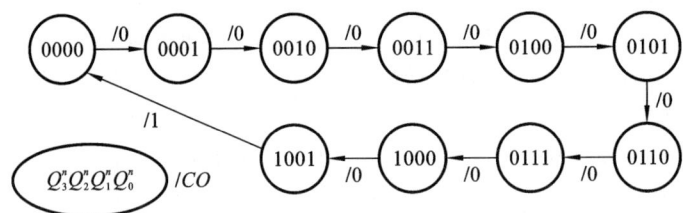

图 5.5.3 计数器 74160 的状态转换图

【思考】 十进制计数器 74160 的编码方式属于哪种码制?

把 74161/74160 的各项功能归纳至一张表中,即功能表,如表 5.5.1 所示,其中,×表示任意态,↑表示时钟上升沿。功能表是时序逻辑器件描述逻辑功能的最好方式,各种定型的器件产品都能在其手册上找到功能表。

表 5.5.1 计数器 74161/74160 的功能表

CP	$\overline{CR}$	$\overline{LD}$	EP	ET	D_3	D_2	D_1	D_0	Q_3^{n+1}	Q_2^{n+1}	Q_1^{n+1}	Q_0^{n+1}	工作状态
×	0	×	×	×	×	×	×	×	0	0	0	0	异步清零
↑	1	0	×	×	D_3	D_2	D_1	D_0	D_3	D_2	D_1	D_0	同步置数
×	1	1	0	×	×	×	×	×	Q_3^n	Q_2^n	Q_1^n	Q_0^n	保持
×	1	1	×	0	×	×	×	×	Q_3^n	Q_2^n	Q_1^n	Q_0^n	保持
↑	1	1	1	1	×	×	×	×	加法计数				计数

事实上,集成同步二进制加法计数器有很多,但基本功能相似,使用时查阅产品手册,仔细阅读功能表,注意功能表中的不同之处即可。例如,74163/74162 也是四位二进制加法计数

器,但是均采用同步清零的方式,74163 是十六进制,74162 是十进制。

【思考】 同步清零与异步清零的区别是什么?

2)计数器的级联

单片计数器的计数容量有限,如果合理利用使能端和进位输出端,则可以扩展成 8 位、16 位等二进制计数器。扩展方法通常有并行进位扩展和串行进位扩展两种方法。若两片计数器的计数容量分别为 M、N,经级联扩展后的计数容量是 $M \times N$,因此,实现了 $M \times N$ 进制的计数器。

(1)同步并行进位扩展。

级联的各片计数器采用同一时钟,将低位片的进位输出端 CO 连接至高位片的使能端 EP、ET,就能实现同步并行进位扩展。

图 5.5.4 所示是由两片 74161 连接而成的 8 位计数器,片 Ⅰ 是低位片,输出为 $Q_3^n Q_2^n Q_1^n Q_0^n$,片 Ⅱ 是高位片,输出为 $Q_7^n Q_6^n Q_5^n Q_4^n$,片 Ⅰ 的进位输出端 CO 与片 Ⅱ 的使能端 EP、ET 相连接。设两片计数器的初态均是 0000,在时钟 CLK 控制下,低位片 Ⅰ 从 0000 开始递增计数,此时片 Ⅰ 的 $CO=0$,即片 Ⅱ 的 $EP=ET=0$,高位片 Ⅱ 不计数,保持初态 0000;当片 Ⅰ 计满 16 个状态至 1111 时,片 Ⅰ 的 $CO=1$,即片 Ⅱ 的 $EP=ET=1$,高位片 Ⅱ 计数一次,状态变为 0001。以上过程不断循环重复,使两片 74161 计数器构成的 8 位计数器由初态 $Q_7^n Q_6^n Q_5^n Q_4^n Q_3^n Q_2^n Q_1^n Q_0^n =$ 00000000 依次递增计数至 $Q_7^n Q_6^n Q_5^n Q_4^n Q_3^n Q_2^n Q_1^n Q_0^n = 11111111$,回到 $Q_7^n Q_6^n Q_5^n Q_4^n Q_3^n Q_2^n Q_1^n Q_0^n =$ 00000000,形成循环计数,可见构成的 8 位计数器的计数容量是 $16 \times 16 = 256$,实现了 256 进制的计数器。

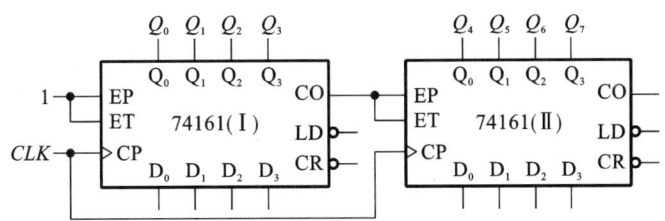

图 5.5.4 计数器 74161 的并行进位扩展

(2)异步串行进位扩展。

级联的各片计数器的时钟不统一,将低位片的进位输出端 CO 作为时钟信号连接至高位片的时钟端 CP,就能实现异步串行进位扩展。

图 5.5.5 所示的是由两片 74160 连接而成的 8 位计数器,片 Ⅰ 是低位片,输出为 $Q_3^n Q_2^n Q_1^n Q_0^n$,片 Ⅱ 是高位片,输出为 $Q_7^n Q_6^n Q_5^n Q_4^n$,两片的使能端均接高电平,使 $EP=ET=1$,片 Ⅰ 的进位输出端 CO 经非门与片 Ⅱ 的时钟端 CP 相连接。设两片计数器的初态均是 0000,在时钟 CLK 控制下,低位片 Ⅰ 从 0000 开始递增计数,此时片 Ⅰ 的 $CO=0$,当片 Ⅰ 计满 10 个状态至 1001 时,片 Ⅰ 的 $CO=1$,经非门后输出一个上升沿,使片 Ⅱ 的时钟到达,开始计数一次,状态变为 0001。以上过程不断循环重复,使两片 74160 计数器构成的 8 位计数器由初态 $Q_7^n Q_6^n Q_5^n Q_4^n Q_3^n Q_2^n Q_1^n Q_0^n =$ 00000000 依次递增计数至 $Q_7^n Q_6^n Q_5^n Q_4^n Q_3^n Q_2^n Q_1^n Q_0^n = 10011001$,回到 $Q_7^n Q_6^n Q_5^n Q_4^n Q_3^n Q_2^n Q_1^n Q_0^n =$ 00000000,形成循环计数。可见构成的 8 位计数器的计数容量是 $10 \times 10 = 100$,实现了 100 进制的计数器。此时,低位片 Ⅰ 相当于十进制数的个位,高位片 Ⅱ 相当于十进制数的十位。

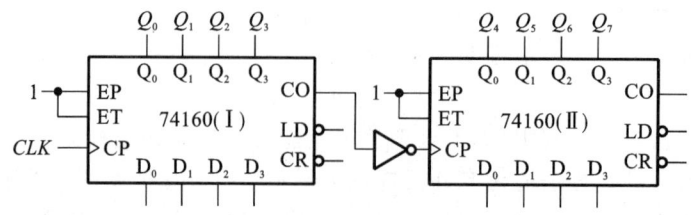

图 5.5.5　计数器 74160 的串行进位扩展

3）构成任意进制计数器

从降低成本的角度考虑,集成电路的定型产品必须有足够大的数量。目前常见的计数器芯片在计数容量上只做成应用较广的几种,如十进制、十六进制、七位二进制、十二位二进制等。当需要其他任意一种进制的计数器时,只能将现有的计数器产品经过外电路的各种连接来实现。

74161 是四位十六进制加法计数器,74160 是四位十进制加法计数器,它们都具有异步清零和同步置数的功能。如果合理利用它们的清零端和置数端,就可以构成任意进制计数器。通过清零改变计数容量构成任意进制计数器的方法,称为清零法。通过置数改变计数容量构成任意进制计数器的方法,称为置数法。

设已有计数器是 N 进制,构成 M 进制计数器。由于 N 与 M 的大小不同,构成计数器的方法有所差异,若 $N>M$,只需一片 N 进制计数器;若 $N<M$,则需多片 N 进制计数器。下面分别就两种情况进行介绍。

（1）$N>M$ 的情况。

仅需要一片 N 进制计数器,在 N 个顺序计数的状态中选出 M 个状态形成有效循环,就能构成 M 进制计数器。下面结合例题分别介绍清零法和置数法。

例如,用十进制计数器 74160 构成七进制计数器。

①清零法。

74160 具有异步清零的功能,从 0000 依次递增计数至 1001,形成 10 个状态的有效循环。拟构成七进制计数器,需要 7 个状态的有效循环,由于清零法是从 0000 开始计数,因此选择 0000～0110 共 7 个状态形成有效循环。

由于 74160 的清零端不受时钟控制,若在状态 $Q_3^n Q_2^n Q_1^n Q_0^n = 0110$ 时译出清零信号,则计数器立刻返回零状态 0000,那么状态 0110 仅出现短暂的瞬间,使有效循环中只有 0000～0101 仅 6 个状态,未达到 7 进制。可见,应在状态 $Q_3^n Q_2^n Q_1^n Q_0^n = 0111$ 时译出清零信号,考虑 74160 的清零端是低电平有效,得到清零信号的逻辑表达式为

$$\overline{CR} = \overline{Q_2 Q_1 Q_0}$$

当计数至 $Q_3^n Q_2^n Q_1^n Q_0^n = 0110$ 时译出进位信号 C,若高电平有效,则进位输出信号的逻辑表达式为

$$C = Q_2 Q_1$$

根据以上表达式连接电路图就构成了七进制计数器,如图 5.5.6 所示,由于此时不使用置数端,应将置数端接无效信号高电平,为提高可靠性,一般将并行数据输入端置零,即 $D_3 D_2 D_1 D_0 = 0000$。其有效循环的状态转换图如图 5.5.7 所示,每个实线状态都是持续了一个时钟周期的有效状态。虚线状态 0111 是为了译出清零信号而存在的瞬间状态,在实际电路

中观察不到这个状态,因此此状态被称为瞬态,用虚线的圆圈表示它不会长久存在,在画状态转换图时也可以省略。总的来说,构成的七进制计数器中,有效状态是 0000、0001、0010、0011、0100、0101 和 0110,共七个稳定状态。

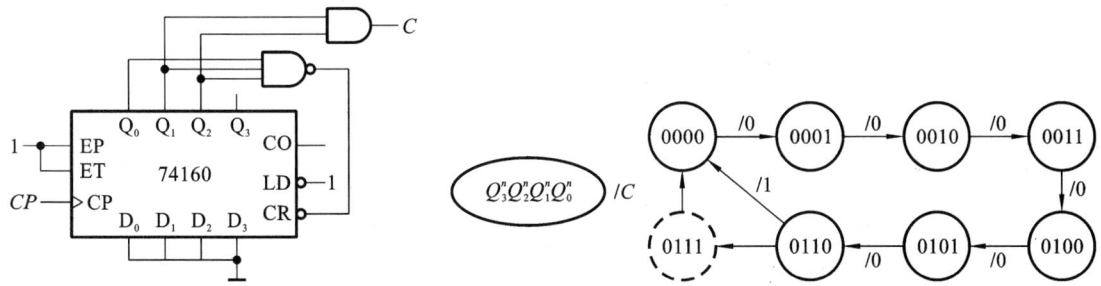

图 5.5.6 清零法构成七进制
计数器的电路图

图 5.5.7 清零法的有效循环的状态转换图

通过以上分析,可以总结出用清零法构成任意进制计数器的方法。如果要实现 M 进制计数器,则其有效状态是 $0 \sim M-1$,在状态 M 译出异步清零信号使计数器返回零状态,状态 M 为瞬态。

【思考】 若已有的 N 进制计数器具有同步清零功能,应在哪个状态译出清零信号?

清零法构成任意进制计数器的缺点是电路工作不稳定。因为清零信号随着计数器被清零而立刻消失,所以清零信号持续时间非常短。如果计数器内各个触发器的复位速度有快有慢,则可能动作慢的还没有来得及复位,清零信号已经消失,导致电路误动作。所以这种电路可靠性不高。

为了克服这个缺点,通常在译出的清零信号后面附加一级 SR 锁存器,再接至计数器的清零端,使清零信号保持一定时间,从而避免了因清零信号持续时间太短而造成的电路误动作情况。现有的计数器产品中,大多已将附加电路直接制作在计数器芯片上,使用时就无须外接电路了。本书主要分析构成任意进制计数器的方法,后续电路中均没有附加锁存器电路。

②置数法。

74160 具有同步置数的功能,拟构成七进制计数器,需要 7 个有效状态,由于置数法是从所置的数 $D_3 D_2 D_1 D_0$ 开始计数,因此可选的 7 状态循环有多种。例如,若 $D_3 D_2 D_1 D_0 = 0000$,则选 $0000 \sim 0110$、回到 0000,形成七进制;若 $D_3 D_2 D_1 D_0 = 0010$,则选 $0010 \sim 1000$、回到 0010,形成七进制;若 $D_3 D_2 D_1 D_0 = 0101$,则选 $0101 \sim 1001$、0000、0001,回到 0101,形成七进制;以此类推。

解法一:以有效循环 $0010 \sim 1000$ 为例,即置数 $D_3 D_2 D_1 D_0 = 0010$,介绍置数法构成七进制计数器。

由于 74160 的置数端受时钟控制,在状态 $Q_3^n Q_2^n Q_1^n Q_0^n = 1000$ 时译出置数信号,计数器并不会立刻进入置数状态 0010,而是等到时钟到达时,才会从状态 1000 进入置数状态 0010,刚好形成 $0010 \sim 1000$ 共 7 个状态的有效循环。若在状态 $Q_3^n Q_2^n Q_1^n Q_0^n = 0111$ 时译出置数信号,则形成 $0010 \sim 0111$ 仅 6 个状态的有效循环;若在状态 $Q_3^n Q_2^n Q_1^n Q_0^n = 1001$ 时译出置数信号,则形成 $0010 \sim 1001$ 共 8 个状态的有效循环,都不能构成七进制计数器。可见,应在状态 $Q_3^n Q_2^n Q_1^n Q_0^n = 1000$ 时译出置数信号,考虑 74160 的置数端是低电平有效,得到置数信号的逻辑表达式为

$$\overline{LD} = \overline{Q_3}$$

当计数至 $Q_3^n Q_2^n Q_1^n Q_0^n = 1000$ 时译出进位信号 C,若高电平有效,则进位输出信号的逻辑表达式为

$$C = Q_3$$

根据以上表达式连接电路图就构成了七进制计数器,如图 5.5.8 所示,由于此时不使用清零端,应将清零端接无效信号高电平。其有效循环的状态转换图如图 5.5.9 所示。

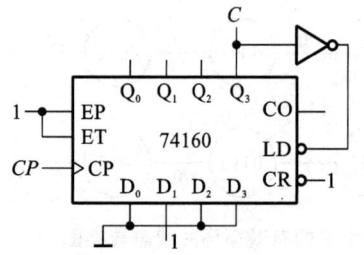

图 5.5.8　置数法构成七进制计数器的电路图之一

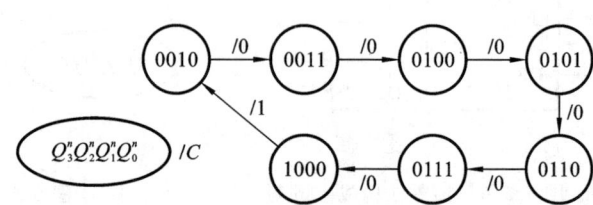

图 5.5.9　置数法的有效循环的状态转换图之一

解法二:以有效循环 0101～1001、0000、0001 为例,即置数 $D_3 D_2 D_1 D_0 = 0101$,介绍置数法构成七进制计数器。

根据解法一的分析,应在状态 $Q_3^n Q_2^n Q_1^n Q_0^n = 0001$ 时译出置数信号,考虑 74160 的置数端是低电平有效,得到置数信号的逻辑表达式为

$$\overline{LD} = \overline{\overline{Q_3} \; \overline{Q_2} Q_0}$$

当计数至 $Q_3^n Q_2^n Q_1^n Q_0^n = 0001$ 时译出进位信号 C,若高电平有效,则进位输出信号的逻辑表达式为

$$C = \overline{Q_3} \; \overline{Q_2} Q_0$$

根据以上表达式连接电路图就构成了七进制计数器,如图 5.5.10 所示。其有效循环的状态转换图如图 5.5.11 所示。

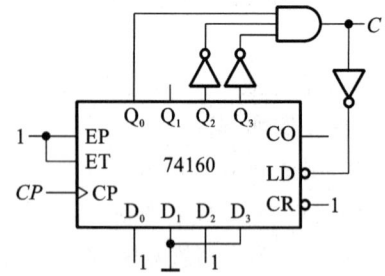
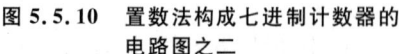

图 5.5.10　置数法构成七进制计数器的电路图之二

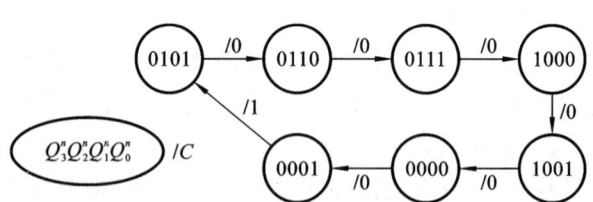

图 5.5.11　置数法的有效循环的状态转换图之二

【思考】　置数信号和进位信号的逻辑表达式是如何得到的? 若置数端是高电平有效,其逻辑表达式有什么不同?

解法三:利用进位输出端 CO 置数,构成任意进制计数器。该方法是将进位输出信号 CO(高电平有效)经非门后,作为置数信号接至计数器的置数端(低电平有效),即

$$\overline{LD} = \overline{CO}$$

当计数至最后一个状态时输出进位信号 $CO=1$，即 $\overline{LD}=0$，待时钟到达，计数器输出所置数的状态，之后随时钟依次计数，使计数器在置数状态与最后状态之间形成有效循环。所以，只要选择不同的预置数，就可以构成不同进制的计数器。

用 74160 构成七进制计数器，由于 74160 计数至 1001 时输出进位信号，因此应置数是 $D_3D_2D_1D_0=0011$，使计数器在状态 0011～1001 之间循环，形成七进制计数器。

显然，74160 的进位输出端 CO 就是构成的七进制计数器的进位信号 C，即

$$C=CO$$

根据以上表达式连接电路图就构成了七进制计数器，如图 5.5.12 所示。其有效循环的状态转换图如图 5.5.13 所示。

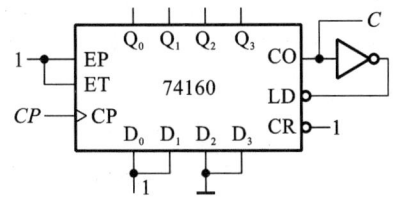

图 5.5.12　置数法构成七进制计数器的
　　　　　　电路图之三

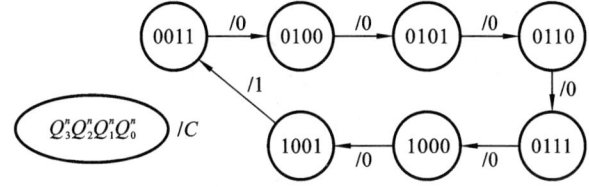

图 5.5.13　置数法的有效循环的状态转换图之三

【思考】　用 74161 构成七进制计数器，使用"解法三"应如何实现？

通过以上分析，可以总结出用置数法构成任意进制计数器的方法。用 N 进制计数器构成 M 进制计数器，若预置数 D，则在状态 $D+M-1$ 译出同步置数信号，若 $D+M-1>N$，则在状态 $D+M-1-N$ 译出同步置数信号。

【例 5.5.1】　试用计数器 74160 设计一个带进位输出的五进制加法计数器，画出逻辑电路图，可以添加必要的门电路。

解：已知 74160 是十进制计数器，拟设计的是五进制计数器，可以采用清零法或置数法。本题采用置数法，选择 0000～0100 有效循环，即置数 $D_3D_2D_1D_0=0000$，应在状态 0100 时译出置数信号，考虑 74160 的置数端是低电平有效，得到置数信号的逻辑表达式为

$$\overline{LD}=\overline{Q_2}$$

当计数至 0100 时译出进位信号 C，若高电平有效，则进位输出信号的逻辑表达式为

$$C=Q_2$$

根据以上表达式连接电路图就构成了五进制计数器，如图 5.5.14 所示。

【注意】　例 5.4.1 与例 5.5.1 都是设计同一个功能的电路，但采用的器件不同，例 5.4.1 采用小规模器件 JK 触发器，例 5.5.1 采用中规模集成电路计数器，因此设计的过程有所区别，完成的设计电路图也不一样。可见，如何设计电路，选用器件是关键，需综合考虑设计要求、成本、现实条件等。

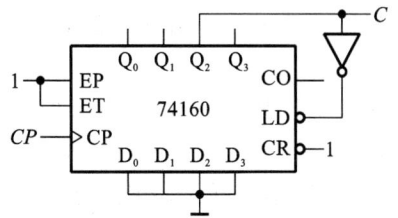

图 5.5.14　例 5.5.1 的电路图

【例 5.5.2】　试用计数器 74161 设计一个带进位输出的十二进制加法计数器，画出逻辑电路图，可以添加必要的门电路。

解：已知 74161 是十六进制计数器，拟设计的是十二进制计数器，可以采用清零法或置数法。本题采用清零法，选择 0000～1011 有效循环，应在状态 1100 时译出清零信号，考虑 74161 的清零端是低电平有效，得到清零信号的逻辑表达式为

$$\overline{CR} = \overline{Q_3 Q_2}$$

当计数至 1011 时译出进位信号 C，若高电平有效，则进位输出信号的逻辑表达式为

$$C = Q_3 Q_1 Q_0$$

根据以上表达式连接电路图就构成了十二进制计数器，如图 5.5.15 所示。

（2）$N<M$ 的情况。

需要多片 N 进制计数器，根据前述的级联方法，来构成 M 进制计数器。根据 M 是否可以分解，有以下两种方法。

方法一：若 M 可以分解成两个自然数相乘，即 $M=M_1 \times M_2$，且 $M_1<N$、$M_2<N$，则可以按照第（1）种情况所介绍的方法，先设计 M_1 进制和 M_2 进

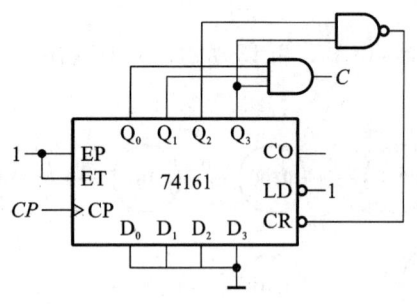

图 5.5.15　例 5.5.2 的电路图

制计数器，再将 M_1 进制和 M_2 进制计数器级联，从而构成 M 进制计数器。

方法二：若 M 是不可分解的质数，则先将多片 N 进制计数器级联成 B 进制计数器，显然 $B>M$，就可以按照第（1）种情况所介绍的方法构成 M 进制计数器。对于 M 可以分解成两个自然数相乘的情况，也可以采用此方法。

下面通过例题具体介绍这两种方法。

【例 5.5.3】　试用计数器 74160 构成 30 进制计数器，画出逻辑电路图，可以添加必要的门电路。

解：（1）分析芯片数量。74160 是十进制计数器，两片级联可实现 100 进制计数，由于 10<30<100，因此需要两片 74160。

（2）选择方法。由于 30 不是质数，两种方法均可以采用。本题选用方法一，分解 30＝3×10，由于 74160 是十进制计数器，因此只需要设计一片三进制计数器，采用置数法。

（3）设计三进制计数器。采用置数法，选择 0000～0010 有效循环，预置数 $D_3 D_2 D_1 D_0=0000$，在状态 0010 时译出置数信号，其逻辑表达式为

$$\overline{LD} = \overline{Q_1}$$

当计数至 0010 时译出进位信号 C，若高电平有效，则进位输出信号的逻辑表达式为

$$C = Q_1$$

根据以上表达式连接电路图就构成了三进制计数器，如图 5.5.16 所示。

（4）计数器级联。采用并行进位扩展的方法将三进制计数器与一片 74160 级联，构成 30 进制计数器，如图 5.5.17 所示，片Ⅰ是三进制的低位片，片Ⅱ是十进制的高位片。将级联的高低位片顺序调换，也能构成 30 进制计数器，如图 5.5.18 所示，片Ⅰ是三进制的高位片，片Ⅱ是十进制的低位片，这种级

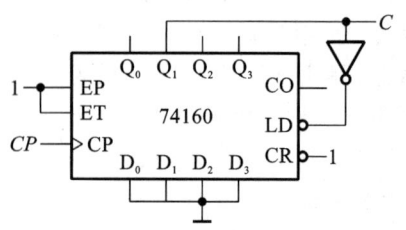

图 5.5.16　例 5.5.3 构成的三进制计数器

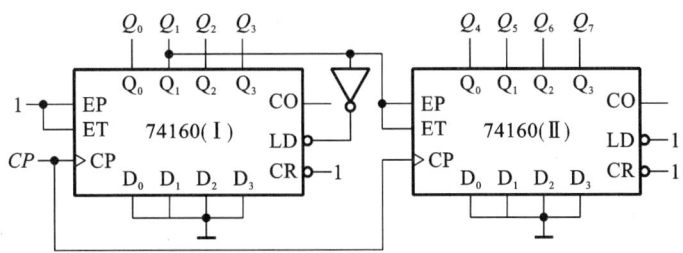

图 5.5.17　例 5.5.3 的电路图之一

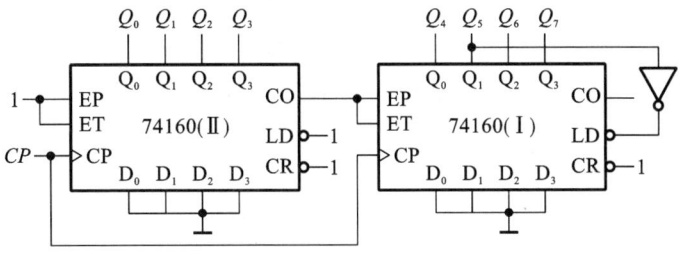

图 5.5.18　例 5.5.3 的电路图之二

联顺序符合 BCD 编码,是常用的级联方法。

【思考】　例 5.5.3 中 30 进制有多种分解方法,哪种方法最简单?

【例 5.5.4】　试用计数器 74161 构成 257 进制加法计数器,画出逻辑电路图,可以添加必要的门电路。

解:(1) 分析芯片数量。74161 是十六进制计数器,两片级联实现 256 进制计数,三片级联实现 4096 进制计数,由于 256<257<4096,因此需要三片 74161。

(2) 选择方法。由于 257 是不可分解的质数,只能用方法二,先级联再采用清零法。

(3) 计数器级联。采用并行进位扩展的方法将三片 74161 级联,构成一片 4096 进制计数器,如图 5.5.19 所示,片Ⅰ、Ⅱ、Ⅲ分别从低位至高位。

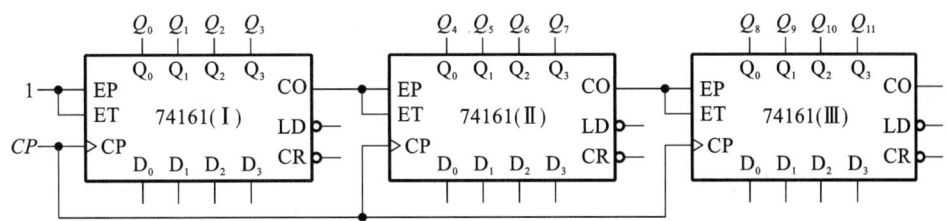

图 5.5.19　例 5.5.4 构成的 4096 进制计数器

(4) 设计 257 进制计数器。采用清零法,选择 0~256 有效循环,在 257 时译出清零信号,即 $Q_{11}^n Q_{10}^n Q_9^n Q_8^n Q_7^n Q_6^n Q_5^n Q_4^n Q_3^n Q_2^n Q_1^n Q_0^n = 000100000001$ 时,其逻辑表达式为

$$\overline{CR} = \overline{Q_8 Q_0}$$

连接电路图就构成了 257 进制计数器,如图 5.5.20 所示。

2. 集成异步加法计数器

异步加法计数器中各触发器的时钟是不同的,所以触发器的翻转是异步的。常见的异步加法计数器主要有两种:2/5 分频异步加法计数器 74LS90/74LS290、2/8 分频异步加法计数

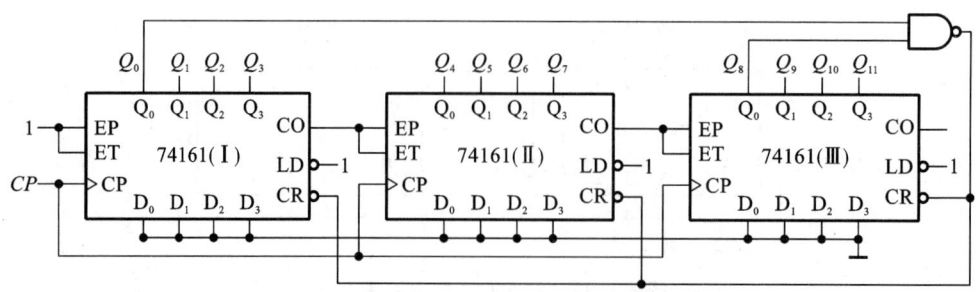

图 5.5.20　例 5.5.4 构成的 257 进制计数器

器 74LS93/74LS293。74LS290 和 74LS293 的电源和地是标准引脚位置输入,而 74LS90 和 74LS93 的电源和地是非标准引脚位置输入。下面主要介绍 74LS290 和 74LS93,其余器件可查阅相关产品手册。

1) 2/5 分频异步加法计数器 74LS290

74LS290 由四个下降沿触发的 JK 触发器构成,其内部结构框图如图 5.5.21 所示,其中:一个触发器 FF_0 的时钟是 CP_0,独立构成二进制加法计数器,输出 Q_0 的频率是时钟 CP_0 的二分之一;另外三个触发器 FF_3、FF_2 和 FF_1 共用同一个时钟 CP_1,输出分别为 Q_3、Q_2、Q_1,输出状态 $Q_3Q_2Q_1$ 从 000 依次递增到 100,构成五进制加法计数器,输出 Q_3 的频率是时钟 CP_1 的五分之一。此外,74LS290 的辅助输入端有:两个清零输入端 R_{01}、R_{02},两个置 9 输入端 S_{91}、S_{92}。74LS290 的逻辑图形符号如图 5.5.22 所示。

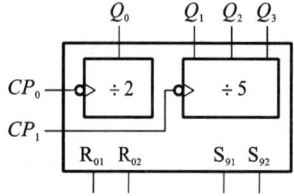

图 5.5.21　74LS290 的内部结构框图

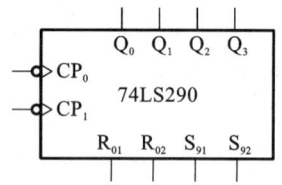

图 5.5.22　74LS290 的逻辑图形符号

74LS290 具有异步清零、异步置 9 和计数的逻辑功能。

当 $R_{01}=R_{02}=1$,$S_{91}=S_{92}=0$ 时,无论时钟是否到达,各触发器输出 $Q_3Q_2Q_1Q_0=0000$,计数器被异步清零。

当 $R_{01}=R_{02}=0$、$S_{91}=S_{92}=1$ 时,无论时钟是否到达,各触发器输出 $Q_3Q_2Q_1Q_0=1001$,计数器被异步置 9。

当计数器不在清零和置 9 状态时,计数器处于计数状态。如前所述,在时钟信号 CP_0 的作用下,FF_0 实现二进制计数,FF_0 的输出 Q_0 对时钟 CP_0 二分频;在时钟信号 CP_1 的作用下,FF_1、FF_2 和 FF_3 实现五进制计数,FF_3 的输出 Q_3 对时钟 CP_1 五分频。故称 74LS290 是 2/5 分频异步加法计数器。

可见,74LS290 内部有两个独立计数器,分别实现二进制计数和五进制计数。如果把 FF_0 的输出 Q_0 与 CP_1 相连,即把 Q_0 作为五进制计数器的时钟 CP_1,相当于将一个二进制计数器与一个五进制计数器级联,可以实现 $2×5=10$ 十进制计数,输出 $Q_3Q_2Q_1Q_0$ 为四位 BCD 码,所以也称 74LS290 为异步二-五-十进制计数器。

综合以上分析,74LS290 的功能表如表 5.5.2 所示。

表 5.5.2　74LS290 的功能表

R_{01}/R_{02}	S_{91}/S_{92}	CP_0	CP_1	Q_3	Q_2	Q_1	Q_0	功　能
1	0	×	×	0	0	0	0	异步清零
0	1	×	×	1	0	0	1	异步置 9
0	0	↓	0	保持			二进制加计数	计数
0	0	0	↓	五进制加计数			保持	

虽然 74LS290 也能作为十进制计数器,但与 74LS160 相比有很大的区别,表 5.5.3 所列的是 74LS290 和 74LS160 的比较。

表 5.5.3　74LS290 与 74LS160 的比较

器件＼引脚	时钟（触发沿）	清零端	置数端	计数使能端	进位输出端
74LS160	1 个(↑)	1 个 低电平有效、异步	1 个 低电平有效、同步	2 个	1 个
74LS290	2 个(↓)	2 个 高电平有效、异步	2 个 高电平有效、异步置 9	无	无

从表 5.5.3 可以看出,无论是时钟触发沿,还是清零端、置数端等的情况,74LS290 和 74LS160 都不同,所以使用 74LS290 构成任意进制计数器时,其方法和 74LS160 也有很大不同。下面具体介绍 74LS290 的一些典型应用。

(1) 74LS290 的级联。

实际使用中,常常将多片 74LS290 级联,以扩展位数、增加计数容量。

由于 74LS290 没有计数使能和进位输出,所以不能采用同步计数器 74160、74161 的级联方法。74LS290 的级联是将低位片的 Q_3 与高位片的时钟输入端相连而实现的。

如图 5.5.23 所示,首先把两片 74LS290 连接成十进制计数方式,即将每片 Q_0 与 CP_1 相连。设两片的初态均是"0000"。每来一个时钟 CP 下降沿,低位片 I 递增计数一次。当片 I 计数到"1000"时,片 I 的 Q_3 由"0"翻转为"1",产生上升沿,继续计数到"1001",片 I Q_3 维持高电平"1"。当再来一个 CP 下降沿,片 I 回到"0000",片 I Q_3 由"1"翻转到"0",产生下降沿,使高位片 II 的时钟 CP_0 到达,片 II 开始递增计数一次。如此循环往复,实现了两片 74LS290 的串行进位级联,此时,高位片 II 相当于十位片,低位片 I 相当于个位片。

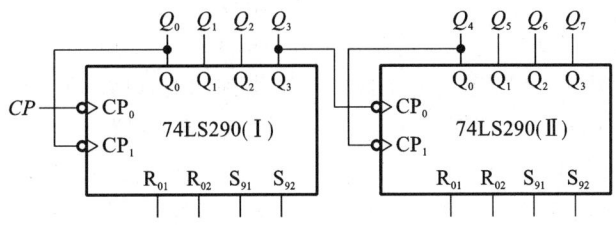

图 5.5.23　两片 74LS290 的级联

（2）构成任意进制计数器。

利用异步清零端和置 9 端,74LS290 可以构成 M 进制计数器。若 $M<10$,只需一片 74LS290;若 $M>10$,则需多片 74LS290 级联。下面结合例题主要介绍 $M<10$ 的情况,用 74LS290 构成六进制计数器。

①异步清零法。

首先将 74LS290 的 Q_0 与 CP_1 端相连,构成十进制计数器,有效状态是 0000～1001。选择 0000～0101 六个状态形成有效循环,考虑清零端是异步信号,不受时钟控制,因此,应在状态 $Q_3Q_2Q_1Q_0=0110$ 时译出清零信号（高电平有效）,则清零信号的逻辑表达式为

$$R_{01} = R_{02} = Q_2Q_1$$

根据表达式连接电路即构成了六进制计数器,如图 5.5.24 所示。

设计数器初态是"0000",当第六个脉冲下降沿到达时,$Q_3Q_2Q_1Q_0=0110$,则 $R_{01}=R_{02}=Q_2Q_1=1$,即响应清零信号。由于是异步清零,所以计数器立刻清零,电路回到"0000"状态。由于"0110"是一个短暂出现的瞬态,不是一个稳定的状态,因此形成的稳定循环是从 0000～0101 的有效循环,实现了六进制计数。其状态转换图如图 5.5.25 所示,虚线圈表示的是瞬态,可以省略,由于清零法只用到低三位的触发器,图中 Q_3 也可以省略。

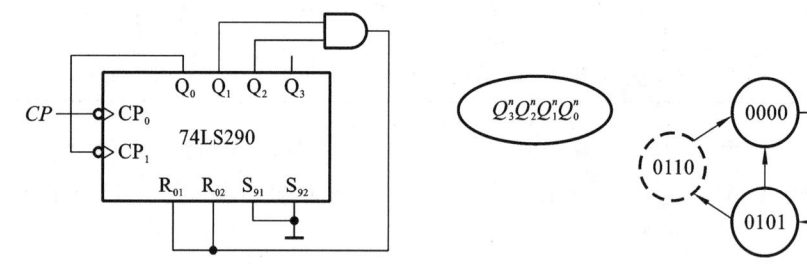

图 5.5.24　异步清零法构成六进制计数器　　**图 5.5.25　异步清零法的有效循环状态转换图**

根据以上具体实例,可知:用异步清零法构成 M 进制计数器,先将 74LS290 接成十进制计数器,再于状态 M 时译出高电平清零信号,并接至清零端 R_{01}/R_{02},即可构成 M 进制计数器,循环计数的有效状态为 $0～M-1$,状态 M 为瞬态。

②异步置 9 法。

首先将 74LS290 的 Q_0 与 CP_1 端相连,构成十进制计数器,有效状态是 0000～1001。由于置 9 端是把计数器的状态置成 1001,因此选择 1001、0000～0100 六个状态形成有效循环,考虑置 9 端是异步信号,不受时钟控制,因此,应在状态 $Q_3Q_2Q_1Q_0=0101$ 时译出置 9 信号（高电平有效）,则置 9 信号的逻辑表达式为

$$S_{91} = S_{92} = Q_2Q_0$$

根据表达式连接电路即构成了六进制计数器,如图 5.5.26 所示。

设计数器的初态是"0000",当第五个脉冲下降沿到达时,$Q_3Q_2Q_1Q_0=0101$,则 $S_{91}=S_{92}=Q_2Q_0=1$,即响应置 9 信号。由于是异步置数,所以计数器立刻置 9,电路到达"1001"状态,待下一个时钟下降沿时回到"0000"状态。由于"0101"是一个短暂出现的瞬态,不是一个稳定的状态,因此形成的稳定循环是从 1001、0000～0100 的有效循环,实现了六进制计数。其状态转换图如图 5.5.27 所示,虚线圈表示的是瞬态,也可省略。与清零法不同,置 9 法实现的六进制计数器用了 74LS290 的全部四个触发器。

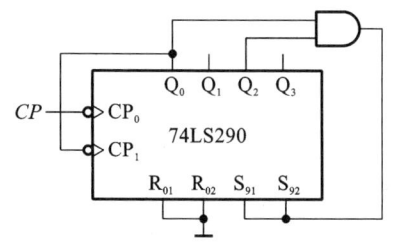

图 5.5.26　异步置 9 法构成六进制计数器

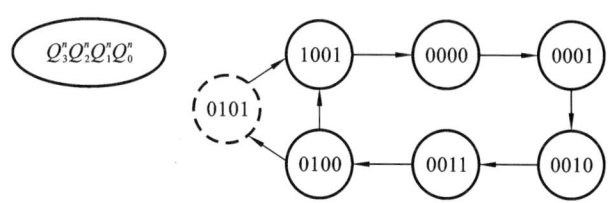

图 5.5.27　异步置 9 法的有效循环状态转换图

根据以上具体实例,可知:用异步置 9 法构成 M 进制计数器,先将 74LS290 接成十进制计数器,再于状态 $M-1$ 时译出高电平置 9 信号,并接至置 9 端 S_{91}/S_{92},即可构成 M 进制计数器,循环计数的有效状态为 1001、0000～$M-2$,状态 $M-1$ 为瞬态。

【注意】　74LS290 的清零端和置 9 端都是高电平有效,所以用清零法和置 9 法构成任意进制计数器时,经常使用与门。

与同步计数器相比,异步计数器具有结构简单的优点,但异步计数器存在两个明显的缺点:第一是工作频率比较低,因为异步计数器的各级触发器以串行进位方式连接,所以新状态的建立受各级触发器的传输延时的影响,如果工作频率较高,后面的触发器可能还没有翻转,下一个时钟又来到了,从而造成电路工作状态的混乱;第二是在电路状态译码时存在竞争冒险现象。这两个缺点使异步计数器的应用受到了很大的限制。

【例 5.5.5】　试用 74LS290 完成例 5.5.4,即设计一个 257 进制计数器,画出逻辑电路图,可以添加必要的门电路。

解:(1) 分析芯片数量。一片 74LS290 最多可实现十进制计数,两片级联实现 100 进制计数,三片级联实现 1000 进制计数,由于 $100<257<1000$,因此需要三片 74LS290,级联后的计数器从高位片Ⅲ至低位片Ⅰ分别对应十进制数的百位、十位和个位。

(2) 选择方法。采用异步清零法,应在状态 257 时清零,即 257 是瞬态,有效状态为 0～256。

(3) 设计电路。如前所述,级联后的计数器从高位片至低位片分别对应十进制数的百位、十位和个位,刚好对应 BCD 编码,而非二进制编码,因此只要把 257 写成 BCD 码

$$(257)_{10} = (001001010111)_{8421\text{BCD}}$$

正是 257 所对应的电路状态 $Q_{11}^n Q_{10}^n Q_9^n Q_8^n Q_7^n Q_6^n Q_5^n Q_4^n Q_3^n Q_2^n Q_1^n Q_0^n = 001001010111$,此时译出清零信号,其逻辑表达式为

$$R_{01} = R_{02} = Q_9 Q_6 Q_4 Q_2 Q_1 Q_0$$

根据表达式连接电路图就构成了 257 进制计数器,如图 5.5.28 所示。

2) 2/8 分频异步加法计数器 74LS93

74LS93 由四个下降沿触发器组成,其内部结构框图如图 5.5.29 所示,其中:一个触发器 FF_0 的时钟是 CP_0,独立构成二进制加法计数器,输出 Q_0 的频率是时钟 CP_0 的二分之一;另外三个触发器 FF_3、FF_2 和 FF_1 共用同一个时钟 CP_1,输出分别为 Q_3、Q_2、Q_1,输出状态 $Q_3 Q_2 Q_1$ 从 000 依次递增到 111,构成八进制加法计数器,输出 Q_3 的频率是时钟 CP_1 的八分之一。故称 74LS93 是 2/8 分频异步加法计数器。此外,74LS93 有两个清零输入端 R_{01}、R_{02}。74LS93 的逻辑图形符号如图 5.5.30 所示。

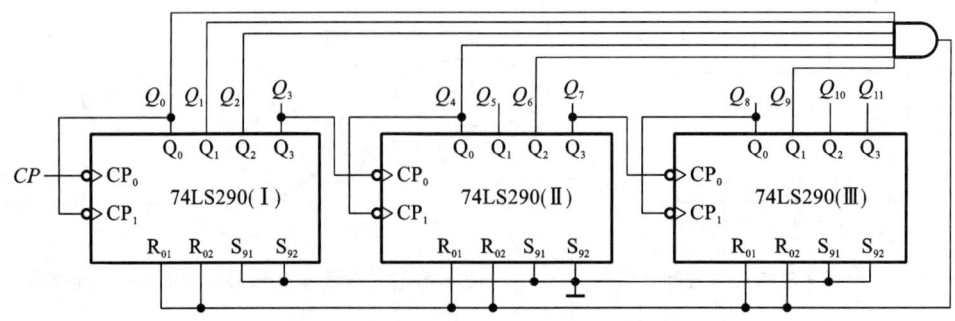

图 5.5.28　例 5.5.5 构成的 257 进制计数器

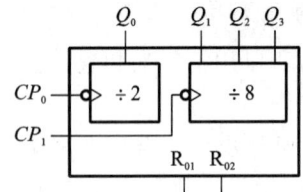

图 5.5.29　74LS93 的内部结构框图

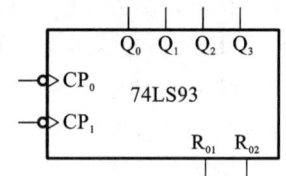

图 5.5.30　74LS93 的逻辑图形符号

74LS93 具有异步清零和计数的逻辑功能。

当 $R_{01} = R_{02} = 1$ 时,无论时钟是否到达,各触发器输出 $Q_3^{n+1} Q_2^{n+1} Q_1^{n+1} Q_0^{n+1} = 0000$,计数器被异步清零。

当 $R_{01} = R_{02} = 0$ 时,计数器处于计数状态。在时钟信号 CP_0 的作用下,Q_0 实现二进制计数,对时钟 CP_0 二分频;在时钟信号 CP_1 的作用下,Q_3、Q_2、Q_1 实现八进制计数,Q_3 对时钟 CP_1 八分频。

可见,74LS93 内部有两个独立计数器,分别实现二进制计数和八进制计数。如果把输出 Q_0 与 CP_1 相连,即把 Q_0 作为八进制计数器的时钟 CP_1,相当于将一个二进制计数器与一个八进制计数器级联,可以实现 $2 \times 8 = 16$ 十六进制计数,输出 $Q_3 Q_2 Q_1 Q_0$ 为四位二进制码。

74LS93 也可以进行多片级联和构成任意进制计数器,其方法可参照 74LS290,此处不再赘述。

3. 集成可逆计数器

实际应用时,常常需要计数器既能加法计数,又能减法计数,这就是可逆计数器,又称为加/减计数器。集成可逆计数器在结构上通常分为两类,一类是单时钟形式,另一类是双时钟形式。常见的有单时钟同步十进制可逆计数器 74LS190、单时钟同步 4 位二进制可逆计数器 74LS191、双时钟同步十进制可逆计数器 74LS192、双时钟 4 位同步二进制可逆计数器 74LS193。

1）单时钟可逆计数器(74LS190/74LS191)

74LS190 的计数容量是十进制,4 位二进制计数器 74LS191 的计数容量是十六进制,除了计数容量不同,74LS190 和 74LS191 的逻辑功能和逻辑符号均相同,都具有异步置数、加/减计数和保持的功能。74LS190/74LS191 都是由四个触发器使用统一时钟,所以是同步计数器。

74LS190/74LS191 的逻辑符号如图 5.5.31 所示,具有一个时钟信号输入端 CP、一个计

数使能端 S、一个加/减控制端 $\overline{U}/D$、四个并行数据输入端 $D_0 \sim D_3$、一个串行时钟输出端 C_{PE}、一个置数控制端 LD、一个进位/借位输出端 C/B、四个触发器的状态输出端 $Q_0 \sim Q_3$。

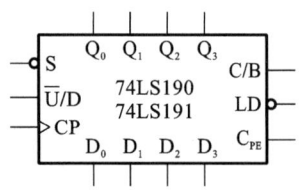

图 5.5.31　74LS190/74LS191 的逻辑图形符号

异步置数的功能。置数信号 $\overline{LD}$ 低电平有效。当 $\overline{LD}=0$ 时,无论时钟是否到达,无论 $\overline{S}$ 和 $\overline{U}/D$ 取何值,计数器被置数,四位输出 $Q_3^{n+1}Q_2^{n+1}Q_1^{n+1}Q_0^{n+1}=D_3D_2D_1D_0$。

保持的功能。当计数器不处于置数状态,即 $\overline{LD}=1$ 时,若 $\overline{S}=1$,计数器的状态输出保持原来的状态不变,即 $Q_3^{n+1}Q_2^{n+1}Q_1^{n+1}Q_0^{n+1}=Q_3^nQ_2^nQ_1^nQ_0^n$。

计数的功能。计数使能端 $\overline{S}$ 低电平有效。当 $\overline{LD}=1$、$\overline{S}=0$ 时,计数器随时钟的到达依次计数:若 $\overline{U}/D=0$,执行加法计数,此时 C/B 为进位输出信号;若 $\overline{U}/D=1$,执行减法计数,此时 C/B 为借位输出信号。

74LS190/74LS191 的功能表如表 5.5.4 所示。

表 5.5.4　计数器 74LS190/74LS191 的功能表

$\overline{LD}$	$\overline{S}$	$\overline{U}/D$	CP	工 作 状 态
0	×	×	×	异步置数
1	0	0	↑	加计数
1	0	1	↑	减计数
1	1	×	×	保持

另外,电路还有一个串行时钟输出信号 C_{PE},当计数器处于计数工作状态($\overline{S}=0$)时,若计数到最大值(加计数)或者最小值(减计数),且时钟 $CP=0$ 时,C_{PE} 输出一个负脉冲,当下一个时钟 CP 到达时,C_{PE} 正好输出一个上升沿,计数器返回 0000。其余情况下,C_{PE} 均为高电平 1。

利用端子 C_{PE} 可以实现多片 74LS190/74LS191 的级联,方法有两种。

(1) 异步串行级联。

所有芯片的加/减控制端连在一起,计数时钟脉冲加在最低位,低位片的串行时钟输出端 C_{PE} 与相邻的高位片的时钟相连。

图 5.5.32 是两片 74LS191 异步串行级联,低位片 Ⅰ 的 C_{PE} 作为高位片 Ⅱ 的时钟。假设电路处于加计数状态,两片的初态都是 "0000",低位片 Ⅰ 随时钟 CLK 从 "0000" 开始加计数,此时片 Ⅰ 的 $C_{PE}=1$,当片 Ⅰ 计数到 "1111" 时,$C_{PE}=CP$,即在这个时钟周期内,有一个负脉冲(下降沿),当下一个时钟 CLK 到达,片 Ⅰ 返回 "0000",C_{PE} 也回到高电平 "1",则此时 C_{PE} 产生一个上升沿,使高位片 Ⅱ 在此上升沿的作用下加 1 计数。以此类推减计数状态。

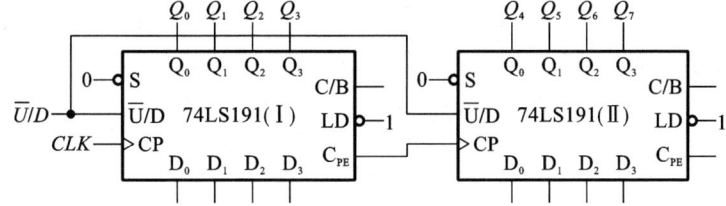

图 5.5.32　两片 74LS191 异步串行级联

（2）同步并行级联。

所有芯片的时钟输入端连在一起，加/减控制端连在一起，低位片的串行时钟输出端 C_{PE} 和相邻的高位片的计数使能端 S 相连。

图 5.5.33 是两片 74LS191 的同步并行级联，低位片 I 的 C_{PE} 与高位片 II 的计数使能端 S 相连。假设电路处于加计数状态，两片的初态都是"0000"，低位片 I 随时钟 CLK 从"0000"开始加计数，此时片 I 的 $C_{PE}=1$，即高位片 II 的计数使能端 $\overline{S}=1$，片 II 工作在保持状态。直到片 I 计数至状态"1111"，且时钟 $CLK=0$ 时，片 I 的 C_{PE} 输出负脉冲，使高位片 II 的计数使能端 $\overline{S}=0$，准备计数。当下一个时钟 CLK 上升沿到达，低位片 I 返回"0000"，高位片 II 加 1 计数。以此类推减计数状态。

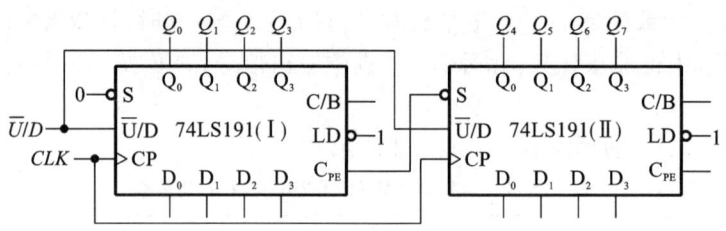

图 5.5.33 两片 74LS191 同步并行级联

74LS190/74LS191 也可以构成任意进制计数器，方法与前面 74LS160/74LS161 构成任意进制计数器的方法类似，下面结合例题介绍其中一种。

图 5.5.34 是用 74LS191 构成的十二进制减计数器。图中，加/减控制信号 $\overline{U}/D=1$，74LS191 处于减计数工作状态。进位/借位输出端 C/B 经非门接至置数控制端，即 $\overline{LD}=\overline{C/B}$，当减计数到"0000"时，借位信号输出 $C/B=1$，则 $\overline{LD}=\overline{C/B}=0$，即置数控制端接上了有效的低电平，无论时钟是否到达，计数器立刻被置数，即 $Q_3^{n+1}Q_2^{n+1}Q_1^{n+1}Q_0^{n+1}=D_3D_2D_1D_0=1100$，"0000"是瞬态。使计数器形成由 12 个稳定状态 1100～0001 组成的有效循环，构成十二进制减计数器。

2）双时钟可逆计数器（74LS192/74LS193）

74LS192 的计数容量是十进制，4 位二进制计数器 74LS193 的计数容量是十六进制，除了计数容量不同，74LS192 和 74LS193 的逻辑功能和逻辑符号均相同，都具有异步清零、异步置数、加/减计数和保持的功能。74LS192/74LS193 都是由四个触发器使用统一时钟，所以是同步计数器。

74LS192/74LS193 的逻辑符号如图 5.5.35 所示，CP_+ 是加计数时钟输入端，CP_- 是减计数时钟输入端，C 为进位输出端，B 为借位输出端，LD 是置数控制端，CR 是清零控制端，另外还有四个并行数据输入端 $D_0～D_3$ 和四个触发器的状态输出端 $Q_0～Q_3$。

异步清零的功能。清零信号 CR 高电平有效。当 $CR=1$ 时，无论时钟是否到达，无论 $\overline{LD}$ 取何值，计数器被立刻清零，四位输出 $Q_3^{n+1}Q_2^{n+1}Q_1^{n+1}Q_0^{n+1}=0000$。

异步置数的功能。置数信号 $\overline{LD}$ 低电平有效。当 $CR=0$、$\overline{LD}=0$ 时，无论时钟是否到达，计数器被立刻置数，四位输出 $Q_3^{n+1}Q_2^{n+1}Q_1^{n+1}Q_0^{n+1}=D_3D_2D_1D_0$。

计数的功能。当 $CR=0$、$\overline{LD}=1$ 时，若 CP_+ 时钟上升沿到达，计数器加计数，计至最大数时，进位输出 $C=0$；若 CP_- 时钟上升沿到达，计数器减计数，计至 0000 时，借位输出 $B=0$。

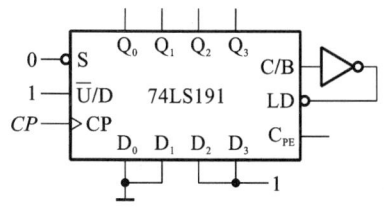

图 5.5.34　74LS191 构成十二进制减计数器

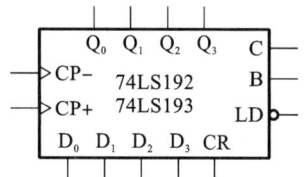

图 5.5.35　74LS192/74LS193 的逻辑图形符号

保持的功能。当 $CR=0$、$\overline{LD}=1$，且 CP_+、CP_- 两时钟上升沿都未到达时，计数器的状态输出保持原来的状态不变，即 $Q_3^{n+1}Q_2^{n+1}Q_1^{n+1}Q_0^{n+1}=Q_3^nQ_2^nQ_1^nQ_0^n$。

74LS192/74LS193 的功能表如表 5.5.5 所示，表中 CP_+、CP_- 为"↑"表示时钟上升沿到达，CP_+、CP_- 为"1"表示时钟上升沿未到达。

表 5.5.5　计数器 74LS192/74LS193 的功能表

CR	$\overline{LD}$	CP_+	CP_-	工 作 状 态
1	×	×	×	异步清零
0	0	×	×	异步置数
0	1	↑	1	加计数
0	1	1	↑	减计数
0	1	1	1	保持

74LS192/74LS193 也可以进行多片级联，以及构成任意进制计数器，方法与前面所述类似，此处不再赘述。

5.5.2　寄存器和移位寄存器

1. 寄存器

在时序逻辑电路中，时常需要将一些数码、指令或运算结果暂时存储起来，这就是寄存。具备接收和保存数码功能的逻辑器件称为寄存器（register），也称数码寄存器。寄存器被广泛应用于各类数字系统和数字计算机中。

因为触发器具备接收和保存二值数码的功能，所以触发器就可以构成寄存器。1 个触发器能存储 1 位二值数码，N 个触发器能存储 N 位二值数码，也即 N 个触发器可以构成 N 位寄存器。

对寄存器中的触发器，只要求它们具有置"1"、置"0"的功能即可，所以无论是电平触发的触发器，还是脉冲触发的触发器，或者边沿触发的触发器，都可以构成寄存器。

图 5.5.36 是集成寄存器 74LS75 的逻辑电路，它由四个电平触发的 D 触发器两两相连，构成 4 位寄存器。由于四个触发器的时钟不统一，74LS75 是异步时序逻辑电路。两个时钟 CP_A 和 CP_B 分别控制两个触发器，在 CP 高电平期间，触发器的输出 Q 随输入 D 的状态变化，即 $Q^{n+1}=D$；在 CP 低电平期间，输出 Q 将保持 CP 变为低电平前一瞬间输入 D 的状态。

图 5.5.37 是集成寄存器 74LS175 的逻辑电路，它由四个边沿 D 触发器构成 4 位寄存器。由于四个触发器的时钟相同，74LS175 是同步时序逻辑电路。触发器输出端的状态仅取决于 CP 上升沿到达时输入 D 的状态。另外，74LS175 还具有异步清零功能，当 $R=1$ 时，无论时钟

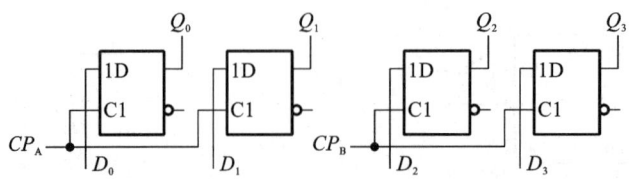

图 5.5.36　寄存器 74LS75 的逻辑图

是否到达,四个触发器立刻清零,$Q_3^{n+1}Q_2^{n+1}Q_1^{n+1}Q_0^{n+1}=0000$。

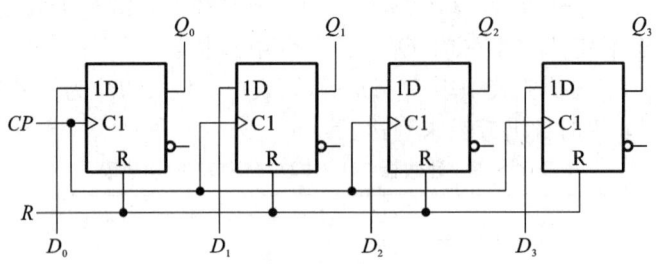

图 5.5.37　寄存器 74LS175 的逻辑图

在上面介绍的两个寄存器电路中,接收数据时所有代码是同时输入的,而且触发器中的数据是并行出现在输出端的,因此将这种输入/输出方式称为并行输入/并行输出。

2. 移位寄存器

移位寄存器(shift register)是实现移位和寄存功能的逻辑器件。所谓移位功能,是指寄存器里存储的数码能在移位脉冲的作用下依次向高位或向低位移动。国家标准规定,逻辑图中最低有效位到最高有效位的电路排列顺序应从上到下、从左到右,因此,移位寄存器中数码从低位向高位移动称为右移,从高位向低位移动称为左移。

移位寄存器不仅可以用来存储数码,而且还可以用来实现数码的串行-并行转换、并行-串行转换和数据的运算、处理等。

移位寄存器一般分为单向移位寄存器和双向移位寄存器两大类。

1) 单向移位寄存器

单向移位寄存器可以分为左移移位寄存器和右移移位寄存器。图 5.5.38 是由四个 D 触发器构成的 4 位右移移位寄存器。图中,最左边的低位触发器 FF_0 的输入端接收输入信号 D_I,其余的每个触发器的输入均与相邻左边的触发器的输出相连。

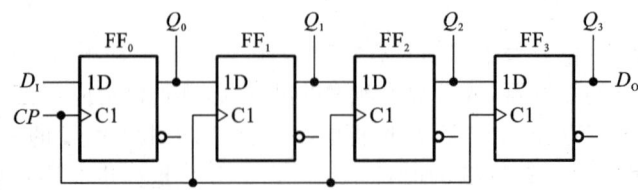

图 5.5.38　由 D 触发器组成的移位寄存器

假设在输入端串行输入信号 D_I"1001",移位寄存器的初始状态为 0000,则在移位脉冲的作用下,移位寄存器里的数码移动情况如表 5.5.6 所示,经过 4 个时钟 CP 后,串行输入信号 D_I"1001"四个数码全部移入移位寄存器中,在四个触发器的输出端得到了并行输出的数码

"1001"。因此，利用移位寄存器可以实现数码的串行输入-并行输出。

表 5.5.6　右移移位寄存器中数码的移动情况

CP	D_I	Q_0	Q_1	Q_2	Q_3
0	1	0	0	0	0
1	0	1	0	0	0
2	0	0	1	0	0
3	1	0	0	1	0
4	×	1	0	0	1

根据表 5.5.6 的规律，再经过 4 个时钟，即第 8 个时钟脉冲作用后，四个数码"1001"全部从输出端 D_O 依次串行输出。

一般来说，N 位移位寄存器由 N 个触发器组成，需要 N 个时钟周期的时间完成一次串行输入-并行输出转换，同理，也需要 N 个时钟周期的时间完成一次并行输入-串行输出转换。

如果串行输入信号从右边的最高位触发器的输入端输入，高位触发器的输出与相邻左边的低位触发器的输入相连，则可以构成左移移位寄存器。

另外，JK 触发器、RS 触发器同样可以构成移位寄存器。但是，移位寄存器不能采用有空翻现象的触发器。

2）双向移位寄存器

双向移位寄存器是指在时钟脉冲的作用下，不仅能实现数码左移，还能实现数码右移的寄存器。为了扩展逻辑功能和增加使用的灵活性，定型生产的集成双向移位寄存器不仅可以实现数据的左移、右移，而且还有数据并行输入、保持、异步清零等功能。

74LS194 是集成 4 位双向移位寄存器 SRG4（shift register 4）的一个典型芯片，它是由四个触发器和其各自的输入控制电路组成的。其逻辑图形符号如图 5.5.39 所示，D_{IR} 为右移串行数据输入端，D_{IL} 为左移串行数据输入端，$D_0 \sim D_3$ 为并行数据输入端，$Q_0 \sim Q_3$ 为并行数据输出端，R_D 为异步清零端，S_1 和 S_0 为工作状态控制端。

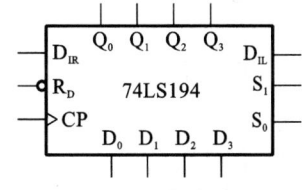

图 5.5.39　74LS194 的逻辑图形符号

异步清零的功能。清零信号 $\overline{R_D}$ 低电平有效。当 $\overline{R_D} = 0$ 时，无论时钟是否到达、无论 S_1 和 S_0 取何值，计数器被立刻清零，四位输出 $Q_3^{n+1} Q_2^{n+1} Q_1^{n+1} Q_0^{n+1} = 0000$。

保持的功能。当 $\overline{R_D} = 1$、$S_1 = S_0 = 0$ 时，各触发器的输出保持原来的状态不变，即 $Q_3^{n+1} Q_2^{n+1} Q_1^{n+1} Q_0^{n+1} = Q_3^n Q_2^n Q_1^n Q_0^n$，此时移位寄存器工作在保持状态。

当 $\overline{R_D} = 1$、$S_1 = 0$、$S_0 = 1$ 时，随时钟脉冲的作用，移位寄存器工作在右移状态；当 $\overline{R_D} = 1$、$S_1 = 1$、$S_0 = 0$ 时，随时钟脉冲的作用，移位寄存器工作在左移状态。

当 $\overline{R_D} = 1$、$S_1 = S_0 = 1$ 时，随时钟到达，各触发器被置数，即输出 $Q_3^{n+1} Q_2^{n+1} Q_1^{n+1} Q_0^{n+1} = D_3 D_2 D_1 D_0$，此时移位寄存器工作在并行数据输入状态。

74LS194 的功能表如表 5.5.7 所示。

表 5.5.7 双向移位寄存器 74LS194 的功能表

$\overline{R_D}$	CP	S_1	S_0	D_3	D_2	D_1	D_0	Q_3	Q_2	Q_1	Q_0	工 作 状 态
0	×	×	×	×	×	×	×	0	0	0	0	异步清零
1	↑	0	0	×	×	×	×	Q_3	Q_2	Q_1	Q_0	保持
1	↑	0	1	×	×	×	×	Q_2	Q_1	Q_0	D_{IR}	右移
1	↑	1	0	×	×	×	×	D_{IL}	Q_3	Q_2	Q_1	左移
1	↑	1	1	D_3	D_2	D_1	D_0	D_3	D_2	D_1	D_0	并行数据输入

两片 74LS194 级联可以实现 8 位双向移位寄存器,图 5.5.40 是其连接图。图中,两芯片的 CP、S_1、S_0、R_D 端分别并联在一起;左边片 I 的 Q_3 端与右边片 II 的 D_{IR} 端相连,实现数据的右移;右边片 II 的 Q_0 端与左边片 I 的 D_{IL} 端相连,实现数据的左移。

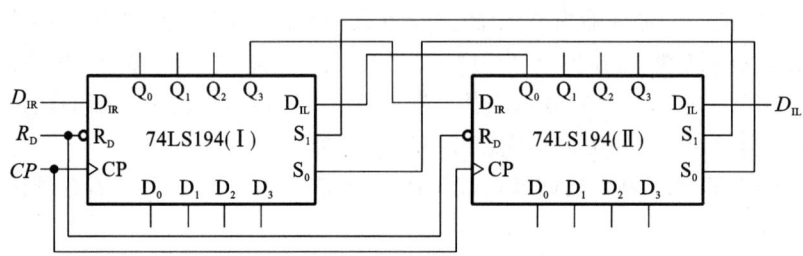

图 5.5.40 两片 74LS194 的级联

3) 移位寄存器型计数器

移位寄存器多用于构成计数器,称为移位寄存器型计数器,常见的有两种:环形计数器和扭环形计数器。

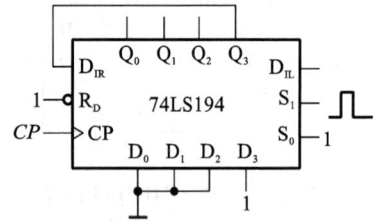

图 5.5.41 74LS194 构成的环形计数器

(1) 环形计数器。

将移位寄存器的最后一级输出送回到第一级的输入,就可以实现环形计数,称为环形计数器。图 5.5.41 是用 74LS194 构成的四进制环形计数器。

先令 $S_1 S_0 = 01$,使 74LS194 工作于右移状态,同时连接 $Q_3 = D_{IR}$。在电路开始工作时,先给 S_1 端一个正脉冲信号,使 74LS194 处于并行数据输入状态,即置数状态。在时钟 CP 上升沿到达后,把并行数据输入端的数据送到相应的触发器输出端,即输出 $Q_3^{n+1} Q_2^{n+1} Q_1^{n+1} Q_0^{n+1} = D_3 D_2 D_1 D_0$。正脉冲过后 S_1 回到低电平 0,74LS194 处于右移状态,在时钟脉冲 CP 的作用下,移位寄存器里的数据实现右移。由于 $Q_3 = D_{IR}$,所以 $Q_0 = D_{IR} = Q_3$。

若并行数据输入为 $D_0 D_1 D_2 D_3 = 0001$,则环形计数器的计数顺序如表 5.5.8 所示,电路在 0001、1000、0100 和 0010 四个状态之间形成有效循环,构成四进制计数器,或称四分频器。

环形计数器的状态转换图如图 5.5.42 所示,其中图 5.5.42(a)是表 5.5.8 所示的有效循环,其余状态形成几个独立循环,这些循环中的状态都不能进入有效循环,所以这些循环都是无效循环(或称死循环),可见,环形计数器不能自启动。

表 5.5.8   环形计数器的计数顺序

CP	Q_0	Q_1	Q_2	Q_3
1	0	0	0	1
2	1	0	0	0
3	0	1	0	0
4	0	0	1	0
5	0	0	0	1

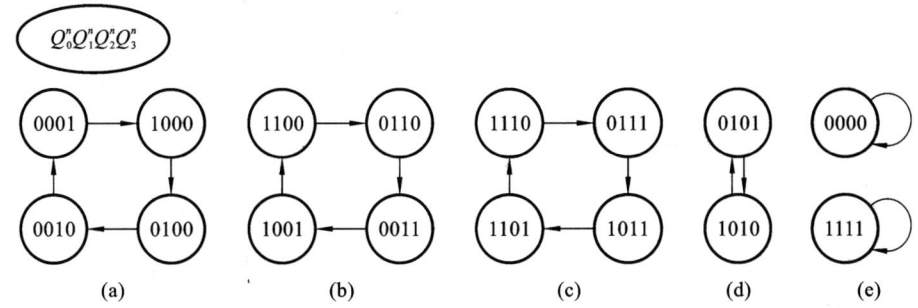

图 5.5.42   环形计数器的状态转换图

一般来说,如果环形计数器含有 N 个触发器,则可以构成 N 进制计数器,无效状态数为 $2^N - N$。可见,利用移位寄存器构成的环形计数器,其触发器的状态利用率很低。

由于环形计数器的每个工作状态中只有一个触发器的输出为"1",因此,不需要译码电路,便可直接用于数字显示器和数字系统的控制器中。

(2) 扭环形计数器。

扭环形计数器又叫约翰逊计数器,它是将移位寄存器中最后一级的输出取反后与第一级的输入端相连而构成的。图 5.5.43 是由 74LS194 构成的扭环形计数器。

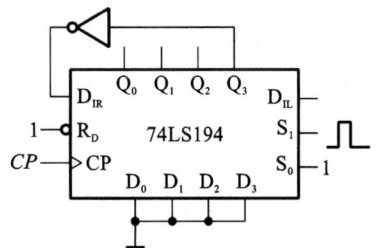

图 5.5.43   74LS194 构成的扭环形计数器

先令 $S_1 S_0 = 01$,使 74LS194 工作于右移状态,同时连接 $\overline{Q_3} = D_{IR}$。在移位之前,先给并行数据输入端输入"0000",并在 S_1 端给一个正脉冲信号,当第一个时钟 CP 上升沿到达后,移位寄存器被置数为并行数据"0000"。正脉冲过后 S_1 回到低电平 0,移位寄存器工作在右移状态,在时钟脉冲 CP 作用下,移位寄存器里的数据逐位右移,其状态转换图如图 5.5.44 所示。

图 5.5.44(a)是由八个有效状态构成的扭环形计数器的有效循环,图 5.5.44(b)是另外八个状态构成的无效循环(或称死循环),所以扭环形计数器也不具备自启动能力。若要使扭环形计数器具有自启动能力,则需附加其他电路。

一般情况下,N 个触发器可以构成 $2N$ 进制的扭环形计数器。

扭环形计数器的优点是:计数顺序按一种循环码的顺序进行,相邻码之间仅一位不同。因

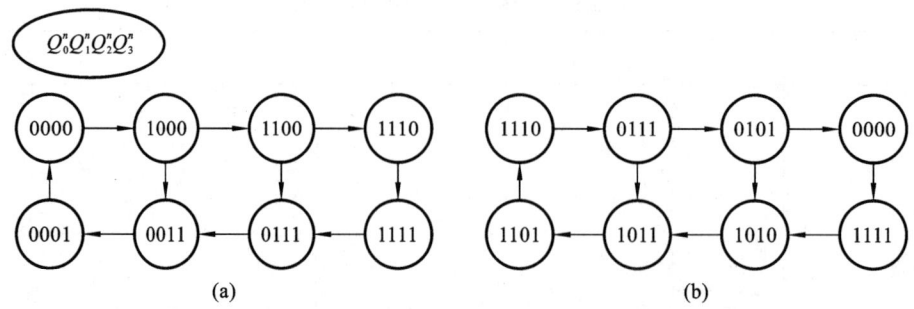

图 5.5.44 扭环形计数器的状态转换图

而,对其进行译码时,译码器的输出不会出现毛刺。此外,扭环形计数器作为分频器使用时,最高位触发器输出 Q 的波形正好是方波。扭环形计数器的缺点是所用的触发器较多,仍有 $2^N -2N$ 个状态未被使用。

5.5.3 顺序脉冲发生器

在数字系统中,有时需要系统按一定顺序执行操作。这时,系统的控制部分需要给出一组按时间先后顺序发生的脉冲信号,这组脉冲可按需要构成其他控制信号。能产生这样一组顺序脉冲的电路就是顺序脉冲发生器。

环形计数器因无须附加译码电路,可用作顺序脉冲发生器,但所用的触发器比较多。实际使用中,常用计数器和译码器组成顺序脉冲发生器。

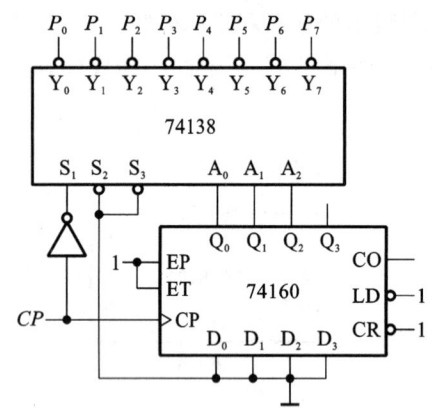

图 5.5.45 顺序脉冲发生器

图 5.5.45 是由计数器 74160 和 3 线-8 线译码器 74138 组成的顺序脉冲发生器。74160 的计数使能端、清零端和置数端都接高电平,使 74160处于加计数状态,只用计数器的低三位输出 $Q_2 Q_1 Q_0$ 从 000～111 八个状态,即八进制计数。译码器的使能端 S_2、S_3 已接地,使能端 $S_1 = \overline{CP}$,当时钟 CP 为低电平时,译码器被选通,计数器的输出 $Q_2 Q_1 Q_0$ 分别接至译码器的输入端 $A_2 A_1 A_0$。

设计数器的初态 $Q_2 Q_1 Q_0$ 为 000,CP 为低电平,译码器选通,输入 $A_2 A_1 A_0 = Q_2 Q_1 Q_0 = 000$,因此译出 P_0 为低电平、$P_1 \sim P_7$ 为高电平;当 CP上升沿到达时,计数器加计数,使 $Q_2 Q_1 Q_0$ 为 001,之后 CP 为高电平,计数器保持状态 001,译码器不工作;当 CP 回到低电平,计数器仍然保持状态 001,译码器选通,输入 $A_2 A_1 A_0 = Q_2 Q_1 Q_0 = 001$,因此译出 P_1 为低电平,其余为高电平。以此类推,随着连续的时钟脉冲的作用,译码器依次输出负脉冲,其时序图如图 5.5.46 所示。

5.5.4 序列信号发生器

在数字系统测试和数字信号传输中,时常需要一组或多组特定的周期性的串行数字信号,

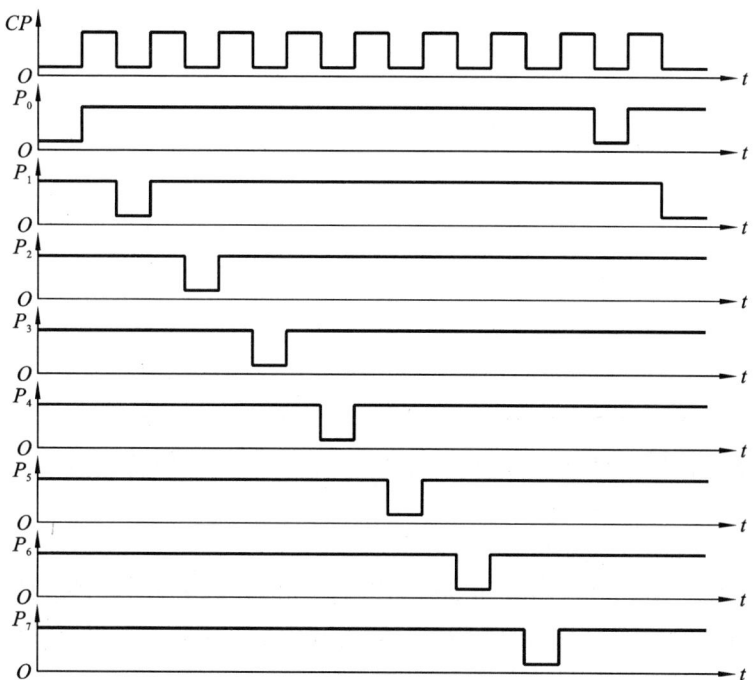

图 5.5.46 顺序脉冲发生器的时序图

这种信号称为序列信号,这组信号的位数称为序列信号的长度。产生序列信号的电路称为序列信号发生器。

序列信号发生器有多种形式,一般可分为计数型和寄存型两种。寄存型序列信号发生器由移位寄存器和组合逻辑电路构成。计数型序列信号发生器由计数器和组合逻辑电路构成,其中:计数器可由触发器、集成计数器等组成,用于实现序列信号的周期循环;组合逻辑电路可由门电路、译码器、数据选择器等组成,用于实现信号序列。

下面结合例题主要介绍计数型序列信号发生器。

【例 5.5.6】 分析图 5.5.47 所示的计数型序列信号发生器,试求电路按时间顺序输出的序列信号。

解:图 5.5.47 所示的电路由加法计数器 74161 和八选一数据选择器 74151 组成。74161 的计数使能端、清零端和置数端都接高电平,使 74161 处于加计数状态,只用计数器的低三位输出 $Q_2Q_1Q_0$ 从 000~111 八个状态,即八进制计数。74161 的输出 $Q_2Q_1Q_0$ 分别接至数据选择器 74151 的地址端 $A_2A_1A_0$,使地址 $A_2A_1A_0$ 随 $Q_2Q_1Q_0$ 依次在 000~111 之间循环,因此输出 F 依次为 $D_0D_1D_2D_3D_4D_5D_6D_7$ =10010010,并且反复循环。电路的状态转换表如

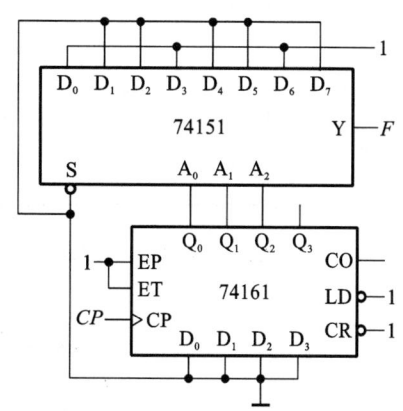

图 5.5.47 例 5.5.6 的电路图

表 5.5.9 所示。可见电路按时间顺序输出的序列信号就是 10010010。

表 5.5.9　例 5.5.6 的状态转换表

CP	$Q_2(A_2)$	$Q_1(A_1)$	$Q_0(A_0)$	F
0	0	0	0	1
1	0	0	1	0
2	0	1	0	0
3	0	1	1	1
4	1	0	0	0
5	1	0	1	0
6	1	1	0	1
7	1	1	1	0

【例 5.5.7】　设计一个序列信号发生器,能按时间顺序产生序列信号"01011",要求尽量使用中规模集成器件,画出电路图。

解:采用计数器和组合逻辑电路的结构。

(1) 设计计数器。序列信号的长度是 5,使用集成计数器 74160,用置数法设计五进制计数器。选择 0000~0100 五个状态的有效循环,预置数 $D_3D_2D_1D_0=0000$,在状态 $Q_3Q_2Q_1Q_0=0100$ 时译出同步置数信号为

$$\overline{LD}=\overline{Q_2}$$

(2) 设计组合逻辑电路。根据输出序列,电路的状态转换表如表 5.5.10 所示,根据状态转换表写出输出 F 的表达式为

$$F=\overline{Q_3}\,\overline{Q_2}\,\overline{Q_1}Q_0+\overline{Q_3}\,\overline{Q_2}Q_1Q_0+\overline{Q_3}Q_2\,\overline{Q_1}\,\overline{Q_0}$$

经化简得

$$F=Q_0+Q_2$$

表 5.5.10　例 5.5.7 的状态转换表

CP	Q_3	Q_2	Q_1	Q_0	F
0	0	0	0	0	0
1	0	0	0	1	1
2	0	0	1	0	0
3	0	0	1	1	1
4	0	1	0	0	1

(3) 画电路图。根据以上逻辑表达式连接电路,如图 5.5.48 所示。

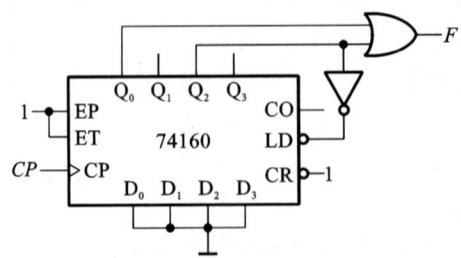

图 5.5.48　例 5.5.7 的电路图

【本章任务求解】

根据题意,电路可分为四部分:5 分钟计时器、10 秒计时器、彩灯显示器和控制电路。下面分别设计各子电路。

(1) 5 分钟计时器。设 CP_m 是分信号时钟脉冲,其脉冲周期是 1 分钟,需要设计一个五进制加计数器,计满 5 分钟的进位信号可驱动显示和响铃。五进制计数器的设计方法很多,可以采用触发器设计(如例 5.4.1),也可以采用集成计数器设计(如例 5.5.1)。为提高电路的可靠性和集成度,此处采用例 5.5.1 的设计,五进制计数器的进位信号是 C_m(高电平有效)。

实现的 5 分钟计时器电路如图 5.1 所示,C_m 可驱动显示和响铃。

(2) 10 秒计时器。设 CP_s 是秒信号时钟脉冲,其脉冲周期是 1 秒钟,需要设计一个十进制加计数器,计满 10 秒的进位信号可停止显示和响铃。设计方法很多,此处直接采用十进制计数器 74160,由于计满 10 秒钟就停止计数,得

$$EP = ET = \overline{CO}$$

实现的 10 秒计时器电路如图 5.2 所示,C_s 可停止显示和响铃(高电平有效)。

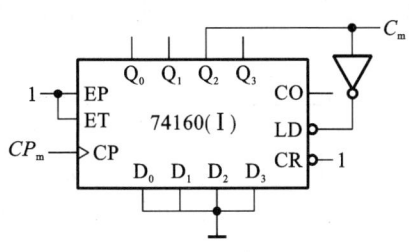

图 5.1　5 分钟计时器

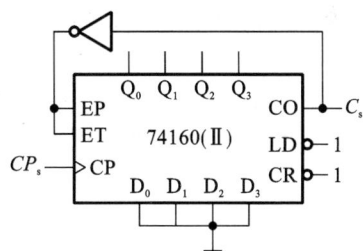

图 5.2　10 秒计时器

(3) 彩灯显示器。设红灯 R、黄灯 Y、绿灯 G,灯亮时取值 1,根据题意,彩灯按五种状态循环变换,需要一个五进制计数器和一个组合逻辑电路。五进制计数器仍采用例 5.5.1 的设计,由于彩灯每次状态显示 1 秒,因此计数器采用秒信号时钟脉冲 CP_s。彩灯的状态转换表如表 5.1 所示。

表 5.1　彩灯状态转换表

CP_s	Q_2	Q_1	Q_0	R	Y	G
0	0	0	0	0	0	0
1	0	0	1	1	0	0
2	0	1	0	0	1	0
3	0	1	1	0	0	1
4	1	0	0	1	1	1
5	0	0	0	0	0	0

根据表 5.1 可得

$$R = \overline{Q_2}\ \overline{Q_1}Q_0 + Q_2\ \overline{Q_1}\ \overline{Q_0}$$
$$Y = \overline{Q_2}Q_1\ \overline{Q_0} + Q_2\ \overline{Q_1}\ \overline{Q_0}$$
$$G = \overline{Q_2}Q_1Q_0 + Q_2\ \overline{Q_1}\ \overline{Q_0}$$

组合逻辑电路可采用门电路和集成电路,此处选择 3 线-8 线译码器 74138,令 $A_2A_1A_0 = Q_2Q_1Q_0$,则上组三式变换为

$$R = \overline{A_2}\ \overline{A_1}A_0 + A_2\ \overline{A_1}\ \overline{A_0} = \overline{\overline{Y_4}\ \overline{Y_1}}$$
$$Y = \overline{A_2}A_1\ \overline{A_0} + A_2\ \overline{A_1}\ \overline{A_0} = \overline{\overline{Y_4}\ \overline{Y_2}}$$
$$G = \overline{A_2}A_1A_0 + A_2\ \overline{A_1}\ \overline{A_0} = \overline{\overline{Y_4}\ \overline{Y_3}}$$

实现的彩灯显示器的电路如图 5.3 所示,C 是驱动显示和响铃的控制信号(高电平有效)。

(4) 控制电路。根据以上分析,C 是驱动显示和响铃的控制信号(高电平有效),C_m 是表示计时满 5 分钟的信号(高电平有效),C_s 是计时满 10 秒的信号(高电平有效)。根据题意,当计时达到 5 分钟后,持续显示和响铃 10 秒,10 秒后停止显示和响铃,则控制电路的真值表如表 5.2 所示。

表 5.2　控制电路的真值表

C_m	C_s	C
0	0	0
0	1	0
1	0	1
1	1	0

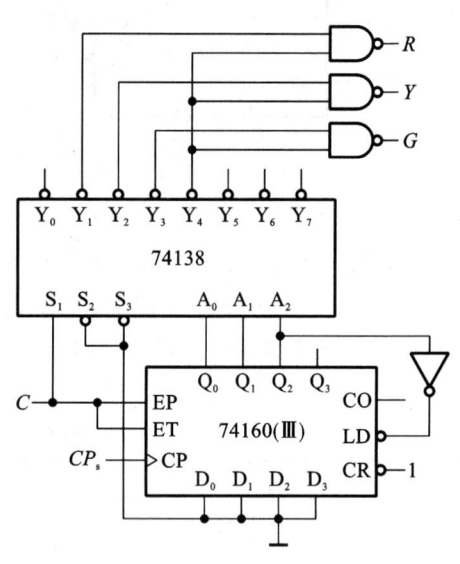

图 5.3　彩灯显示器

得控制信号为

$$C = C_m \overline{C_s}$$

(5) 将各部分子电路相连接,得到完整的电路图,如图 5.4 所示,$\overline{R}$ 为复位信号,首先令 $\overline{R} = 0$,使电路状态清零,再令 $\overline{R} = 1$,电路正常工作。

【思考】　若选择不同的集成器件,本章任务还有许多设计方法,试采用其他集成器件完成本章任务,画出电路图。

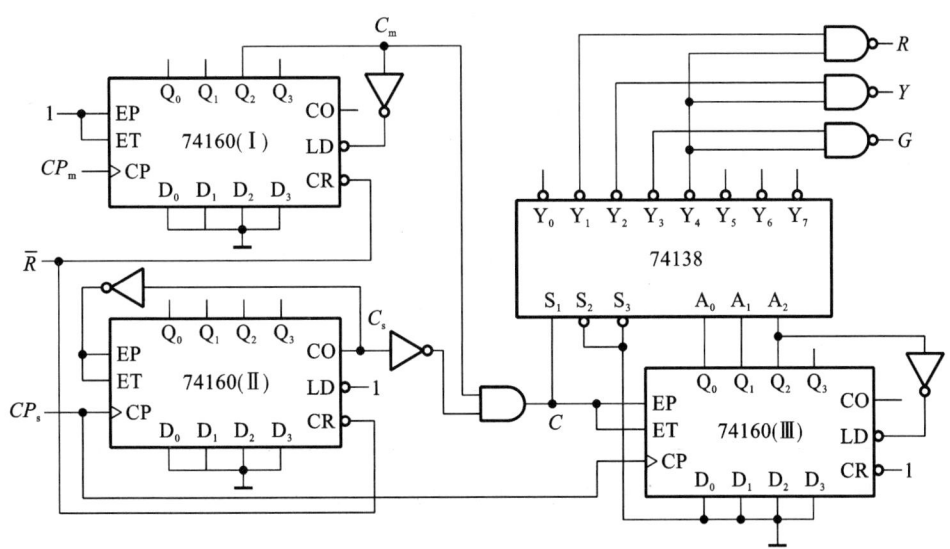

图 5.4 本章任务的电路图

本章小结

首先在本章任务的驱动下,介绍时序逻辑电路的基本概念,包括时序逻辑电路的特点、分类和功能描述。再分别介绍同步时序逻辑电路和异步时序逻辑电路的分析方法。其次介绍同步时序逻辑电路的设计方法。然后介绍典型的时序逻辑电路,包括计数器及其应用、寄存器和移位寄存器、顺序脉冲发生器和序列信号发生器,重点介绍常用的集成芯片及其应用。最后,选择本章所介绍的时序逻辑电路的集成芯片,完成本章设计任务。

时序逻辑电路的分析,就是根据逻辑图,分析时序逻辑电路的状态和输出信号在输入信号的作用下,随时间的变化规律,说明电路的逻辑功能。目前广泛应用的同步时序逻辑电路的分析步骤是:列写驱动方程和输出方程;求状态方程;计算次态和输出;列状态转换表,画状态转换图或时序图;确定电路的逻辑功能。

时序逻辑电路的设计是分析的逆过程,是根据给定的逻辑功能,选择适当的逻辑器件,作出逻辑图。采用触发器设计同步时序逻辑电路的一般步骤是:逻辑抽象;状态化简,得最简状态转换表或状态转换图;状态分配;选择触发器;求驱动方程和输出方程;画出电路的逻辑图;检查电路能否自启动。

典型的中规模时序逻辑电路有计数器、寄存器、移位寄存器、顺序脉冲发生器和序列信号发生器。主要介绍典型的集成芯片及其应用:加法计数器 74160、74161,可逆计数器 74LS190、74LS191;移位寄存器 74LS194 等。重点介绍构成任意进制计数器的方法。

习题

5-1 已知某时序电路的状态转换表如题 5-1 表所示,X 为输入信号,Z 为输出信号,试画出相应的状态转换图。

题 5-1 表

X	Q_1^n	Q_0^n	Q_1^{n+1}	Q_0^{n+1}	Z
0	0	0	0	1	0
0	0	1	1	0	0
0	1	0	1	1	0
0	1	1	0	0	1
1	0	0	1	1	1
1	0	1	0	0	0
1	1	0	0	1	0
1	1	1	1	0	0

5-2　已知某时序电路的状态转换图如题 5-2 图所示,试画出相应的状态转换表。

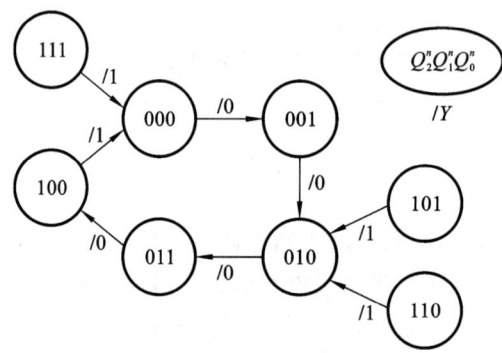

题 5-2 图

5-3　分析题 5-3 图(a)所示的时序电路,列出状态转换表,画出状态转换图。设电路的初态是"0",试画出题 5-3 图(b)所示波形作用下 Q 和 Z 的波形图。

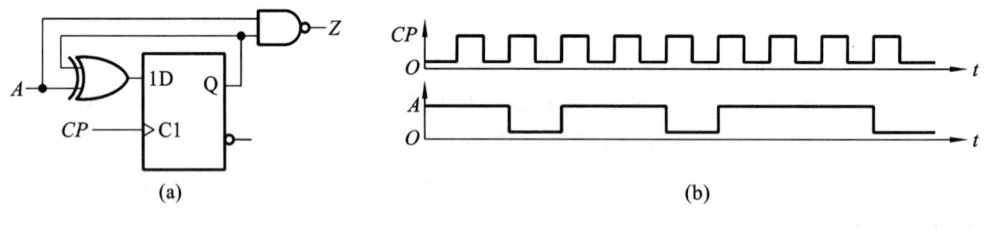

(a)　　　　　　　　　　　　　　　　　(b)

题 5-3 图

5-4　分析题 5-4 图所示时序电路的逻辑功能,写出电路的驱动方程、状态方程和输出方程,画出状态转换图和时序图。设电路的初态是"0"。

5-5　分析题 5-5 图所示时序电路的逻辑功能,写出电路的驱动方程、状态方程和输出方程,画出状态转换图。A 为输入信号。

5-6　分析题 5-6 图所示时序电路的逻辑功能,写出电路的驱动方程、状态方程和输出方程,画出状态转换图,说明该电路能否自启动。

5-7　分析题 5-7 图所示时序电路的逻辑功能,写出电路的驱动方程、状态方程和输出方

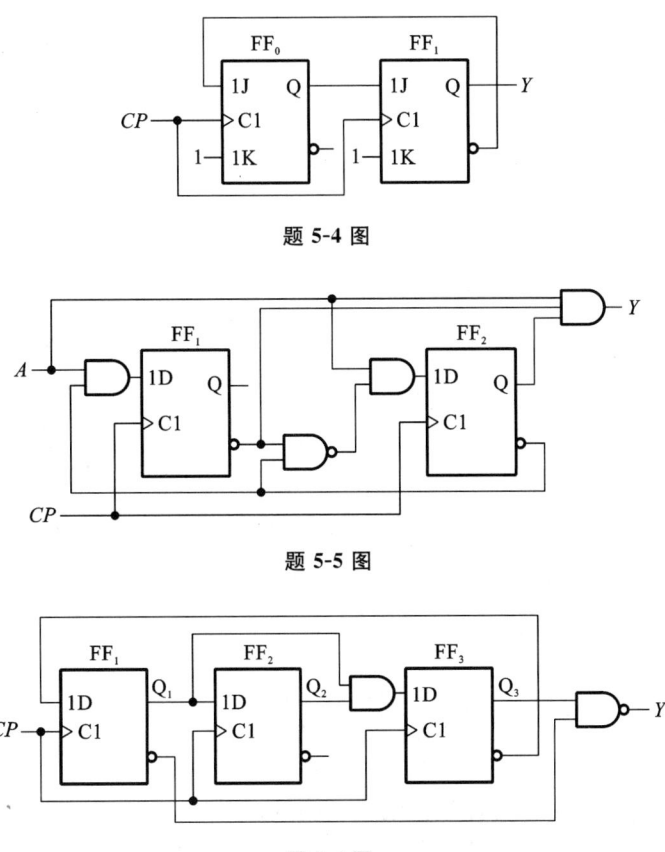

题 5-4 图

题 5-5 图

题 5-6 图

程,画出状态转换图,说明该电路能否自启动。

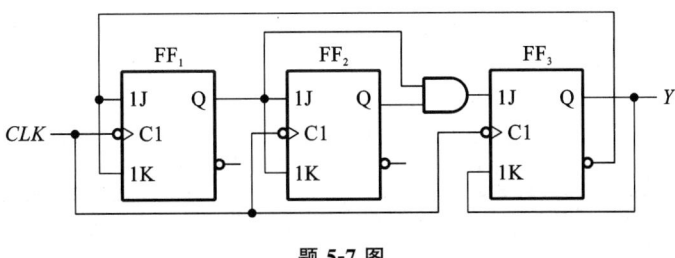

题 5-7 图

5-8 试用上升沿 JK 触发器和门电路设计一个同步七进制计数器,画出电路图。

5-9 试用下降沿 D 触发器和门电路设计一个十一进制计数器,画出电路图,检查电路能否自启动。

5-10 试用下降沿 JK 触发器和门电路设计一个四位循环计数器,其状态转换表如题 5-10表所示,C 是进位输出信号。

题 5-10 表

CP	Q_3	Q_2	Q_1	Q_0	C
0	0	0	0	0	0
1	0	0	0	1	0

续表

CP	Q_3	Q_2	Q_1	Q_0	C
2	0	0	1	1	0
3	0	0	1	0	0
4	0	1	1	0	0
5	0	1	1	1	0
6	0	1	0	1	0
7	0	1	0	0	0
8	1	1	0	0	0
9	1	1	0	1	0
10	1	1	1	1	0
11	1	1	1	0	0
12	1	0	1	0	0
13	1	0	1	1	0
14	1	0	0	1	0
15	1	0	0	0	1
16	0	0	0	0	0

5-11 分析题 5-11 图所示的计数器电路,说明这是多少进制的计数器。

5-12 分析题 5-12 图所示的计数器电路,说明这是多少进制的计数器,画出电路的状态转换图。

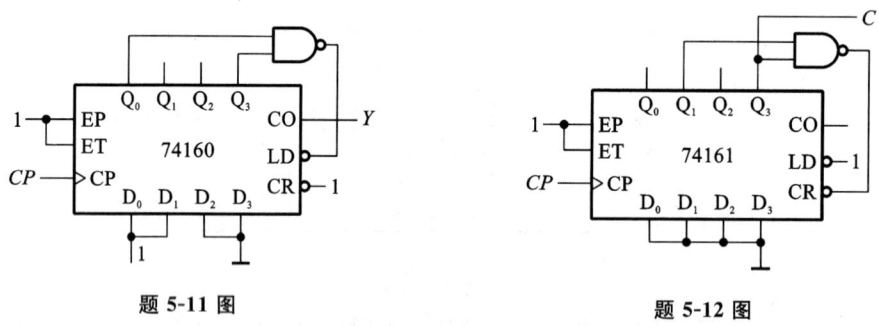

题 5-11 图   题 5-12 图

5-13 分析题 5-13 图所示的计数器电路,当 M 分别取值 0 和 1 时,说明这是多少进制的计数器。

5-14 试用计数器 74161 构成一个带进位输出端的十二进制计数器,可以附加必要的门电路。

5-15 题 5-15 图所示电路是可变进制计数器,分析当 A 分别取值 0 和 1 时电路是多少进制计数器。

5-16 设计一个可控进制计数器,当控制信号 M 为 0 时计数器为五进制,当控制信号 M 为 1 时计数器为十五进制。

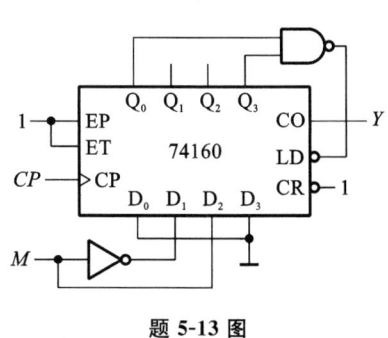

题 **5-13** 图

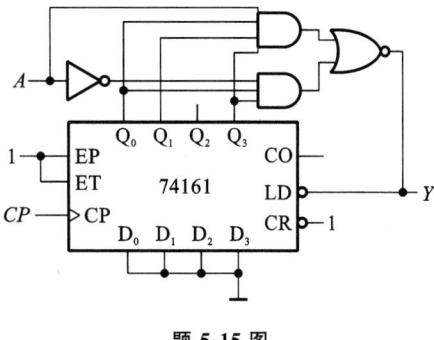

题 **5-15** 图

5-17 分析题 5-17 图所示的计数器电路,说明这是多少进制的计数器,画出电路的状态转换图。

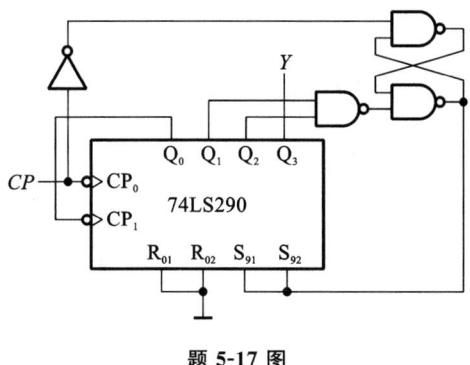

题 **5-17** 图

5-18 分析题 5-18 图所示的计数器,求电路的分频比(输出 Y 与时钟 CLK 的频率之比)。

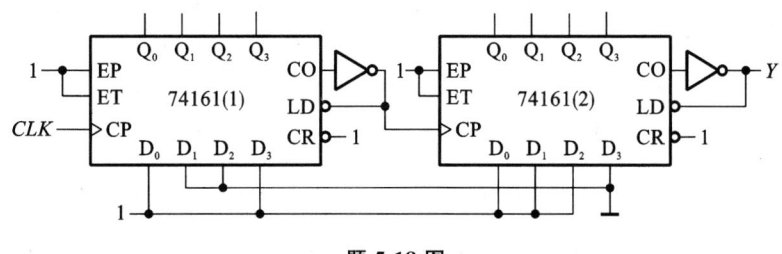

题 **5-18** 图

5-19 分析题 5-19 图所示计数器电路,说明这是多少进制的计数器。

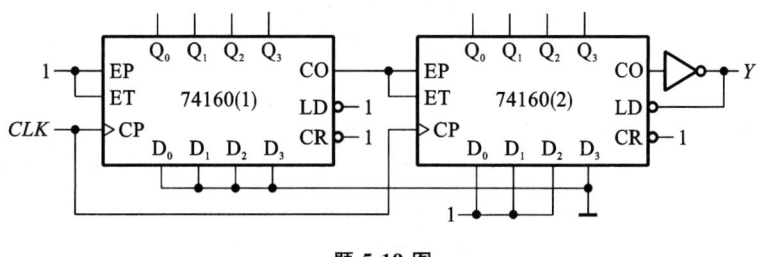

题 **5-19** 图

5-20 分析题 5-20 图所示计数器电路,说明这是多少进制的计数器。

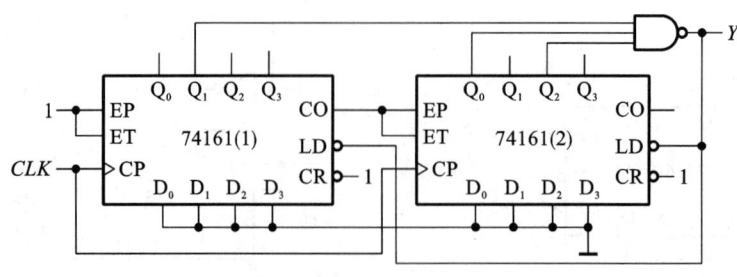

题 5-20 图

5-21 试用两片十进制计数器 74160 构成三十一进制计数器,可以附加必要的门电路。

5-22 试用可逆计数器 74190 和编码器 74147 设计一个减计数的可控分频器。当控制信号 A、B、C、D、E、F、G、H 分别为 1 时分频比对应为 $1/2$、$1/3$、$1/4$、$1/5$、$1/6$、$1/7$、$1/8$、$1/9$。可以附加必要的门电路。

5-23 分析题 5-23 图所示时序电路的逻辑功能,画出完整的状态转换图。

5-24 题 5-24 图所示时序电路由移位寄存器 74LS194 和译码器 74LS138 组成,分析该电路的逻辑功能。

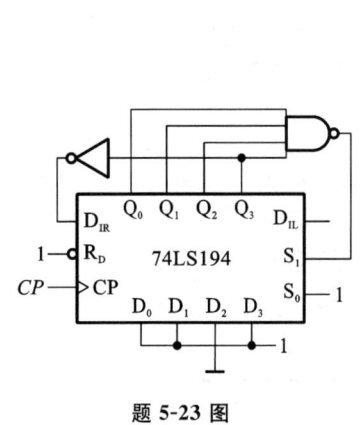

题 5-23 图

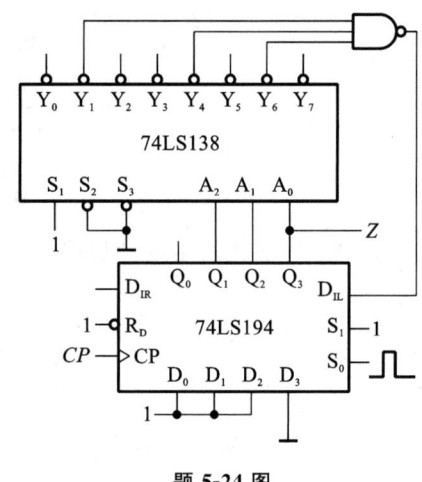

题 5-24 图

5-25 试用十六进制计数器 74161 和 4 线-16 线译码器 74LS154 设计节拍脉冲发生器,要求从 12 个输出端依次循环输出等宽的负脉冲。

5-26 设计一个序列信号发生器,在时钟 CP 作用下,周期性输出"0101011"的序列信号。

5-27 设计一个序列信号发生器,在时钟 CP 作用下,周期性输出"0010110111"的序列信号。

5-28 设计一个彩灯控制电路。红、黄、绿三色灯在时钟 CP 作用下的状态转换情况如题 5-28 表所示,表中 1 表示灯亮,0 表示灯灭。要求电路能自启动,尽量采用中规模集成芯片。

题 5-28 表

CP	红	黄	绿
0	0	0	0
1	1	0	0

续表

CP	红	黄	绿
2	0	1	0
3	0	0	1
4	1	1	1
5	0	0	1
6	0	1	0
7	1	0	0
8	0	0	0

第6章 脉冲的产生与整形电路

本章任务

在实现第 5 章任务中,需要一个秒信号时钟脉冲。但第 5 章并没介绍如何得到这个脉冲信号,请根据本章所学,设计产生 1 秒信号脉冲的电路。

◀ 6.1 概 述 ▶

为了获取矩形脉冲,一种方法是利用各种多谐振荡器直接产生,另一种方法则是利用各种脉冲整形电路将原周期性波形变换为所需的矩形脉冲。

矩形脉冲如图 6.1.1 所示,其主要参数如下。

1. 脉冲周期 T

脉冲周期是指在周期性重复的脉冲序列中,两个相邻脉冲之间的时间间隔。常用频率 $f = \dfrac{1}{T}$ 来描述,表示单位时间内脉冲重复的次数。

2. 脉冲幅度 U_m

脉冲幅度是指脉冲电压的最大变化幅度。

3. 脉冲宽度 t_w

脉冲宽度是指从脉冲上升沿的 $0.5U_m$ 开始,到脉冲第一个下降沿下降到 $0.5U_m$ 为止所经过的时间。

4. 上升时间 t_r

上升时间是指脉冲上升沿从 $0.1U_m$ 上升到 $0.9U_m$ 所需要的时间。

5. 下降时间 t_f

下降时间是指脉冲下降沿从 $0.9U_m$ 下降到 $0.1U_m$ 所需要的时间。

6. 占空比 q

占空比是指脉冲宽度与脉冲周期的比值,即 $q = \dfrac{t_w}{T}$。

对于理想的矩形脉冲,其上升时间和下降时间均为零,即 $t_r = t_f = 0$。

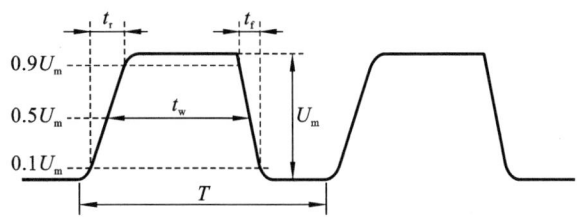

图 6.1.1 矩形脉冲的主要参数

◀ 6.2 555 定时器 ▶

555 定时器因输入端有三个 5 kΩ 的电阻而得名,是一种多用途的数字-模拟混合集成电路,它在波形的产生与变换、家用电器、测量与控制、电子玩具等许多领域中得到了广泛应用。555 定时器产品型号繁多,主要有 TTL(双极型)和 CMOS 两大类型,它们的电路结构和工作原理基本相同。一般来说,TTL 型 555 定时器的驱动能力较强,输出的负载电流可高达 200 mA,电源电压范围为 5~16 V,其产品型号最后 3 位数码为 555;CMOS 型 555 定时器功耗低、输入阻抗高,电源电压范围为 3~18 V,其产品型号最后 4 位数码为 7555。它们的功能和外部引脚排列完全相同。除单定时器外,还有对应的双定时器 556 和 7556。

555 定时器成本低,性能可靠,只需外接几个电阻、电容,就可以方便地实现多谐振荡器、单稳态触发器和施密特触发器等脉冲产生与整形电路。

6.2.1 555 定时器的工作原理与功能表

TTL 型单定时器 555 的电路结构如图 6.2.1 所示,它由电阻分压器、电压比较器、基本 RS 触发器和集电极开路的放电三极管所构成。它有 8 个引脚:①脚为接地端,②脚为触发输入端 v_{I1},③脚为输出端 v_O,④脚为复位清零端 $\overline{R}_D$,⑤脚为电压控制端 v_{IC},⑥脚为阈值输入端 v_{I2},⑦脚为放电端 v_{OD},⑧脚接电源 V_{CC}。

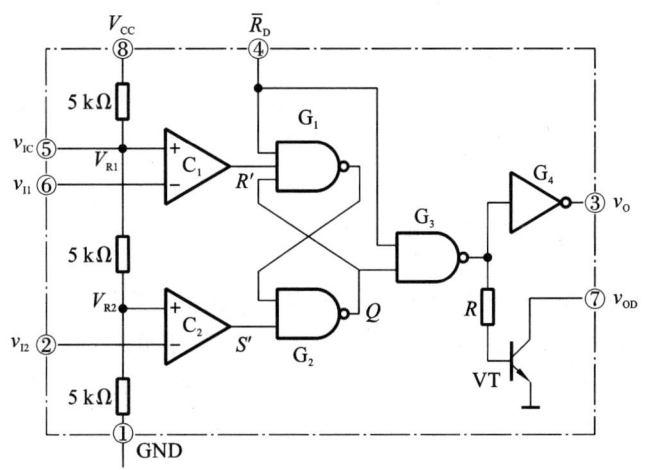

图 6.2.1 555 定时器的电路结构

三个 5 kΩ 电阻组成的电阻分压器,当⑤脚悬空时,电压比较器 C_1、C_2 的参考电压分别为 $V_{R1} = \frac{2}{3}V_{CC}$ 和 $V_{R2} = \frac{1}{3}V_{CC}$。如果⑤脚外接控制电压 v_{IC},则电压比较器 C_1、C_2 的参考电压分别变成 $V_{R1} = v_{IC}$ 和 $V_{R2} = \frac{1}{2}v_{IC}$。当比较器同相输入端电压大于反相输入端电压时,比较器输出高电平;反之,输出低电平。比较器 C_1、C_2 的输出 R' 和 S' 分别作为由两个与非门构成的基本 RS 触发器的复位信号和置数信号,决定触发器的输出 Q,结合清零端 $\overline{R}_D$ 信号,共同确定 555 定时器的输出 v_O 和放电管 VT 的导通与否。

当复位清零端 $\overline{R}_D = 0$ 时,无论基本 RS 触发器的输出为高电平或低电平,与非门 G_3 的输出都是高电平,则放电管 VT 饱和导通,555 定时器输出低电平 $v_O = 0$,即输出清零。

当 $\overline{R}_D = 1$ 时,若 $v_{I1} > V_{R1}$、$v_{I2} > V_{R2}$,电压比较器 C_1、C_2 输出为 $R' = 0$、$S' = 1$,基本 RS 触发器的输出 $Q = 0$,G_3 输出高电平,放电管 VT 饱和导通,555 定时器输出低电平 $v_O = 0$。

当 $\overline{R}_D = 1$ 时,若 $v_{I1} < V_{R1}$、$v_{I2} > V_{R2}$,电压比较器 C_1、C_2 输出为 $R' = 1$、$S' = 1$,基本 RS 触发器的输出保持原状态不变,放电管 VT 保持原状态,555 定时器输出也保持原状态不变。

当 $\overline{R}_D = 1$ 时,若 $v_{I1} < V_{R1}$、$v_{I2} < V_{R2}$,电压比较器 C_1、C_2 输出为 $R' = 1$、$S' = 0$,基本 RS 触发器的输出 $Q = 1$,G_3 输出低电平,放电管 VT 截止,555 定时器输出高电平 $v_O = 1$。

当 $\overline{R}_D = 1$ 时,若 $v_{I1} > V_{R1}$、$v_{I2} < V_{R2}$,电压比较器 C_1、C_2 输出为 $R' = 0$、$S' = 0$,基本 RS 触发器的输出 $Q = 0$,G_3 输出低电平,放电管 VT 截止,555 定时器输出高电平 $v_O = 1$。

以⑤脚悬空时为例,即 $V_{R1} = \frac{2}{3}V_{CC}$ 和 $V_{R2} = \frac{1}{3}V_{CC}$,总结以上分析,得到 555 定时器的功能表,如表 6.2.1 所示。

表 6.2.1 555 定时器的功能表

输 入			输 出	
$\overline{R}_D$	v_{I1}	v_{I2}	v_O	VT
0	$\times$	$\times$	0	导通
1	$> \frac{2}{3}V_{CC}$	$> \frac{1}{3}V_{CC}$	0	导通
1	$< \frac{2}{3}V_{CC}$	$> \frac{1}{3}V_{CC}$	保持	保持
1	$< \frac{2}{3}V_{CC}$	$< \frac{1}{3}V_{CC}$	1	截止
1	$> \frac{2}{3}V_{CC}$	$< \frac{1}{3}V_{CC}$	1	截止

6.2.2　555 定时器构成的施密特触发器

施密特触发器是一种常用的脉冲整形电路,它能将输入的非矩形周期信号或特性不符合要求的矩形脉冲信号变换成符合要求的矩形脉冲信号,被广泛应用于脉冲整形、波形变换和脉冲鉴幅。

施密特触发器的图形符号如图 6.2.2 所示,电压传输特性曲线如图 6.2.3 所示。V_{T+} 称为输入信号的正向阈值电压,V_{T-} 称为输入信号的负向阈值电压,将正向阈值电压与负向阈值电压的差值定义为回差电压 ΔV_T

$$\Delta V_T = V_{T+} - V_{T-}$$

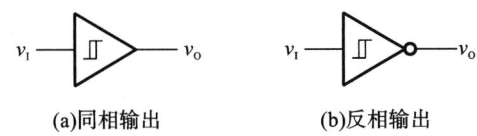

(a)同相输出　　　　　　(b)反相输出

图 6.2.2　施密特触发器的图形符号

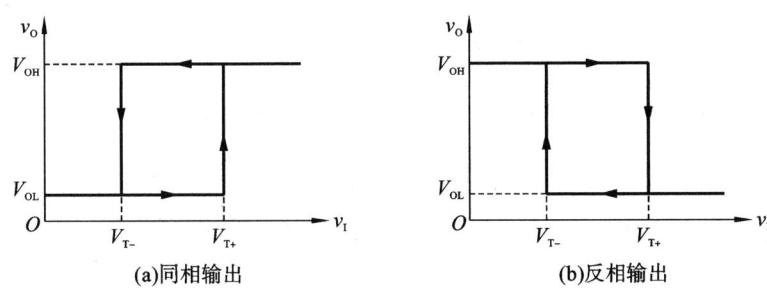

(a)同相输出　　　　　　　　　(b)反相输出

图 6.2.3　施密特触发器的电压传输特性曲线

图 6.2.3(a)为同相输出的施密特触发器的电压传输特性曲线,当输入信号从低电平增大到 V_{T+} 时,输出电压从低电平 V_{OL} 跳变到高电平 V_{OH};当输入信号从高电平减小到 V_{T-} 时,输出电压从高电平 V_{OH} 跳变到低电平 V_{OL}。图 6.2.3(b)为反相输出的施密特触发器的电压传输特性曲线,其输入信号与输出信号的变化方向是相反的。

根据以上分析,施密特触发器具有两个特点:第一,电路属于电平触发,当输入信号达到某一电压值时,输出电压发生跳变,且输入信号在增大和减小过程中,引起输出状态变化的输入电平幅值不同,即 $V_{T+} \neq V_{T-}$,也称为具有滞回特性;第二,由于电路内部的正反馈作用,当电路输出状态变换时,输出电压波形的边沿很陡,可以得到较理想的矩形脉冲。

将 555 定时器的两个输入端 v_{I1} 和 v_{I2} 连在一起,就能构成施密特触发器,电路结构和简化电路如图 6.2.4 所示。通常在 v_{IC} 和地之间接一个 $0.01~\mu F$ 的滤波电容,消除高频干扰,以提高参考电压 V_{R1} 和 V_{R2} 的稳定性。

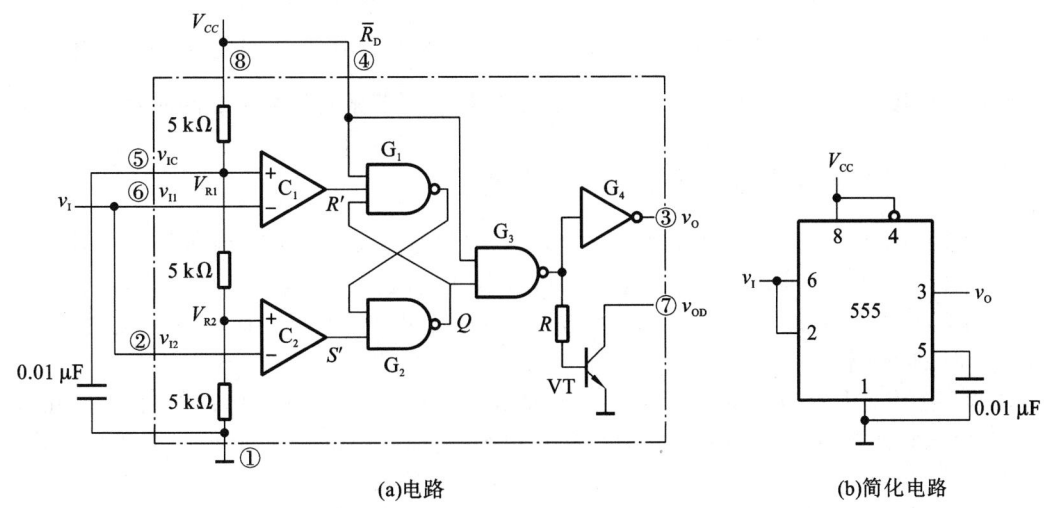

(a)电路　　　　　　　　　　(b)简化电路

图 6.2.4　用 555 定时器构成的施密特触发器

如果输入信号 v_I 从低电平 0 开始逐渐增大，当 $v_I < \frac{1}{3}V_{CC}$ 时，根据 555 定时器的功能表可知，输出高电平 $v_O = 1$；v_I 继续增大到 $\frac{1}{3}V_{CC} < v_I < \frac{2}{3}V_{CC}$ 时，输出高电平保持不变；v_I 进一步增大到 $v_I > \frac{2}{3}V_{CC}$ 时，输出跳变为低电平 $v_O = 0$，之后保持不变。

如果输入信号 v_I 从高电平开始逐渐减小，当 $v_I > \frac{2}{3}V_{CC}$ 时，输出低电平 $v_O = 0$；v_I 继续减小到 $\frac{1}{3}V_{CC} < v_I < \frac{2}{3}V_{CC}$ 时，输出低电平保持不变；v_I 进一步减小到 $v_I < \frac{1}{3}V_{CC}$ 时，输出跳变为高电平 $v_O = 1$，之后保持不变。

由上述分析，这是反相输出的施密特触发器，其正向阈值电压 $V_{T+} = \frac{2}{3}V_{CC}$，负向阈值电压 $V_{T-} = \frac{1}{3}V_{CC}$，回差电压为

$$\Delta V_T = V_{T+} - V_{T-} = \frac{1}{3}V_{CC} \tag{6.2.1}$$

如果输入 v_I 是三角波，则电路的工作波形和电压传输特性曲线如图 6.2.5 所示。

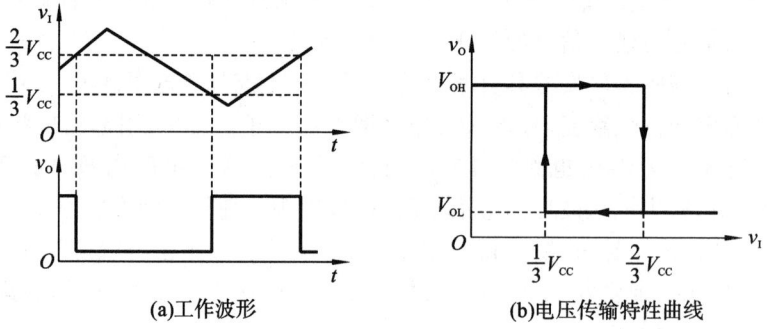

(a)工作波形   (b)电压传输特性曲线

图 6.2.5 施密特触发器的工作波形和电压传输特性曲线

若图 6.2.4 中⑤脚外接控制电压 v_{IC}，不难分析出，阈值电压分别变成 $V_{T+} = v_{IC}$ 和 $V_{T-} = \frac{1}{2}v_{IC}$，而回差电压变为 $\Delta V_T = \frac{1}{2}v_{IC}$，即可以通过改变 v_{IC} 调节施密特触发器的回差电压。

6.2.3　555 定时器构成的单稳态触发器

前面介绍的触发器具有 0 和 1 两个稳定状态，因此称为双稳态触发器，它只有在触发电平或时钟脉冲的作用下才能改变状态。单稳态触发器，顾名思义，只有一个稳定状态，在触发脉冲的作用下，能产生固定宽度的矩形脉冲，被广泛应用于脉冲的整形变换、延时和定时信号、脉冲展宽、消除噪声等。

单稳态触发器具有以下特点：有稳态和暂稳态两个状态，没有触发脉冲作用时，电路处于稳态；当触发脉冲作用时，电路由稳态翻转到暂稳态，暂稳态维持一段时间后，自动回到稳态；暂稳态维持的时间 t_w 由电路本身的参数决定，与触发脉冲无关。

用 555 定时器构成的单稳态触发器如图 6.2.6 所示。以 v_{I2} 为触发脉冲输入端 v_I，下降沿有效，要求触发脉冲的低电平小于 $\frac{1}{3}V_{CC}$，高电平大于 $\frac{2}{3}V_{CC}$；v_{I1} 与放电管连在一起为 v_C，接 RC

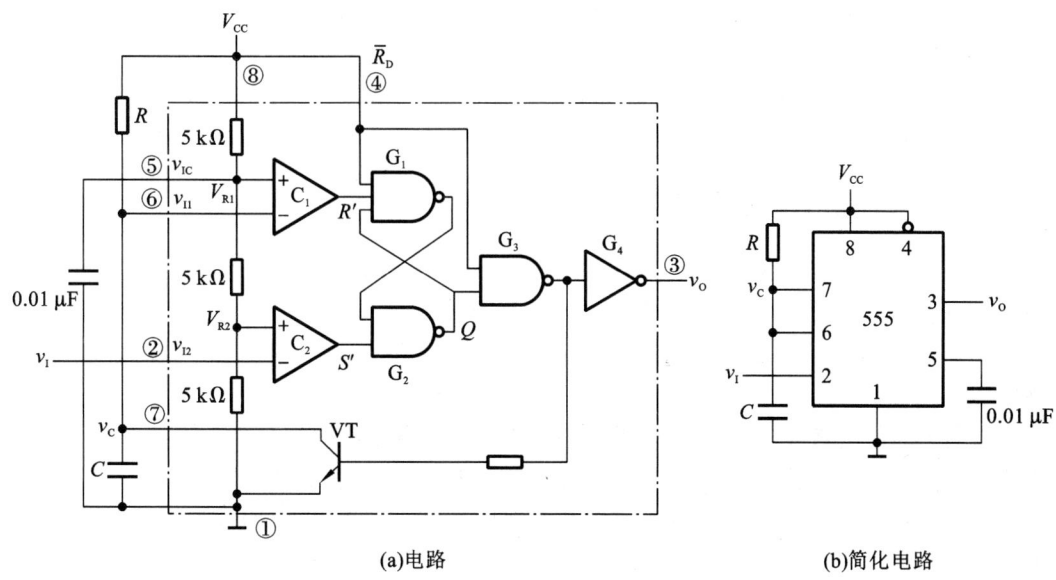

(a)电路   (b)简化电路

图 6.2.6   用 555 定时器构成的单稳态触发器

电路；v_O 是输出信号。

没有触发脉冲时，v_I 为高电平且大于 $\dfrac{2}{3}V_{CC}$，那么：如果接通电源后 $Q=0$，则 $v_O=0$，VT 饱和导通，电容通过 VT 放电，使 $v_C=0$，电路状态保持 $Q=0$、$v_O=0$；如果接通电源后 $Q=1$，则 $v_O=1$，VT 截止，电源通过 RC 电路对电容充电，使 v_C 上升到 $v_C>\dfrac{2}{3}V_{CC}$ 时，$R'=0$，$S'=1$，输出 $Q=0$、$v_O=0$，VT 饱和导通，电容通过 VT 放电，使 $v_C=0$，电路状态保持 $Q=0$、$v_O=0$。因此，没有触发脉冲时，电路一定处于 $Q=0$、$v_O=0$ 的稳态。

当触发脉冲的下降沿到达，使 v_I 由高电平跳变到小于 $\dfrac{1}{3}V_{CC}$ 时，$S'=0$，则 $Q=1$，电路的输出 v_O 由稳态的低电平跳变到高电平 $v_O=1$，VT 截止，进入暂稳态。之后，电源对电容充电，使 v_C 上升到 $v_C>\dfrac{2}{3}V_{CC}$ 时：

（1）通常 v_I 已回到高电平，则 $R'=0$、$S'=1$，输出 $Q=0$、$v_O=0$，VT 饱和导通，电容通过 VT 放电，使 $v_C=0$，电路回到稳态 $Q=0$、$v_O=0$，电路的工作波形如图 6.2.7 所示。暂稳态时间 t_w 是电容电压 v_C 从 0 充电到 $\dfrac{2}{3}V_{CC}$ 所需要的时间。如果忽略 VT 的饱和压降，根据三要素法，可得

$$t_w = RC\ln\dfrac{V_{CC}-0}{V_{CC}-\dfrac{2}{3}V_{CC}} = RC\ln3 \approx 1.1RC$$

(6.2.2)

一般电阻 R 的取值在几百欧姆到几兆欧姆之间，电容

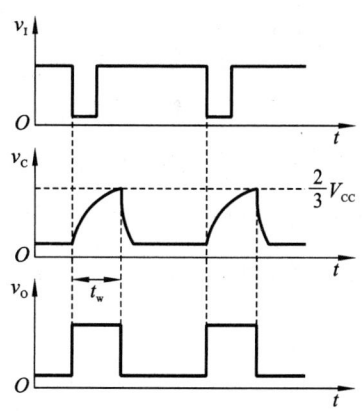

图 6.2.7   单稳态触发器的工作波形

C 的取值在几百皮法到几百微法之间,因此输出的暂稳态脉宽 t_w 为几微秒到几分钟,精度可达0.1%。但随着 t_w 的增大,其稳定度和精度随之下降。

(2) 若 v_1 仍为低电平,则 $S'=0$,输出 $Q=1$、$v_0=1$,VT 截止,电路继续处于暂稳态。直到 v_1 返回高电平,电路回到稳态 $Q=0$、$v_0=0$。

6.2.4 555定时器构成的多谐振荡器

多谐振荡器是一种自激振荡器,不需要外加触发信号,接通电源后能够自行产生一定频率和幅值的矩形脉冲,常作为脉冲信号源。由于矩形脉冲含有丰富的高次谐波分量,所以称为多谐振荡器。多谐振荡器在工作过程中没有稳定状态,只有两个暂稳态,故又称为无稳态电路。

多谐振荡器的电路形式多样,但都具有以下特点:电路由开关器件和反馈延时环节构成;开关器件的作用是产生脉冲信号的高、低电平,一般是逻辑门、电压比较器、定时器等;反馈延时环节的作用是将输出电压延时后反馈到开关器件的输入端以改变输出状态,一般由 RC 电路组成。

用555定时器构成的多谐振荡器如图6.2.8所示。将555定时器的两个输入端连在一起接 v_C,放电管与 v_C 接在 R_1、R_2 和 C 之间。

接通电源后,电容 C 充电,使 v_C 增大到 $\frac{2}{3}V_{CC}$ 时,输出 $v_0=0$,VT 饱和导通接地,使电容 C 经 R_2、VT 放电,则 v_C 开始减小,当小到 $\frac{1}{3}V_{CC}$ 时,输出跳变为 $v_0=1$,VT 截止,电源给电容 C 再充电,使 v_C 增大到 $\frac{2}{3}V_{CC}$ 时,输出又回到 $v_0=0$。如此反复的过程,就产生了振荡,在输出端得到一个周期性的矩形脉冲。电路的工作波形如图6.2.9所示。

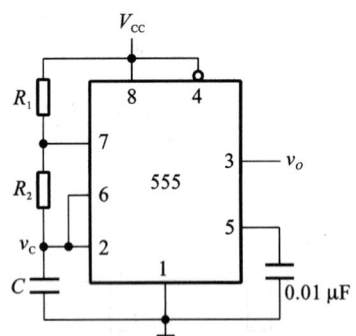

图 6.2.8 用555定时器构成的多谐振荡器

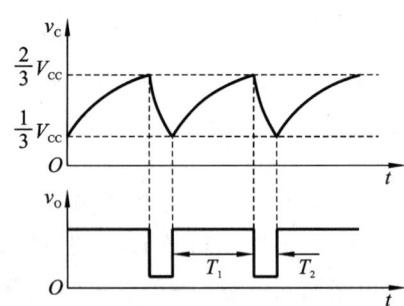

图 6.2.9 多谐振荡器的工作波形

由以上分析,充电回路是电源 V_{CC} 经 R_1、R_2 给 C 充电,放电回路是 C 经 R_2、放电管接地。可求出电容电压 v_C 从 $\frac{1}{3}V_{CC}$ 充电到 $\frac{2}{3}V_{CC}$ 的时间为

$$T_1 = (R_1+R_2)C\ln\frac{V_{CC}-\frac{1}{3}V_{CC}}{V_{CC}-\frac{2}{3}V_{CC}} = (R_1+R_2)C\ln2 \approx 0.7(R_1+R_2)C \quad (6.2.3)$$

176

电容电压 v_C 从 $\frac{2}{3}V_{CC}$ 放电到 $\frac{1}{3}V_{CC}$ 的时间为

$$T_2 = R_2 C \ln \frac{0 - \frac{1}{3}V_{CC}}{0 - \frac{2}{3}V_{CC}} = R_2 C \ln 2 \approx 0.7 R_2 C \qquad (6.2.4)$$

多谐振荡器的振荡周期和频率为

$$T = T_1 + T_2 = 0.7(R_1 + 2R_2)C \qquad (6.2.5)$$

$$f = \frac{1}{T} = \frac{1}{0.7(R_1 + 2R_2)C} \qquad (6.2.6)$$

占空比为

$$q = \frac{T_1}{T} = \frac{R_1 + R_2}{R_1 + 2R_2} \times 100\% \qquad (6.2.7)$$

显然,上述多谐振荡器的 T_1 恒大于 T_2,占空比的值恒大于 50%。

为了得到占空比任意可调的多谐振荡器,可采用改进的多谐振荡器,如图 6.2.10 所示。利用二极管 D_1、D_2 的单向导电性,使电容的充放电回路分开。充电回路是电源经 R_A、D_1 到电容 C,充电时间为

$$T_1 \approx 0.7 R_A C \qquad (6.2.8)$$

放电回路是电容 C 经 D_2、R_B、放电管接地,放电时间为

$$T_2 \approx 0.7 R_B C \qquad (6.2.9)$$

多谐振荡器的周期和频率为

$$T = T_1 + T_2 = 0.7(R_A + R_B)C \qquad (6.2.10)$$

$$f = \frac{1}{T} = \frac{1}{0.7(R_A + R_B)C} \qquad (6.2.11)$$

占空比为

$$q = \frac{T_1}{T} = \frac{R_A}{R_A + R_B} \times 100\% \qquad (6.2.12)$$

从上式可见,通过调节电位器改变 R_A、R_B 值,即可在不改变输出信号周期的情况下改变其占空比;通过改变电阻和电容值,即可改变输出信号的周期和频率。

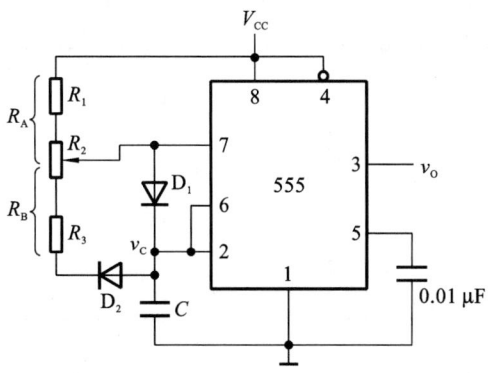

图 6.2.10　占空比可调的多谐振荡器

◀ 6.3 专用集成单稳态触发器芯片 ▶

单片集成的单稳态触发器,具有边沿触发的控制和置零等功能,使用时只需外接很少的元件,非常方便。另外,由于将元器件集成在同一芯片上,且电路一般采取了温漂补偿措施,因此电路的稳定性比较好,如 74LS122、74121 等 TTL 产品和 74HC123、MC14098、MC14528 等 CMOS 产品。

集成单稳态触发器,根据电路工作特性,有可重触发和不可重触发两类,相应电路的工作波形如图 6.3.1 所示。可重触发的单稳态触发器在暂稳态期间,能接收新的触发脉冲,重新进入暂稳态,即暂稳态维持时间延长;而不可重触发的单稳态触发器在暂稳态期间,不再接收新的触发脉冲,即只能在稳态下接收触发脉冲。如 74121、74221、74LS221 是不可重触发的集成单稳态触发器,而 74LS122、74LS123、74HC123、CC4098、CC4538、CC14528、CC14538 则是可重触发的集成单稳态触发器。

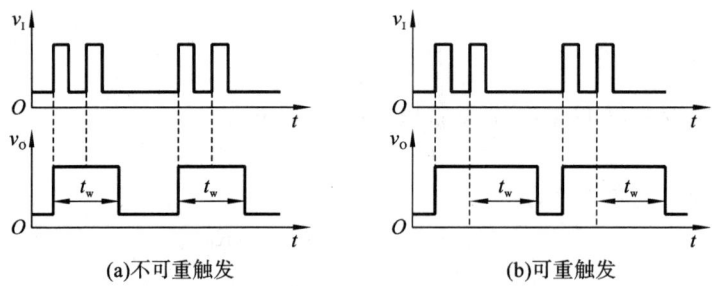

图 6.3.1 单稳态触发器的工作波形

下面以 74121 为例介绍集成单稳态触发器的逻辑功能。如图 6.3.2 所示,A_1、A_2 和 B 是触发输入端,Q 和 $\overline{Q}$ 是输出端;使用时,在芯片的 10、11 引脚之间外接电容 C,根据输出脉宽的要求,定时电阻 R 可选择外接电阻 R_{ext} 或芯片内置电阻 R_{int}(2 kΩ)。

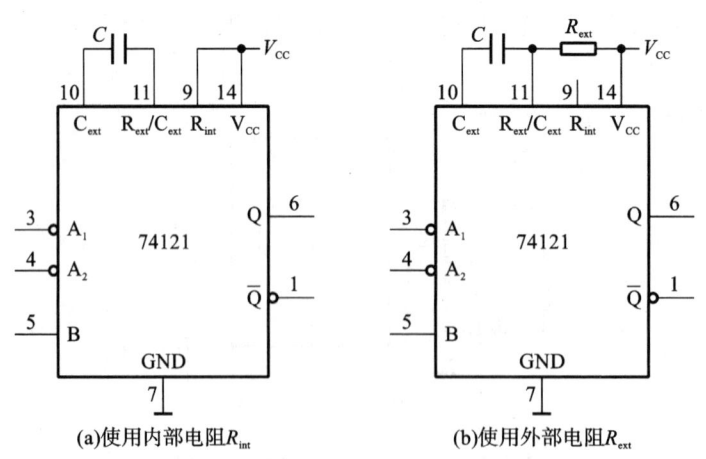

图 6.3.2 74121 定时电容、电阻的连接图

电路的稳态是 $Q=0$、$\overline{Q}=1$，暂稳态是 $Q=1$、$\overline{Q}=0$。电路输出脉冲的宽度，即暂稳态的时间，由外接电容 C、外接电阻 R_{ext} 或内置电阻 R_{int} 共同决定。74121 的功能表如表 6.3.1 所示。

表 6.3.1 74121 功能表

输　　　入			输　　　出	
A_1	A_2	B	Q	$\overline{Q}$
0	$\times$	1	0	1
$\times$	0	1	0	1
$\times$	$\times$	0	0	1
1	1	$\times$	0	1
1	$\downarrow$	1	Y_1	Y_2
$\downarrow$	1	1	Y_1	Y_2
$\downarrow$	$\downarrow$	1	Y_1	Y_2
0	$\times$	$\uparrow$	Y_1	Y_2
$\times$	0	$\uparrow$	Y_1	Y_2

由功能表 6.3.1 可见，当输入触发信号满足下列条件时，电路输出正脉冲的暂稳态，否则保持稳态 $Q=0$、$\overline{Q}=1$：A_1、A_2 中至少有一个到达下降沿，且 B 为高电平；A_1、A_2 中至少有一个为低电平，且 B 到达上升沿。

可以算出电路输出的脉冲宽度为

$$t_w \approx 0.7RC \tag{6.3.1}$$

通常 R_{ext} 的取值在 $2 \sim 30$ kΩ 之间，C 的取值在 10 pF $\sim$ 10 μF 之间，得到的 t_w 为 20 ns $\sim$ 200 ms。

◀ 6.4 石英晶体多谐振荡器 ▶

现代数字系统中，为保证系统工作的可靠性，多采用石英晶体振荡器。其产生的脉冲不仅振荡频率稳定度极高，一般可达 $10^{-6} \sim 10^{-8}$ 数量级，甚至达到 $10^{-10} \sim 10^{-11}$ 数量级；频率范围也很广，可从几百赫兹到几百兆赫兹。

石英晶体的化学成分是二氧化硅（SiO_2），石英晶体按一定角度切下的薄片称为晶片。在晶片对应的两个表面进行抛光和涂敷银层，并作为两个极，引出一对管脚，加上金属或玻璃封装，就构成了无源的石英晶体。

石英晶体的电路符号、等效电路和阻抗频率特性如图 6.4.1 所示。由于等效电路中 L 与 C 的比值很大，R 值很小，所以品质因数 Q 很高，可达 $10^4 \sim 10^6$。由图 6.4.1(b)、图 6.4.1(c) 可知，石英晶体有两个谐振频率：当 RLC 支路发生串联谐振时该支路呈电阻性，谐振频率为 f_s；当频率高于 f_s 时，RLC 支路呈感性，可与电容 C_0 发生并联谐振，谐振频率为 f_p。由于 C 值远小于 C_0，因此 f_s 与 f_p 几乎相等，即 $f_s \approx f_p$，统称为石英晶体的谐振频率 f_0。而 f_0 仅与石英晶体的结晶方向和外尺寸有关。

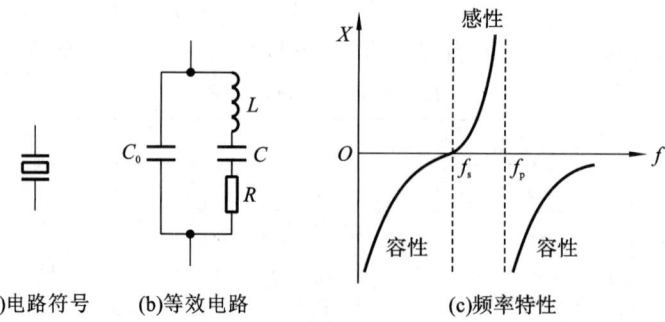

(a)电路符号 (b)等效电路 (c)频率特性

图 6.4.1 石英晶体的电路符号等效电路和频率特性

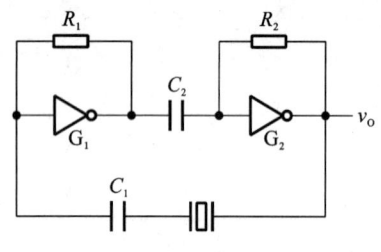

图 6.4.2 石英晶体振荡器

常见的一种石英晶体多谐振荡器如图 6.4.2 所示。电阻 R_1、R_2 保证反相器 G_1、G_2 工作在线性放大区,有利于电路起振;电容 C_1、C_2 分别是反相器 G_1、G_2 的耦合电容,电容 C_1 的值应保证在振荡频率为 f_0 时其容抗值可忽略,以保证 G_1 和 G_2 之间形成正反馈回路。由于将石英晶体接入多谐振荡器的正反馈回路,只有频率为 f_0 的电压信号最容易通过,并在电路中形成正反馈,而其他频率的信号则被石英晶体衰减。可见,石英晶体振荡器的振荡频率就是石英晶体的固有谐振频率 f_0,与电路中的电阻、电容无关。

若 G_1、G_2 为 TTL 门电路,则电阻 R_1、R_2 取值在 0.5~2 kΩ 之间;若 G_1、G_2 为 CMOS 门电路,则电阻 R_1、R_2 取值在 5~100 MΩ 之间。

【本章任务求解】

秒信号发生电路由集成电路 555 定时器与 RC 组成的多谐振荡器构成。电路如图 6.1 所示。

振荡电路是数字钟的核心部分,它的频率和稳定性直接关系到表的精度。因此选择 555 定时器构成的多谐振荡器,根据式(6.2.5)可知

$$T = T_1 + T_2 = 0.7(R_1 + 2R_2)C$$

由秒脉冲信号可知,振荡周期 $T = 0.7(R_1 + 2R_2)C = 1$。为了便于实际工程应用,令 $R_1 = R_2 = 10$ kΩ,则可得 $C = 47$ μF。此时在电路的输出端就得到一个周期性的矩形波,其振荡频率为

$$f = \frac{1}{T} = \frac{1}{0.7(R_1 + 2R_2)C}$$

将 R_1、R_2 和 C 的值代入振荡频率公式,可得 $f = 1$ Hz,即输出周期为 1 s 的矩形波信号。

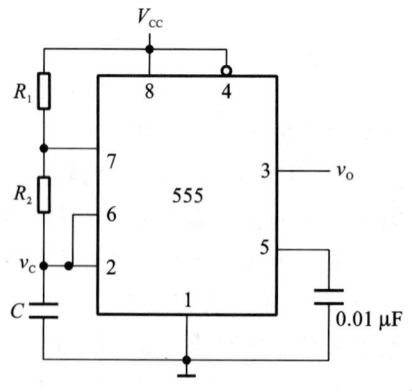

图 6.1 秒信号发生电路

 **本章小结**

本章主要介绍由 555 定时器构成的矩形脉冲的产生和整形电路,其次介绍用于脉冲整形的集成单稳态触发器,最后介绍用于产生矩形脉冲的石英晶体多谐振荡器。

施密特触发器和单稳态触发器是常用的脉冲整形电路,可以将原周期性波形变换为所需的矩形脉冲。施密特触发器输出的高、低电平随输入信号的电平改变,所以输出脉冲的宽度由输入信号决定;施密特触发器的滞回特性和转换过程中的正反馈作用,使输出脉冲的边沿陡峭,可以得到较理想的矩形脉冲。单稳态触发器只有一个稳态和一个暂稳态,在触发脉冲的作用下,输出由稳态变换到暂稳态,维持一段时间后自动回到稳态,从而产生一个矩形脉冲;该矩形脉冲的宽度,即暂稳态维持的时间,完全由电路参数决定,与输入的触发信号无关,因此,单稳态触发器输出的是固定脉宽的矩形脉冲。

多谐振荡器是自激振荡产生矩形脉冲,不需要外加输入信号,只要接通电源,就能自动产生矩形脉冲,它在工作过程中没有稳定状态,只有两个暂稳态,故又称为无稳态电路。

555 定时器是一种多功能的广泛应用的数字-模拟混合集成电路。通过分析 555 定时器的工作原理,介绍它的功能表。将 555 定时器外接少量的元件,即可构成施密特触发器、单稳态触发器和多谐振荡器,用于脉冲的产生和整形。

习题

6-1 已知施密特触发器构成的电路如题 6-1 图所示,其输入波形为正弦波,试画出输出 v_{O1} 和 v_{O2} 的波形。

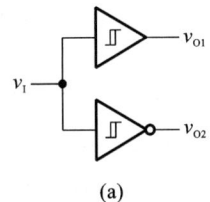 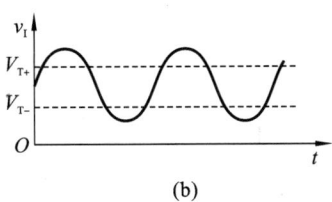

（a） （b）

题 6-1 图

6-2 由 555 定时器构成的施密特触发器如题 6-2 图所示,已知 $V_{CC}=12$ V,试求:

（1）当 v_{IC} 没有外接电压时,V_{T+}、V_{T-} 和回差电压 ΔV_T;

（2）当接入 $v_{IC}=5$ V 时,V_{T+}、V_{T-} 和回差电压 ΔV_T。

6-3 在题 6-3 图所示的多谐振荡器电路中,已知 $R_1=R_2=5.1$ kΩ、$C=0.01$ μF、$V_{CC}=12$ V,试求:

（1）电路的振荡频率;

（2）电路的占空比是否能达到 50%? 请说明理由。

6-4 用两个集成单稳态触发器 74121 所组成的脉冲变换电路如题 6-4 图(a)所示,已知 $C=0.13$ μF、$R_1=22$ kΩ、$R_2=11$ kΩ,输入波形如题 6-4 图(b)所示,试求 v_{O1} 和 v_{O2} 的输出脉冲的宽度,并画出波形。

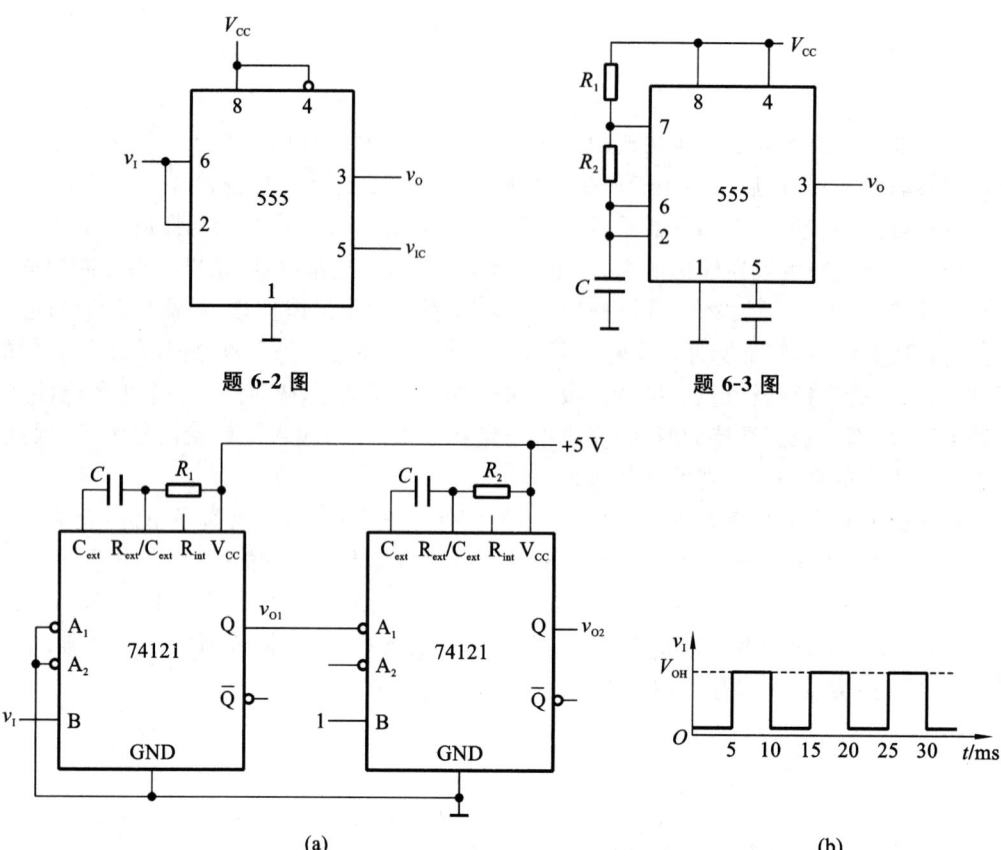

题 6-2 图

题 6-3 图

(a)

(b)

题 6-4 图

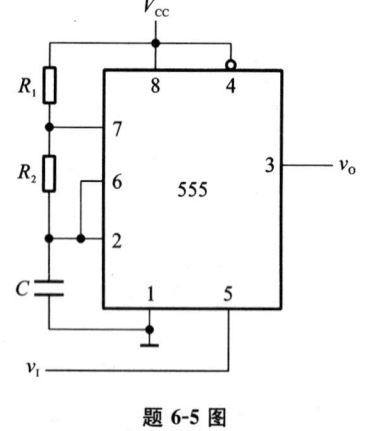

题 6-5 图

6-5 用 555 定时器构成的压控振荡器如题 6-5 图所示,试求:

(1) 输入控制电压 v_1 和振荡频率之间的关系式;

(2) 当 v_1 升高时,振荡频率如何变化?

6-6 试用计数器 74161 和集成单稳态触发器 74121 设计一个电路,使输出信号 v_{O1} 和 v_{O2} 随时钟 CP 的波形如题 6-6 图所示,说明理由并画出电路图。

6-7 由 555 定时器构成的电子门铃电路如题 6-7 图所示,按下开关 S 使门铃 Y 鸣响,且松手后持续响铃一段时间,已知 $C_1 = 0.1\ \mu F$、$C_3 = 100\ \mu F$、$R_1 = R_2 = 4.7\ k\Omega$,试求:

(1) 门铃的鸣响频率;

(2) 在电源电压 V_{CC} 不变的情况下,若使响铃时间延长,可改变电路中哪个元件的参数?

(3) 电容 C_2 和 C_3 在电路中起什么作用?

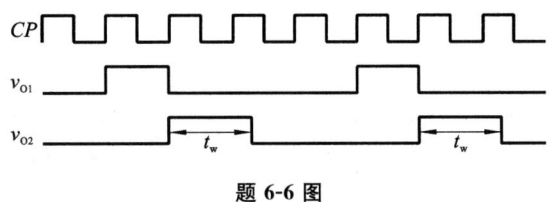

题 6-6 图

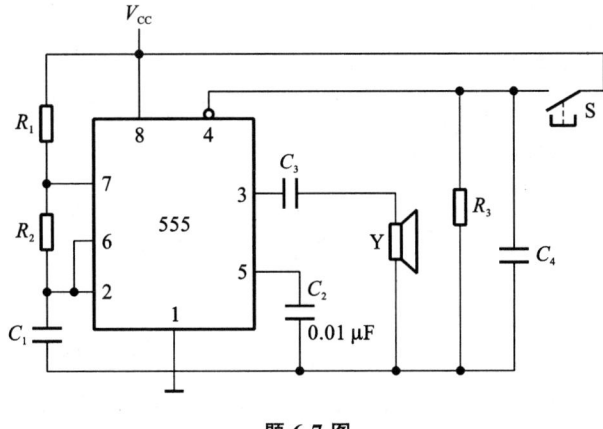

题 6-7 图

第7章 数/模与模/数转换电路

为了连接模拟电路与数字电路,数模与模数转换器应运而生,它是实现模拟信号与数字信号之间互相转换的接口电路。

本章分别介绍数/模和模/数转换,介绍几种常用的数模转换器和模数转换器的电路结构、工作原理及主要技术指标,最后介绍典型芯片及应用。

◀ 7.1 概　　述 ▶

自然界中,我们遇到的物理量大多是模拟量,如温度、压力、流量、速度等,这些模拟量是随时间连续变化的无穷多个数值。数字系统只能识别数字量,即离散的数值。为了能让数字系统识别和处理模拟量,需要将模拟量转换为数字量;为了用数字系统控制模拟系统,又需要将数字量转换为模拟量。

将模拟量转换为数字量的电路称为模数转换器,即 A/D 转换器,简称 ADC(analog to digital converter);将数字量转换为模拟量的电路称为数模转换器,即 D/A 转换器,简称 DAC(digital to analog converter)。

为了保证数据处理结果的准确性和快速控制与检测,要求 A/D 转换器和 D/A 转换器必须有足够的转换精度和较快的转换速度。因此,转换精度和转换速度是衡量 A/D 转换器和D/A 转换器性能优劣的主要指标。

◀ 7.2 数/模转换 ▶

输入的一个 n 位二进制数 D 对应的十进制数为

$$D_n = \sum_0^{n-1} d_k 2^k \tag{7.2.1}$$

式中 d_k 是第 k 位的二进制码,从最高位 MSB(most significant bit)到最低位 LSB(least significant bit)的权依次为 $2^{n-1}, 2^{n-2}, \cdots, 2^1, 2^0$。

D/A 转换器输入数字量 D 与输出模拟量 A 的转换关系是

$$A = KD_n \tag{7.2.2}$$

式中 K 为比例系数,是一个常数。

7.2.1 权电阻 D/A 转换器原理

图 7.2.1 是 4 位权电阻 D/A 转换器的电路原理图,它由寄存器、基准电压、模拟开关、权

电阻网络、求和电路组成。寄存器输出的 4 位二进制码 $d_3 \sim d_0$ 分别控制开关 $S_3 \sim S_0$。当 $d_k = 1(k = 0,1,2,3)$ 时，开关 S_k 与基准电压 $+V_{REF}$ 接通，电流 i_k 流入求和电路；当 $d_k = 0(k = 0, 1,2,3)$ 时，开关 S_k 断开，电流 $i_k = 0$。

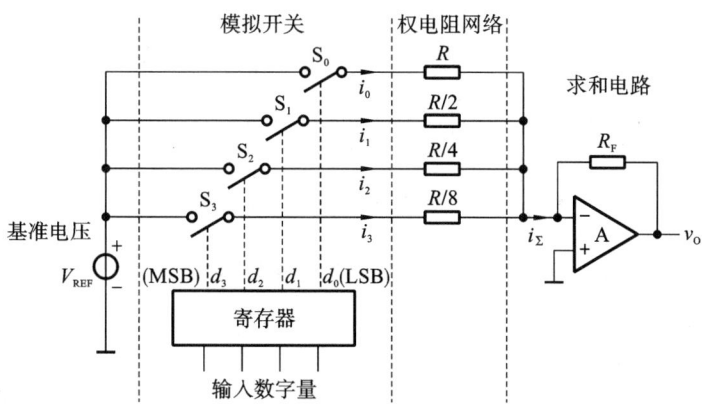

图 7.2.1　4 位权电阻 D/A 转换器的电路原理图

根据运算放大器在线性运用条件下虚短、虚断的特点，可得

$$v_O = -R_F i_\Sigma = -R_F(i_3 + i_2 + i_1 + i_0) \tag{7.2.3}$$

各支路电流为 $i_3 = \dfrac{V_{REF}}{R/8}d_3$、$i_2 = \dfrac{V_{REF}}{R/4}d_2$、$i_1 = \dfrac{V_{REF}}{R/2}d_1$、$i_0 = \dfrac{V_{REF}}{R}d_0$，令 $R_F = R$，代入式(7.2.3)可得

$$v_O = -V_{REF}(d_3 2^3 + d_2 2^2 + d_1 2^1 + d_0 2^0)$$
$$= -V_{REF}\sum_{k=0}^{3} d_k 2^k \tag{7.2.4}$$

这样，就将 4 位二进制数 D 转换成了模拟电压 v_O。若要得到正的输出电压，只需取 V_{REF} 为负值。

该电路中每条支路的电阻值与数字量在这位的"权"相对应，因此，称为权电阻 D/A 转换器。电路的优点是结构比较简单；缺点是各电阻的阻值相差较大，尤其在输入数字信号的位数较多时。如输入的数字信号是 8 位，最大电阻值将是最小电阻值的 2^7 倍，要想在这么广的阻值范围内保证每个电阻都有很高的精度是十分困难的，尤其对制作集成电路更加困难。

7.2.2　倒 T 形电阻 D/A 转换器原理

在单片集成 D/A 转换器中，使用最多的是倒 T 形电阻 D/A 转换器。4 位倒 T 形电阻 D/A 转换器的电路原理图如图 7.2.2 所示。电路中只有 R 和 $2R$ 两种电阻，电阻网络的排列呈倒 T 形，因此得名倒 T 形电阻 D/A 转换器。输入的数码 d_k 控制模拟开关 S_k，当 $d_k = 1(k = 0,1,2,3)$ 时，开关 S_k 接运算放大器的反相端，电流汇入 i_Σ，流入求和电路；当 $d_k = 0(k = 0,1, 2,3)$ 时，开关 S_k 接地。

由于运算放大器工作在线性运用条件下，其反相端虚地，那么，无论开关 S_k 置于哪端，都相当于接"地"，所以，流过每条 $2R$ 电阻支路的电流值不随开关位置变化。根据电阻的串并联等效变换，从最左侧依次求出每个二端网络的等效电阻均为 R，则基准电压提供的总电流为 $I = V_{REF}/R$。流过每条 $2R$ 电阻支路的电流从左到右分别为 $I/16$、$I/8$、$I/4$、$I/2$。可得汇入求

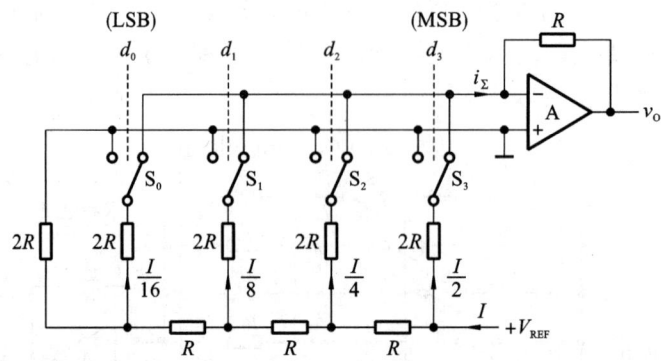

图 7.2.2　4 位倒 T 形电阻 D/A 转换器的电路原理图

和电路的总电流为

$$i_{\Sigma} = \frac{I}{2^4}d_0 + \frac{I}{2^3}d_1 + \frac{I}{2^2}d_2 + \frac{I}{2^1}d_3 \tag{7.2.5}$$

输出电压为

$$v_O = -Ri_{\Sigma} = -R \cdot \frac{V_{REF}}{R}\left(\frac{d_3}{2^1} + \frac{d_2}{2^2} + \frac{d_1}{2^3} + \frac{d_0}{2^4}\right) \tag{7.2.6}$$

$$= -\frac{V_{REF}}{2^4}(d_3 2^3 + d_2 2^2 + d_1 2^1 + d_0 2^0) = -\frac{V_{REF}}{2^4}\sum_{k=0}^{3}d_k 2^k$$

这样，就将 4 位二进制数 D 转换成了模拟电压 v_O。

对于 n 位输入的倒 T 形电阻 D/A 转换器，当反馈电阻值为 R 时，输出的模拟电压为

$$v_O = -\frac{V_{REF}}{2^n}(d_{n-1}2^{n-1} + d_{n-2}2^{n-2} + \cdots + d_1 2^1 + d_0 2^0) \tag{7.2.7}$$

$$= -\frac{V_{REF}}{2^n}\sum_{k=0}^{n-1}d_k 2^k = -\frac{V_{REF}}{2^n}D_n$$

式中 D_n 为输入的 n 位二进制数所对应的十进制数。

【例 7.2.1】　在图 7.2.2 所示的 4 位倒 T 形电阻 D/A 转换器中，已知 $V_{REF}=12$ V，分别求出当输入的二进制数为 0010、0101、1100 时输出的电压值 v_O。

解：根据式(7.2.6)可得

输入 0010 时，输出 $v_O = -\dfrac{V_{REF}}{2^4}(0+0+2^1+0) = -\dfrac{12}{2^4} \times 2$ V $= -1.5$ V

输入 0101 时，输出 $v_O = -\dfrac{V_{REF}}{2^4}(0+2^2+0+2^0) = -\dfrac{12}{2^4} \times 5$ V $= -3.75$ V

输入 1100 时，输出 $v_O = -\dfrac{V_{REF}}{2^4}(2^3+2^2+0+0) = -\dfrac{12}{2^4} \times 12$ V $= -9$ V

7.2.3　权电流 D/A 转换器原理

前述的权电阻 D/A 转换器和倒 T 形 D/A 转换器在实际情况下，其模拟开关存在导通电阻和导通电压，引起求和电流的误差，无疑将影响 D/A 转换器的转换精度。为解决这个问题，可采用权电流 D/A 转换器。

4 位权电流 D/A 转换器如图 7.2.3 所示。它用一组恒流源代替前述的权电阻网络，每条

支路的电流值不再受模拟开关影响,电路的转换精度较高。每个恒流源的值从低位(LSB)到高位(MSB)分别为 $I/16$、$I/8$、$I/4$、$I/2$,正好与输入的二进制数相应位的"权"相对应。输入的数码 d_k 控制模拟开关 S_k,当 $d_k=1(k=0,1,2,3)$ 时,开关 S_k 接运算放大器的反相端,电流汇入 i_Σ,流入求和电路;当 $d_k=0(k=0,1,2,3)$ 时,开关 S_k 接地。分析可得输出电压为

$$v_O = R_F i_\Sigma = R_F \left(\frac{I}{2^4} d_0 + \frac{I}{2^3} d_1 + \frac{I}{2^2} d_2 + \frac{I}{2^1} d_3 \right)$$

$$(7.2.8)$$

$$= R_F \cdot \frac{I}{2^4} (d_3 2^3 + d_2 2^2 + d_1 2^1 + d_0 2^0) = \frac{R_F I}{2^4} \sum_{k=0}^{3} d_k 2^k$$

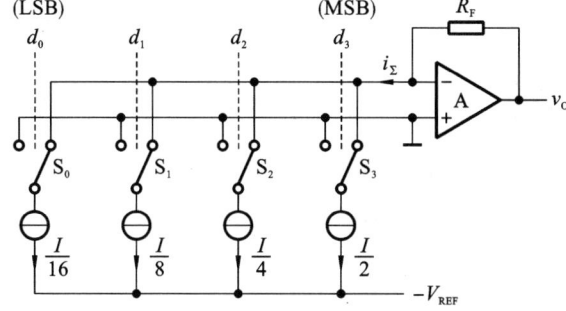

图 7.2.3　4 位权电流 D/A 转换器的电路原理图

实际使用的权电流 D/A 转换器如图 7.2.4 所示。它由具有电流负反馈的 BJT 组成恒流源电路。

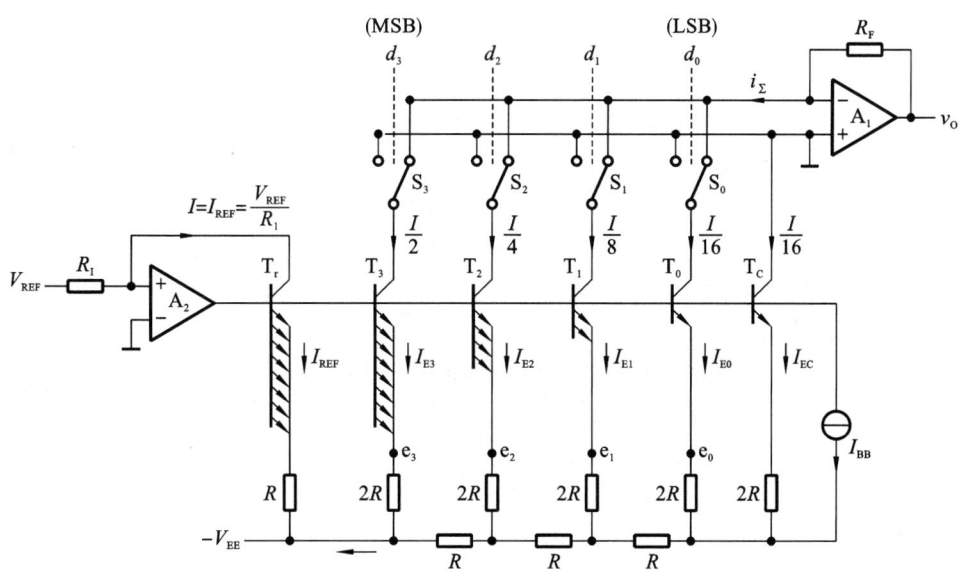

图 7.2.4　实际的 4 位权电流 D/A 转换器的电路原理图

运算放大器 A_2、R_1、T_r、R 和 $-V_{EE}$ 组成基准电流 I_{REF} 产生电路。A_2 的输出端经 T_r 的 CB 结组成电压并联反馈电路,以稳定其输出电压,即 T_r 的基极电压。基准电流 I_{REF} 由基准电压 V_{REF} 和电阻 R_1 确定。由于 T_r 和 T_3 具有相同的发射结压降 V_{BE},而发射极回路的电阻相差一倍,所以它们的发射极电流也相差一倍,可得

$$I = I_{\text{REF}} = \frac{V_{\text{REF}}}{R_1} = 2I_{E3} \tag{7.2.9}$$

由于 $T_3 \sim T_0$ 的基极电压相同,只要它们的发射结压降 V_{BE} 相等,则发射级 E3~E0 等电位,因此,流过 $2R$ 电阻支路的电流从低位(LSB)到高位(MSB)分别为 $I/16$、$I/8$、$I/4$、$I/2$。

电路中的 $T_3 \sim T_0$ 采用多发射极 BJT,其发射极个数分别是 8、4、2、1,即发射极面积之比为 $8:4:2:1$。因此,各 BJT 的电流比值也为 $8:4:2:1$,发射极电流密度相等,从而保证每个 BJT 的发射结压降 V_{BE} 相等。

可得输出电压为

$$v_O = R_F i_{\sum} = R_F \left(\frac{I}{2^4} d_0 + \frac{I}{2^3} d_1 + \frac{I}{2^2} d_2 + \frac{I}{2^1} d_3 \right) \tag{7.2.10}$$

$$= R_F \cdot \frac{V_{\text{REF}}}{2^4 R_1} (d_3 2^3 + d_2 2^2 + d_1 2^1 + d_0 2^0) = \frac{R_F V_{\text{REF}}}{2^4 R_1} \sum_{k=0}^{3} d_k 2^k$$

对于 n 位权电流 D/A 转换器的输出电压为

$$v_O = R_F \cdot \frac{V_{\text{REF}}}{2^n R_1} (d_{n-1} 2^{n-1} + d_{n-2} 2^{n-2} + \cdots + d_1 2^1 + d_0 2^0) \tag{7.2.11}$$

$$= \frac{R_F V_{\text{REF}}}{2^n R_1} \sum_{k=0}^{n-1} d_k 2^k = \frac{R_F V_{\text{REF}}}{2^n R_1} D_n$$

式中 D_n 为输入的 n 位二进制数所对应的十进制数。

从式(7.2.11)可知,输出电压仅与基准电压 V_{REF} 和电阻 R_1、R_F 有关,与 BJT、R、$2R$ 无关,即对 BJT 参数和 R 取值的要求可降低,有利于电路的集成。

7.2.4 具有双极性输出的 D/A 转换器

前述 D/A 转换器输入的是无符号的二进制数,输出电压或为大于等于 0 的值,或为小于等于 0 的值,即单极性输出。实际上,D/A 转换器输入的都是带符号的二进制数,这就要求 D/A 转换器输出对应的正、负极性的模拟电压,即双极性输出。常用补码表示带符号的二进制数,以输入 8 位二进制补码为例,对应的编码关系如表 7.2.1 所示。D/A 转换器输出的模拟量与输入二进制码对应的十进制数成正比,因此表 7.2.1 是以输入二进制码对应的十进制数来代表其输出的模拟量。

表 7.2.1 8 位双极性输出的 D/A 转换器的编码

二进制补码								输出模拟量	无符号二进制码								输出模拟量
d_7	d_6	d_5	d_4	d_3	d_2	d_1	d_0		d_7	d_6	d_5	d_4	d_3	d_2	d_1	d_0	
0	1	1	1	1	1	1	1	127	1	1	1	1	1	1	1	1	255
0	1	1	1	1	1	1	0	126	1	1	1	1	1	1	1	0	254
			⋮					⋮				⋮					⋮
0	0	0	0	0	0	0	1	1	1	0	0	0	0	0	0	1	129
0	0	0	0	0	0	0	0	0	1	0	0	0	0	0	0	0	128

二进制补码								输出模拟量	无符号二进制码								输出模拟量
d_7	d_6	d_5	d_4	d_3	d_2	d_1	d_0		d_7	d_6	d_5	d_4	d_3	d_2	d_1	d_0	
1	1	1	1	1	1	1	1	−1	0	1	1	1	1	1	1	1	127
			⋮					⋮				⋮					⋮
1	0	0	0	0	0	0	1	−127	0	0	0	0	0	0	0	1	1
1	0	0	0	0	0	0	0	−128	0	0	0	0	0	0	0	0	0

从表 7.2.1 可知，每一行的补码输出量相比无符号码的输出刚好少了 128。如输入补码 01111110 的输出是 126，对应的无符号码 11111110 的输出是 254；输入补码 11111111 的输出是 −1，对应的无符号码 01111111 的输出是 127。根据上述对应关系，为得到双极性输出，只需将无符号码的输出减去 128 即可。另外，对比表 7.2.1 同一行的编码不难发现，只有最高位不同，且刚好相反。因此，只需将无符号码的最高位求反，即可得对应输入的二进制补码。

采用二进制补码输入的 8 位双极性输出的 D/A 转换电路如图 7.2.5 所示。将输入的二进制补码的最高位取反得到无符号码，输入倒 T 形电阻 D/A 转换器得到单极性输出模拟量 v_1，再经 A_2 组成的求和放大器减去 $\frac{128}{2^8}V_{\mathrm{REF}}$，得到双极性输出电压 v_O，即

$$v_O = -v_1 - \frac{128}{2^8}V_{\mathrm{REF}} = \left(\frac{V_{\mathrm{REF}}}{2^8}D_n + \frac{1}{2}V_{\mathrm{REF}}\right) - \frac{1}{2}V_{\mathrm{REF}} \tag{7.2.12}$$

$$= \frac{V_{\mathrm{REF}}}{2^8}D_n$$

式中 D_n 为输入的 8 位二进制数所对应的十进制数。

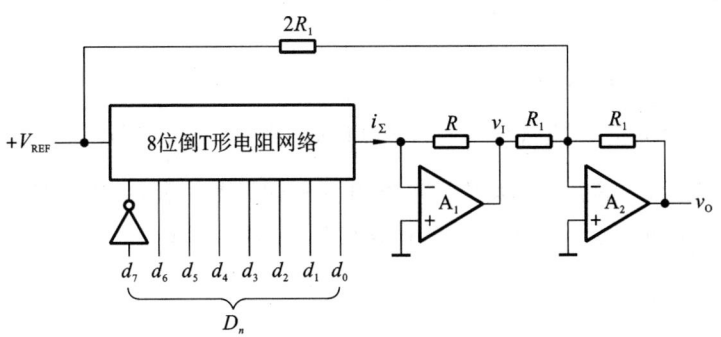

图 7.2.5 具有双极性输出的 D/A 转换器

7.2.5 D/A 转换器的主要技术指标

1. 转换精度

D/A 转换器的转换精度一般用分辨率和转换误差来描述。

1) 分辨率

分辨率表示 D/A 转换器对输入微小量变化的敏感程度。分辨率有两种定义。

一种是用输入的二进制数的有效位数来表示分辨率。一个分辨率为 n 位的 D/A 转换器，其输出电压最多有 2^n 个不同值，能区分 2^n 个输入数字量。输入数字量的位数越多，输出电压分离的等级越多，分辨能力越高。

另一种是将分辨率定义为 D/A 转换器的最小输出电压（输入数字量只有最低有效位为 1）与最大输出电压（输入数字量全为 1）之比

$$分辨率 = \frac{V_{LSB}}{V_m} = \frac{1}{2^n - 1} \qquad (7.2.13)$$

式中 V_{LSB} 为最小输出电压，V_m 为最大输出电压。输入数字量的位数 n 越多，分辨率的值越小，分辨能力越高。例如 8 位 D/A 转换器的分辨率为

$$\frac{1}{2^8 - 1} = \frac{1}{256 - 1} \approx 0.0039$$

分辨率表示 D/A 转换器在理论上可以达到的转换精度。

2) 转换误差

D/A 转换器实际能达到的转换精度由转换误差来描述。在 D/A 转换器的各个环节，都可能存在误差。转换误差可分为静态误差和动态误差。静态误差包括基准电压 V_{REF} 的不稳定、运算放大器的零点漂移、模拟开关的导通内阻和导通压降、电阻网络中阻值的偏差等。动态误差是在转换过程中产生的误差，主要由电路中的分布参数引起，使各位电压信号到达输出端的时间不同。

转换误差常用输出电压满度值的百分数表示，也可以用最小输出电压的倍数表示。例如，转换误差为 $\frac{1}{2}$LSB，表示输出电压的绝对误差等于最小输出电压 V_{LSB} 的二分之一。

2. 转换速度

D/A 转换器的转换速度一般用建立时间和转换速率来描述。

1) 建立时间 t_{set}

建立时间是指输入数字量变化时，输出电压达到规定误差范围所需的时间。一般用输入数字量各位从全 0 变为全 1，或从全 1 变为全 0 时，输出电压达到与稳态值相差 $\pm\frac{1}{2}$LSB 范围内所需要的时间表示。一般，内部集成了基准电源和运算放大器的 D/A 转换器，最短的建立时间在 1.5 μs 左右；而不含基准电源和运算放大器的单片 D/A 转换器，建立时间可达 0.1 μs 以下。

2) 转换速率 S_R

转换速率是指输入数字量从全 0 变为全 1，或从全 1 变为全 0 时，输出电压的最大变化率。该参数与运算放大器的压摆率类似。

7.2.6 集成 D/A 转换器芯片

单片集成 D/A 转换器产品的种类繁多，性能各异。如双极型的 DAC0806、DAC0807、DAC0808 等，采用的是权电流 D/A 转换电路；美国 AD 公司生产的 CMOS 型 AD7533、AD7524、AD7520 等，采用的是倒 T 形电阻 D/A 转换电路。下面主要介绍 DAC0808

和 AD7533。

1. DAC0808

DAC0808 是 8 位权电流 D/A 转换器,采用双极型工艺制作,工作速度较快,其电路结构框图如图 7.2.6 所示。图中 $d_0 \sim d_7$ 是输入的 8 位数字量,I_O 是求和电流的输出端,V_{R+} 和 V_{R-} 分别接基准电流发生电路中运算放大器的反相端和正相端,COMP 外接补偿电容,V_{CC} 和 V_{EE} 外接电源。

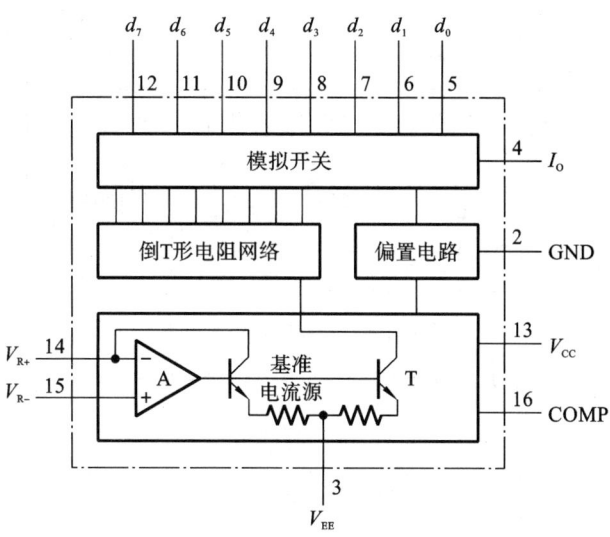

图 7.2.6 DAC0808 的电路结构框图

使用时需外接运算放大器和电阻,如图 7.2.7 所示。当 $V_{REF} = 10$ V、$R_1 = R_F = 5$ kΩ 时,根据式(7.2.11)可得输出电压为

$$v_O = \frac{R_F V_{REF}}{2^8 R_1} D_n = \frac{10}{2^8} D_n$$

式中 D_n 为输入的 8 位二进制数所对应的十进制数。

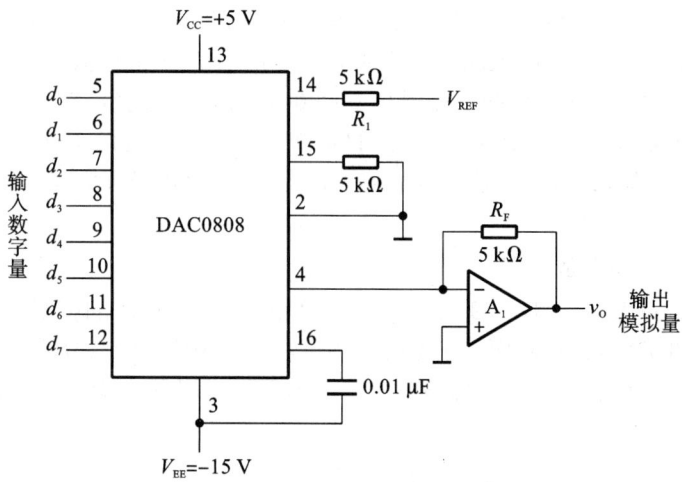

图 7.2.7 DAC0808 的典型应用

2. AD7533

AD7533 是 10 位倒 T 形电阻 D/A 转换器，采用 CMOS 工艺制作，结构简单、功耗低、通用性好。芯片内部只有倒 T 形电阻网络、CMOS 电流开关和反馈电阻 R，使用时需外接运算放大器，反馈电阻 R_F 可采用片内反馈电阻 R 或外接电阻，如图 7.2.8 所示。

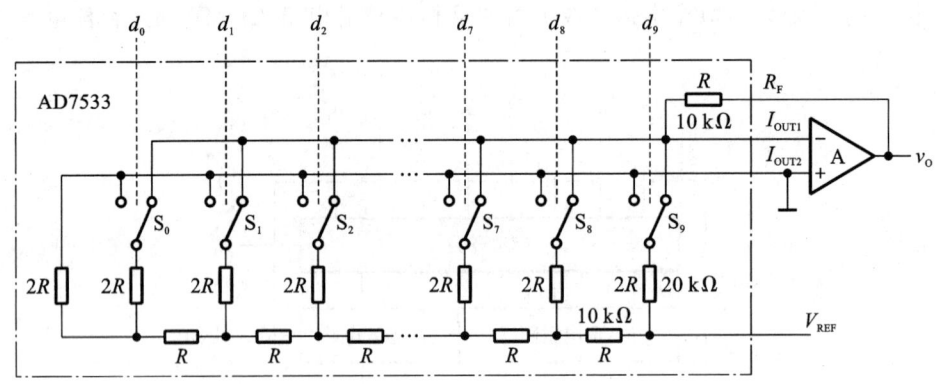

图 7.2.8 AD7533 内部电路

若反馈电阻 R_F 就采用片内反馈电阻 R，即 $R_F = R$，根据式（7.2.7）可得输出电压为

$$v_O = -\frac{V_{REF}}{2^{10}}D_n$$

式中 D_n 为输入的 10 位二进制数所对应的十进制数。

7.2.7　D/A 转换器的应用举例

D/A 转换器应用广泛，不仅可以作为数字系统与模拟系统之间的接口电路，如计算机的接口电路，还可用于数字量对模拟信号进行处理。下面主要介绍用 AD7533 构成波形发生器和数字式可编程增益放大器。

1. 波形发生器

电路由 AD7533、运算放大器和 4 位同步二进制计数器 74163 所构成，如图 7.2.9 所示。74163 采用同步清零法构成模为 10 的计数器，在时钟作用下依次产生 0000～1001 十个二进制数输入 AD7533 的 $d_3 \sim d_0$，而 AD7533 的其余六位 $d_4 \sim d_9$ 全部接低电平 0，即输入 AD7533 的数字量 $d_9 \sim d_0$ 依次从 0000000000 递增到 0000001001，代入式（7.2.7）可算出对应的输出电压值 v_O。工作波形如图 7.2.10 所示，电路随时钟输出了周期性的 10 阶梯波。

若改变计数器的模，即可改变输出波形的阶梯数；若采用可逆计数器，经滤波后，又可输出三角波。

2. 数字式可编程增益放大器

电路如图 7.2.11 所示，AD7533 与外接的运算放大器构成反相比例放大器，片内反馈电阻 R 作为输入电阻接输入端 v_I，而数字量控制的倒 T 形电阻网络成为反馈电阻。改变输入的数字量，使倒 T 形电阻网络的等效电阻随之变化，即反馈电阻随之变化，从而控制反相比例放大器的增益改变。

根据运算放大器在线性运用条件下虚短、虚断的特点，可得

$$\frac{v_I}{R} = \frac{-v_O}{2^{10}R}D_n$$

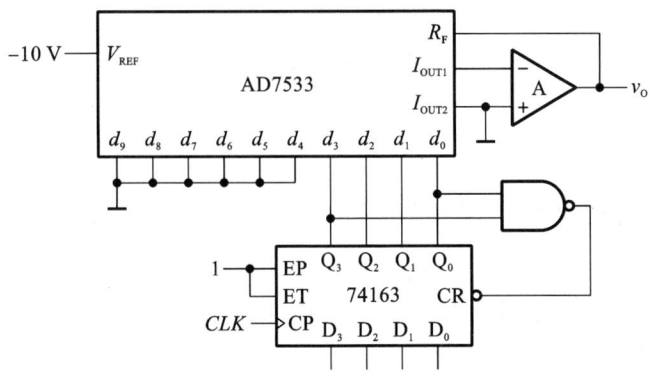

图 7.2.9 由 AD7533 组成的波形发生器

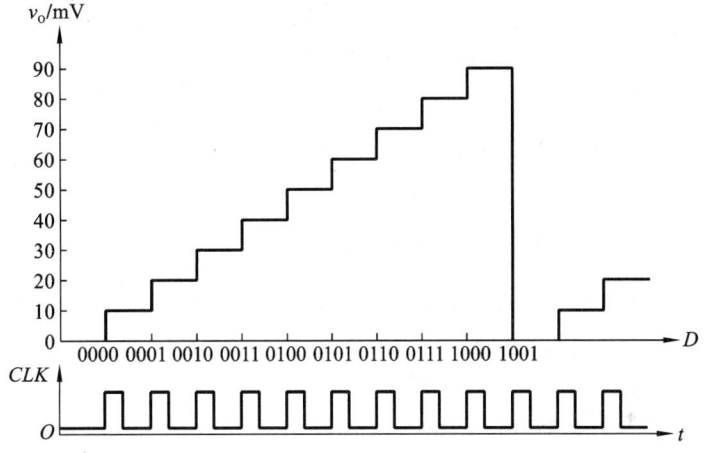

图 7.2.10 波形发生器的工作波形

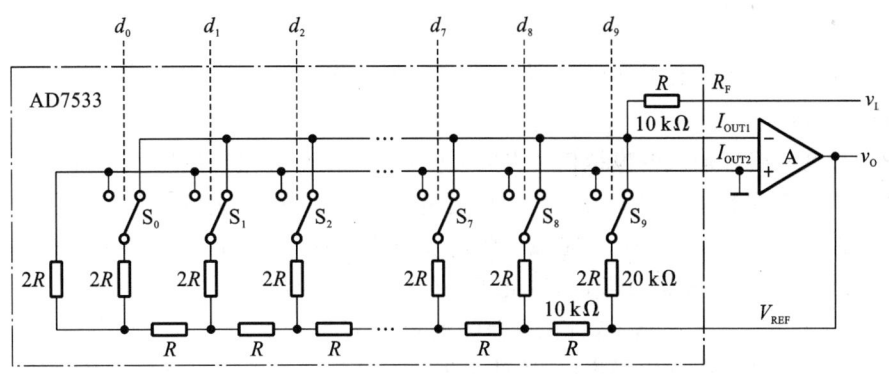

图 7.2.11 数字式可编程增益放大器

式中 D_n 为输入的 10 位二进制数字量所对应的十进制数,则

$$A_v = \frac{v_O}{v_I} = \frac{-2^{10}}{D_n} \tag{7.2.14}$$

由式(7.2.14)可知,通过控制输入的数字量 D_n 即可改变运算放大器的增益 A_v,实现了数字式可编程增益放大器。

7.3 模/数转换

7.3.1 A/D 转换器的基本原理

A/D 转换是将输入的连续变化的模拟量转换为离散的数字量输出,因此转换过程是将模拟量在时间上和幅度上进行离散化的过程,一般由取样、保持、量化和编码四个部分组成。

1. 取样与保持

输入的模拟信号包含无穷多个数据,我们按照一定的规律选择其中有限个数据,进行离散化,这个过程称为取样。取样过程的工作波形如图 7.3.1 所示,取样信号 S 为高电平时,输出信号 v_O 等于输入信号 v_I;反之,输出信号 $v_O = 0$。显然,取样信号 S 的频率越高,取样的数据越多,越能真实再现输入信号,同时要求电路的工作速度也越高,因此,合理的取样频率由取样定理决定。

根据取样定理,为了保证能从取样信号中恢复原信号,取样频率 f_S 必须满足

$$f_S \geqslant 2f_{imax} \tag{7.3.1}$$

其中 $f_S = \dfrac{1}{T_S}$,f_{imax} 是输入的模拟信号 v_I 的最高频率分量。一般取 $f_S = 3 \sim 5 f_{imax}$。

为了给后续的量化编码过程提供稳定的输入,取样之后必须保持一段时间,这就是取样与保持。取样保持电路如图 7.3.2 所示,由输入放大器 A_1、开关驱动电路、保持电容 C_H、输出放大器 A_2 组成。电路要求:输入输出放大器的开环增益满足 $A_{v1} \cdot A_{v2} = 1$;A_1 的输入阻抗较高,以减小对输入信号源的影响;A_2 的输入阻抗较高、输出阻抗低,以免 C_H 上储存的电荷泄漏,保证电路具有较高的带负载能力。当取样信号控制开关 S 闭合时,电路取样,电容充电使 $v_C = A_{v1} \cdot v_I$,则

$$v_O = A_{v2} \cdot v_C = A_{v2} \cdot A_{v1} \cdot v_I = v_I$$

当开关断开,C_H 上几乎没有泄漏电荷,即 v_C 不变,使电路输出 v_O 保持不变。

2. 量化与编码

取样与保持实现了输入的模拟信号在时间上的离散,而量化与编码则实现模拟信号在幅度上的离散。将取样的幅值表示为一个最小度量单位的整数倍,这就是量化。最小度量单位称为量化单位,用 Δ 表示。显然,Δ 是数字信号仅最低有效位为 1 时所对应的模拟量。由于取样幅值是连续的,不一定能被 Δ 整除,因此产生的误差,称为量化误差,用 ε 表示。量化误差属于原理误差,无法消除,当 Δ 越小,量化误差的绝对值 $|\varepsilon|$ 也越小。

把量化的数值用二进制代码表示,这就是编码。这个二进制代码就是 A/D 转换器输出的数字量。

例如把取样的 0~1 V 的模拟电压转换成 3 位二进制代码。取量化单位 $\Delta = \dfrac{1}{8}$ V,并规定:当模拟电压值在 0~$\dfrac{1}{8}$ V 时,用 $0 \cdot \Delta$ 表示,编码为 000;当值在 $\dfrac{1}{8} \sim \dfrac{2}{8}$ V 时,用 $1 \cdot \Delta$ 表示,编码为 001,以此类推,如图 7.3.3(a)所示。可知,最大量化误差为 $\varepsilon = \Delta = \dfrac{1}{8}$ V。若是 n

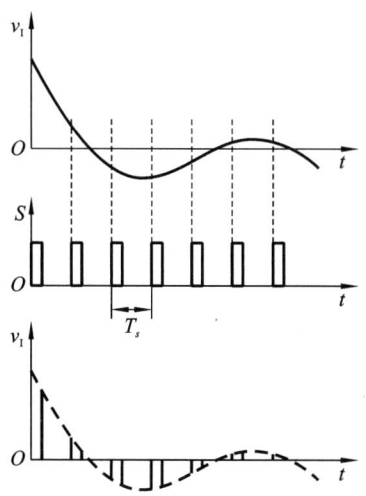

图 7.3.1 取样过程的工作波形

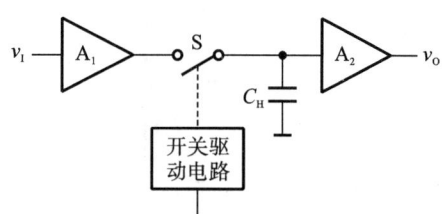

图 7.3.2 取样保持电路原理图

位二进制编码,最大量化误差为 $\varepsilon = \dfrac{1}{2^n}$。

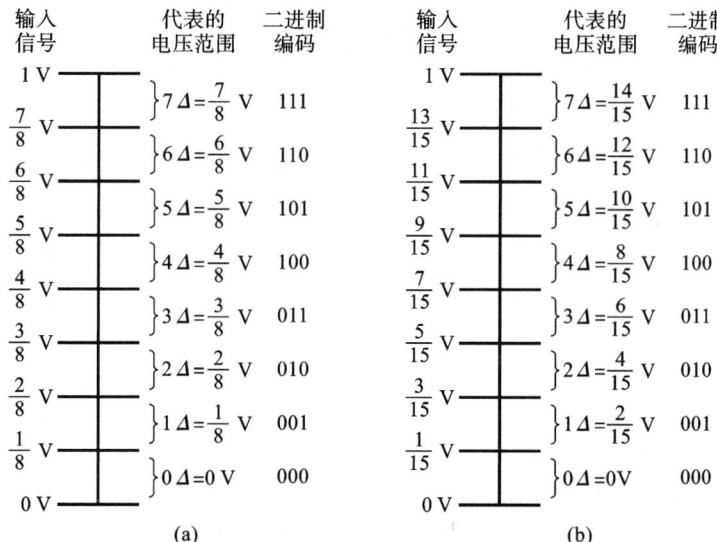

图 7.3.3 量化编码的两种方法

为了减小量化误差,通常取量化单位 $\Delta = \dfrac{2}{15}$ V,如图 7.3.3(b)所示。当模拟电压值在 $0 \sim$ $\dfrac{1}{15}$ V 时,用 $0 \cdot \Delta$ 表示,编码为 000;当值在 $\dfrac{1}{15} \sim \dfrac{3}{15}$ V 时,用 $1 \cdot \Delta$ 表示,编码为 001,以此类推。显然,其最大量化误差减小为 $\varepsilon = \dfrac{\Delta}{2} = \dfrac{1}{15}$ V。

7.3.2 并行比较型 A/D 转换器原理

以 3 位并行比较型 A/D 转换器为例介绍工作原理,如图 7.3.4 所示。电路由电阻分压器、电压比较器、寄存器和优先编码器组成。8 个电阻将参考电压 V_{REF} 分成 8 个等级,其中 7 个等级的电压 $V_{REF}/15$、$3V_{REF}/15$、$5V_{REF}/15$、$7V_{REF}/15$、$9V_{REF}/15$、$11V_{REF}/15$、$13V_{REF}/15$,分别作为比较器 $C_1 \sim C_7$ 的参考电压。输入的模拟电压 v_I 的值决定各个比较器的输出,例如:当 $0 \leqslant v_I < V_{REF}/15$ 时,$C_1 \sim C_7$ 的输出为 $C_{O1} \sim C_{O7} = 0000000$;当 $5V_{REF}/15 \leqslant v_I < 7V_{REF}/15$ 时,$C_1 \sim C_7$ 的输出为 $C_{O1} \sim C_{O7} = 0000111$。比较器的输出 C_O 由 D 触发器存储,经优先编码器编码后输出二进制代码,实现了 A/D 转换。

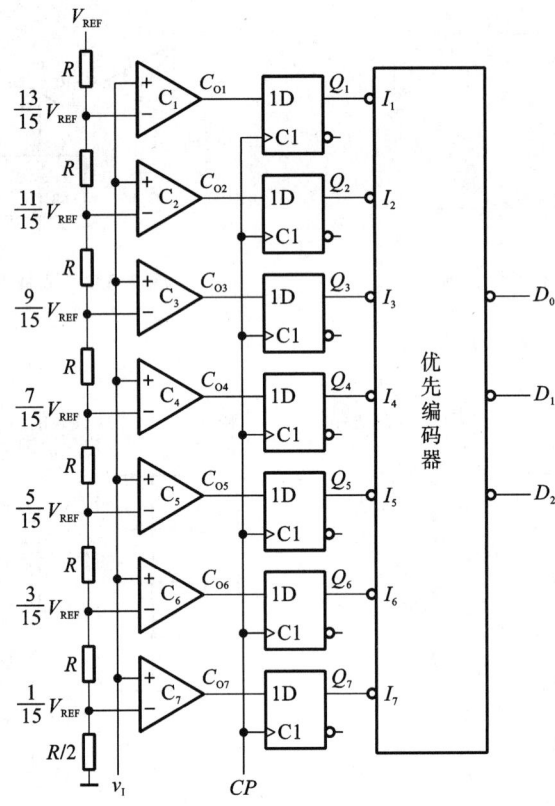

图 7.3.4 3 位并行比较型 A/D 转换器

3 位并行比较型 A/D 转换器的输入输出关系如表 7.3.1 所示。

表 7.3.1 3 位并行比较型 A/D 转换器的输入输出关系

输入模拟量 v_I	比较器的输出							输出数字量		
	C_{O1}	C_{O2}	C_{O3}	C_{O4}	C_{O5}	C_{O6}	C_{O7}	D_2	D_1	D_0
$0 \leqslant v_I < V_{REF}/15$	0	0	0	0	0	0	0	0	0	0
$V_{REF}/15 \leqslant v_I < 3V_{REF}/15$	0	0	0	0	0	0	1	0	0	1
$3V_{REF}/15 \leqslant v_I < 5V_{REF}/15$	0	0	0	0	0	1	1	0	1	0
$5V_{REF}/15 \leqslant v_I < 7V_{REF}/15$	0	0	0	0	1	1	1	0	1	1
$7V_{REF}/15 \leqslant v_I < 9V_{REF}/15$	0	0	0	1	1	1	1	1	0	0
$9V_{REF}/15 \leqslant v_I < 11V_{REF}/15$	0	0	1	1	1	1	1	1	0	1

输入模拟量 v_I	比较器的输出							输出数字量		
	C_{O1}	C_{O2}	C_{O3}	C_{O4}	C_{O5}	C_{O6}	C_{O7}	D_2	D_1	D_0
$11V_{REF}/15 \leqslant v_I < 13V_{REF}/15$	0	1	1	1	1	1	1	1	1	0
$13V_{REF}/15 \leqslant v_I < V_{REF}$	1	1	1	1	1	1	1	1	1	1

在并行 A/D 转换器中,输入模拟量 v_I 同时加到所有比较器的输入端,经比较器、D 触发器和优先编码器的延迟后,得到稳定的输出。若不考虑上述器件的延迟,可认为输出的数字量是与 v_I 输入时刻同时获得的。因此,并行 A/D 转换器的最大优点是转换时间很短、转换速度快,但所用的元器件较多,其数目随转换器的位数呈几何级数增加,如一个 n 位转换器,所用的比较器和触发器的个数分别为 $2^n - 1$ 个。

单片集成并行比较型 A/D 转换器的产品很多,如 AD 公司的 AD9012、AD9002、AD9020 等。

7.3.3 逐次比较型 A/D 转换器原理

逐次比较型 A/D 转换器的转换过程类似于用天平称重的过程,不过这里不是加减砝码,而是通过 D/A 转换器和寄存器来加减标准电压,使标准电压逐步逼近输入的模拟电压。

8 位逐次比较型 A/D 转换器的结构简图如图 7.3.5 所示,主要由比较器、逐次逼近寄存器 SAR(successive approximation register)和 D/A 转换器构成。

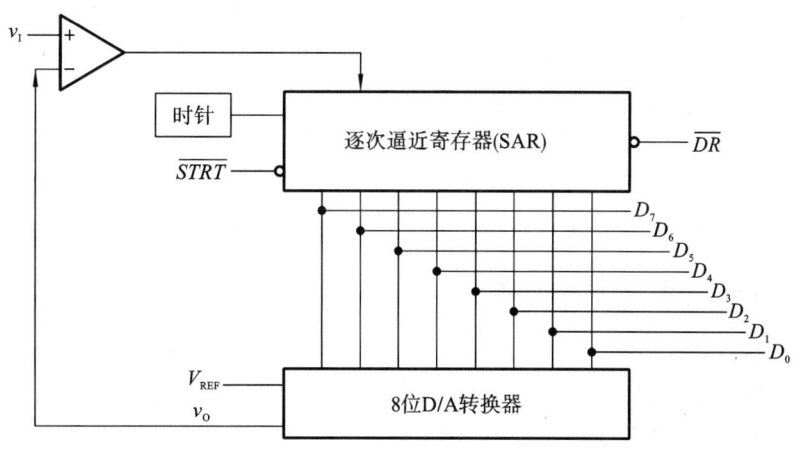

图 7.3.5 8 位逐次比较型 A/D 转换器的结构简图

当 $\overline{STRT} = 0$ 时 SAR 清零,$\overline{STRT} = 1$ 时 SAR 开始工作,在时钟作用下,首先输出 $D_7 \sim D_0 = 10000000$ 给 D/A 转换器,将 D/A 转换器的输出电压 v_O 与输入的模拟电压 v_I 进行比较:若 $v_O > v_I$,SAR 第二次的输出为 $D_7 \sim D_0 = 01000000$;若 $v_O < v_I$,SAR 第二次的输出为 $D_7 \sim D_0 = 11000000$。将 SAR 的第二次输出结果送入 D/A 转换器,得到 D/A 转换器的第二次输出电压 v_O,将第二次输出电压 v_O 再与 v_I 进行比较。以此类推,直到将 $D_7 \sim D_0$ 的每位比较完,$\overline{DR}$ 的下降沿到达,将 SAR 此时的 $D_7 \sim D_0$ 输出,这就是输入电压 v_I 的数字量,实现了 A/D 转换。

【例 7.3.1】 在图 7.3.5 所示的逐次比较型 A/D 转换器中,已知 $V_{REF} = -8$ V,求 $v_I =$

2.77 V 的转换结果。

解: 根据式(7.2.7)可得 D/A 转换器各位输入对应的输出电压,如表 7.3.2 所示。

表 7.3.2 D/A 转换器对应的输出电压

D_7	D_6	D_5	D_4	D_3	D_2	D_1	D_0	v_O/V
1	0	0	0	0	0	0	0	4
0	1	0	0	0	0	0	0	2
0	0	1	0	0	0	0	0	1
0	0	0	1	0	0	0	0	0.5
0	0	0	0	1	0	0	0	0.25
0	0	0	0	0	1	0	0	0.125
0	0	0	0	0	0	1	0	0.0625
0	0	0	0	0	0	0	1	0.03125

首先 SAR 寄存器清零,当第 1 个时钟到达时,先将 D_7 置 1,其他位置 0,对应表 7.3.2 可知 D/A 转换器输出 $v_O=4$ V;第 2 个时钟到达,因 $v_O>v_I$,确定 $D_7=0$,并将 D_6 置 1,其他位置 0,D/A 转换器输出 $v_O=2$ V;第 3 个时钟到达,因 $v_O<v_I$,确定 $D_6=1$,并将 D_5 置 1,其他位置 0,D/A 转换器输出 $v_O=(2+1)$ V$=3$ V;第 4 个时钟到达,因 $v_O>v_I$,确定 $D_5=0$,并将 D_4 置 1,其他位置 0,D/A 转换器输出 $v_O=(2+0.5)$ V$=2.5$ V。以此类推,直到第 9 个时钟,确定最后一位 D_0,此时 SAR 输出的二进制数 01011000 就是输入电压 v_I 的数字量。显然,根据式 (7.2.7)可得 01011000 所对应的模拟电压值为 2.75 V,与实际输入电压 2.77 V 相比仅有 0.02 V 的误差。转换过程的工作波形如图 7.3.6 所示。

由此可见,8 位逐次比较型 A/D 转换器完成一次转换需要 9 个时钟周期。那么,n 位逐次比较型 A/D 转换器完成一次转换需要 $n-1$ 个时钟周期。由于逐次比较型 A/D 转换器的转换速度快、转换精度高,是目前应用比较广泛的一种 A/D 转换器。

7.3.4 双积分型 A/D 转换器原理

双积分型 A/D 转换器属于间接型 A/D 转换器,一般是先把输入的模拟电压转换为某个中间变量,如中间变量是时间 T,再对这个中间变量进行量化编码,得到二进制代码,实现 A/D 转换。其电路原理图如图 7.3.7 所示,主要包括由 RC 和运算放大器 A 组成的积分器、过零比较器、计数器和逻辑控制门电路。

先将计数器清零,并接通 S_0 使电容 C 完全放电。转换开始时,断开 S_0。整个转换过程分为两个阶段。

第一阶段是对输入的模拟电压进行定时积分。将开关 S_1 置于输入信号 v_I 端,积分器对 v_I 进行固定时间 T_1 的积分,得到输出电压

$$v_O = \frac{1}{C}\int_0^{T_1}\left(-\frac{v_I}{R}\right)\mathrm{d}t = -\frac{T_1}{RC}v_I \qquad (7.3.2)$$

可见,积分器的输出 v_O 与输入 v_I 成正比。同时,由于 $v_O<0$,比较器输出高电平,打开门 G,将 CP 脉冲送入计数器,开始计数。当计数器计到满量程 N_1 时,计数器由全 1 恢复到全 0,这段

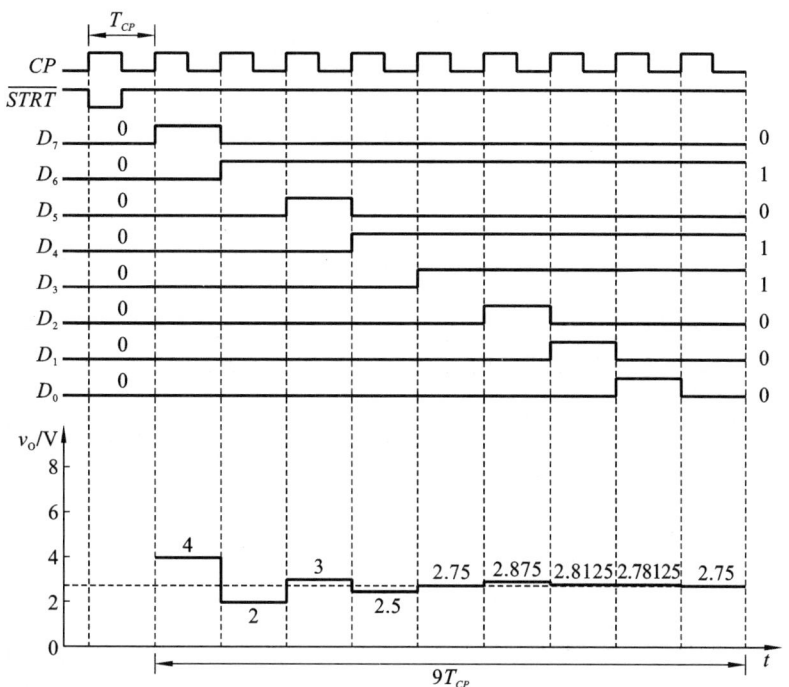

图 7.3.6 转换过程的工作波形

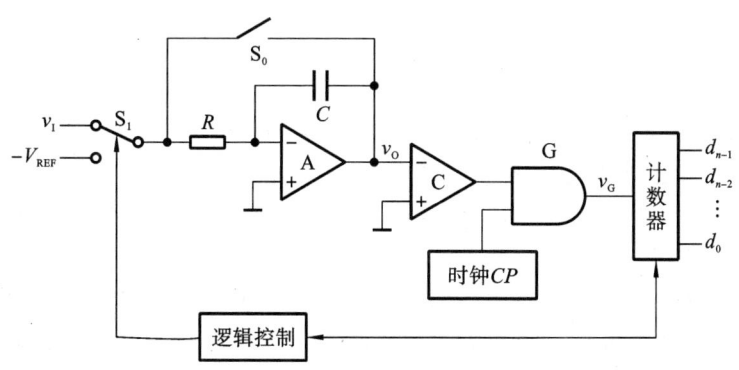

图 7.3.7 双积分型 A/D 转换器的电路原理图

时间正好等于固定的积分时间 T_1。计数器恢复全 0 时,给出一个进位脉冲,使逻辑控制门发出信号,将开关 S_1 换至参考电压 $-V_{REF}$ 端。采样结束。

第二阶段是对参考电压 $-V_{REF}$ 进行定速率积分,将积分器的输出 v_O 转换为成比例的时间间隔。由于 $-V_{REF}$ 的极性与输入 v_1 相反,积分器是反向积分。计数器由全 0 开始计数,经过 T_2 时间,积分器的输出 v_O 回升为 0,比较器输出低电平,门 G 关闭,计数器停止计数。同时,逻辑控制门给出信号将开关 S_1 置于输入信号 v_1 端,重复第一阶段。工作波形如图 7.3.8 所示。

可得

$$\frac{T_2}{RC}V_{REF} = \frac{T_1}{RC}v_1$$

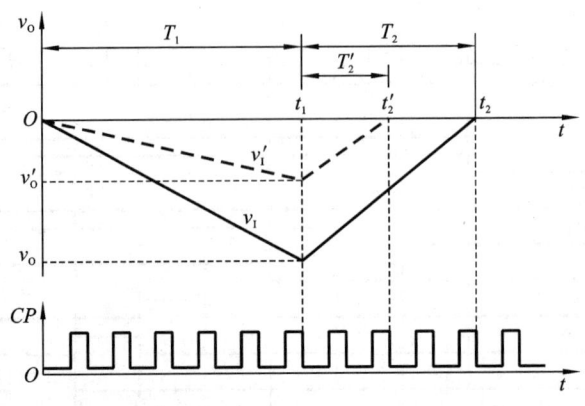

图 7.3.8 双积分型 A/D 转换器的工作波形

即

$$T_2 = \frac{T_1}{V_{\text{REF}}} v_I \qquad (7.3.3)$$

可见,反向积分时间 T_2 与输入模拟电压 v_I 成正比。

在 T_2 期间门 G 打开,频率为 f_{CP} 的时钟 CP 送入计数器计数,设计数结果为 D,由于

$$T_1 = N_1 T_{\text{CP}} = 2^n T_{\text{CP}} \qquad (7.3.4)$$
$$T_2 = D T_{\text{CP}} \qquad (7.3.5)$$

可得

$$D = \frac{2^n}{V_{\text{REF}}} v_I \qquad (7.3.6)$$

将输入模拟电压 v_I 转换成了二进制代码 D,实现了 A/D 转换。若输入 $v'_I < v_I$,则 $T'_2 < T_2$,它们之间仍满足上述比例关系,如图 7.3.8 所示。

双积分型 A/D 转换器取的是输入电压的平均值,因此具有很强的抗工频干扰的能力,工作性能比较稳定。另外,两次积分共用一个积分器,因此在积分期间,RC 参数的变化几乎不影响转换精度。但双积分型 A/D 转换器转换速度低,一次转换时间为 $1 \sim 2$ ms,而逐次比较型 A/D 转换器可达到 1 μs,不过在工业控制系统的许多情况下,毫秒级也足够了。

集成双积分型 A/D 转换器的产品很多,如 ICL7107、7109、5G1433 等。ICL7107 是一种 $3\frac{1}{2}$ 位 BCD 码 A/D 转换器,可以直接将转换得到的数字量显示出来,其优点是利用较少的元器件实现较高的转换精度,被广泛用于各种数字测量仪表、汽车仪表等。

7.3.5 A/D 转换器的主要技术指标

A/D 转换器的主要技术指标有转换精度、转换时间等。选用时还需考虑输入电压的范围、编码、工作温度范围、电压稳定度等。

1. 转换精度

采用分辨率和转换误差来描述 A/D 转换器的转换精度。

分辨率用输出二进制数或十进制数的位数表示,说明 A/D 转换器对输入信号的分辨能力,是 A/D 转换器在理论上能达到的精度。在最大输入电压一定时,输出位数越多,量化单位

越小,分辨率越高。例如 10 位 A/D 转换器,若最大输入信号为 5 V,则输出能区分的输入信号的最小电压为 $\frac{5}{2^{10}}$ V=4.88 mV。

转换误差一般以输出误差的最大值表示,说明实际输出的数字量与理论输出数字量之间的差别,以最低有效位的倍数给出。转换误差也可以用满量程输出的百分数表示。

2. 转换速度

A/D 转换器的转换时间是从转换控制信号到来开始,到输出端得到稳定的数字信号所经过的时间。转换时间越短,转换速度就越快,主要取决于 A/D 转换器的电路类型。

并行比较型 A/D 转换器的转换速度最快,8 位 A/D 转换器的转换时间不超过 50 ns。逐次比较型 A/D 转换器次之,转换时间一般在 10~100 μs 之间。双积分型 A/D 转换器的转换速度最低,转换时间大多在几十到几百毫秒之间。

7.3.6 集成 A/D 转换器 ADC0809 及其应用

1. ADC0809

集成 A/D 转换器中使用较多的是逐次比较型 A/D 转换器。ADC0809 是 AD 公司生产的 CMOS 工艺的 8 位逐次比较型 A/D 转换器,其内部结构框图如图 7.3.9 所示,包括 8 路通道模拟开关、地址锁存与译码器、电压比较器、控制与定时电路、逐次逼近寄存器 SAR、D/A 转换器和三态输出缓冲器。ADC0809 的转换时间为 100 μs,输入电压范围为 0~5 V。

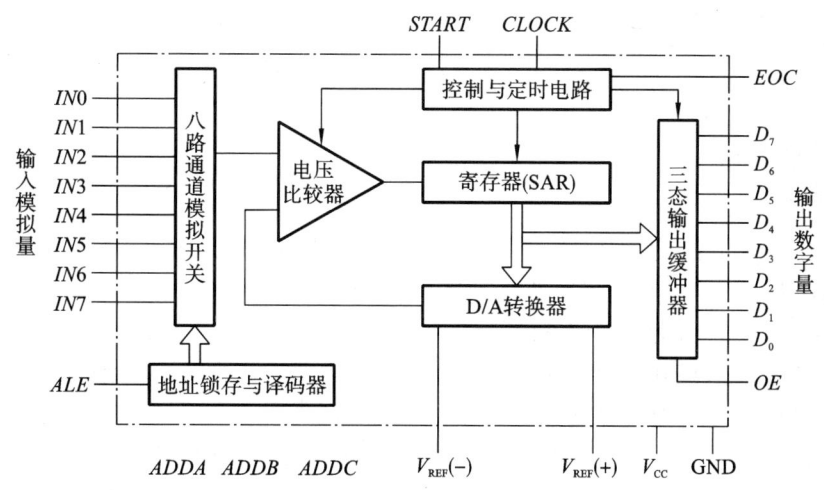

图 7.3.9 ADC0809 内部结构框图

IN0~IN7 为 8 路模拟量输入端,工作时采用时分割的方式,轮流进行 A/D 转换。D_7~D_0 为 8 位数字量输出端。ADDA、ADDB、ADDC 为地址码输入端,用于选择 IN0~IN7 的哪路模拟量进行输入。ALE 为地址码锁存输入端,当输入地址码稳定后,ALE 的上升沿将地址码锁存住。START 为启动信号输入端,其上升沿到达时寄存器 SAR 清零,下降沿到达时启动 A/D 转换器工作。CLOCK 为时钟信号输入端,一般接 640 kHz 时钟脉冲。EOC 为转换结束输出线,高电平时表示 A/D 转换结束,数字量存入三态输出缓冲器。OE 为"允许输出"控制端,高电平时允许三态输出缓冲器输出数字量。$V_{REF}(+)$ 和 $V_{REF}(-)$ 分别为参考电压的正、负输入端,一般 $V_{REF}(+)$ 接 5 V 电压源,$V_{REF}(-)$ 接地。

A/D、D/A 转换电路中要特别注意地线的正确连接,否则会产生严重的干扰,影响转换结果的准确性。一般,ADC、DAC 及取样保持芯片上都提供了独立的模拟地(AGND)和数字地(DGND)的引脚。在设计电路时,必须将所有器件的模拟地和数字地分别相连,然后将模拟地与数字地仅在一点上相连接。

2. ADC0809 的典型应用

常用微处理器和 ADC0809 组成单通道数据采集系统,用于智能控制、仪器仪表检测等。如图 7.3.10 所示,系统信号采用总线传输,包括数据总线和控制总线。采集数据时,微处理器先执行一条传送指令,在该指令执行过程中,微处理器在控制总线上产生写信号,其低电平信号启动 ADC0809 工作,使输入的模拟信号转换为数字信号存于输出锁存器,这时的 EOC 信号可作为中断请求信号,通知微处理器取数。当微处理器响应中断请求转入数据采集子程序后,立即执行输入指令,产生读信号给 ADC0809,将数字信号取出并存入存储器中。整个数据采集过程中,由微处理器有序地执行若干指令。

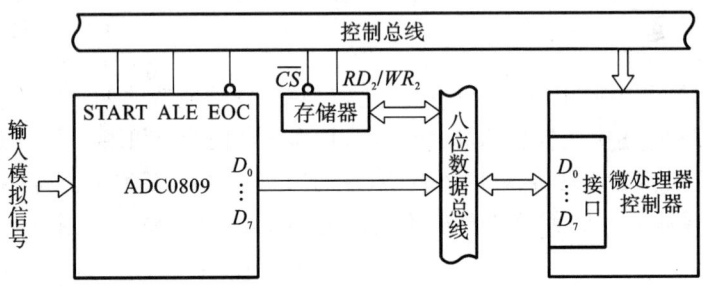

图 7.3.10 单通道数据采集系统示意图

本章小结

为了连接模拟电路与数字电路,数模与模数转换器应运而生,它是实现模拟信号与数字信号之间互相转换的接口电路。随着微处理器和计算机等数字系统在工业控制、智能仪器、仪表检测等方面的广泛应用,促进了 A/D 转换器和 D/A 转换器的快速发展。

本章分别介绍数/模和模/数转换,主要介绍几种常用的数模转换器和模数转换器的电路结构和工作原理,以及主要技术指标。

D/A 转换器实现了数字量向模拟量的转换。常见的 D/A 转换器有权电阻 D/A 转换器、倒 T 形电阻 D/A 转换器和权电流 D/A 转换器。典型的集成 D/A 转换器芯片有 DAC0808 和 AD7533。

A/D 转换一般分为采样、保持、量化和编码四个过程。不同类型的 A/D 转换器具有各自的特点,并行比较型 A/D 转换器的转换速度快,但元器件数量较多,影响转换精度;双积分型 A/D 转换器的转换精度高、抗干扰能力强,但转换速度慢;逐次比较型 A/D 转换器的性能介于前两者之间,因此得到普遍应用。

A/D 转换器和 D/A 转换器的主要技术指标是转换精度和转换速度。目前,A/D 转换器和 D/A 转换器正向着高速、高分辨率和易扩展接口的方向发展。

 习题

7-1 在图 7.2.1 所示的权电阻网络 D/A 转换器中,若取 $V_{REF}=-5$ V,试求当输入数字量为 $d_3d_2d_1d_0=0101$ 时输出的模拟电压值。

7-2 由 AD7533 组成的 10 位倒 T 形电阻 D/A 转换器中:

(1) 已知 $V_{REF}=-10$ V,试求当输入数字量从全 0 变为全 1 时输出的模拟电压的变化范围。

(2) 若想把输出电压的变化范围缩小一半,可以采取哪些方法?

(3) 若要求电路输入数字量为 $(200)_H$ 时输出电压 $v_O=-6$ V,试求 V_{REF} 的取值。

7-3 逐次比较型 A/D 转换器中的 10 位 D/A 转换器的 $V_{Omax}=12.276$ V,时钟的频率 $f_{CP}=500$ kHz:

(1) 若输入电压 $v_I=4.32$ V,则输出的 10 位数字量 D 是多少?

(2) 完成这次转换需要的时间 T 为多少?

7-4 试用 AD7533 和计数器 74161 组成题 7-4 图所示的阶梯波形发生器,并画出逻辑图。

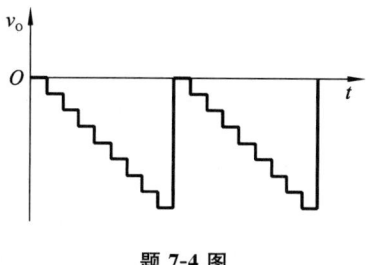

题 7-4 图

7-5 在双积分型 A/D 转换器中,输入电压 v_I 和参考电压 V_{REF} 在极性和数值上应满足什么关系? 如果 $|v_I|>|V_{REF}|$,那么电路能完成模数转换吗? 请说明原因。

第8章 数字系统设计

前面介绍了组合逻辑电路和时序逻辑电路的分析和设计方法。这些分析和设计方法以表达式、真值表、卡诺图和状态图为基础。如果数字电路的规模更大，功能更复杂，用经典的方法进行描述和设计就比较困难，需要采用新的方法。

本章首先介绍数字系统的基本概念，数字系统的设计方法、一般步骤和实现方法；然后结合大量的实例介绍数字系统的设计过程，使读者获得数字系统设计的基础知识、设计技巧、设计经验。

◀ 8.1 数字系统的基本概念 ▶

目前，数字技术已渗透到科研、生产和人们生活的各个领域。从计算机到家用电器，从手机到数字电话，以及绝大部分新研制的医用设备、军用设备等，无不尽可能地采用了数字技术。

数字系统是对数字信息进行存储、传输、处理的电子系统。通常，把门电路、触发器等称为逻辑器件，把由逻辑器件构成，能执行某一单一功能的电路，如计数器、译码器、加法器等，称为逻辑功能部件，把由逻辑功能部件组成的能实现复杂功能的数字电路称为数字系统。复杂的数字系统可以分为若干个子系统，例如计算机就是一个内部结构相当复杂的数字系统。

不论数字系统的复杂程度如何，规模大小怎样，就其实质而言皆为逻辑问题，从组成上说是由许多能够进行各种逻辑操作的功能部件组成的，这类功能部件，可以是小规模集成电路逻辑部件，也可以是中规模集成电路逻辑部件，还可以是大规模集成电路逻辑部件，甚至可以是CPU芯片。由于各功能部件之间的有机配合、协调工作，数字电路成为统一的数字信息存储、传输、处理的电子电路。

与数字系统相对应的是模拟系统，和模拟系统相比，数字系统具有工作稳定可靠，抗干扰能力强，便于大规模集成，易于实现小型化、模块化等优点。

◀ 8.2 数字系统的结构与设计方法 ▶

8.2.1 数字系统的结构

数字系统从结构上可以划分为数据处理单元和控制单元两部分，如图8.2.1所示。因此数字系统中的二进制信息也划分为数据信息和控制信息两大类。

数据处理单元接收控制单元发来的控制信号，对输入的数据进行算术运算、逻辑运算、位移操作等处理，然后输出数据，并将处理过程中产生的状态信息反馈到控制单元，数据处理单

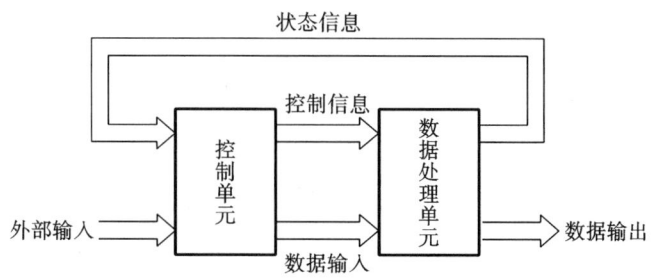

图 8.2.1　数字系统框图

元也称为数据通路。

　　控制单元根据外部输入信号和数据处理单元提供的状态信息,决定下一步要完成的操作,并向数据处理单元发出控制信号以控制其完成该操作。通常以是否有控制单元作为区别功能部件和数字系统的标志。凡是包含控制单元且能按顺序进行操作的系统,不论规模大小,一律称为数字系统,否则只能算是一个子系统部件,不能称为一个独立的数字系统。例如,大容量存储器尽管电路规模很大,但不能称为数字系统。

8.2.2　数字系统的设计方法

　　数字系统的设计通常有两种设计方法,一种是自底向上的设计方法,一种是自顶向下的设计方法。

　　自底向上(bottom-up)的设计过程是从最底层设计开始。设计系统硬件时,首先选择具体的元器件,用这些元器件,通过逻辑电路设计,完成系统中各独立功能模块的设计,再把这些功能模块连接起来,组装成完整的硬件系统。

　　这种设计过程在进行传统的手工电路设计时经常用到。优点是符合硬件设计工程师传统的设计习惯;缺点是在进行底层设计时,缺乏对整个电子系统总体性能的把握,在整个系统设计完成后,如果发现性能尚待改进,修改起来比较困难,因而设计周期长。

　　随着集成电路设计规模的不断扩大,复杂度的不断提高,传统的电路原理图输入法已经无法满足设计的要求。EDA 工具和 HDL 语言的产生使另一种自顶向下(top-down)的设计方法得以实现。

　　自顶向下的设计方法是在顶层设计中,把整个系统看成是包含输入和输出端口的单个模板,对系统级进行仿真、纠错,然后对顶层进行功能框图和结构的划分,即从整个系统的功能出发,按一定原则将系统分为若干个子系统,再将每个子系统分成若干个功能模块……直至分成许多基本模块,如图 8.2.2 所示,将系统模块划分为各个子功能模块,并对其进行行为描述,在行为级进行验证。

8.2.3　数字系统设计的一般步骤

　　数字系统设计的一般流程如下。

1. 明确设计要求

　　在具体设计之前,详细分析设计要求、确定系统输入/输出信号是必要的。例如,要设计一个交通灯控制器,必须明确系统的输入信号有哪些(由传感器得到的车辆到来信号、时钟信

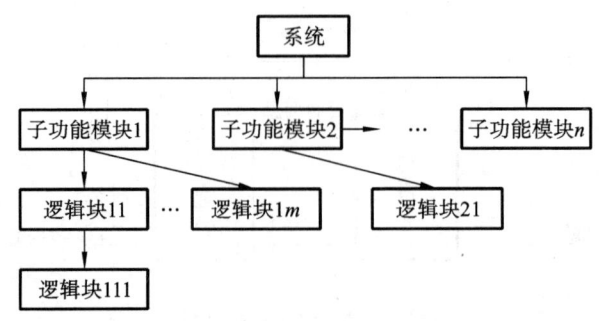

图 8.2.2　系统模块划分

号),输出要求是什么(红、黄、绿交通灯正确显示和时间显示),只有在明确设计要求的基础上,才能使系统设计有序地进行。

2. 确定整体设计方案

对于一个具体的设计可能有多种不同的方案,确定方案时,应对不同方案的性能、成本、可靠性等方面进行综合考虑,最终确定设计方案。

3. 模块化设计

在这里,可以选用自底向上的设计方法,也可以选用自顶向下的设计方法。模块分割的一般要求如下:

(1)各模块之间的逻辑关系明确;

(2)各模块内部逻辑功能集中,且易于实现;

(3)各模块之间的接口线尽量少。

模块化的设计最能体现设计者的思想,分割合适与否对系统设计的方便与否有着至关重要的影响。例如交通灯控制器的设计,可以把整个系统分为主控电路、定时电路、译码驱动显示等,而定时电路可以由计数器功能模块构成,译码驱动显示可由小规模集成电路、组合逻辑电路构成,这两部分都是设计者所熟悉的各种功能电路,设计起来并不困难。这样,交通灯控制器设计的主要问题就是控制电路的设计了,而这是一个规模不大的时序电路,因此,一个复杂的数字系统设计就变成了一个较小规模的时序逻辑电路的设计,从而大大简化了设计的难度,缩短了设计周期。由于设计调试都可以针对这些子模块进行,使修改设计也变得非常方便。

4. 数字系统的设计

数字系统的设计可以在以下几个层次上进行:

(1)选用通用集成电路芯片构成数字系统;

(2)应用可编程逻辑器件实现数字系统;

(3)设计专用集成电路(单片机系统)。

通过这几个步骤,可以实现一个完整的数字系统的设计。

8.2.4　数字系统的实现方法

1. 用中、小规模集成电路实现

用通用集成电路构成数字系统,即采用小规模集成电路、中规模集成电路,根据系统的设计要求,构成所需数字系统。简单的数字系统设计,都可以在这个层次上进行。电子工程师设计电子系统的过程一般是先根据设计要求进行书面设计,再选择器件,然后搭建调试电路,最后制作样机。这样完成的系统设计由于芯片之间的众多连接造成系统可靠性不高,也使系统体积相对较大,集成度低。当数字系统大到一定规模时,搭建调试会变得非常困难甚至不可行。

2. 用可编程器件实现

随着数字电子技术和电子设计自动化(electronic design automation,EDA)技术的发展,数字系统设计的理论和方法也在相应地变化和发展。EDA 技术是从计算机辅助设计(CAD)、计算机辅助制造(CAM)、计算机辅助测试(CAT)等技术发展而来的。它以计算机为工具,设计者只需要对数字系统功能进行描述,就可以在 EDA 工具的帮助下完成系统设计。

应用可编程逻辑器件(programmable logic device,PLD)实现数字系统设计和单片机系统的设计,是目前利用 EDA 技术设计数字系统的潮流。这种设计方法以数字系统设计软件为工具,将传统数字系统设计中的搭建调试用软件取代。这种设计方法最大限度缩短了设计和开发时间,降低了设计成本,提高了设计的可靠性。目前,在我国各大院校教学中有着广泛影响的 EDA 软件有 PSpice、OrCAD、Protel、Quartus 等。

高速发展的 PLD 为 EDA 技术的不断进步奠定了坚实的基础。大规模 PLD 不但具有微处理器和单片机的特点,而且随着微电子技术和半导体制造工艺的进步,集成度不断提高,与微处理器、DSP、A/D、D/A、RAM、ROM 等独立器件之间的物理和功能界限日趋模糊,嵌入式系统和片上系统(SOC)得以实现。以大规模可编程逻辑集成电路为基础的 EDA 技术打破了软、硬件之间的设计界限,使得硬件系统软件化,这已成为现代电子设计技术的发展趋势。

现场可编程逻辑器件(field programmable logic device,FPLD)中应用最广泛的当属CPLD 和 FPGA,CPLD 是复杂可编程逻辑器件(complex programmable logic device)的简称,FPGA 是现场可编程门阵列(field programmable gate array)的简称。

◀ 8.3 设计实例一:4 位电子计数器的设计 ▶

【本节任务】

设计一款通用 4 位电子计数器,对输入计数器的脉冲进行计数,实现 0000～9999 的计数,并将计数结果通过 LED 数码管显示出来。

8.3.1 设计要求

1. 设计背景

电子计数器是利用数字电路技术计数出给定时间内所通过的脉冲数,并将计数结果通过屏幕显示的数字化仪器。电子计数器是其他数字化仪器的基础,电子计数器具有计数的功能,最常见的是对时间计数。它不仅可以用于对时钟脉冲进行计数,还广泛应用于定时、分频,以及各种复杂的数字系统中。计数器计数的对象各种各样,例如,一本书、两本书……行走时 1步、2 步……时间计数 1 秒、2 秒……像 1,2,3,…这种一个个增加的数字是比较简单的,但是当数字很大时,要记住这些数字就会逐渐感到不容易。

图 8.3.1 交通车辆计数器

例如:经常可以看到大街上为了计算所通过的车辆数目而使用图 8.3.1 所示的计数器。其四位大屏幕 LED 显示可保证参数的清晰度,并提供 9999 的总计数容量。这种计数器功能简单,使用也很方便。

2. 设计要求

本节任务需要设计一款通用 4 位电子计数器,对输入计数器的脉冲进行计数,实现0000～9999 的计数,并将计数结果通过 LED 数码管显示出来。

要用数字电路实现具有计数功能的各种计数器,首先要确定该计数器要实现怎样的功能以及计数容量,然后才能确定计数器电路的结构以及使用的部件。该设计中,具体设计要求如下:

(1) 输入计数器的脉冲为上升沿有效,脉宽不限,占空比不限,电平 1.8～5.5 V;

(2) 输入脉冲具有一定的抗干扰能力,防止外界干扰导致错误计数结果;

(3) 具有外接按键模拟计数脉冲功能,即外接一个按键,按键按下然后松开一次,产生一个有效计数脉冲,计数器加 1;

(4) 具有一键复位功能,复位按键按下然后松开一次,计数器清零;

(5) 显示采用 4 位独立的共阴极 LED 数码管,每位数码管包含 7 段显示和 1 个小数点显示;

(6) 整个系统 5 V 供电。

8.3.2 设计方案

1. 整体方案

根据设计要求可得到如图 8.3.2 所示的整体设计方案,电路的结构可分为以下 4 部分:脉冲输入部分、计数器部分、译码驱动部分、LED 显示部分。

图 8.3.2 电子计数器整体设计方案

1)脉冲输入部分

输入信号可能是外加的脉冲方波信号,也可能是外接按键模拟脉冲方波,因此,需要脉冲输入部分电路对两类输入信号都可以进行有效处理。输入部分还需要具有宽电压输入、脉冲整形、干扰滤波等功能。

2）计数器部分

组成计数器的最基本单元是触发器，但是利用触发器设计计数器会增加其集成块的数目，同时也花费时间，故本设计选择中规模集成芯片 74LS160 来构成计数器。74LS160 是 1 位同步十进制加法计数器，具有复位、预置数、保持功能，上升沿触发。

3）译码驱动部分

LED 数码管要显示 BCD 码所表示的十进制数字就需要有一个专门的译码器，该译码器不但要有译码功能，还要有驱动能力。电路只要接通 +5 V 电源，并将十进制数的 BCD 码接至译码器的相应输入端 A、B、C、D 即可显示 0～9 的数字。

4）LED 显示部分

数码的显示方式一般有三种：字形重叠式、分段式、点阵式。目前，分段式应用最为普遍，主要器件是七段发光二极管（LED）显示器。分段式又分为两种，一种是共阳极显示器（发光二极管的阳极都接在一个公共点上）；另一种是共阴极显示器（发光二极管的阴极都接在一个公共点上，使用时公共点接地）。

2. 输入部分方案

脉冲输入部分可以输入两路信号，即外接脉冲计数和外接按键模拟计数。如图 8.3.3 所示，当左边输入外接低电平脉冲时，脉冲幅度为 1.8～5.5 V，经过 3 个反相器整形，输出 5 V 高电平脉冲计数。当没有输入外接脉冲，可以外接一个按键，按键按下为低电平，按键松开为高电平，因此按键一次按下-松开动作，产生低电平脉冲，和外接低电平脉冲类似，经过 3 个反相器整形，输出 5 V 高电平脉冲。

0.1 μF 电容为滤波电容，滤除输入信号的干扰和按键动作过程中的抖动，防止计数错误。

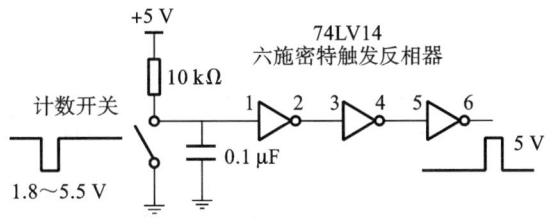

图 8.3.3　脉冲输入部分设计方案

本设计中，将采用 74LV14 构成脉冲输入电路，如图 8.3.4 所示，A 端为输入端，Y 端为输出端，一片芯片一共 6 路，即 1、3、5、9、11、13 为输入端，2、4、6、8、10、12 为输出端，输出结果与输入结果反相，即如果输入端为高电平，那么输出为低电平；如果输入低电平，输出则为高电平。74LV14 是六施密特触发反相器，和 74HC14 类似，但 74LV14 是低电压硅栅 CMOS 器件，可以支持电压低至 1.8 V，适用于宽电压输入。

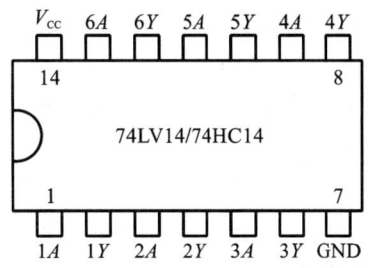

图 8.3.4　74LV14/74HC14 管脚图

这里为什么没有用常见的反相器 74HC14 或者 74LV04 呢？74LV14 和 74HC14 类似，但 74LV14 是低电压硅栅 CMOS 器件，可以支持电压低至 1.8 V，适用于宽电压输入。74LV14 与 74LV04 都是 74 系列的非门，它们的输出端是一样的，但是两者的输入端不同，74LV04 输入是 TTL 电平，74LV14 输入是施密特输入（有滞回特性），因为输入不一样，两个芯片的应用场合也有所不同。74LV04 多用于板内一般数据的"非"控制,而 74LV14 一般用于某些信号的整形或者易受干扰/关键信号的缓冲等。大部分情况下 74LV14 可以代替 74LV04。

3. 计数器部分方案

组成计数器的最基本单元是触发器,但是利用触发器设计计数器会增加其集成块的数目,同时也花费时间,故本设计选择中规模集成芯片 74LS160 来构成计数器。74LS160 是 1 位同步十进制加法计数器,具有复位、预置数、保持功能,上升沿触发。

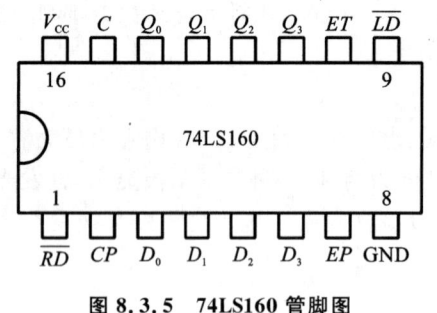

图 8.3.5　74LS160 管脚图

74LS160 采用 16 脚双列直插塑料封装,管脚排列图如图 8.3.5 所示,1 脚 $\overline{RD}$ 为清零端,低电平有效;9 脚 $\overline{LD}$ 为预置数端,低电平有效;2 脚 CP 为时钟脉冲输入端,上升沿触发;EP、ET 为使能端,高电平有效;$D_0 \sim D_3$ 为置数信号端,$Q_0 \sim Q_3$ 为输出状态端。74LS160 可以实现十进制计数,即实现从"0"到"9"的计数,到了"9"就产生进位信号,15 脚 $CO(C)$ 为进位输出端。

74LS160 的功能表如表 8.3.1 所示,除了计数外,74LS160 还有一些附加功能,例如复位、预置数、保持。计数器产品一般只有二进制和十进制两种,有了这些附加功能,我们就可以方便地用我们得到的计数器来构成任意进制的计数器。

表 8.3.1　74LS160 功能表

$\overline{RD}$	$\overline{LD}$	EP	ET	CP	Q_3	Q_2	Q_1	Q_0
0	×	×	×	×	0	0	0	0
1	0	×	×	↑	D_3	D_2	D_1	D_0
1	1	0	×	×	Q_3	Q_2	Q_1	Q_0
1	1	×	0	×	Q_3	Q_2	Q_1	Q_0
1	1	1	1	↑	计数			

在实际应用中,若需要的计数器的模小于 10,就可以直接使用集成计数器 74LS160 来实现;但是,在实际生活和工作实践中,经常用到模大于 10 的计数器。例如,钟表的 24 进制、60 进制计时等,每年的 365 日计数,日常生活中成千上万的计数,对高频信号的分频等,就不能简单使用一片集成计数器来计数,而要像使用算盘那样,使用多串算珠来进行成千上万的计数和数的表示,即使用多片集成计数器进行大模数的计数。在此,就需要进行集成计数器的级联,用以扩展计数器的模,达到大规模计数的目的。利用进位输出端 $CO(C)$ 的进位信号,可以用两个 74LS160 做成 100 进位的计数器,如图 8.3.6 所示。

首先定义集成计数器的高低位,1#芯片为低位(相当于个位),2#芯片为高位(相当于十位),从低位开始计数,把计数脉冲 CP 送入 1#(低位)集成计数器的 CP 端。接着寻找进位信号,进位端 C 发出的就是进位信号,即在 0~9 的计数过程中,计数到 $Q_3Q_2Q_1Q_0 = 1001(9)$ 时,C 发出高电平信号。就进位的时机而言,应该在低位芯片的状态是 9→0($Q_3Q_2Q_1Q_0 = 1001 \rightarrow 0000$)时,高位芯片开始加 1,此时进位输出端 C 从 1→0,这是一个下降沿,这也是我们需要的进位时刻。但是,74LS160 是 CP 上升沿有效的集成计数器,高位芯片需要一个脉冲上升沿进行触发计数,因此可以用一个非门进行信号边沿的转换,把下降沿换成上升沿。低位计数器的 C 端通过一个非门连接到高位 CP 端,完成十进制到百进制的级联扩展。

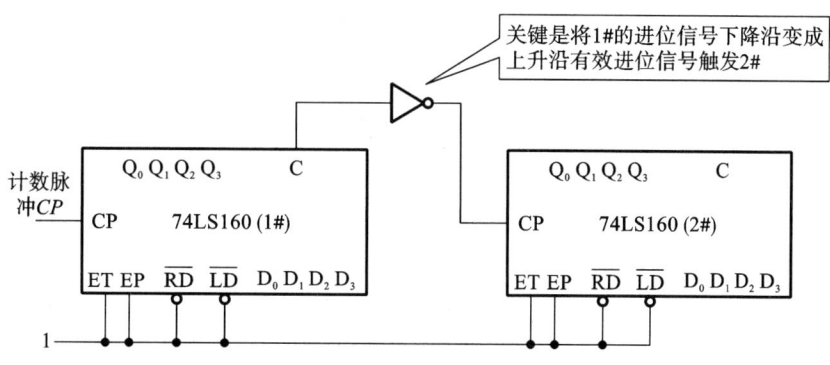

关键是将 1# 的进位信号下降沿变成
上升沿有效进位信号触发 2#

图 8.3.6 74LS160 异步串联组成百进制计数器

图 8.3.6 所示串联扩展组成的计数器,是用低位集成计数器的进位信号去触发高位集成计数器的 CP 脉冲端,各集成计数器没有共用 CP 脉冲,因此称之为异步级联。这种级联方式的过渡时期干扰大,不适合于要求过渡干扰小的计数器。怎样克服这种过渡干扰呢? 可以用同步并联的方法组成同步计数器来克服过渡干扰,所谓的同步计数器即所有的集成计数器及其内部的触发器共用一个 CP 脉冲的计数器。

利用 74LS160 组成同步计数器的电路如图 8.3.7 所示。在 74LS160 计数器逻辑中,ET = EP = 0 时,计数器不计数;ET = EP = 1 时,计数器正常计数。定义 1# 芯片为低位,2# 芯片为高位,用低位芯片进位输出端 C 作为高位芯片的控制信号。不是用 C 的边沿去触发高位芯片的 CP 脉冲端,而是去控制高位计数器的 EP 以及 ET 端,从而控制高位计数器的计数或是保持。

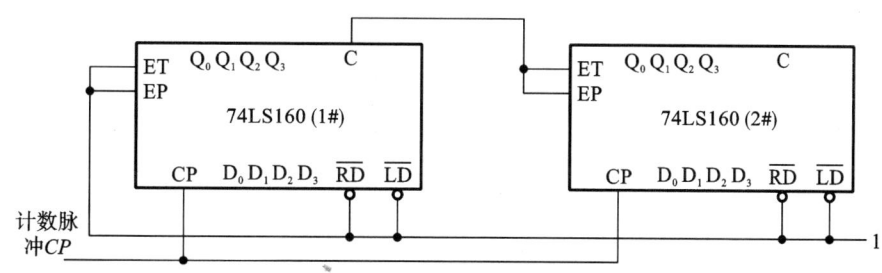

图 8.3.7 74LS160 同步并联组成百进制计数器

当低位计数器计数状态从 0~8 时,C = 0,使高位计数器 ET = EP = 0,处于保持状态,高位计数器不能进行计数。当低位计数器计数到 9 状态(即 $Q_3 Q_2 Q_1 Q_0$ = 1001)时,C = 1,由于两集成计数器共用一个 CP 脉冲,虽然 ET = EP = 1,但 CP 脉冲有效边沿已过,高位计数器暂时不计数。在低位计数器的一个计数循环中,只有当第 10 个 CP 脉冲到来时,高位计数器 ET = EP = 1,处于计数状态,允许计数,使高位计数器递加 1。也就是说,在低位计数器的一个计数循环(10 个状态)中,C 端只在最后一个状态发出一个进位控制信号,开启高位计数器进行计数。本次进位完毕后,低位计数器归零,同时 C = 0,使高位计数器的 ET = EP = 0,封锁了高位计数器的 CP 端,即使有 CP 脉冲,高位计数器也不计数。总之,低位计数器每一个计数循环完成后,允许高位计数器计数 1,达到进位的目的。采用这种方式级联,所有集成计数器共用同一个 CP 脉冲触发,即同步计数器,可以克服异步计数器中的过渡干扰。

同理,可以用 3 个 74LS160 做成 1000 进位的计数器。该设计要求计数到 9999,也就是

10000 进位,所以需要用到 4 个 74LS160 同步并联,构成 10000 进制计数器。

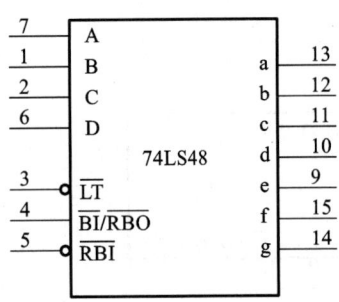

图 8.3.8　74LS48 管脚图

4. 译码驱动部分方案

LED 数码管要显示 BCD 码所表示的十进制数字就需要有一个专门的译码器,该译码器不但要有译码功能,还要有驱动能力。译码驱动电路只要接通 +5 V 电源,并将十进制数的 BCD 码接至译码器的相应输入端 A、B、C、D 即可显示 0~9 的数字。

译码驱动电路采用常见的 74LS48 共阴极译码驱动器,74LS48 的管脚定义如图 8.3.8 所示,功能表如表 8.3.2 所示。

表 8.3.2　74LS48 的功能表

功能或数字	输入							输出							显示字形
	$\overline{LT}$	$\overline{RBI}$	D	C	B	A	$\overline{BI/RBO}$	a	b	c	d	e	f	g	
0	1	1	0	0	0	0	1	1	1	1	1	1	1	0	
1	1	×	0	0	0	1	1	0	1	1	0	0	0	0	
2	1	×	0	0	1	0	1	1	1	0	1	1	0	1	
3	1	×	0	0	1	1	1	1	1	1	1	0	0	1	
4	1	×	0	1	0	0	1	0	1	1	0	0	1	1	
5	1	×	0	1	0	1	1	1	0	1	1	0	1	1	
6	1	×	0	1	1	0	1	0	0	1	1	1	1	1	
7	1	×	0	1	1	1	1	1	1	1	0	0	0	0	译码
8	1	×	1	0	0	0	1	1	1	1	1	1	1	1	显示
9	1	×	1	0	0	1	1	1	1	1	0	0	1	1	
10	1	×	1	0	1	0	1	0	0	0	1	1	0	1	
11	1	×	1	0	1	1	1	0	0	1	1	0	0	1	
12	1	×	1	1	0	0	1	0	1	0	0	0	1	1	
13	1	×	1	1	0	1	1	1	0	0	1	0	1	1	
14	1	×	1	1	1	0	1	0	0	0	1	1	1	1	
15	1	×	1	1	1	1	1	0	0	0	0	0	0	0	
试灯	0	×	×	×	×	×	1	1	1	1	1	1	1	1	8
灭零	1	0	0	0	0	0	0	0	0	0	0	0	0	0	全灭
灭灯	×	×	×	×	×	×	0	0	0	0	0	0	0	0	全灭

灯测试输入 $\overline{LT}=0$ 时,数码管的七段同时点亮,以检查该数码管各段能否正常发光;平时 $\overline{LT}$ 应置于高电平 $\overline{LT}=1$。

$\overline{BI/RBO}$ 为双重功能的端子,既可以作为输入信号又可以作为输出信号。作为输入端使用时,称为灭灯控制输入端,只要 $\overline{BI}=0$,数码管各段同时熄灭。作为输出端使用时,称为灭零输出端,在 $A=B=C=D=0$,而且有灭零输入信号($\overline{RBI}=0$)时,$\overline{RBO}$ 才会输出低电平,表示译码器把不希望显示的零熄灭了。

灭零输入 $\overline{BI}$ 主要用于熄灭不希望显示的零,例如 0013.2300,显然前两个零和后两个零均无效,则可使用 $\overline{BI}=0$ 输入,使之熄灭,显示 13.23。

将灭零输入端$\overline{RBI}$和灭零输出端$\overline{RBO}$配合使用,可实现多位数码显示系统的灭零控制,只需在整数部分把高位的$\overline{RBO}$与低位$\overline{RBI}$相连,在小数部分把低位的$\overline{RBO}$与高位的$\overline{RBI}$相连,就可以把前后多余的零熄灭了。在这种连接方式下,整数部分只有在高位是零,而且被熄灭的情况下,低位才有灭零输入信号。同理,小数部分只有在低位是零,而且被熄灭时,高位才有灭零输入信号。

本设计需要显示 0000~9999,即驱动 4 位的 LED 数码管,因此需要用到 4 个具有译码器及 LED 驱动能力的 74LS48。测试中,只要接通+5 V 电源,并将 74LS160 输出的十进制数的 BCD 码接至译码器的相应输入端 A、B、C、D 即可显示 0~9 的数字。

5. LED 显示部分方案

数码的显示方式一般有三种:字形重叠式、分段式、点阵式。目前,分段式应用最为普遍,主要器件是七段发光二极管(LED)显示器。

分段式数码管又分为两种,一种是共阳极显示器(发光二极管的阳极都接在一个公共点上);另一种是共阴极显示器(发光二极管的阴极都接在一个公共点上,使用时公共点接地)。图 8.3.9 所示是共阴极数码管,图 8.3.10 所示是共阳极数码管。

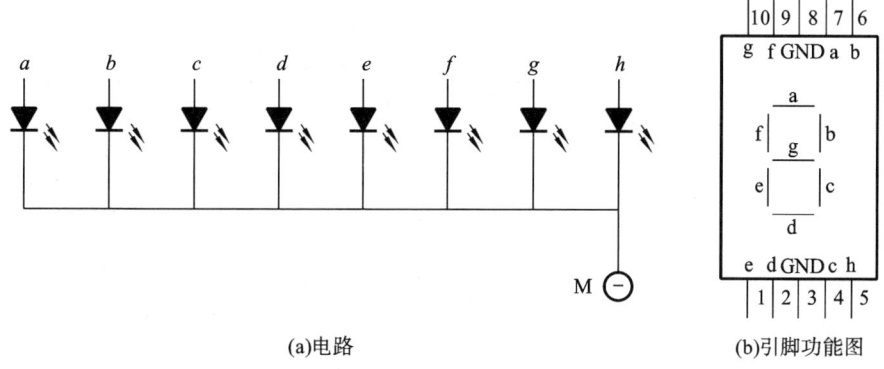

(a)电路   (b)引脚功能图

图 8.3.9 共阴极数码管

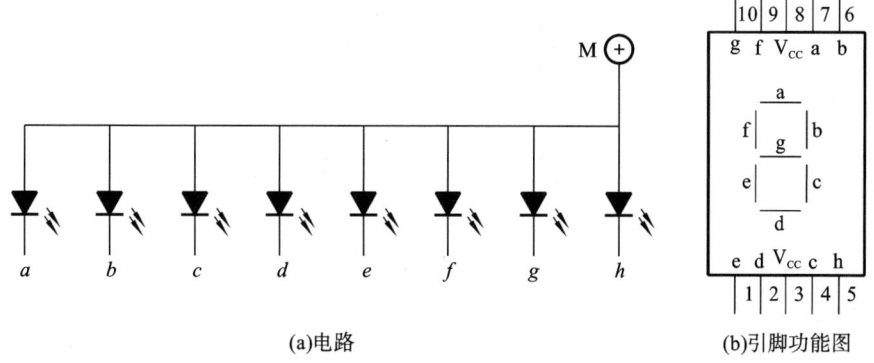

(a)电路   (b)引脚功能图

图 8.3.10 共阳极数码管

一个 LED 数码管可以用来显示一位 0~9 的十进制数和一个小数点。小型数码管每段发光二极管的正向压降 V_f 随显示光的颜色(通常为红、绿、黄、橙)不同略有差别,通常为 1.8~3.5 V,每个发光二极管的工作电流为 5~10 mA。74LS48 译码驱动器输出是高电平有效,所以配接的数码管必须采用共阴极接法。数码管常用型号为 LC5011-11、BS201、BS202 等。

【注意】 除了采用 74LS48 共阴极译码驱动器,也可采用 74LS47 共阳极译码驱动器,74LS47 的引脚排列与 74LS48 的引脚排列一样,两者的功能也相差不多。74LS48 采用内部升压电阻产生高电平,从而用拉电流方式驱动共阴极数码管;74LS47 为集电极开路(OC)输出产生低电平,从而用灌电流方式驱动共阳极数码管。

8.3.3 电路制作与测试

根据前面的设计方案,汇总得到图 8.3.11 所示的电路图,电路的结构可分为以下 4 部分:输入部分、计数器部分、译码驱动部分、LED 显示部分。

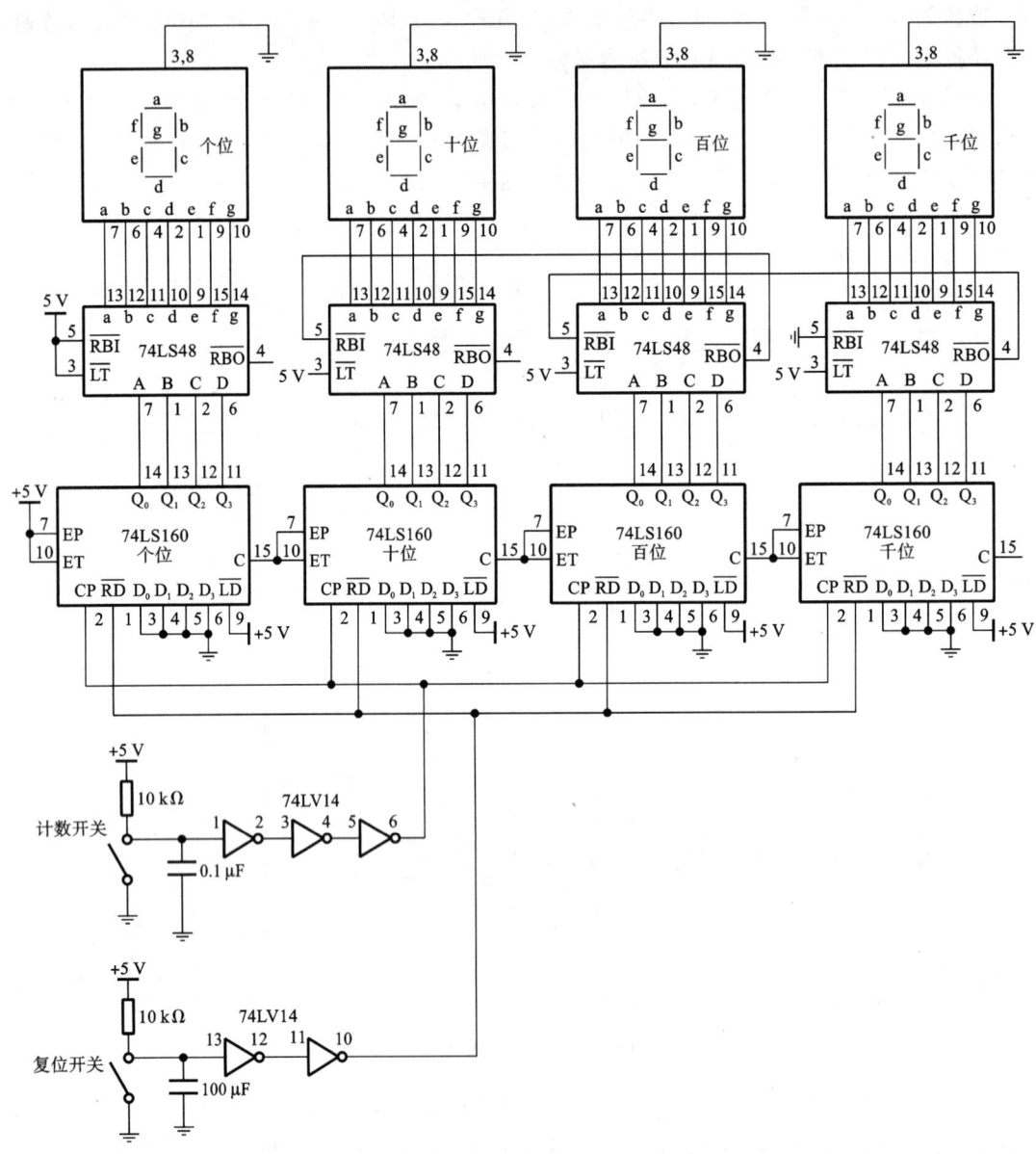

图 8.3.11 4 位电子计数器的电路图

参照图 8.3.11 设计好电路后,组装完成并检查布线后就可以加电源测试了。接上电源后,首先检查数码管是否正常显示;然后按下计数开关,按一次计数开关,计数结果加 1;计数结果从"0000"一直加到"9999",然后再加 1,则循环回到"0000"开始重新计数。当然,在计数的任一时刻按一下复位开关,计数结果立刻变成了"0000",复位开关松开后,则从"0000"开始正常计数。

【注意】 如果 LED 数码管不发光,很有可能是正负极接反了,此时要停止加电源,检查电路的"+""-"极。

【思考】 根据第二章的门电路知识,74LS48 共阴极译码驱动器和 74LS47 共阳极译码驱动器,两者谁的驱动能力强? 即谁能驱动更大功率的 LED 数码管?

◀ 8.4 设计实例二:秒表的设计 ▶

【本节任务】

上一节,我们设计了一款通用 4 位电子计数器,对输入计数器的脉冲进行计数。本节在上一节的基础上,做一些改变,设计一款高精度电子秒表,可以进行准确定时。

8.4.1 设计要求

1. 设计背景

在运动会需要测定运动项目的时间时,需要使用秒表。秒表与普通的钟表(包括手表)不同,它的作用是对从某一时刻到另一时刻的时间间隔进行精确计时。

秒表主要有机械秒表和电子秒表两大类,如图 8.4.1 所示。电子秒表由于精度高、可靠性高、制作生产方便、成本低、维护便捷,已成为主流秒表;机械秒表在很多地方已经成为历史。电子秒表是一种较先进的电子计时器,一般都是利用石英振荡器的振荡频率作为时间基准,采用 6 位液晶数字显示时间,具有精度高(1/10 s 或者 1/100 s)、显示直观、读取方便、功能多等优点。

(a)机械秒表

(b)电子秒表

图 8.4.1 常见秒表

2. 设计要求

本节任务需要设计一款高精度电子秒表,可以进行准确定时。参考市场现有秒表功能和性能,我们定义如下设计要求:

(1) 计时精度为 1/100 s,即显示小数点后 2 位;

(2) 计时最大值为 99 s,即显示小数点前 2 位;

（3）设置开关按键，按键按下开始计时；

（4）设置停止按键，按键按下停止计时；

（5）设置复位按键，按键按下计时清零；

（6）显示采用 4 位独立的共阴极 LED 数码管，每位数码管包含 7 段显示和 1 个小数点显示；

（7）整个系统采用纽扣电池 CR2412 供电，电池电压为 3 V，尺寸为 $\phi 24.5$ mm×1.2 mm。

8.4.2 设计方案

1. 整体方案

根据设计要求，电子秒表可分为以下 4 部分：振荡器部分、计时器部分、译码驱动部分、LED 数码管显示部分。整体设计方案如图 8.4.2 所示。

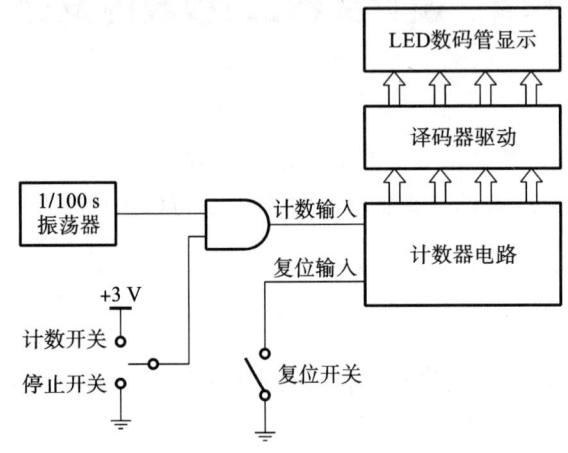

图 8.4.2 秒表整体设计方案

1）振荡器部分

对秒表的性能要求首先应该是能够准确地测定时间，因此如何准确地产生 1/100 s 的脉冲是电路设计的要点，为了获得准确且稳定的振荡，必须采用石英振荡器。石英振荡器常规的是 1 MHz，因此振荡器电路需要对 1 MHz 的石英晶振进行 $1/10^4$（即 1/10000）的分频，才能得到电子秒表需要的 100 Hz，即 1/100 s 的脉冲。

2）计时器部分

本设计需要实现 00.00 至 99.99 的计时，可以参考 8.3 节的设计，选择中规模集成芯片 74LS160 来构成计时器。74LS160 是 1 位同步十进制加法计数器，具有复位、预置数、保持功能，上升沿触发。

3）译码驱动部分

本设计需要将计时结果驱动显示在 LED 数码管上，可以参考 8.3 节的设计，选择中规模集成芯片 74LS48 来构成译码驱动电路。该电路不但具有译码功能，还要有驱动能力。电路只要接通＋5 V 电源，并将十进制数的 BCD 码接至译码器的相应输入端 A、B、C、D 即可显示 0～9 的数字。

4）LED 显示部分

本设计参考 8.3 节的设计，选择共阴极显示器进行秒表读数功能的显示。

2. 振荡器部分方案

为了获得准确且稳定的 1/100 s 振荡,必须采用石英振荡器。石英振荡器常规的是 1 MHz,因此振荡器电路需要对 1 MHz 的石英晶振进行 $1/10^4$ (即 1/10000) 的分频,才能得到电子秒表需要的 100 Hz,即 1/100 s 的脉冲。为了进行 $1/10^4$ (即 1/10000) 的分频,我们可以采用 4 个 10 进制计数器作为分频器,十进制计数器有同步十进制计数器和异步十进制计数器两种。

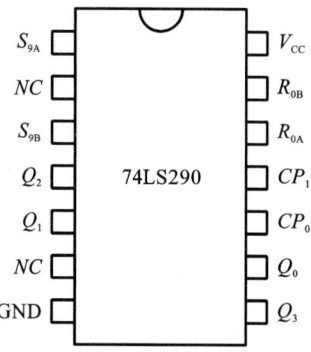

图 8.4.3 74LS290 管脚图

1) 用异步十进制计数器 74LS290 实现分频

先介绍 74LS290,异步十进制计数器,管脚排列如图 8.4.3 所示,该计数器由内部相互独立的一位二进制计数器和一位异步五进制计数器组成。如果计数脉冲由 CP_0 端输入,输出由 Q_0 端引出,即为二进制计数器;如果计数脉冲由 CP_1 端输入,输出由 $Q_3Q_2Q_1$ 端引出,即为五进制计数器;如果将 Q_0 与 CP_1 相连,计数脉冲由 CP_0 端输入,输出由 $Q_3Q_2Q_1Q_0$ 端引出,即为 8421 码十进制计数器。因此,又称此电路为二-五-十进制计数器,其逻辑功能表如表 8.4.1 所示。

表 8.4.1　74LS290 异步计数器逻辑功能表

复位输入		置位输入		时钟		输出			
R_{0A}	R_{0B}	S_{9A}	S_{9B}	CP_0	CP_1	Q_3	Q_2	Q_1	Q_0
1	1	0	×	×	×	0	0	0	0
		×	0						
×	×	1	1	×	×	1	0	0	1
×	0	×	0	↓	无	二进制计数			
0	×	0	×	无	↓	五进制计数			
0	×	×	0	↓	Q_0	BCD 计数			
×	0	0	×	↓	Q_0	8421 码计数			

改变 74LS290 计数器的连接方式可以构成多种计数器,首先我们构成简单的二进制、五进制、十进制、六进制计数器,如图 8.4.4 所示。

我们还可以用两片 74LS290 构成二十五进制计数器,如图 8.4.5 所示,74LS290(1) 为低位芯片,74LS290(2) 为高位芯片,两片芯片都是按照五进制设置,最后总的输出为二十五进制。

我们还可以用两片 74LS290 构成五十进制计数器,如图 8.4.6 所示,74LS290(1) 为低位芯片,按照十进制设置;74LS290(2) 为高位芯片,按照五进制设置。得到最终输出为五十进制。

我们继续用两片 74LS290 构成一百进制计数器,如图 8.4.7 所示,74LS290(1) 为低位芯片,74LS290(2) 为高位芯片,都按照十进制设置,得到最终输出为一百进制。

前面大篇幅介绍了 74LS290 异步十进制计数器可以灵活组成各种进制的计数器。本设

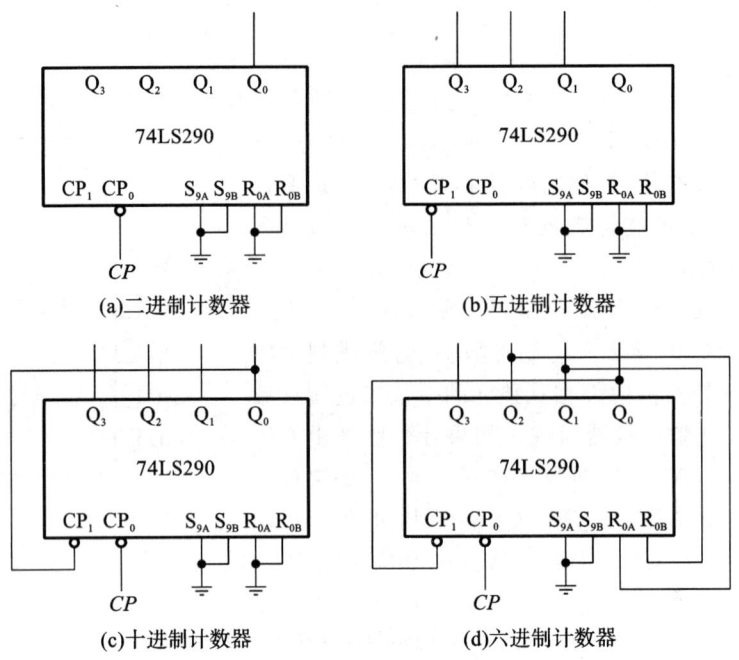

图 8.4.4　单片 74LS290 构成的简单计数器

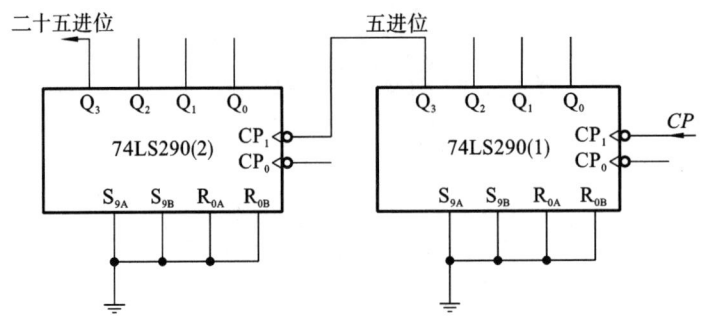

图 8.4.5　74LS290 构成二十五进制计数器

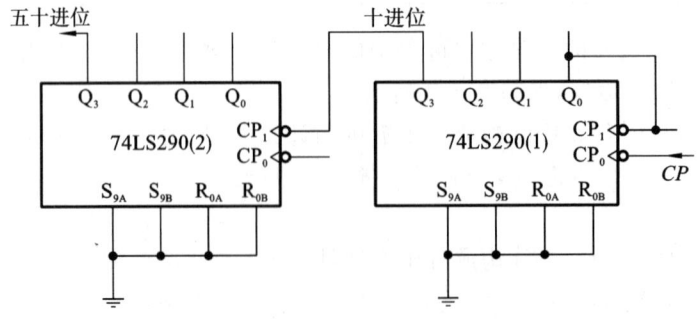

图 8.4.6　74LS290 构成五十进制计数器

计所要求的 $1/10^4$（即 $1/10000$）的分频，可以采用 4 片 74LS290 串联，每片 74LS290 按照十进制设置，从而实现一万进制计数器，达到 $1/10000$ 的分频，具体电路在此不做赘述，同学们自己

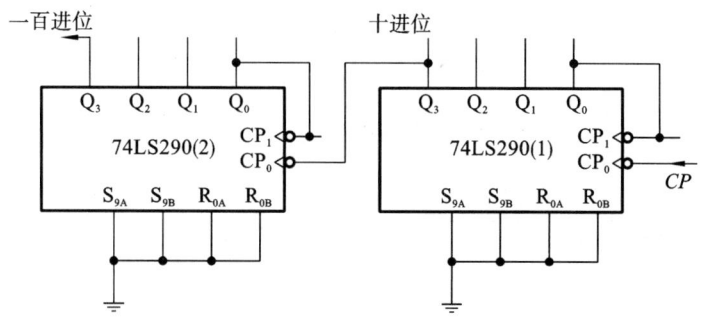

图 8.4.7　74LS290 构成一百进制计数器

尝试设计。

2）用同步十进制计数器 74LS160 实现分频

在前面 8.3 节,我们选用了 4 片中规模集成芯片 74LS160 并联来构成十进制计数器,实现了 0000 至 9999 的计数,即实现了一万进制计数器,因此本节完全可以采用 8.3 节的现有设计实现分频,详细设计过程请查阅 8.3 节。

我们得到最终的振荡器部分电路设计,如图 8.4.8 所示,其中晶振采用标准的 1 MHz 晶振,辅以 2 只 47 pF 电容作为平衡匹配,以保持晶振的稳定性。与非门作为波形整形,将晶振的 1 MHz 非标准波形整理成标准的 1 MHz 方波,用于 74LS160 的计数时钟。4 片 74LS160 并联,每片为十进制,从而实现一万进制计数,即将 1 MHz 的方波进行了 1/10000 的分频,得到 100 Hz 的方波,即每个方波的周期为 10 ms,可实现 10 ms 的计时。

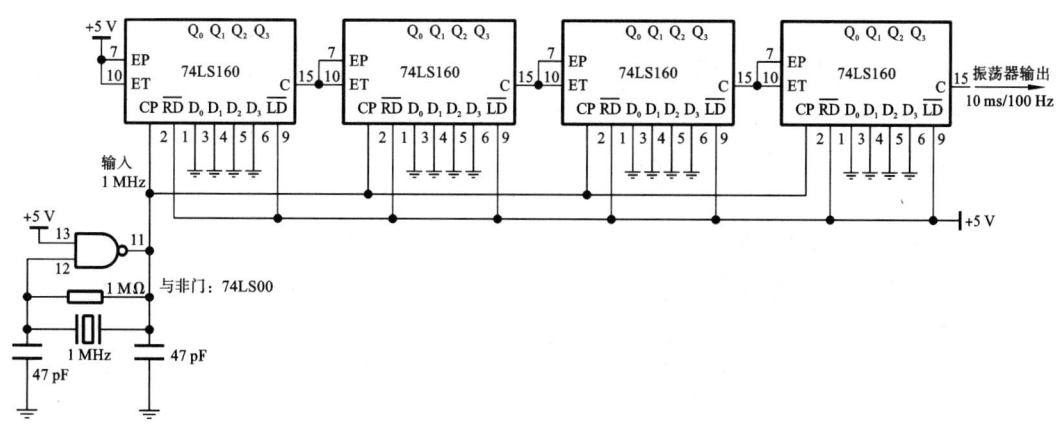

图 8.4.8　74LS160 实现 10 ms/100 Hz 方波输出

【思考】　异步十进制计数器 74LS290 和同步十进制计数器 74LS160,哪种电路的响应速度较快?

3. 计时器部分方案

本设计需要实现 00.00 至 99.99 的计时,可以参考 8.3 节的设计,选择 4 片中规模集成芯片 74LS160 来构成 10000 进制计数器,左边是低位,右边是高位。前面设计的振荡器电路得到的 10 ms/100 Hz 脉冲输出,给到计时器部分用作计时时钟,即 10 ms 来一个 CP 脉冲,从而可以实现 0000~9999 的计数,即 00.00 至 99.99 秒的计时。详细设计过程不做赘述,得到的电路如图 8.4.9 所示。

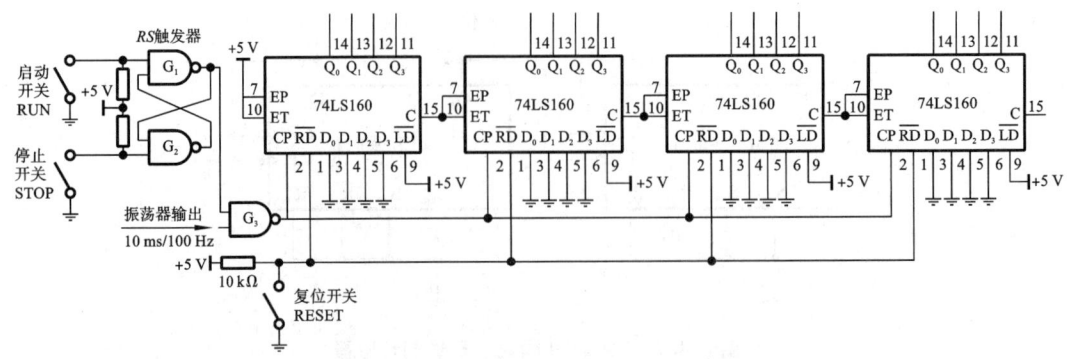

图 8.4.9　74LS160 实现 00.00～99.99 的计时

秒表有三个功能按键：

（1）复位开关。平时开关保持断开,连接的 4 片 74LS160 的 $\overline{RD}$ 保持高电平,即复位功能无效,74LS160 正常计时。当复位开关按下,4 片 74LS160 的 $\overline{RD}$ 拉低到低电平,实现计时复位,4 片 74LS160 都从 0000 开始重新计时。

（2）停止开关和启动开关。门电路 G_1、G_2 构成 RS 触发器。

当停止开关按下,启动开关断开,G_2 输出 1,G_1 输出 0;门电路 G_3 因为有一路输入是 0,因此 G_3 输出恒定为 1,振荡器输出的 100 Hz 方波无法给到 74LS160 的 CP,计时器停止计时。

当停止开关断开,启动开关按下,G_1 输出 1,G_2 输出 0;门电路 G_3 有一路输入是 1,另一路输入是振荡器输出的 100 Hz 方波,因此 G_3 输出 100 Hz 方波,给到 74LS160 的 CP,计时器按照 100 Hz 频率计时。

当停止开关断开,启动开关也断开,即两个按键都是输入 1,那么 G_1 和 G_2 的输出仅仅由 G_1、G_2 原来的状态决定。当 G_1 输出 1,G_2 输出 0,继而反馈回 G_1,使得 G_1 保持输出 1;当 G_1 输出 0,G_2 输出 1,继而反馈回 G_1,使得 G_1 保持输出 0。可见,当停止开关和启动开关都断开的时候,G_1、G_2 输出保持不变,G_3 输出不变,计时器的 CP 时钟状态不变,即秒表工作状态保持不变,原状态计时的继续计时,原状态停止的继续停止。

当停止开关按下,启动开关也按下,此时 G_1、G_2 都输出 1,G_3 输出 100 Hz 方波,给到 74LS160 的 CP,计时器按照 100 Hz 频率计时。可见,当停止开关和启动开关都按下的时候,秒表处于计时状态,即启动开关的优先级比停止开关高。

4. 译码驱动部分方案

本设计需要将计时结果驱动显示在 LED 数码管上,可以参考 8.3 节的设计,选择中规模集成芯片 74LS48 来构成译码驱动电路。该电路不但具有译码功能,还要有驱动能力。电路只要接通 +5 V 电源,并将十进制数的 BCD 码接至译码器的相应输入端 A、B、C、D 即可显示 0～9 的数字。具体电路实现方案如图 8.4.10 所示。

5. LED 显示部分方案

本设计参考 8.3 节的设计,选择共阴极显示器进行秒表读数功能的显示,具体电路实现方案如图 8.4.10 所示。

该电路中,灯测试输入端 $\overline{LT}=1$ 无效,灭零输入端 $\overline{RBI}=1$ 无效,使得 74LS48 不带有其他诸如灭灯、试灯、动态灭零等特殊的控制功能。该 4 片 74LS48 仅仅正常、独立地显示 A、B、C、

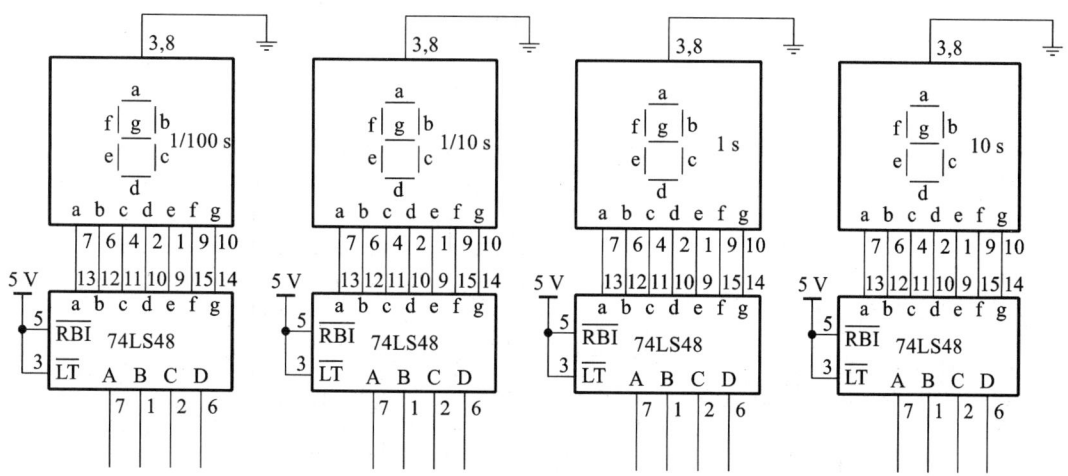

图 8.4.10　驱动及显示部分电路图

D 端输入的 BCD 码,测试中,只要接通+5 V 电源,并将 74LS160 输出的十进制数的 BCD 码接至译码器的相应输入端 A、B、C、D 即可显示 0~9 的数字。

【注意】　本设计中没有小数点的显示,即显示效果为"0000"至"9999",需要在秒表的显示屏上印刷固定小数点,才能达到"00.00"至"99.99"的显示效果。

8.4.3　电路制作与测试

根据前面的设计方案,我们汇总得到图 8.4.11 所示的电路图,电路的结构可分为以下 4 部分:振荡器部分、计时器部分、译码驱动部分、LED 显示部分。

该秒表的设计电路与 8.3 节介绍的 4 位电子计数器的电路几乎完全相同,如图 8.4.11 所示。连接上的不同之处只是在 74LS48 的 $\overline{RBI}$(5 号管脚)和 $\overline{LT}$(3 号管脚)部分。8.3 节中的计数器中当复位计时,高位的 3 位不显示 0,即显示效果为"0";而图 8.4.11 所示电路复位后,计数器全都显示 0,即显示效果为"0000"。本任务中 RS 锁存器 G_1 和 G_2、计数输入门 G_3、石英振荡电路 G_4,共计有 4 个与非门,因此,使用 1 个四输入与非门集成电路块 74LS00 芯片就够了。

电路的所有部分都组装完毕后,先按下复位开关,应该显示"0000";然后按下启动开关,计数器开始计数;按下停止开关,计数停止。如果启动和停止动作不正常,应该检查 RS 锁存器的连接是否正确。

秒表的保养注意事项如下:

(1) 保持电池定期更换,一般在显示变暗时即可更换,不要等电子秒表的电池耗尽再更换;

(2) 电子秒表平时放置的环境要干燥、安全,做到防潮、防震、防腐蚀、防火等;

(3) 避免在电子秒表上放置物品;

(4) 没有把握的情况下,不要随意打开,私自进行维修,应送专业人士进行维修。

【思考】　本设计中,秒表可以实现 00.00 s 到 99.99 s 的计时,如何实现 00.00 s 到 60.00 s 的计时?实现方法如图 8.4.12 所示,仅改变计时器 10 s 位的连接方式,其他电路不变。

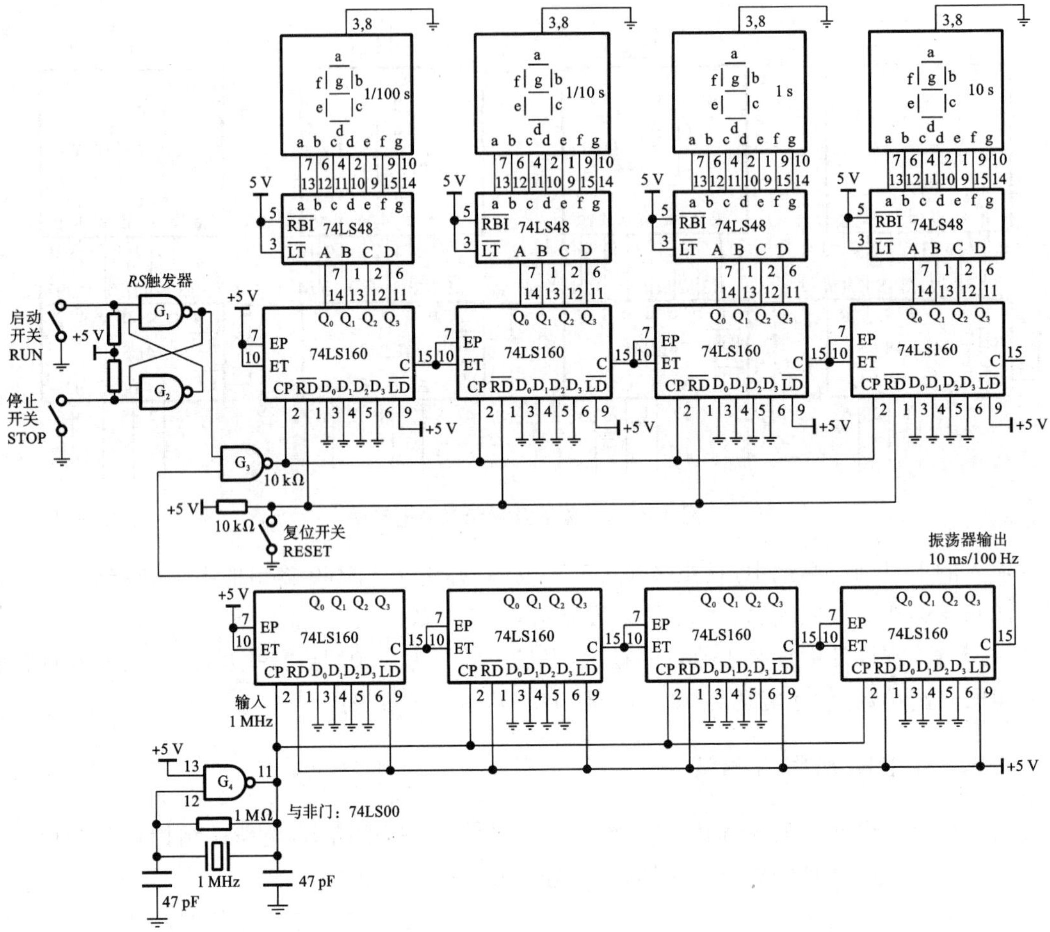

图 8.4.11　秒表的电路图

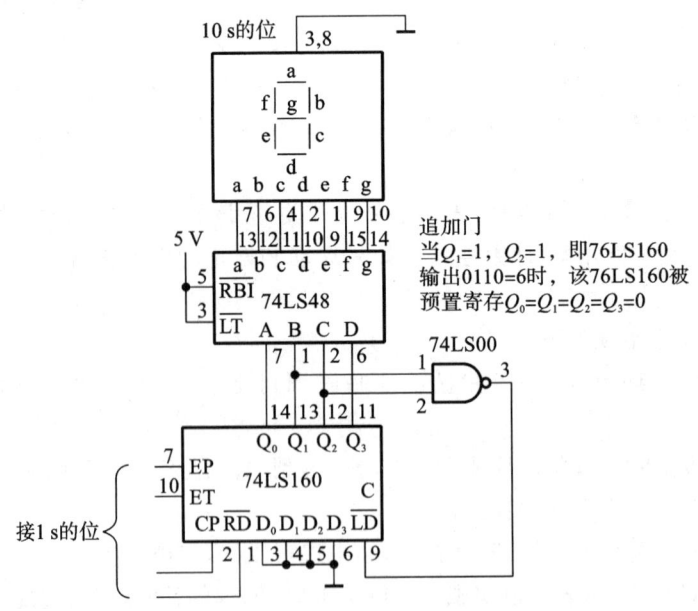

追加门
当 $Q_1=1$，$Q_2=1$，即 76LS160 输出 0110=6 时，该 76LS160 被预置寄存 $Q_0=Q_1=Q_2=Q_3=0$

图 8.4.12　实现 00.00 s 到 60.00 s 的计时方法

◀ 8.5 设计实例三：自行车速度计的设计 ▶

【本节任务】

设计一款自行车用速度计，测量范围为 0～99 km/h，并用两位的数码管显示出来。

8.5.1 设计要求

1. 设计背景

自行车骑行者在骑行过程中，如何了解自行车当前的车速呢？自行车的速度（km/h）表示自行车在 1 小时内前进的距离，目前来说一般有下列几种方法。

（1）GPS 定位车速。目前手机、手环等都自带 GPS 定位导航，可以通过 GPS 采样获取固定时间间隔的位移，然后用位移除以间隔时间，便得到了平均速度。当采样时间间隔足够小，该平均速度可以近似为实时速度。

（2）采用自行车速度计。自行车速度计的工作原理是测量固定时间间隔内的自行车轮的转动圈数，转动圈数乘以车轮的圆周长便是自行车的行驶距离，该行驶距离除以间隔时间，便得到了平均速度。当时间间隔足够小时，该平均速度可以近似为实时速度。

图 8.5.1 为市面典型的一款自行车速度计，该速度计分成速度传感器和速度显示器两部分。速度传感器可以是红外感应式，或者电磁霍尔感应式，或者激光感应式，无论哪种形式，都是由传感器发射部分和传感器接收部分构成。传感器发射部分安装在轮毂的辐条上，随着车轮转动而转动，并一直发射相应的信号，比如红外信号、电磁信号、激光信号。传感器接收部分固定安装在车轮的支架上，安装位置和传感器发射部分相对应。当车轮转动，传感器发射部分随着车轮转动，传感器接收部分不动。车轮转一周时，只有一个点是传感器发射部分正对着传感器接收部分，这时传感器接收部分可以收到发射的信号（红外信号、电磁信号、激光信号等），从而产生一个电子信号给后面的显示器；在圆周的其他位置，由于发射器远离接收器，传感器接收部分收不到信号，便没有电子信号产生。因此，传感器接收部分每收到一个信号，就意味着车轮转动了一周。

 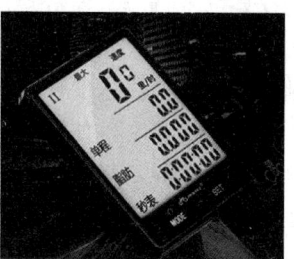

(a)速度传感器　　　　　　　(b)速度显示器

图 8.5.1　自行车速度计

利用自行车轮的旋转来进行速度测量，因为车轮与地面接触，而且车轮的旋转与自行车前进的距离相对应，假设车轮的圆周长是 1 m，而且每秒钟转动 1 周，那么经过 1 小时后将前进 3600 m，换算成速度就是 3.6 km/h。然后将这个换算过的速度数据显示在速度显示器上，方便骑自行车时阅读。速度传感器和速度显示器便构成了一个完整的自行车速度计。

2. 设计要求

本节任务需要设计一款自行车用速度计,测量范围为 0~99 km/h,并用两位的数码管显示出来,根据市场调研和技术调研,我们确定自行车速度计的技术指标如下:

(1) 测量范围为 0~99 km/h,因为自行车速度不会太快,因此 99 km/h 的最大速度足够;

(2) 测量速度精度为 ±1 km/h;

(3) 显示部分采用 2 位独立的共阴极 LED 数码管,每位数码管包含 7 段显示和 1 个小数点显示;

(4) 采用 3 节干电池供电,每节 1.5 V,即供电电压为 DC4.5 V;

(5) 电源开关使用时,打开开关正常工作;不使用时,关闭开关节约电池;

(6) 户外使用,做到三防:防水、防尘、防震。

8.5.2 设计方案

1. 整体方案

根据设计要求可得到如图 8.5.2 所示的整体设计方案,电路的结构可分为以下 5 部分:速度传感器部分、计数器部分、锁存器部分、译码驱动部分、LED 显示部分。

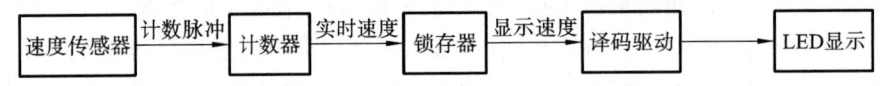

图 8.5.2 自行车速度计整体设计方案

1) 速度传感器部分

该部分作用是将自行车的运行速度转换成电子系统可以识别的电信号。该部分作为整个系统的信号发生部分非常重要,直接决定了速度计的品质,因此要综合考虑可靠性、抗干扰能力、使用寿命等。这部分也是本节的重点叙述对象。

2) 计数器部分

该部分对速度传感器产生的电信号进行计数,并转换成行驶速度,因此是一个中规模的计数器电路,可以选择常用的中规模集成芯片 74LS160 来构成计数器。74LS160 是 1 位同步十进制加法计数器,具有复位、预置数、保持功能,上升沿触发。

3) 锁存器部分

由于速度每一瞬间都在变化,速度传感器的采样频率和计数器的计数结果无法保持一个稳定值,即实时速度一直在跳变中。如果直接显示实时速度,显示结果会一直跳变,无法识别。因此,我们需要增加一个锁存器,将某一时刻的速度值锁存住一定时间(比如 1 s),那么在该时段,显示的速度就是锁存的固定速度值。由于自行车的速度不会有大的瞬间突变,因此锁存器保存的显示速度和实时速度差异很小。

4) 译码驱动部分

LED 数码管要显示 BCD 码所表示的十进制数字就需要有一个专门的译码器,该译码器不但要有译码功能,还要有驱动能力。电路只要接通 +5 V 电源,并将十进制数的 BCD 码接至译码器的相应输入端 A、B、C、D 即可显示 0~9 的数字。该设计显示"00~99"两位的 BCD 码,因此需要 2 片译码芯片。

5）LED 显示部分

该部分将速度通过 LED 数码管显示出来,如前面章节案例所述,采用两位分段式共阳极显示器(发光二极管的阳极都接在一个公共点上)或共阴极显示器(发光二极管的阴极都接在一个公共点上,使用时公共点接地)即可实现。

2. 速度传感器部分方案

目前,市售速度计也有靠机械式摩擦接触来检测速度的模拟式速度计,但是由于机械式接触会产生摩擦,而摩擦会产生损耗,所以会或多或少地消耗能量,而自行车的能源来自人的体力,所以应尽量减少因机械摩擦而产生的能量消耗。因此,我们应该考虑在不与车轮接触的条件下测定旋转速度的方法。我们知道车轮的轮辋是用辐条支撑的,当车轮转动时辐条也一起旋转,所以考虑利用车轮上的辐条来进行非接触式测速。

非接触式速度测量方法主要有红外感应式、电磁霍尔感应式、激光感应式。这三种方式都是由发射部分和接收部分构成。发射部分安装在轮辋的辐条上,随着车轮转动而转动,并一直发射相应的信号;接收部分固定安装在车轮的支架上,接收信号,并将信号转换成后续电路需要的电脉冲信号。这三类方式各有特点,需要作比较才能决定本设计的最终方案。

1）红外感应式

在光谱中波长自 0.76 μm 至 400 μm 的一段称为红外线,红外线是不可见光线,所有高于绝对零度(-273.15 ℃)的物质都可以产生红外线,现代物理学称之为热射线。红外感应传感器包括一对红外对管,分别是红外发射管与红外接收管。

（1）红外发射管。

红外发射管是由红外发光二极管 LED 组成发光体,用红外辐射效率高的材料(常用砷化镓)制成 PN 结,正向偏压向 PN 结注入电流激发红外光,其光谱功率分布为中心波长 830～950 nm。红外发射管在 LED 封装行业中,根据所选用的发光材料的不同,主要有三个常用的波段:850 nm、875 nm、940 nm。根据波长的特性运用的产品也有很大的差异,850 nm 波长的主要用于红外线监控设备,875 nm 主要用于医疗设备,940 nm 波长的主要用于红外线控制设备,比如红外线遥控器、光电开关、光电计数设备等。图 8.5.3 所示是我们常用的红外发射管。

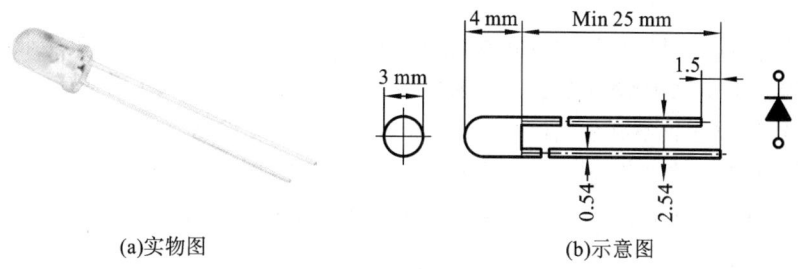

(a)实物图 (b)示意图

图 8.5.3 红外发射管

【注意】 LED 是正温度系数,通过 LED 的电流越大,LED 的芯片节温越高,节温越高导致 LED 的正向导通电压 V_F 越低,V_F 越低导致通过 LED 的电流越大,即形成正反馈:电流升高→节温升高→V_F 降低→电流更高。如果不能很好地控制电流大小,容易导致通过 LED 的电流一直升高,直到超出额定电流值而损毁 LED。LED 红外灯的功率和电流大小有关,但正向电流超过最大额定值时,红外灯发射功率反而下降。

（2）红外接收管。

红外接收管是一个具有光敏特征的 PN 结，属于光敏二极管，具有单向导电性，因此工作时需加上反向电压。无红外光照射时，有很小的饱和反向漏电流（暗电流），此时光敏管不导通；当红外光照射时，饱和反向漏电流马上增加，形成光电流，在一定的范围内它随入射光强度的变化而增大。在红外接收管的基础上增加对微弱信号进行放大处理的电路，类似开关电路，接收到红外信号给出高电平（接近工作电压），无红外信号给出低电平（约 0.4 V），就可以得到集成式的红外接收模块。

集成式的红外接收模块采用小型设计、内屏蔽模块封装，可以做红外线解码器、红外线遥控器等。封装后的红外接收模块采用反射功能的结构形式，光功率较强，驱动电压低，易与后续数字电路匹配，结构坚固耐震，可靠性高。红外接收模块一般有 3 个引脚——OUT、GND、V_{CC}，与单片机接口非常方便，如图 8.5.4 所示。

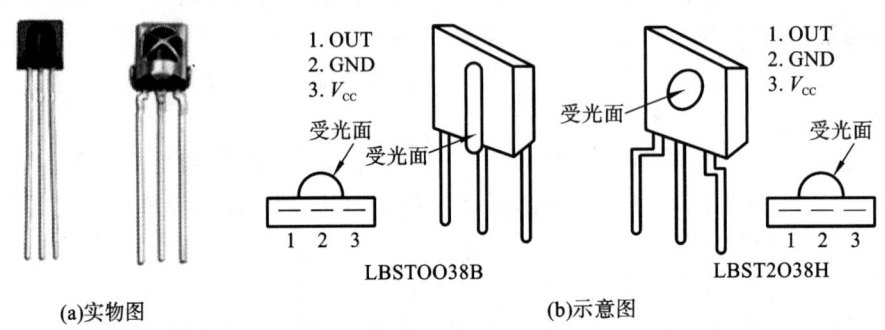

图 8.5.4　红外接收模块

- OUT：脉冲信号输出端，直接接单片机的 I/O 口。
- GND：接系统的地线（0 V）。
- V_{CC}：接系统的电源正极（$+5$ V）。

（3）红外感应传感器的使用。

如上所述，红外感应传感器包括一对红外对管，分别是红外发射管与红外接收管，两者需要配对，面对面使用。当红外发射管正对红外接收管时，发射的红外线能被接收，从而在接收管的 OUT 脚输出相应的脉冲；当红外发射管离开红外接收管或者两个对管之间被不透光物体遮挡时，红外接收管收不到任何红外信号，导致 OUT 脚无输出。

我们根据前述，汇总红外感应传感器的特点和使用需注意的事项：

- 红外发射管必须正对红外接收管，小的倾角将降低灵敏度从而缩短感应距离，严重的不对齐将导致接收不到信号。

- 红外发射管和红外接收管之间不能有遮光体，长期露天使用，器件表面的灰尘污垢会遮挡部分红外光，从而降低灵敏度及缩短感应距离。

- 本设计中，由于两个对管距离很近，即使由于自行车振动导致两个对管轻微偏移，或者长期使用导致积灰，也只是感应距离缩短，对实际使用不构成致命影响。因此，我们可以认为红外感应传感器具有较高的可靠性。

- 红外感应传感器的信号为红外光，因此不会产生电磁干扰影响周边电路正常工作，同时周边环境充斥的电磁信号对传感器的信号收发也没有干扰。因此，我们可以认为红外感应传感器具有较好的电磁兼容性(EMC)。

- 红外发射管和红外接收管的管脚接电不得接错,否则容易损毁。

2) 电磁霍尔感应式

霍尔传感器是根据霍尔效应制作的一种磁场传感器。

(1) 霍尔效应。

霍尔效应从本质上讲是运动的带电粒子在磁场中受洛伦兹力作用引起的偏转,是磁电效应的一种,这一现象是霍尔(A. H. Hall,1855—1938)于 1879 年在研究金属的导电机制时发现的。后来发现半导体、导电流体等也有这种效应,而半导体的霍尔效应比金属强得多。如图 8.5.5 所示,当电流 I 流过导体或半导体材料时,带电粒子(电子)在磁场 B 中受到洛伦兹力作用引起偏转,但是带电粒子又被约束在固体材料中,这种偏转就导致在垂直于电流 I 和磁场 B 的方向上产生正负电荷的聚积,从而形成附加的横向电场,即感应出霍尔电压 V。霍尔电压 V 随磁场强度 B 的变化而变化,磁场越强,电压越高,磁场越弱,电压越低,霍尔电压值很小,通常只有几个毫伏,但经集成电路中的放大器放大,就能放大到足以输出较强的信号。

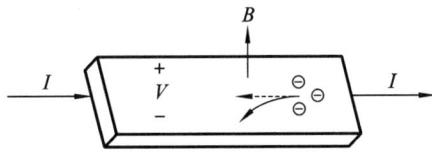

图 8.5.5　霍尔效应示意图

(2) 霍尔传感器。

根据霍尔效应,人们用半导体材料制成的元件叫霍尔传感器,如图 8.5.6 所示。它具有对磁场敏感、结构简单、体积小、频率响应宽、输出电压变化大和使用寿命长等优点。目前,霍尔传感器在测量、自动化、计算机和信息技术等领域得到广泛的应用。

霍尔传感器分为线性型霍尔传感器和开关型霍尔传感器两种:开关型霍尔传感器由稳压器、霍尔元件、差分放大器、施密特触发器和输出级组成,它输出数字量;线性型霍尔传感器由霍尔元件、线性放大器和射极跟随器组成,它输出模拟量。

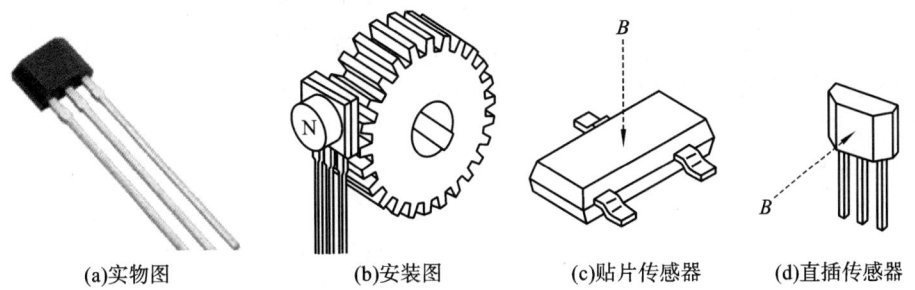

(a)实物图　　　　　(b)安装图　　　　　(c)贴片传感器　　　　(d)直插传感器

图 8.5.6　常见霍尔传感器

(3) 霍尔传感器的应用。

按霍尔传感器检测的对象的性质可将它的应用分为直接应用和间接应用。前者是直接检测出受检对象本身的磁场或磁特性;后者是检测受检对象上人为设置的磁场,用这个磁场来做被检测的信息的载体,然后可以将许多非电、非磁的物理量,例如力、力矩、压力、应力、位置、位移、速度、加速度、角度、角速度、转数、转速以及工作状态发生变化的时间等,转变成电量来进行检测和控制。

在该设计中,我们可以在自行车轮辐上粘一块磁铁,使磁铁跟随车轮转动而转动;霍尔传感器固定在自行车轮支架上,车轮旋转一周,霍尔传感器就输出一个脉冲,从而可测出转数(计数器),进而推算出转速。

但是,霍尔传感器也有两个问题:霍尔电压值很小,通常只有几个毫伏,因此后续检测电路容易判断错误信号;霍尔传感器是检测电磁场,空间中充斥的电磁场容易对传感器造成影响。总之,霍尔传感器容易受到干扰,因此,本设计将不采用霍尔传感器。

3) 激光感应式

激光传感器是利用激光技术进行测量的传感器,利用激光的高方向性、高单色性和高亮度等特点可实现无接触远距离测量,它由激光器、激光检测器和测量电路组成。激光传感器常用于长度、距离、振动、速度、方位等物理量的测量,还可用于探伤和大气污染物的监测等。

激光传感器工作方式:先由激光发射二极管对准目标发射激光脉冲,经目标反射后激光向各方向散射,部分散射光返回到传感器接收器,被光学系统接收后成像到雪崩光电二极管上。雪崩光电二极管是一种内部具有放大功能的光学传感器,它能检测极其微弱的光信号,并将其转化为相应的电信号。

激光传感器是新型测量仪表,它的优点是能实现无接触远距离测量,速度快,精度高,量程大、抗光、电干扰能力强等。比如,常见的激光测距传感器,它通过记录并处理从光脉冲发出到返回被接收所经历的时间,即可测定目标距离。由于光速太快,因此激光传感器必须极其精确地测定传输时间。例如,光速约为 3×10^8 m/s,要想使分辨率达到 1 mm,则传感器的电子电路必须能分辨出极短的时间:$0.001/(3 \times 10^8)$ s=3 ps。要分辨出 3 ps 的时间,这是对电子技术提出的过高要求,实现起来造价太高。对于本设计来说,正是因为激光传感器价格比较昂贵,所以不太合适。

4) 速度测量方案

经过上述对红外感应式、电磁霍尔感应式、激光感应式三种方式的对比,综合考虑,本设计选择红外感应式。

红外发射部分安装在轮箍的辐条上,随着车轮转动而转动,并一直发射相应的信号;接收部分固定安装在车轮的支架上,接收信号,并将信号转换成后续电路需要的电脉冲信号。每当辐条的红外发射部分经过红外接收部分时,就会产生脉冲,如果把脉冲换算成距离用来表示速度,就是所谓的速度计。

如果准确地测定速度呢?

第一步,计算行驶距离。我们测量自行车轮的直径,计算得到周长,以 24 in(1 in=2.54 cm)自行车为例,得到自行车轮毂周长为 61 cm,即自行车轮毂转动一圈,自行车行驶距离为 61 cm。

第二步,计算行驶时间。自行车轮毂转动一圈,红外传感器发出一个脉冲,脉冲的周期就是自行车轮毂转动一圈即自行车行驶 61 cm 的时间。考虑到该速度计精度为 ± 1 km/h,即最小速度计量单元是 1 km/h,那么在最小速度 1 km/h(0.278 m/s)的情况下,行驶 0.61 m(自行车轮毂转动一圈)所需要的时间(基准脉冲周期)是

$$T_{osc} = \frac{0.61}{0.278} \text{ s} = 2.2 \text{ s} \tag{8.5.1}$$

对应地,红外传感器脉冲的发射频率(基准脉冲频率)为

$$f_{osc} = \frac{1}{T_{osc}} = \frac{1}{2.2} \text{ Hz} = 0.455 \text{ Hz} \tag{8.5.2}$$

第三步,计算行驶速度。当自行车以最小速度 1 km/h 行驶时,行驶 0.61 m 产生的计数脉冲等于基准脉冲,即周期 $T_{osc} = 2.2$ s 或频率 $f_{osc} = 0.455$ Hz;如果速度增高到 2 km/h,显然 T 减小为 $T_{osc}/2$,频率 f 增加为 $2f_{osc}$;如果速度增高到 v,T 减小为 T_{osc}/v,频率 f 增加为 vf_{osc}。那么,我们只需要在基准脉冲 f_{osc} 的周期 2.2 s 内,对获取的红外传感器脉冲进行计数,计数结果就是自行车的行驶速度 v。

综上,我们将速度计整体设计方案进行细化,如图 8.5.7 所示。

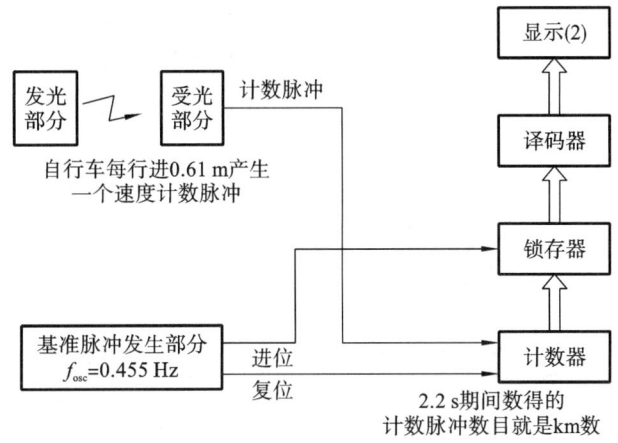

图 8.5.7　设计方案细化图

3. 计数器部分方案

我们需要在基准脉冲 f_{osc} 的周期 2.2 s 内,对获取的红外传感器脉冲进行计数,计数结果就是自行车的行驶速度 v,因此,需要采用计数器进行计数。速度计的测试范围为 0~99 km/h,因此计数范围也是 0~99,可以采用 2 片 74LS160 并联,得到图 8.5.8。

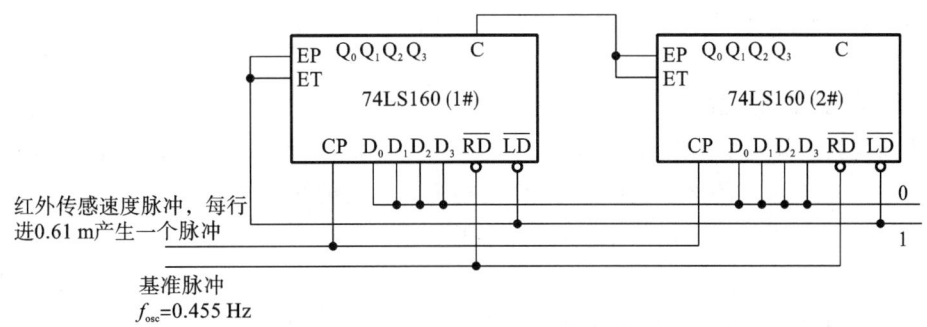

图 8.5.8　74LS160 并联组成 0~99 计数器

我们先获取固定的基准脉冲 $f_{osc} = 0.455$ Hz,该脉冲用来给计数器复位,即每隔一个基准脉冲周期 2.2 s,计数器复位一次。

自行车每行驶 0.61 m,即自行车轮毂转动一周,会产生一个速度脉冲,该速度脉冲用作计数器的 CP 计数脉冲。自行车速度越快,速度脉冲频率越高,周期越短。最小速度即 1 km/h

(0.278 m/s)时,对应的速度脉冲等于基准脉冲,$T_{osc}=2.2 \text{ s}$ 或 $f_{osc}=0.455 \text{ Hz}$。如果自行车速度增高到 v,那么一个基准脉冲 f_{osc} 在 $T_{osc}=2.2 \text{ s}$ 的周期内,红外速度传感器将产生 v 个计数脉冲 CP,计数器从 0 计数到 v,接着下一个基准脉冲 f_{osc} 到来,将计数器复位,重新从 0 开始计数。

每次的最终计数结果,就是自行车的行驶速度 v,该数值在每一个基准脉冲周期 $T_{osc}=2.2 \text{ s}$ 刷新一次,用户将看到速度计每 2.2 s 刷新一次。

4. 锁存器部分方案

计数器 74LS160 在基准脉冲周期 $T_{osc}=2.2 \text{ s}$ 内,从 0 一直计数到 v,如果直接将计数器内容显示出来,将会出现 $0\rightarrow1\rightarrow2\rightarrow3\rightarrow\cdots\rightarrow v$ 的显示效果,这显然不符合消费者的习惯。我们希望在每个 2.2 s 周期内,仅显示计数的最大值即速度 v,计数的中间值不需要显示,因此,我们需要用到锁存器保持计数器的最大值 v 在 2.2 s 周期内不变。

本设计采用 2 片四位 D 触发器 74LS175 并联用于数据的锁存,得到图 8.5.9。

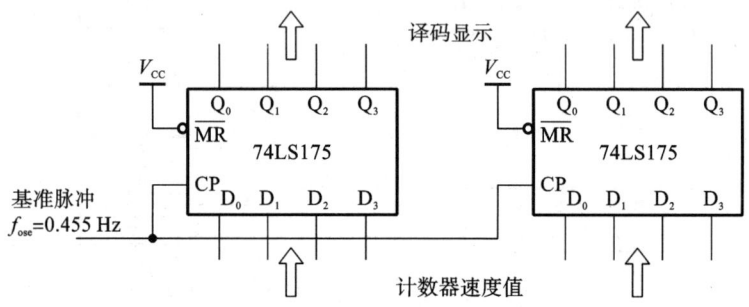

图 8.5.9 74LS175 用于锁存器

前级 74LS160 的计数结果 $0\sim v$ 送到锁存器的输入端 $D_0\sim D_3$,输出端 $Q_0\sim Q_3$ 用于驱动显示。该锁存器电路在每一个基准脉冲周期 $T_{osc}=2.2 \text{ s}$ 刷新一次,刷新时间和前级 74LS160 计数器的刷新同步,即在前级 74LS160 计数器达到最大值 v 的时候,计数器和锁存器同时刷新,将计数器最大值 v 从 $D_0\sim D_3$ 输出到 $Q_0\sim Q_3$。之后,锁存器 74LS175 将保持该输出数值 v 不变,直到 2.2 s 后下一个基准脉冲的到来;与此同时,计数器 74LS160 从 0 开始重新计数。

5. 译码驱动部分方案

选用两片具有译码器及 LED 驱动能力的 74LS48 用于译码驱动,只要接通 $+5 \text{ V}$ 电源,并将锁存器 74LS175 输出的十进制数的 BCD 码接至译码器的相应输入端 A、B、C、D 即可显示 $0\sim9$ 的数字。具体设计参考前面章节,在此不做赘述。

6. LED 显示部分方案

前级译码驱动选用 74LS48,输出是高电平有效,所以配接的数码管必须采用共阴极接法,数码管常用型号为 LC5011-11、BS201、BS202 等。具体设计参考前面章节,在此不做赘述。

8.5.3 电路制作与测试

根据前面设计方案,我们汇总得到图 8.5.10 所示的电路图,电路的结构可分为以下 5 部分:速度传感器部分、计数器部分、锁存器部分、译码驱动部分、LED 显示部分。

　　该电路各部分在本节前面已有叙述,不再赘述。需要注意,基准脉冲发生电路中,非门 G_1 每隔 2.2 s 输出一个正脉冲,该正脉冲上升沿触发刷新锁存器 74LS175,使得速度脉冲的计数值 v 锁存到 74LS175 的 $Q_3 \sim Q_0$ 输出端口;G_2 门和 G_1 门输出反相,每隔 2.2 s 输出一个负脉冲,且相较 G_1 门有一个很短时间的延迟,约 10 ns,使计数器 74LS160 复位;因此,计数器 74LS160 的复位将比锁存器 74LS175 的刷新延迟一个很短的时间,从而确保数据有效传输后再复位速度计数值。

　　测试中,没有速度脉冲进入时显示为 0,速度每 2.2 s 刷新一次。基准脉冲发生部分为了方便调整振荡脉冲,采用可变电阻器,预设值 500 kΩ,可以进行微调。本设计的数字式速度计由于使用了 LED,所以消耗电流较多,整个速度计约有 65 mA 电流(使用 3 节 5 号电池,4.5 V),为了节约使用电池,显示可以改为 LCD。

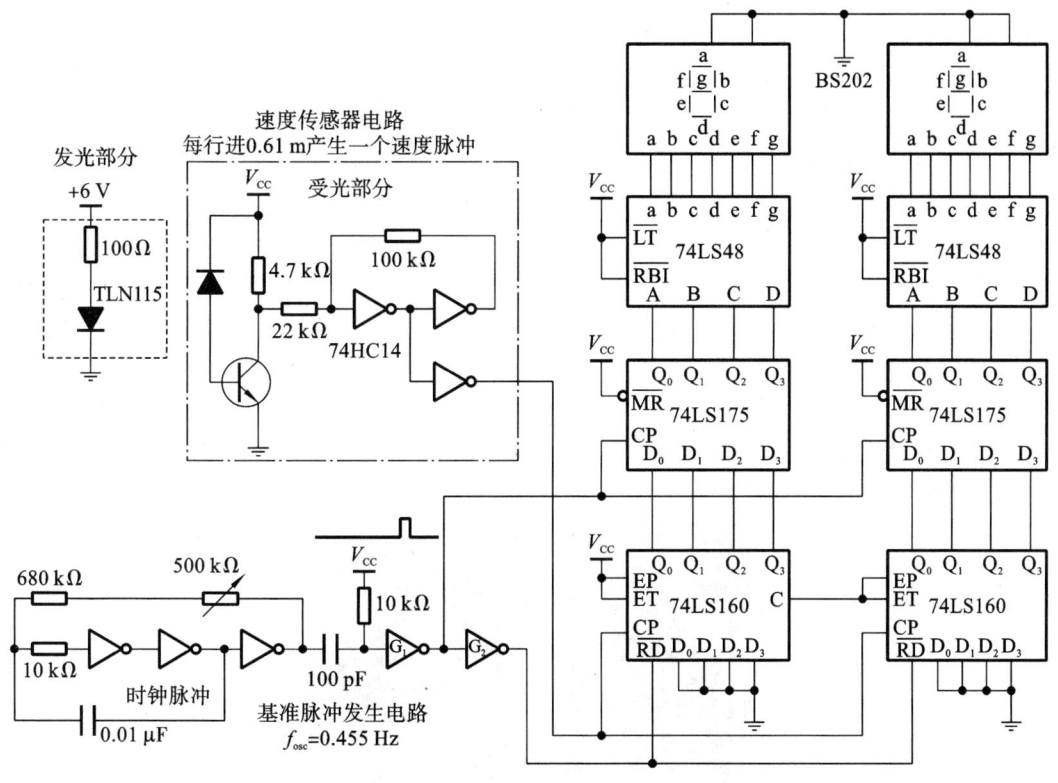

图 8.5.10　自行车速度计的电路图

　　【注意】　在实际安装过程中,为了保护传感器,速度计本体、发光部分、受光部分都制作在各自的基板上。发光部分和受光部分的基板分别装入圆筒形外壳内,固定在自行车的前车叉上,安装时注意尽量避免来自横向的光进入。

　　【思考】　如果自行车轮毂直径发生了变化,比如从 24 in(61 cm)变到了 28 in(71 cm),该如何修改设计参数?

◀ 8.6 设计实例四：出租车计费器的设计 ▶

【本节任务】

设计一款出租车计费器，要求具有行车里程计费、等候时间计费和起步费三种功能，三项计费统一用 4 位数码管显示，最大金额为 99.99 元。

8.6.1 设计要求

1. 设计背景

出租车遍布城乡，是日常百姓接触最多的出行工具之一，既方便了百姓出行，也为广大司机朋友创造了收入。出租车作为收费的出行工具，科学合理、精准精确的收费，对于减少司机、乘客的纠纷，维护交易的公平，具有非常重要的作用。出租车司机对乘客进行收费的唯一依据，便是依靠出租车计费器来实现，目前出现的一些客户纠纷，也是由于乘客对出租车计费器的计费结果不认可造成的。因此，对于出租车计费器的设计，需要慎重、全面、可靠，还需要符合国家的一些强制标准。

图 8.6.1 所示为一款常见的出租车计费器，该计费器通过里程传感器（里程传感器工作原理类似于 8.5 节的自行车速度传感器）传送的信号计算行车里程，然后乘以里程单价，得到行车里程计费。同时考虑到城市行车，经常出现拥堵，那么司机在等候期间，虽然没有行车里程，但是怠速油耗以及司机的时间成本都是需要考虑的，因此，还增加了一个等候时间计费。最后，还要考虑超短途行驶，需要有一个最低收费，即起步费，上车即收取。我们设计的时候，需要将行车里程计费、等候时间计费、起步费都计算在收费系统里面，最后得到一个总和，才是合理的收费。

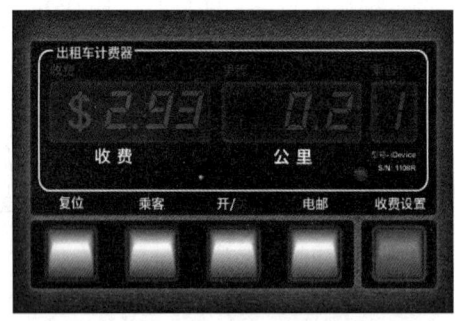

图 8.6.1 出租车计费器

作为广泛使用的民生产品，国家也有相应的强制标准供参照执行：JJG 738—2005《出租汽车计价器标准装置》、JJG 517—2016《出租汽车计价器检定规程》。如果希望设计的出租车计费器能最终形成产品，推向市场，安装在千千万万的出租车上，那么设计过程中必须严格执行前述标准；在计费器产品出来后，在安装到车辆之前，需要进行单独鉴定；单独鉴定合格的计费器，才可以安装到车辆上，然后在专门的场所连同车辆一起，在专用的计费器使用误差检定标准装置上进行使用误差的检定。整个流程走完，产品才可以面向市场销售。

2. 设计要求

本节任务需要设计一款出租车计费器,要求具有行车里程计费、等候时间计费和起步费三种功能,三项计费统一用 4 位数码管显示,最大金额为 99.99 元。我们参照设计标准,得到如下设计要求。

(1) 行车时,行车里程单价设为 1.80 元/km,计费值每公里刷新一次。

(2) 等候时,等候时间计费设为 1.50 元/10 min,每 10 min 刷新一次。

(3) 行车不到 1 km 或等候不足 10 min 则忽略计费。

(4) 起步费设为 8.00 元。

(5) 显示采用 4 位共阴极 LED 数码管,每位数码管包含 7 段显示和 1 个小数点显示。

(6) 两个按键:"等候"按键按下启动等候时间计费,"启动"按键按下启动起步费计费。

(7) 整个计费器采用 5 V 供电,通过汽车电瓶供电,不需要考虑低功耗。

8.6.2 设计方案

1. 整体方案

根据上述设计要求,我们设计规划框图,如图 8.6.2 所示,行车里程计费、等候时间计费、起步费三部分计费电路分别计费,然后通过求和电路汇总,并进行锁存及显示给用户看。

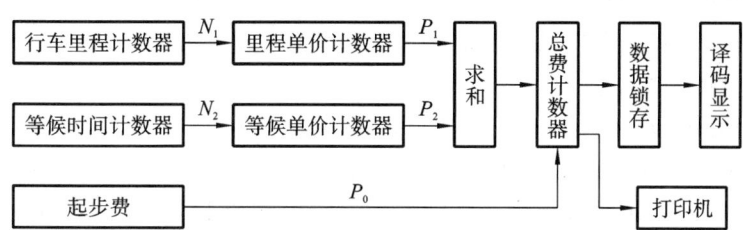

图 8.6.2 出租车计费器整体设计方案

1) 行车里程计数器

在出租车轮毂上安装霍尔传感器(具体工作原理参考 8.5.2),轮毂转动一圈产生一个脉冲。通过测量汽车轮毂周长,得到每一个霍尔传感器脉冲对应的单位行车距离,再通过该单位行车距离,可以计算出每行车 1 km 对应的脉冲数 N_1。采用多位计数器,对行车产生的霍尔传感器脉冲进行计数,每计数 N_1 个脉冲,即对应行车距离 1 km,然后启动一次里程单价计费。

2) 里程单价计数器

当行车里程计数器计数满 1 km,即行车里程计数器满 N_1,则启动里程单价计数器,输出与里程单价对应的脉冲数。例如,单价是 1.80 元/km,则设计一个一百八十进制计数器,每公里到后输出 180 个脉冲到总费计数器,即每个脉冲为 0.01 元。

3) 等候时间计数器

等候时间计数器对来自时钟电路的秒脉冲进行计数,当计数满 N_2,即可得到一个等候时间信号。该设计中,每等候 10 min 计费一次,即 $N_2=600$,设计一个六百进制计数器,每次读秒脉冲到 600,启动一次等候单价计费。

4）等候单价计数器

用等候时间计数器产生的 $10 \min(N_2 = 600)$ 信号，启动等候单价计数器，输出与等候单价相对应的脉冲数。例如：等候单价为 1.50 元/10 min，则设计一个一百五十进制计数器，每次向总费计数器输入 150 个脉冲，每个脉冲为 0.01 元。

5）起步费

起步费通过预置开关送入总费计数器作为初值。本设计中，起步费设为 8.00 元，即预置总费计数器为 800，每个数值对应 0.01 元。

6）总费计数器

设计要求计费金额最大为 99.99 元，采用 0000 至 9999 计数器，每个数值对应 0.01 元。先预置 800（对应 8.00 元起步费），再将行车里程、等候时间按单价转换成脉冲信号（每个脉冲 0.01元），然后对这些脉冲进行计数。这样，总费计数器根据起步费所置的初值，加上里程脉冲、等候时间脉冲即可得到总的用车费用。

7）数据锁存及显示

总费计数器的计费结果，每行车 1 km 或等候 10 min 时刷新一次，在此之前，需要将计数结果进行锁存，不得实时显示。显示采用共阴极七段码显示器，显示驱动采用中规模集成芯片 74LS48。

2. 行车里程计费部分设计

该部分设计包括两部分：行车里程计数器和里程单价计数器。

1）行车里程计数器

行车里程计数器设计，我们首先要获知出租车轮胎周长，在轮胎外侧可以查到规格为"185/60 R14"：胎宽为 185 mm，扁平度（胎高与胎宽的百分比）为 60%，即胎高/胎宽＝60%，轮毂直径为 14 in，字母 R 代表这是子午线轮胎。轮胎直径 14 英寸，换算成周长是 43.96 in（1.12 m），即每行车 1 km，对应轮胎转动 $N_1 = 890$ 圈。

如图 8.6.3 所示，我们设计一款 890 进制计数器，对行车产生的霍尔传感器脉冲进行计数，每计数 890 个脉冲，即对应行车距离 1 km。

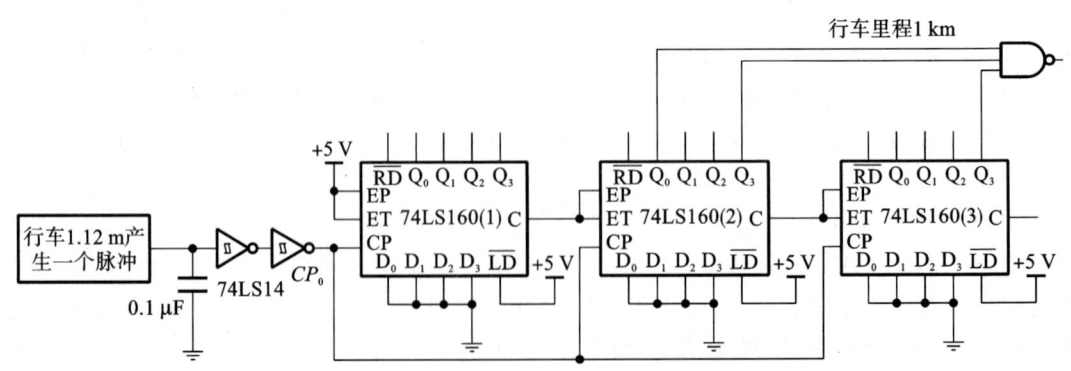

图 8.6.3　行车里程计数器（890 进制计数对应行车里程 1 km）

2）里程单价计数器

当行车里程达到 1 km 时，启动里程单价计数器，输出与里程单价对应的脉冲数。

里程单价计数器如图 8.6.4 所示，我们设计一个 180 进制计数器作为里程单价计数器，每

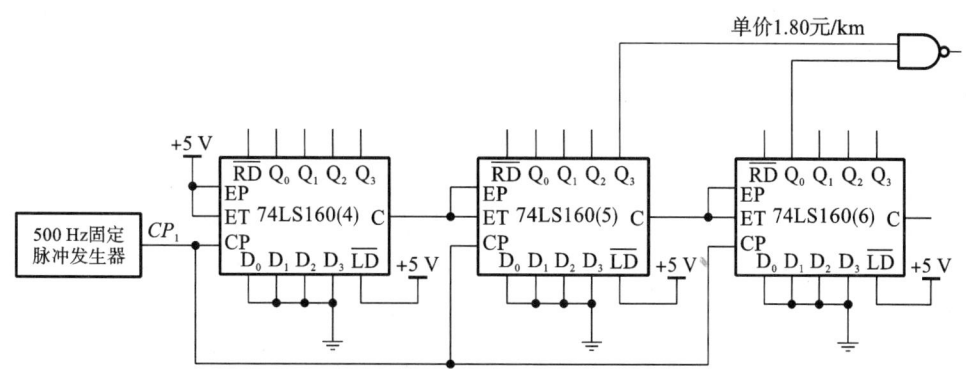

图 8.6.4　里程单价计数器(180 进制计数对应单价 1.80 元/km)

个脉冲为 0.01 元,对应单价 1.80 元/km,即 180 个脉冲对应 1.80 元/km。

3) 行车里程计费电路

将图 8.6.3 所示行车里程计数器和图 8.6.4 所示里程单价计数器结合起来,辅以相应的复位电路和脉冲发生电路,可构成图 8.6.5 所示完整的行车里程计费电路。

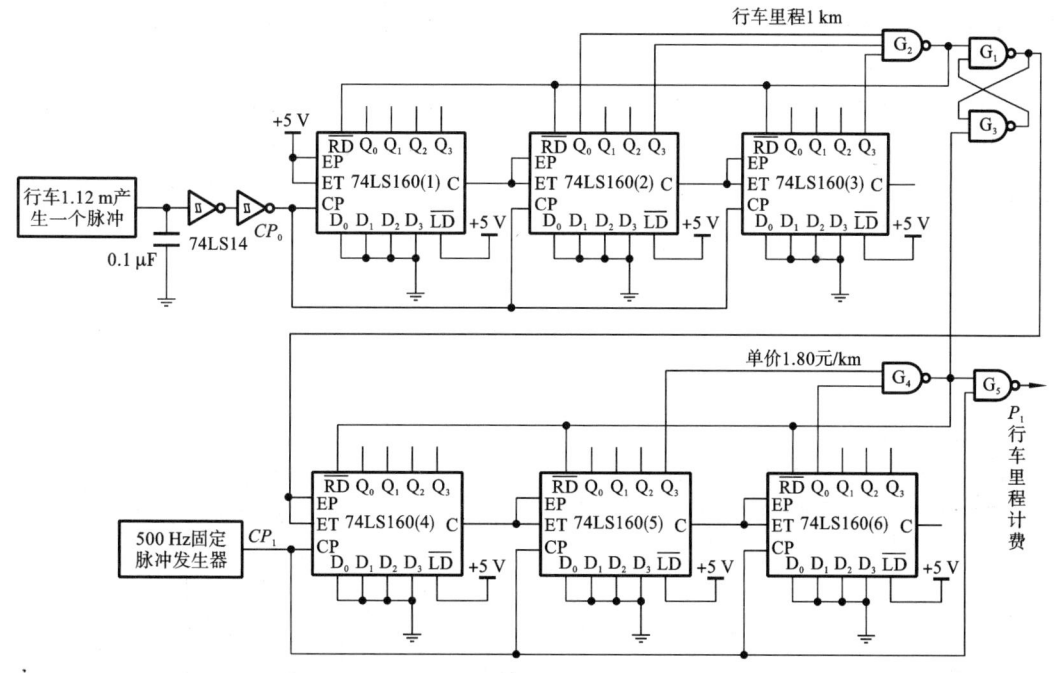

图 8.6.5　行车里程计费电路

74LS160(1)、74LS160(2)、74LS160(3)构成 890 进制计数器(行车里程计数器),对行车产生的霍尔传感器脉冲 CP_0 进行计数。汽车轮毂周长是 43.96 in(1.12 m),每个 CP_0 意味着轮毂转动一圈,汽车行车 1.12 m。当计数到 890 时,轮毂转动 890 圈,折算汽车行驶距离恰好为 1 km。此时,与非门 G_2 的输出由"1"转变为"0",一方面使得 74LS160(1)、74LS160(2)、74LS160(3)复位,重"000"开始计数;另一方面,使得 RS 触发器的与非门 G_1 输出由"0"转变为"1",使能 74LS160(4)、74LS160(5)、74LS160(6)构成的 180 进制计数器(里程单价计数器)。

【注意】 考虑到霍尔传感器易受电磁干扰,脉冲 CP_0 的波形可能畸变及有杂波,因此传感器后续电路需要 $0.1~\mu F$ 电容进行滤波,以及 74LS14 两个施密特触发器非门进行波形整形,最终得到标准的 TTL 方波,才能进行可靠计数。

74LS160(4)、74LS160(5)、74LS160(6) 构成的 180 进制计数器(里程单价计数器),对固定的 $500~Hz$ 脉冲 CP_1(CP_1 脉冲为 555 定时器振荡电路产生的 $500~Hz$ 振荡脉冲)进行计数,每个 CP_1 相当于 0.01 元。在对 CP_1 的计数过程中,与非门 G_4 保持输出"1",使得与非门 G_5 持续输出 CP_1 脉冲,与非门 G_5 的输出我们记作 P_1(行车里程计费),每个脉冲对应 0.01 元。经过 $180/500~s = 0.36~s$,计数器计数满 180,与非门 G_4 输出由"1"转变为"0",一方面使得74LS160(4)、74LS160(5)、74LS160(6) 复位到"000";另一方面,使得 RS 触发器的与非门 G_3 输出"1",与非门 G_1 输出由"1"转变为"0",从而关停 180 进制的里程单价计数器;还一方面,G_4 输出"0"使得与非门 G_5 恒定输出"1",即 P_1 脉冲停止输出,停止行车里程计费。

3. 等候时间计费部分设计

该部分设计包括两部分:等候时间计数器和等候单价计数器。

1)等候时间计数器

根据我们日常生活的观察,我们可以发现,在出租车停止的时候,司机按一下等候计时按键,计时器开始计时;车辆一旦行驶,计时器停止,同时之前的计时数值保持不变;当计时满 10 min,计时器清零,同时计费累加一次,比如 1.50 元/10 min。

等候时间计数器如图 8.6.6 所示,由三片 74LS160 构成的 600 进制计数器,对秒脉冲 CP_2(CP_2 脉冲为 555 定时器振荡电路产生的 $1~Hz$ 振荡脉冲)进行计数,当计数满 600,即对应等候时间 10 min。此外,等候按键和行车脉冲 CP_0 作为计数器的启动、停止控制条件,当车辆停止的时候,按下等候按键开始计时;当车辆行驶时,产生行车脉冲 CP_0,终止计时。

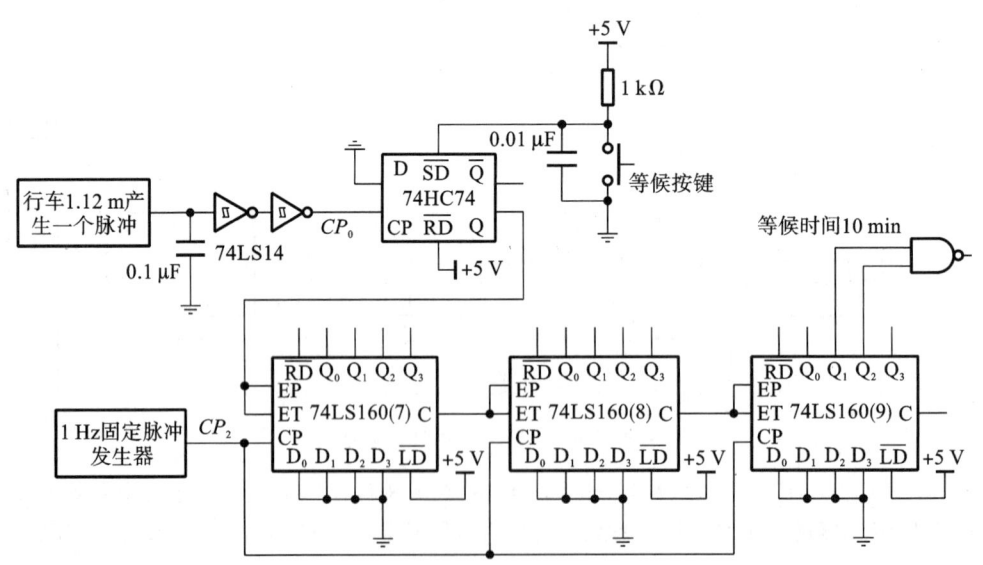

图 8.6.6 等候时间计数器(600 进制计数对应等候时间 10 min)

2)等候单价计数器

当等候时间达到 10 min 时,启动等候单价计数器,输出与等候单价对应的脉冲数。

等候单价计数器如图 8.6.7 所示,我们设计一个 150 进制计数器作为等候单价计数器,每个脉冲为 0.01 元,即 150 个脉冲对应 1.50 元/10 min。

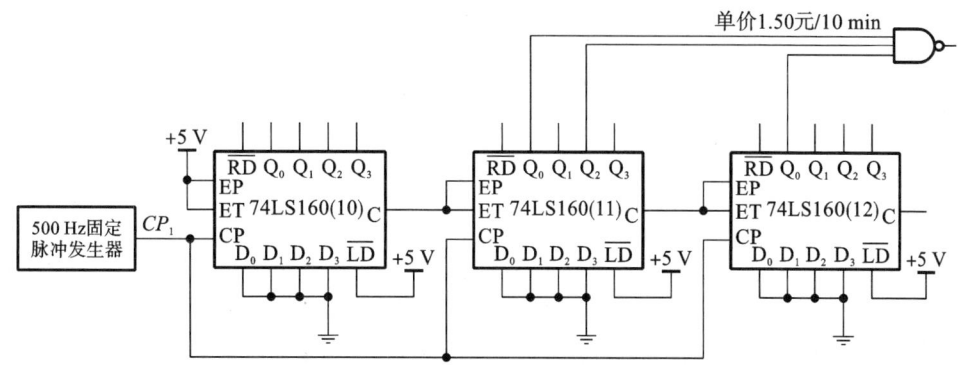

图 8.6.7　等候单价计数器(150 进制计数对应单价 1.50 元/10 min)

3) 等候时间计费电路

将图 8.6.6 所示等候时间计数器和图 8.6.7 所示等候单价计数器结合起来,辅以相应的控制电路,可构成图 8.6.8 所示完整的等候时间计费电路。

当出租车正常行驶时,等候按键悬空,D 触发器 $\overline{SD}$ 和 $\overline{RD}$ 管脚置高电平无效,CP_0 持续输入行车脉冲,触发 $Q=D=0$,使得 74LS160(7)禁用,计数器不计数。当出租车停止时,CP_0 不输入脉冲,D 触发器不工作,此时司机只需要按下等候按键产生低电平,$\overline{SD}$ 低电平有效,D 触发器输出 $Q=1$,进而使能 74LS160(7),计数器开始计数。在出租车停止的过程中,司机随后松开等候按键,$\overline{SD}$ 置高电平无效,而且 CP_0 无脉冲触发,D 触发器保持原状态 $Q=1$ 不变,持续使能计数器。只要出租车一开始行驶,就会产生 CP_0 脉冲触发 D 触发器,$Q=D=0$,使得 74LS160(7)禁用,计数器停止计数。

在出租车停止行驶,等候按键按下后,计数器 74LS160(7)、74LS160(8)、74LS160(9)对 CP_2 正常计数,当 CP_2 计数脉冲满 600 的时候,即等候时间达到 10 min。此时,与非门 G_8 输出由"1"转变为"0",一方面使得 74LS160(7)、74LS160(8)、74LS160(9)复位,从"000"开始计数;另一方面,使得 RS 触发器的与非门 G_6 输出由"0"转变为"1",使能 74LS160(10)、74LS160(11)、74LS160(12)构成的 150 进制计数器(等候单价计数器)。

74LS160(10)、74LS160(11)、74LS160(12)构成的 150 进制计数器(等候单价计数器),对固定的 500 Hz 脉冲 CP_1(CP_1 脉冲为 555 定时器振荡电路产生的 500 Hz 振荡脉冲)进行计数,每个 CP_1 相当于 0.01 元。在对 CP_1 的计数过程中,与非门 G_9 保持输出"1",使得与非门 G_{10} 持续输出 CP_1 脉冲,与非门 G_{10} 的输出我们记作 P_2(等候时间计费),每个脉冲对应 0.01 元。经过 $150/500$ s$=0.3$ s,计数器计数满 150,与非门 G_9 输出由"1"转变为"0",一方面使得 74LS160(10)、74LS160(11)、74LS160(12)复位到"000";另一方面,使得 RS 触发器的与非门 G_7 输出"1",与非门 G_6 输出由"1"转变为"0",从而关停 150 进制的等候单价计数器;还一方面,G_9 输出"0"使得与非门 G_{10} 恒定输出"1",即 P_2 脉冲停止输出,停止等候时间计费。

4. 起步费部分设计

观察出租车可知,在乘客上车后,立刻会出现起步费计费。本设计中,起步费通过按下"起步"按键,输出"起步费置数"信号,送入总费计数器作为初值;起步费设为 8.00 元,即将总费计

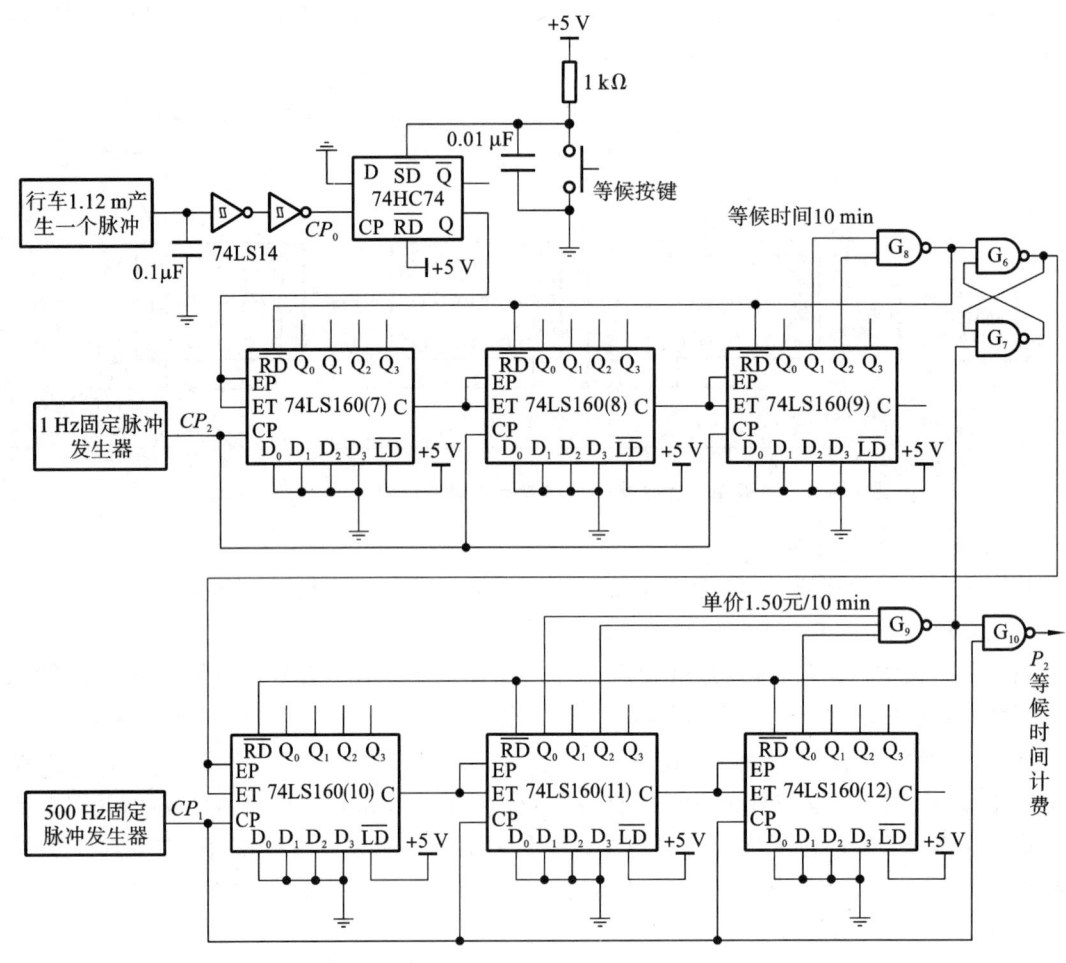

图 8.6.8　等候时间计费电路

数器预置为 800,每个数值对应 0.01 元。

　　如图 8.6.9 所示,74LS123 为单稳态触发器,包含两路完全独立的双输入单稳态触发器,一路输入 $1\overline{A}$、$1B$、$1\overline{RD}$,输出 $1Q$、$1\overline{Q}$;一路输入 $2\overline{A}$、$2B$、$2\overline{RD}$,输出 $2Q$、$2\overline{Q}$。$\overline{A}$ 为下降沿触发输入,B 为上升沿触发输入,$\overline{RD}$ 为低电平有效清零端,Q 为触发后的高电平脉冲输出,$\overline{Q}$ 为触发后的低电平脉冲输出。当 $\overline{A}$ 收到下降沿信号或 B 收到上升沿信号时,触发 Q 输出一个固定时长的高电平脉冲,$\overline{Q}$ 输出一个固定时长的低电平脉冲。

　　我们对起步费电路进行分析,得到图 8.6.10 所示的控制状态波形图。在初始状态下,"起步"按键没有按下,按键输入"0",G_{11} 输出"1","起步费置数"信号为"1"无效,不给后续总费计数器置数;G_{13} 输出"0",单稳态触发器 74LS123 输出 $Q=0$,不影响或非门 G_{12} 的状态,G_{11} 和 G_{12} 构成 RS 触发器,状态不变,即保持 G_{11} 输出"1"以及 G_{12} 输出"0"。

　　当"起步"按键按下,进入总费计数器置数过程。"起步"按键输入高电平,G_{11} 输出"0",即"起步费置数"信号为"0"有效,置数后续的总费计数器。同时 G_{13} 输出"1",触发单稳态触发器 74LS123 输出 Q 产生一个高电平脉冲,该高电平脉冲使得或非门 G_{12} 保持输出"0",从而或非门 G_{11} 保持输出"起步"按键的状态。

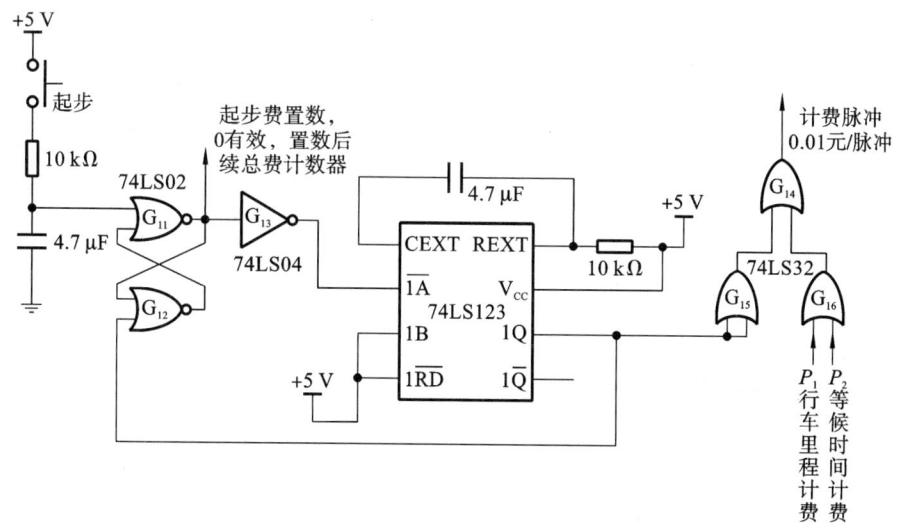

图 8.6.9　起步费电路

当"起步"按键松开,"起步"按键输入低电平,G_{12} 输出也是低电平,此时或非门 G_{11} 输出变成"1",结束对后续总费计数器的置数,总费计数器开始正常脉冲计数。

在对总费计数器置数的过程中,单稳态触发器 74LS123 输出 Q 维持高电平脉冲,或门 G_{15} 保持高电平,从而或门 G_{14} 保持高电平,计费脉冲 P_1、P_2 被屏蔽。当对总费计数器置数结束,单稳态触发器 74LS123 输出 Q 变成"0",或门 G_{15} 输出"0",或门 G_{14} 输出 P_1(行车里程计费)或 P_2(等候时间计费)的脉冲,即对行车里程或等候时间进行正常计费,每个脉冲对应 0.01 元。

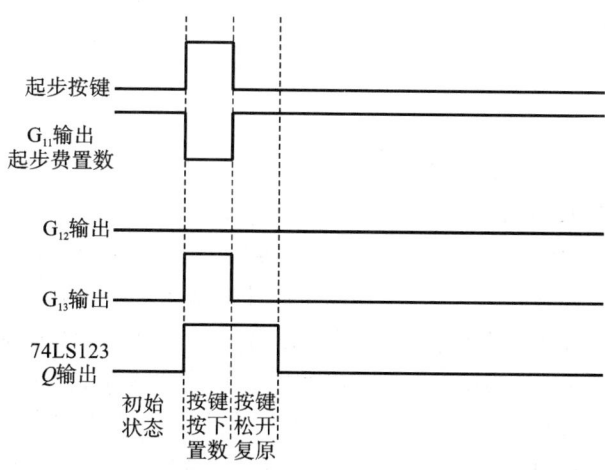

图 8.6.10　起步费电路工作波形图

5. 总费计数器设计

设计要求计费金额最大为 99.99 元,采用 4 位 74LS160 进行 0000 至 9999 计数,每个数值对应 0.01 元,最大计费金额为 99.99 元。

总费计数器电路如图 8.6.11 所示,先通过"起步"按键给 4 位计数器 74LS160(13)~74LS160(16)置数,预置 800(对应 8.00 元起步费)。置数 8.00 元后,正常计数,将行车里程计费 P_1 或等候时间计费 P_2 按单价转换成脉冲信号(每个脉冲 0.01 元),然后对这些脉冲进行累计。这样,4 位的总费计数器得到的数值便是起步费加上行车里程计费/等候时间计费得到的总的用车费用。

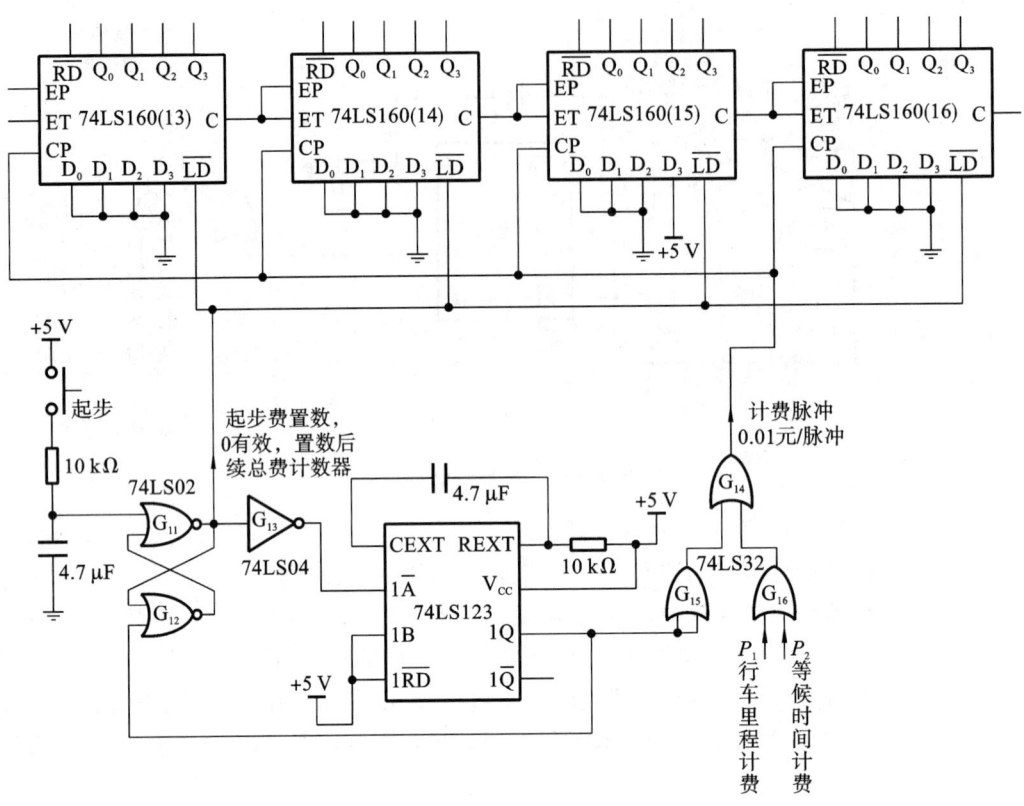

图 8.6.11 总费计数器电路

6. 锁存及显示部分设计

如前,总费计数器的计费结果,每个计费脉冲 P_1 或 P_2 到来都会加 1,P_1 或 P_2 的频率为 500 Hz,因此,不能将计数结果实时显示,否则总费计数器的刷新频率为 500 Hz,根本无法看清。由乘坐出租车的体验可知,每行车 1 km 或每等候 10 min 时,计费器会刷新一次,计费结果一次加 1.8 元或 1.5 元,那么,在此之前,需要将计数结果进行锁存,不得实时显示。因此,我们需要用到 4 位的锁存器 74LS175,对 4 位加法器 74LS160 的计数结果进行锁存,之后,再用 4 位的译码驱动器 74LS48 驱动显示 4 位的共阴极七段码显示器 BS202。

参考前面章节成熟电路,得到图 8.6.12,锁存器 74LS175 对总计费电路 74LS160 的计数结果进行锁存,保持上次的计数结果不变,并通过译码驱动器 74LS48 和数码管 BS202 进行显示。单稳态触发器 74LS123 根据行车里程计费电路或等候时间计费电路的状态变化,对锁存器进行刷新,从而实现每 1 km 或每 10 min 刷新一次。

正常行车过程中,我们参考图 8.6.5 所示行车里程计费电路,每行驶 1 km,G_1 门输出 "1";接着开始进行 1.80 元/km 的计费计数,即以 500 Hz 频率进行 180 进制计数,0.36 s 后行车里程计费结束,G_1 门输出 "0"。G_1 从 "1" 到 "0" 产生的下降沿,触发单稳态触发器 74LS123 的下降沿触发输入端 $1\overline{A}$,在 1Q 产生一个高电平脉冲,从而刷新锁存器 74LS175,将最新的总费计数器计数结果输给 74LS48。

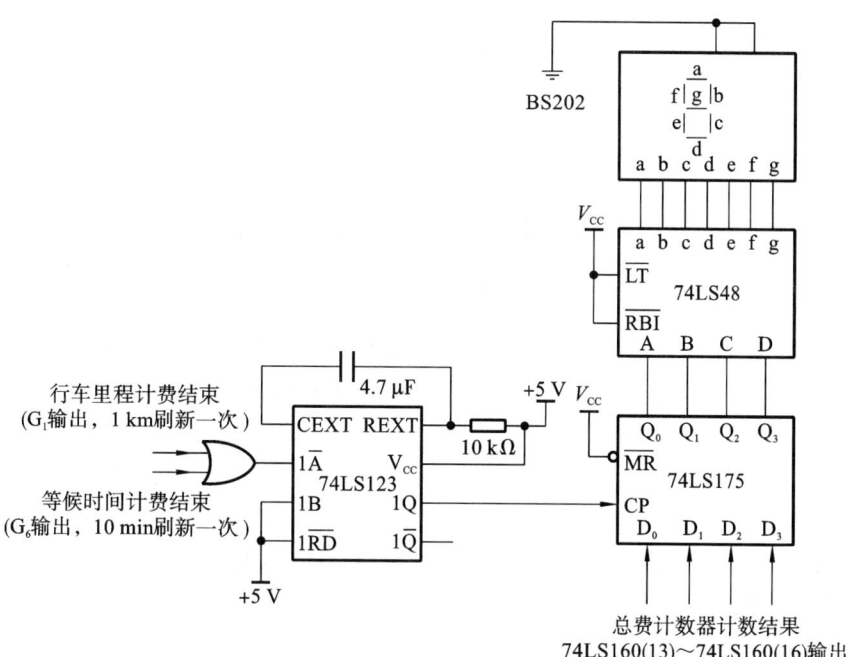

图 8.6.12　锁存及显示电路

在车辆等候的过程中,我们参考图 8.6.8 所示等候时间计费电路,每等候 10 min,G_6 门输出"1";接着开始进行 1.50 元/10 min 的计费计数,即以 500 Hz 频率进行 150 进制计数,0.3 s 后等候时间计费结束,G_6 门输出"0"。G_6 从"1"到"0"产生的下降沿,触发单稳态触发器 74LS123 的下降沿触发输入端 $1\overline{A}$,在 1Q 产生一个高电平脉冲,从而刷新锁存器 74LS175,将最新的总费计数器计数结果输给 74LS48。

据以上分析,锁存电路的工作状态波形如图 8.6.13 所示。

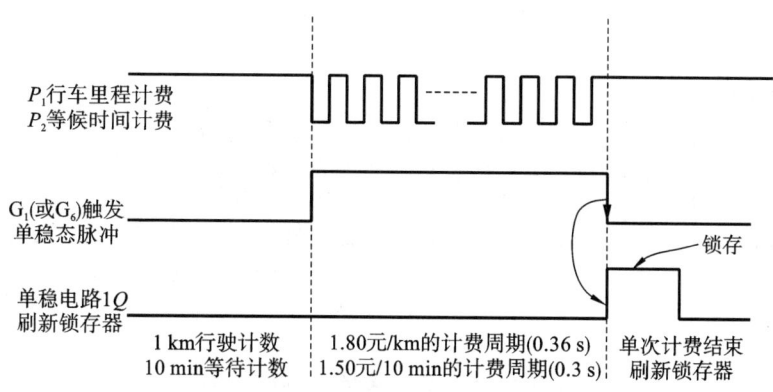

图 8.6.13　计数、计费、触发锁存的时序图

7. 时钟部分设计

在前述行车里程计费和等候时间计费电路中,会用到 1 Hz、500 Hz 两种固定时间脉冲作为基准时钟信号,一般我们有石英晶振、555 时钟电路两种方式实现时间脉冲。

1) 高精度石英晶振

在前述 8.4 节秒表的设计中,我们采用 1 MHz 晶振,用 74LS160 计数器进行分频,得到图 8.4.8 所示的 10 ms/100 Hz 方波输出,详细过程可查阅前面章节,在此不做赘述。

2) 555 时钟电路

555 定时器于 1971 年由西格尼蒂克公司推出,由于其易用性、低廉的价格和良好的可靠性,直至今日仍被广泛应用于电子电路的设计中。许多厂家都生产 555 芯片,包括采用双极型晶体管的传统型号和采用 CMOS 设计的版本。555 芯片被认为是当前年产量最高的芯片之一。555 定时器可工作在三种工作模式下:

(1) 单稳态模式:在此模式下,555 功能为单次触发。应用范围包括定时器、脉冲丢失检测、反弹跳开关、轻触开关、分频器、电容测量、脉冲宽度调制(PWM)等。

(2) 双稳态模式(或称施密特触发器模式):在 DIS 引脚空置且不外接电容的情况下,555 定时器的工作方式类似于一个 RS 触发器,可用于构成锁存开关。

(3) 多谐振荡器模式(无稳态模式):在此模式下,555 定时器以振荡器的方式工作。这一工作模式下的 555 芯片常被用于频闪灯、脉冲发生器、逻辑电路时钟、音调发生器、脉冲位置调制(PPM)等电路中。如果使用热敏电阻作为定时电阻,555 定时器可构成温度传感器,其输出信号的频率由温度决定。

3) 时钟电路设计

在本设计中,我们选择 555 电路,工作在多谐振荡器模式(无稳态模式),产生 1 kHz 的基准脉冲;然后选择多片计数器 74LS290 串联,进行分频,得到 1 Hz、500 Hz 两种固定时间脉冲,分别作为后续电路计时和计费的基准时钟信号。

如图 8.6.14 所示,555 定时器电路工作在多谐振荡器模式下,不需要任何输入信号,R_1、R_2 反复对电容 C_1 充放电,555 电路自动产生方波,并从 V_O 输出。

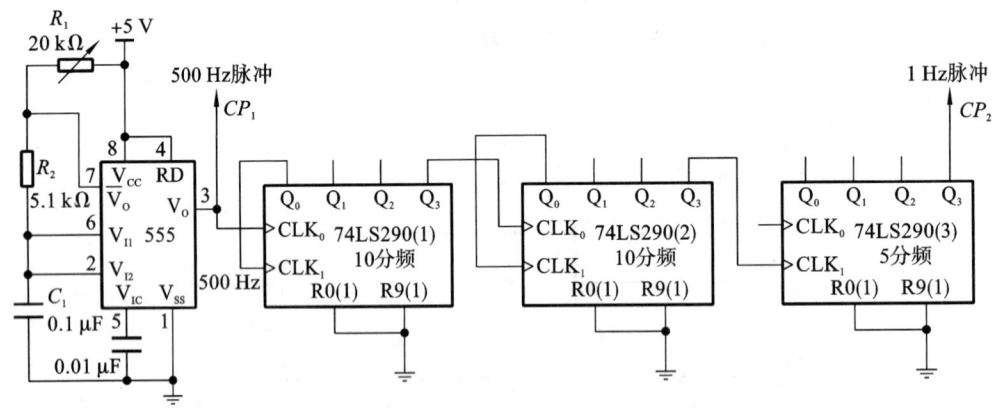

图 8.6.14　555 多谐振荡器时钟电路

C_1 充电过程,电源电流通过 R_1、R_2 对 C_1 充电,充电周期 $T_{充电}$ 计算公式为

$$T_{充电} = 0.7(R_1 + R_2)C_1 \qquad (8.6.1)$$

将 $R_1 = 20$ kΩ、$R_2 = 5.1$ kΩ、$C_1 = 0.1$ μF 代入公式(8.6.1),得到充电周期 $T_{充电} = 1.757$ ms。

C_1 放电过程,C_1 通过 R_2 及 555 电路的 7 脚放电,放电周期 $T_{放电}$ 计算公式为

$$T_{放电} = 0.7R_2C_1 \qquad (8.6.2)$$

将 $R_2 = 5.1\ \text{k}\Omega$、$C_1 = 0.1\ \mu\text{F}$ 代入公式(8.6.2),得到放电周期 $T_{放电} = 0.357\ \text{ms}$。

完整的振荡周期,$T = T_{充电} + T_{放电} = (1.757 + 0.357)\ \text{ms} = 2.1\ \text{ms}$,即 $476\ \text{Hz}$,在本设计中,我们近似认为等于 $500\ \text{Hz}$。

555 多谐振荡器电路产生 $500\ \text{Hz}$ 方波后,一方面直接输出,作为 CP_1 脉冲;一方面经 3 级 74LS290 做 500 分频得到 $1\ \text{Hz}$ 方波,作为 CP_2 脉冲。

【注意】 555 电路构成多谐振荡器电路,用于定时,由以上公式可知其时钟精度由充、放电电路的电阻、电容精度决定。电容的精度一般在 $\pm 10\%$,电阻的精度一般在 $\pm 5\%$,因此导致 555 振荡器的时钟精度低于 $\pm 10\%$;而且电容、电阻不能任意取值,只有一些固定值,因此产生的时钟也只能取一些固定值,无法完全准确地得到想要的数值。如上例所述,我们希望得到 $500\ \text{Hz}$ 时钟,但是受限于电阻、电容的精度及取值,我们只能得到一个近似值。总之,555 电路构成多谐振荡器电路,适合用于精度不高的场合,如果希望频率精度更高,稳定性更好,可以采用 8.4 节秒表的设计中所采用的高精度石英晶振。

8.6.3 电路制作与测试

根据前面设计方案,我们汇总得到图 8.6.15 所示的电路图,电路的结构可分为以下 5 部分:行车里程计费、等候时间计费、起步费置数、总费计数器、数据锁存及显示。

1. 行车里程计费器

限于篇幅,该部分在总图中以框架图表示,具体参见图 8.6.5。正常行驶过程中,产生计费脉冲,计费单价是 $1.80\ 元/\text{km}$,通过 P_1 输出 180 个脉冲到总费电路。电路包含计数器 74LS160(1)~74LS160(6)、与非门 $G_1 \sim G_5$、轮毂霍尔传感器(行车 $1.12\ \text{m}$ 产生一个脉冲)、555 多谐振荡器(产生 $500\ \text{Hz}$ 标准计费脉冲)。该部分电路对外将 P_1 脉冲输出给总费计数器用于行车里程计费,用与非门 G_1 下降沿触发锁存器,每 $1\ \text{km}$ 刷新一次计费显示。

2. 等候时间计费器

限于篇幅,该部分在总图中以框架图表示,具体参见图 8.6.8。停车等候过程中,产生计费脉冲,计费单价是 $1.50\ 元/10\ \text{min}$,通过 P_2 输出 150 个脉冲到总费电路。电路包含计数器 74LS160(7)~74LS160(12)、与非门 $G_6 \sim G_{10}$、555 多谐振荡器(产生 $1\ \text{Hz}$ 计时脉冲、$500\ \text{Hz}$ 标准计费脉冲)。该部分电路对外将 P_2 脉冲输出给总费计数器用于等候时间计费,用与非门 G_6 下降沿触发锁存器,每 $10\ \text{min}$ 刷新一次计费显示。

3. 起步费置数

包含门电路 $G_{11} \sim G_{13}$、单稳态触发器 74LS123(1),当"起步"按键按下,使总费计数器置数 800,即出租车起步费设置为 $8.00\ 元$。

4. 总费计数器

包含门电路 $G_{11} \sim G_{16}$、锁存器 74LS123(1)、计数器 74LS160(13)~74LS160(16),构成 0000 至 9999 的计数器,每个数值对应 $0.01\ 元$,即可实现 $00.00\ 元 \sim 99.99\ 元$ 的计费。工作中,计数器 74LS160(13)~74LS160(16)先通过起步费电路预置 800(对应 $8.00\ 元$起步费),再将行车里程计费 P_1、等候时间计费 P_2 按单价转换成脉冲信号,每个脉冲 $0.01\ 元$,然后对这些脉冲进行计数。这样,总费计数器的计费结果等于起步费设置的初值 800($8.00\ 元$)加上行车里程计费脉冲 P_1 或等候时间计费脉冲 P_2 得到的总和。

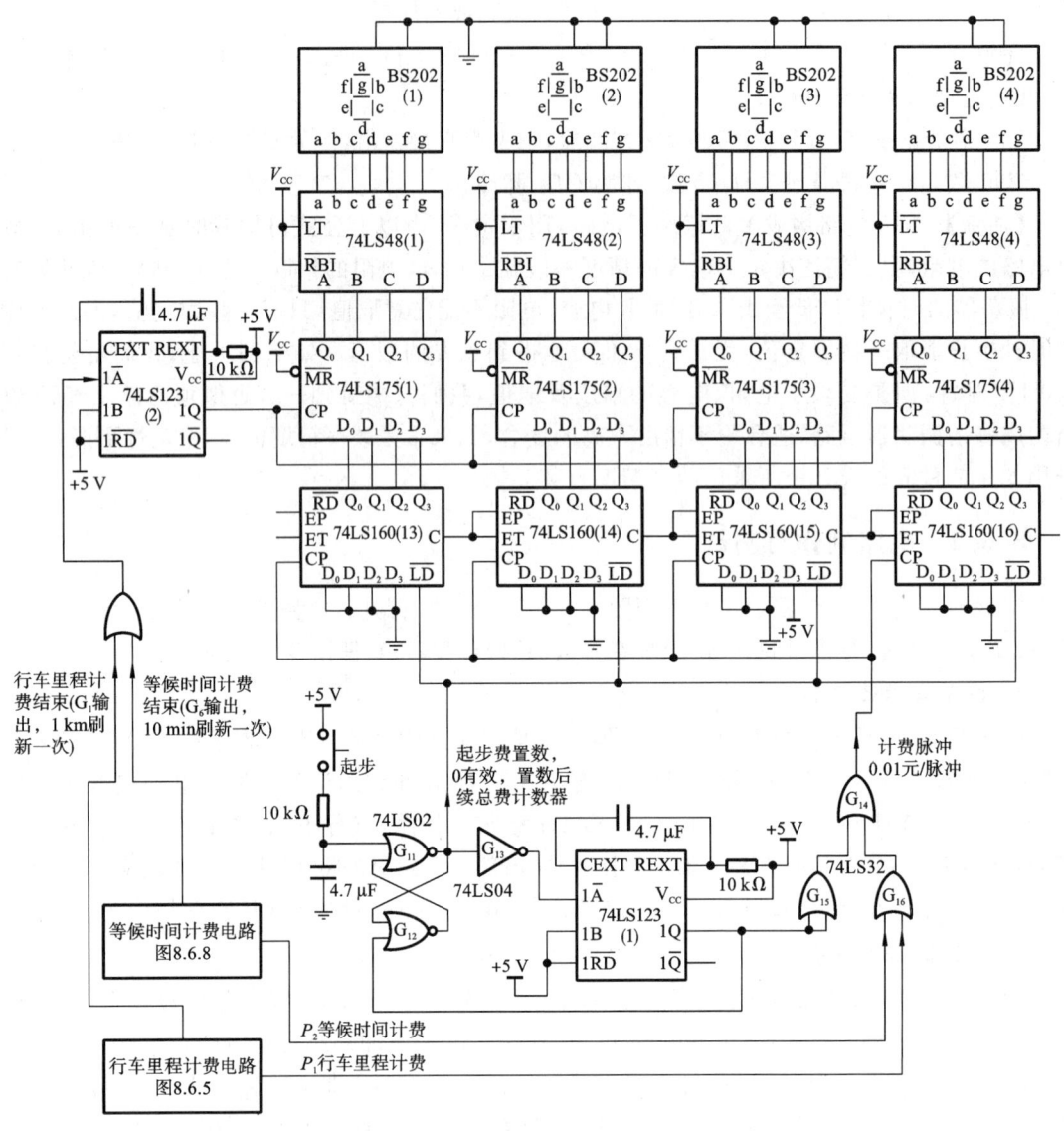

图 8.6.15　出租车计费器的电路图

5. 数据锁存及显示

　　包含单稳态触发器 74LS123(2)、锁存器 74LS175(1)～74LS175(4)、译码驱动芯片 74LS48(1)～74LS48(4)、共阴极七段数码管 BS202(1)～BS202(4)。当正常行车或者等候时，总费计数器 74LS160(13)～74LS160(16)都会持续累加，如果直接将计数器结果显示出来，屏幕将高速跳动，无法识别。因此，我们需要将计数器的计数结果进行锁存，每行车 1 km 或等候 10 min 时，单稳态触发器给出一个脉冲刷新锁存器，并将刷新后的数值保持不变直到下一个 1 km 或 10 min 到来，同时通过译码驱动＋数码管将锁存的内容稳定地显示出来。

　　【思考】　目前，上海的出租车起步费 16.00 元，行车里程单价 2.50 元/km，等候时间单价 1.00 元/10 min，如果设计一款上海出租车使用的计费器，计价最大金额为 999.99 元，该如何设计？

◀ **8.7 设计实例五：复印机控制器的设计** ▶

【本节任务】

设计一款复印机控制电路,可以通过键盘输入要复印的纸张数目,同时在数字显示器上显示此数目。设置好待复印的数量后,按一下"启动/停止"键,开始复印,每复印一张,数字显示器上的数字减 1,直至显示 0 时,复印过程结束;复印过程中,再按一下"启动/停止"键,复印也停止,设置的复印数量清零。

8.7.1 设计要求

1. 设计背景

1800 年代,英国伯明翰的詹姆斯·瓦特发明了文字复制机(letter copying machine),是今日数码复印机的前身,但是由于这个处理过程还不成熟,所以没能取得成效。现代意义上的复印机是 1949 年施乐公司开发的第一个称为型号 A 的静电图像复印机,施乐公司取得了如此大的成功以至于复印技术被大众称为"xeroxing"。

复印机按工作原理主要分为三类:光化学复印、热敏复印、静电复印。

1) 光化学复印

光化学复印有直接影印、蓝图复印、重氮复印、染料转印和扩散转印等方法。直接影印法用高反差相纸代替感光胶片对原稿进行摄影,可增幅或缩幅;蓝图法是复印纸表面涂有铁盐,原稿为单张半透明材料,两者叠在一起接受曝光,显影后形成蓝底白字图像;重氮法与蓝图法相似,复印纸表面涂有重氮化合物,曝光后在液体或气体氨中显影,产生深色调的图像;染料转印法是原稿正面与表面涂有光敏乳剂的半透明负片合在一起,曝光后经液体显影再转印到纸张上;扩散转印法与染料转印法相似,曝光后将负片与表面涂有药膜的复印纸贴在一起,经液体显影后负片上的银盐即扩散到复印纸上形成黑色图像。

2) 热敏复印

热敏复印是将表面涂有热敏材料的复印纸,与单张原稿贴在一起接受红外线或热源照射,图像部分吸收的热量传送到复印纸表面,使热敏材料色调变深即形成复印品,这种复印方法主要用于传真机接收传真。

3) 静电复印

利用物质的光电导现象与静电现象相结合的原理进行复印,常用的感光体有硒鼓、氧化锌纸、硫化镉鼓和有机光导体带,复印方式有间接式和直接式之分,静电复印也是目前最主流的复印方式。目前主流的间接式静电复印法,其步骤如下:首先用高压电晕放电使感光体表面在暗处充上静电荷;然后对原件进行曝光,曝光部分静电荷消失,其余部分静电荷保留,形成肉眼看不见的静电潜像;再用显影剂将静电潜像显影成可见的墨粉图像;将墨粉图像转印到普通纸上,加热墨粉使其熔化而定影在纸上,即得到复印件。定影后的复印件和普通印刷品一样能长期保存。除去转印后残留在感光体上的墨粉,清洁后的感光体可立即再用。

图 8.7.1 所示为一款常见的复印机,可见主要分成按键区和显示区两大部分。按键区主要包括 0~9 的数字键盘和各类控制按键;显示区显示复印剩余数量以及一些机器状态。该设

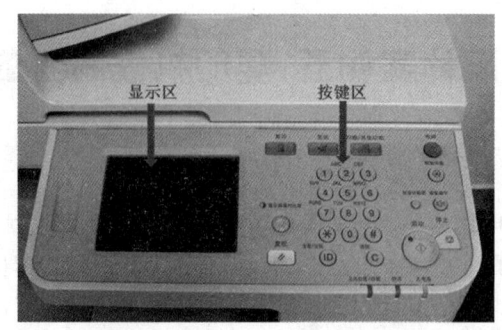

图 8.7.1　复印机

计参考市面常见复印机,做一些简化,实现本节任务要求的基本复印功能即可。

2. 设计要求

本节任务要求设计一款复印机控制电路,可以通过键盘输入要复印的纸张数目,同时在数字显示器上显示此数目。设置好待复印的数量后,按一下"启动/停止"键,开始复印,每复印一张,数字显示器上的数字减 1,直至显示 0 时,复印过程结束;复印过程中,再按一下"启动/停止"键,复印也停止,设置的复印数量清零。

我们根据任务,作如下细化要求:

(1)复印数量设置采用 0～9 的键盘按键,可实现 000～999 的输入设置;

(2)复印数量从 000～999 的设置值开始,每复印 1 张,数量减 1;

(3)在设置过程以及复印过程中,通过 3 位的 LED 数码管实时显示待复印的数量;

(4)按一下"启动/停止"按键,启动复印,再按一下"启动/停止"按键,停止复印。

8.7.2　设计方案

1. 整体方案

根据设计要求可得到图 8.7.2 所示的整体设计方案,电路的结构可分为以下 9 部分:键盘输入部分、按键编码部分、按键延时部分、按键锁存部分、复印计数部分、译码驱动部分、LED 显示部分、复位控制部分、复印机驱动部分。

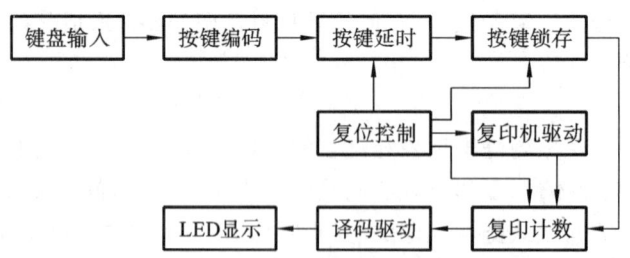

图 8.7.2　复印机控制器整体设计方案

(1)键盘输入部分。

采用 10 个按键,分别标示 0～9,每按一次其中一个按键,获取一个信号,用来进行一位的复印数量设置,按 3 次按键,即可实现 000～999 的复印数量的设置。

（2）按键编码部分。

采用中规模组合逻辑电路编码器 74LS148,将键盘输入的按键进行 BCD 编码。

（3）按键延时部分。

考虑到按键手动输入,会存在抖动的问题,导致按键编码值跳动,需要加入一个按键延时,过滤掉该按键抖动时间,将最终稳定的按键数据给到后面的按键锁存器,可以采用单稳态触发器电路实现该功能。

（4）按键锁存部分。

每次按键,得到一个 BCD 码 0~9,将该 BCD 码保存（锁存）到锁存器中;3 次按键获得 000~999 的设定值,即 3 位 BCD 码,需要 3 片锁存器 74LS175 进行保存。

（5）复印机驱动部分。

该电路接收到复印启动信号,驱动马达、加热器等开始复印工作,每复印一张纸,会输出一个计数脉冲。

（6）复印计数部分。

通过按键设定了初始复印值,之后每复印一张纸,便会接收到前面复印机驱动器给的脉冲信号,对复印数值进行减 1 操作,可以采用可逆加法器 74LS190 计数。

（7）复位控制部分。

复印机控制器有两种状态,复印和停止,通过"启动/停止"按键可进行状态切换,不同的状态下,各个集成电路的工作状态也不同,需要通过复位控制部分对各部分电路进行统一调度。

（8）译码驱动部分。

将计数器得到的 BCD 码数值,转换成 LED 显示区所需要的七段码,一般我们采用 74LS48 共阴极译码驱动芯片,用来驱动七段共阴极 LED 显示器。

（9）LED 显示部分。

数码的显示方式一般有三种:字形重叠式、分段式、点阵式。目前,分段式应用最为普遍,我们采用七段共阴极发光二极管显示器。

2. 按键输入及编码部分设计

键盘为 10 个按键,分别标示 0~9,每按一次按键,获取一个信号,该信号为"0/1"高低电平,我们再将此高低电平信号转换成 BCD 码,用以表示 0~9。

键盘输入电路如图 8.7.3 所示,考虑到按键可能受到干扰,因此在按键旁边并联一个 0.1 μF 电容滤波。为了给后续编码器提供稳定可靠的电平,我们采用 2 级反相器进行波形整形和电平变换。

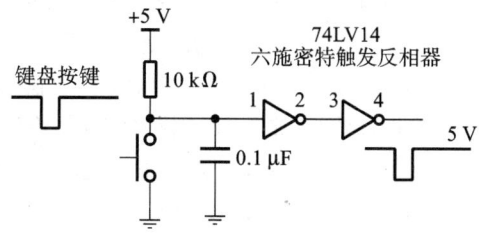

图 8.7.3 键盘输入电路

按键 0~9 号,共 10 路按键,可输出 10 路电平,因此,需要 10 线-4 线的 BCD 编码器;而且考虑到可能同时有几个按键按下去造成系统的困扰,我们采用优先编码器,同时按下的按键,只对优先级最高的按键编码。因此,本设计我们选择两片 8 线-3 线优先编码器 74LS148,构成一个 10 线-4 线优先编码器。

8 线-3 线优先编码器 74LS148 的功能真值表如表 8.7.1 所示。$I_0 \sim I_7$ 为 8 线的待编码的信号输入,低电平有效;$A_0 \sim A_2$ 为 3 线的编码,取反输出。此外,74LS148 的附加控制端有 3 个:$\overline{EI}$ 为使能端,低电平有效,当此端为低电平时表示芯片能够编码;$\overline{EO}$ 为扩展端,低电平有效,一般和后级芯片的 $\overline{EI}$ 使能端相连,当 $\overline{EO}$ 输出 0 时,便可使能后级芯片工作;$\overline{EX}$ 为芯片状态指示端,低电平有效,当此端为低电平时,表示芯片可以正常编码,且有码输入。

表 8.7.1　74LS148 优先编码器逻辑功能表

输　　入									输　　出				
$\overline{EI}$	I_0	I_1	I_2	I_3	I_4	I_5	I_6	I_7	A_2	A_1	A_0	$\overline{EO}$	$\overline{EX}$
1	×	×	×	×	×	×	×	×	1	1	1	1	1
0	1	1	1	1	1	1	1	1	1	1	1	0	1
0	×	×	×	×	×	×	×	0	0	0	0	1	0
0	×	×	×	×	×	×	0	1	0	0	1	1	0
0	×	×	×	×	×	0	1	1	0	1	0	1	0
0	×	×	×	×	0	1	1	1	0	1	1	1	0
0	×	×	×	0	1	1	1	1	1	0	0	1	0
0	×	×	0	1	1	1	1	1	1	0	1	1	0
0	×	0	1	1	1	1	1	1	1	1	0	1	0
0	0	1	1	1	1	1	1	1	1	1	1	1	0

如真值表第 1 行所示,当 $\overline{EI}=1$,芯片 74LS148 不使能,不工作,无论 $I_0 \sim I_7$ 输入什么数值,输出都无效,$A_2 A_1 A_0 = 111$;输出 $\overline{EO}=1$ 无效,也不使能后续的编码芯片;输出 $\overline{EX}=1$ 无效,显示该编码器不在正常编码工作状态。

如真值表第 2 行所示,当 $\overline{EI}=0$,芯片 74LS148 虽然使能,可以工作,但输入 $I_0 \sim I_7$ 都是 1 无效,因此输出也无效,$A_2 A_1 A_0 = 111$;输出 $\overline{EO}=0$ 有效,即本芯片没有有效输入,但通过使能后续的编码芯片,看看能否有有效输入;输出 $\overline{EX}=1$ 无效,显示该编码器不在正常编码工作状态。

如真值表 3～10 行所示,是正常编码情况,输入 I_7 的优先级最高,输入 I_0 的优先级最低。首先看输入 I_7 是否为 0 有效,如果有效,则只对 7 编码,输出 7 的二进制反码 $A_2 A_1 A_0 = 000$,且后续输入 $I_0 \sim I_6$ 不需要考虑;当输入 I_7 为 1 无效,则往后看输入 I_6 是否为 0 有效,如果有效,则只对 6 编码,输出 6 的二进制反码 $A_2 A_1 A_0 = 001$,且后续输入 $I_0 \sim I_5$ 不需要考虑;依次类推,直到最后看输入 I_0 是否为 0 有效,如果有效,则对 0 编码,输出 0 的二进制反码 $A_2 A_1 A_0 = 111$。在对 $I_0 \sim I_7$ 正常编码过程中,$\overline{EO}=1$ 无效,表示该 74LS148 芯片已在正常编码,不需要使能后续别的 74LS148 芯片;$\overline{EX}=0$ 有效,表示该 74LS148 芯片处在正常的编码状态。

由 74LS148 芯片构成的按键编码电路如图 8.7.4 所示,键盘 0～7 连接低位编码器 74LS148(1) 的输入 $I_0 \sim I_7$,键盘 8～9 连接高位编码器 74LS148(2) 的输入 I_0 和 I_1。两片 74LS148 的输出 A_0、A_1、A_2 作为 BCD 码的低三位,通过与非门,送到后面寄存器的低三位储

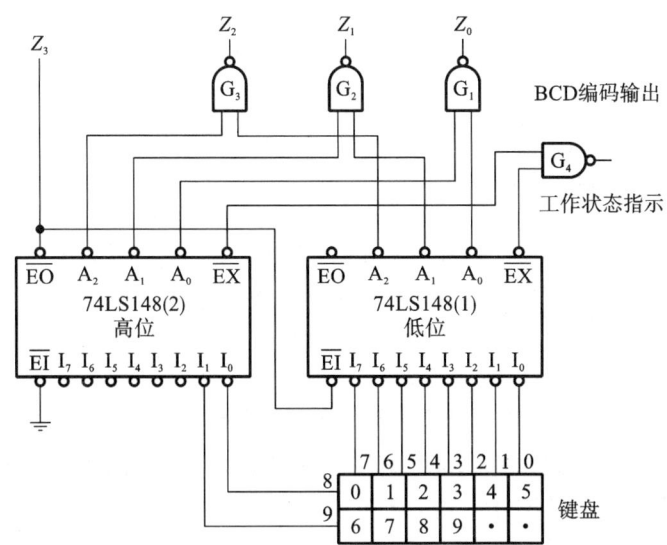

图 8.7.4 按键编码电路

存;高位芯片 74LS148(2)的 $\overline{EO}$ 作为 BCD 码的最高位,送到后面寄存器的最高位储存。

例如,当按键"9"按下去,输出低电平到高位编码器 74LS148(2)的输入端 I_1,I_1 低电平有效,输出 1 的二进制反码 $A_2A_1A_0 = 110$;与此同时,74LS148(2)的 $\overline{EO} = 1$($Z_3 = 1$),使得低位 74LS148(1)的 $\overline{EI} = 1$ 无效,低位输出 $A_2A_1A_0 = 111$;通过与非门 $G_1 \sim G_3$ 后,输出 $Z_2Z_1Z_0 = 001$,总的输出 $Z_3Z_2Z_1Z_0 = 1001$,即数字 9。此时,74LS148(2)的 $\overline{EX} = 0$ 有效,74LS148(1)的 $\overline{EX} = 1$ 效,与非门 G_4 输出 1,表示键盘操作有效。

同理,当按键"7"按下去,高位编码器 74LS148(2)的输入端 I_1 和 I_0 都无效,输出 $A_2A_1A_0 = 111$;与此同时,74LS148(2)的 $\overline{EO} = 0$($Z_3 = 0$),使能低位芯片 74LS148(1)。键盘"7"输出低电平到低位编码器 74LS148(1)的输入端 I_7,输出 7 的二进制反码 $A_2A_1A_0 = 000$;通过与非门 $G_1 \sim G_3$ 后,输出 $Z_2Z_1Z_0 = 111$,总的输出 $Z_3Z_2Z_1Z_0 = 0111$,即数字 7。此时,74LS148(2)的 $\overline{EX} = 1$ 无效,74LS148(1)的 $\overline{EX} = 0$ 有效,与非门 G_4 输出 1,表示键盘操作有效。

同理,当没有按键按下,高位编码器 74LS148(2)的输出 $A_2A_1A_0 = 111$,$\overline{EO} = 0$($Z_3 = 0$),使能低位芯片 74LS148(1);低位编码器 74LS148(1)的输入都无效,输出 $A_2A_1A_0 = 111$;通过与非门 $G_1 \sim G_3$ 后,输出 $Z_2Z_1Z_0 = 000$,总的输出 $Z_3Z_2Z_1Z_0 = 0000$。此时,74LS148(2)和 74LS148(1)的 $\overline{EX} = 1$ 都无效,与非门 G_4 输出 0,表示键盘操作无效。

【思考】 如何采用更简单的方法实现上面的编码电路?

3. 按键延时部分设计

考虑到按键手动输入,会存在抖动的问题,导致按键编码值跳动,需要加入一个按键延时,过滤掉该按键抖动时间,将最终稳定的按键数据给到后面的按键锁存器,可以采用单稳态触发器电路实现该功能。

如图 8.7.5 所示,G_5、G_6、R_1、C_1 构成单稳态触发器用于按键延时。初始状态,按键没有编码信号,G_4 输出 $A = 0$,G_5 输出 1,通过电阻 R_1 对电容 C_1 充电到高电平 $B = 1$,G_6 输入 $A = 0$、$B = 1$,G_6 输出 $C = 1$。当键盘有按键按下,产生编码信号,G_4 输出跳变为 $A = 1$,G_5 输出 0,

电容 C_1 通过电阻 R_1 放电,在电容 C_1 放电完成之前,电容 C_1 保持高电平 $B=1$,G_6 输入 $A=$ 1,$B=1$,G_6 输出跳变为 $C=0$。经过放电周期 T(微秒级别的很短延时),电容 C_1 变为低电平 $B=0$,G_6 输入 $A=1$、$B=0$,G_6 输出跳变为 $C=1$。接着,键盘按键松开,编码信号消失,G_4 输出跳变为 $A=0$,G_5 输出 1,通过电阻 R_1 对电容 C_1 充电到高电平 $B=1$,G_6 输入 $A=0$、$B=1$,G_6 保持输出 $C=1$,即回到了初始状态。

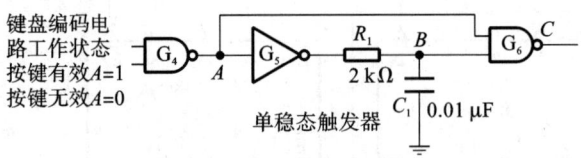

图 8.7.5　按键延时电路

上述分析时序图如图 8.7.6 所示,可见按键按下瞬间,在 G_4 门输出一个上升沿 CP_1,延时一段时间 T 后,才触发一个上升沿 CP_2。对于单稳态电路来说,一个输入脉冲 CP_1,延时 T,产生一个输出脉冲 CP_2,延时 T 的计算公式如下

$$T = 0.7R_1C_1 \tag{8.7.1}$$

将 $R_1=2$ kΩ、$C_1=0.01$ μF 代入公式(8.7.1)得到

$$T=0.7\times2\times10^3\times0.01\times10^{-6}\ \text{s}=14\ \mu\text{s} \tag{8.7.2}$$

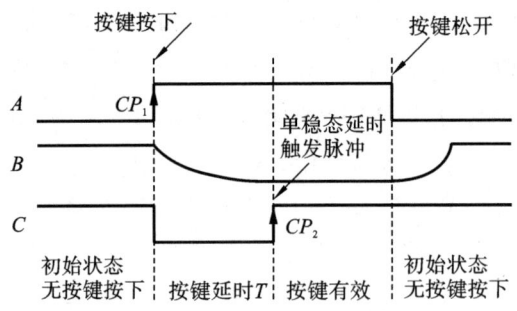

图 8.7.6　单稳态触发电路时序图

4. 按键锁存部分设计

每次按键,可以得到一个 BCD 码 $0\sim9$,将该 BCD 码保存(锁存)到锁存器中;3 次按键才能获得 $000\sim999$ 的设定值,即 3 位 BCD 码。因此需要采用一个移位寄存器 74LS164 依次对每位的 BCD 码进行读取,并存入后续的 3 位 D 触发器 74LS175 进行保存。

如图 8.7.7 所示,移位寄存器 74LS164 是 8 位边沿触发式移位寄存器,串行输入数据,然后并行输出。数据通过两个输入端(DSA 和 DSB)之一串行输入;任一输入端可以用作高电平使能端,控制另一输入端的数据输入。两个输入端或者连接在一起,或者把不用的输入端接高电平,一定不要悬空。当第 1 个时钟 CP 上升沿到达时,数据右移一位,输入到 Q_0,Q_0 是两个数据输入端(DSA 和 DSB)的逻辑与;第 2 个时钟 CP 上升沿到达时,数据继续右移一位,输入到 Q_1,Q_1 是两个数据输入端(DSA 和 DSB)的逻辑与;依次类推,依次通过 $Q_0\sim Q_7$ 输出 DSA 和 DSB 的逻辑与。主复位 $\overline{MR}$ 低电平有效,输入低电平将使其他所有输入端都无效,并清除寄存器,强制所有的输出为低电平。

本设计需要储存 3 位 BCD 码,故采用 3 片 D 触发器 74LS175 并联用于数据的锁存,每次

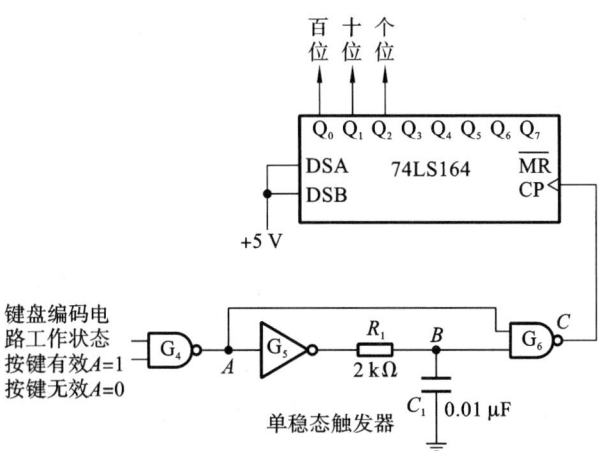

图 8.7.7　移位寄存器 74LS164 接线图

按键,移位寄存器 74LS164 依次触发 74LS175 锁存百位、十位、个位。

按键锁存电路如图 8.7.8 所示,按键编码产生 4 位的 BCD 码 $Z_0 \sim Z_3$,分别同时送入触发器 74LS175(1)~74LS175(3)的 $D_0 \sim D_3$。每次按键,产生一个新的 BCD 码,3 次按键分别对应个位 BCD、十位 BCD、百位 BCD;每一次按键并延时 T 后,移位寄存器 74LS164 依次在 Q_0、Q_1、Q_2 触发上升沿信号,该上升沿信号将依次触发后续的百位、十位、个位 D 触发器 74LS175,储存键盘的编码值。据此分析,可以得到图 8.7.9 所示的按键锁存时序图。

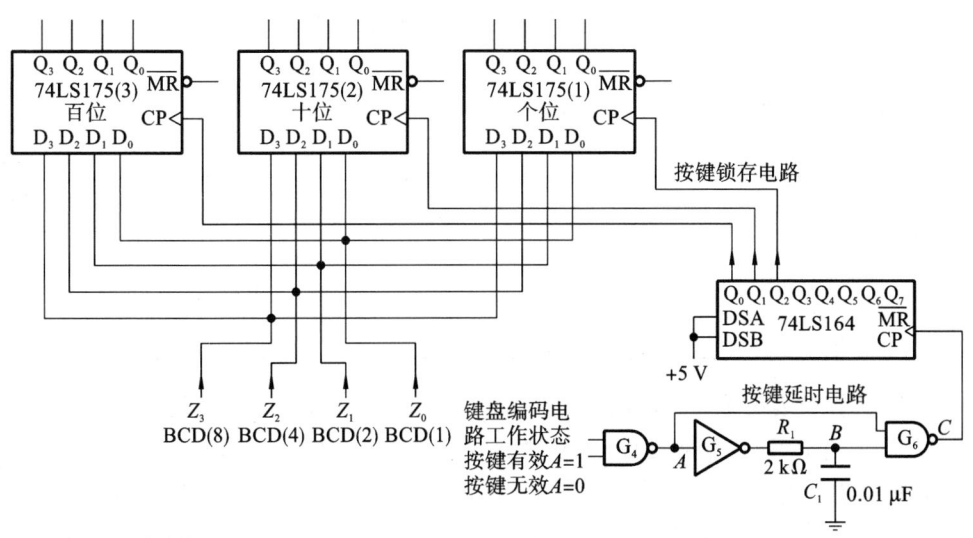

图 8.7.8　按键锁存电路

5. 复印计数部分设计

前面通过按键设定了初始复印值 000~999,之后每复印一张纸,便会接收到复印机驱动器给的脉冲信号,对复印数值进行减 1 操作,因此我们可以采用可逆加法器计数。

集成可逆计数器常见的有单时钟同步十进制可逆计数器 74LS190、单时钟同步 4 位二进制可逆计数器 74LS191、双时钟同步十进制可逆计数器 74LS192、双时钟同步 4 位二进制可逆计数器 74LS193。其中最常用的是同步可逆计数器 74LS190/74LS191,74LS190 的计数容量

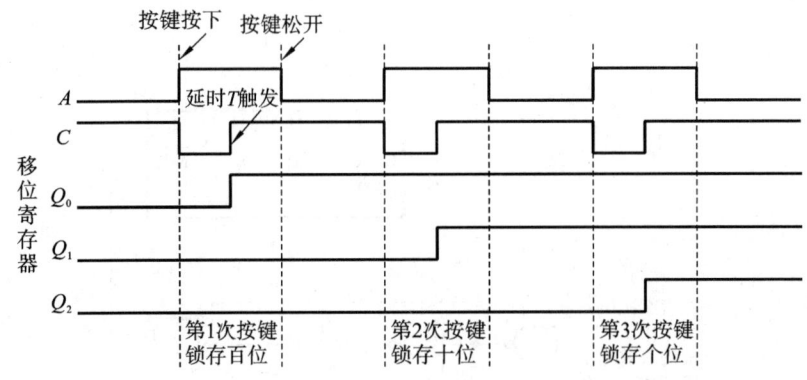

图 8.7.9　按键锁存时序图

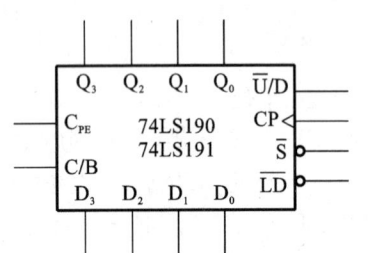

图 8.7.10　74LS190/74LS191 的逻辑图形符号

是十进制,74LS191 的计数容量是十六进制,除了计数容量不同,74LS190 和 74LS191 的逻辑功能和逻辑符号均相同,都具有异步置数、加/减计数和保持的功能。

74LS190/74LS191 的逻辑符号如图 8.7.10 所示,具有一个时钟信号输入端 CP,一个计数使能端 $\overline{S}$,一个置数控制端 $\overline{LD}$,一个加/减控制端 $\overline{U}/D$,四个并行数据输入端 $D_0 \sim D_3$,一个串行时钟输出端 C_{PE},一个进位/借位输出端 C/B,四个触发器的状态输出端 $Q_0 \sim Q_3$。

74LS190/74LS191 的功能表如表 8.7.2 所示,可知:

表 8.7.2　计数器 74LS190/74LS191 的功能表

$\overline{LD}$	$\overline{S}$	$\overline{U}/D$	CP	工 作 状 态
0	×	×	×	异步置数
1	0	0	↑	加计数
1	0	1	↑	减计数
1	1	×	×	保持

异步置数(真值表第 1 行):置数信号 $\overline{LD}$ 低电平有效,当 $\overline{LD}=0$ 时,无论时钟是否到达,无论 $\overline{S}$ 和 $\overline{U}/D$ 取何值,计数器被置数,四位输出 $Q_3Q_2Q_1Q_0 = D_3D_2D_1D_0$。

加计数(真值表第 2 行):当 $\overline{LD}=1$、$\overline{S}=0$、$\overline{U}/D=0$ 时,计数器随时钟的到达依次加 1。

减计数(真值表第 3 行):当 $\overline{LD}=1$、$\overline{S}=0$、$\overline{U}/D=1$ 时,计数器随时钟的到达依次减 1。

保持的功能(真值表第 4 行):当 $\overline{LD}=1$,若 $\overline{S}=1$,计数器的输出保持不变。

本设计中,我们可以选用 3 片同步十进制可逆计数器 74LS190,构成复印计数部分电路,实现 $000 \sim 999$ 的减计数。

如图 8.7.11 所示,3 片 74LS190 串联,所有芯片的加/减控制端 $\overline{U}/D$ 连在一起置高电平,实现减计数,计数时钟脉冲加在最低位 74LS190(1),低位片的串行时钟输出端 C_{PE} 与相邻的高位片的时钟 CP 相连。

计数前,通过 $\overline{LD}=0$ 实现置数功能,将按键的 BCD 编码置入计数器。当计数开始,$\overline{LD}=1$

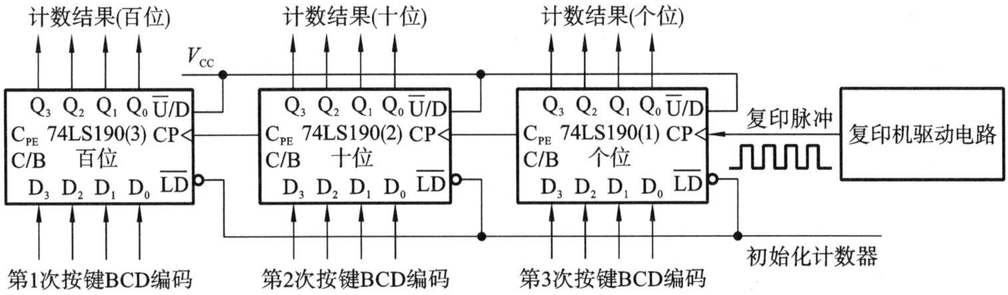

图 8.7.11 复印减计数电路

停止置数,复印机驱动电路持续输出复印脉冲,每复印一张纸,复印机驱动电路对应输出一个脉冲到 74LS190(1) 的 CP,74LS190(1) 减 1。当 74LS190(1) 减到 "0000" 时,74LS190(1) 的 C_{PE} 置 0。接着,再来一个复印脉冲给 74LS190(1) 的 CP 时,74LS190(1) 的输出状态减 1,从 "0000" 变为 "1001";与此同时,74LS190(1) 的 C_{PE} 从 0 跳变为 1,即产生一个上升沿给 74LS190(2) 的 CP,使得 74LS190(2) 减 1,从而实现了借位减法。依次类推,可知图 8.7.11 所示的电路可以实现从 "999" 到 "000" 的十进制借位减法。

6. 复位控制部分设计

本设计中,复印机控制器有两种状态,复印和停止,通过"启动/停止"按键可进行状态切换,不同的状态下,各个集成电路的工作状态也不同,需要通过复位控制部分对各部分电路进行统一调度。从前面分析可知,有复位控制端口,需要进行状态控制的时序逻辑电路包括移位寄存器 74LS164、D 触发器 74LS175、可逆计数器 74LS190、复印机驱动电路。

1)复印停止状态

当复印机上电或者复印计数结束,此时复印机处于"停止"状态,复印机不工作、不计数;复印机等待按键输入,当按键输入后还需要锁存按键值,并将锁存的按键值立刻赋予计数器。

据此进行如下配置:移位寄存器 74LS164 和 D 触发器 74LS175 都要处于可工作状态,随时准备将按键值移位存储到 D 触发器,因此两者的复位端口都需要置高电平无效,$\overline{MR}=1$;可逆计数器 74LS190 则需要保持置数状态,随时可以用 D 触发器保存的数值置数,因此 $\overline{LD}=0$ 有效;复印机驱动电路设置成复位待机状态,$EN=0$。

2)复印启动状态

当复印机置数结束,按下"启动/停止"按键,此时复印机处于"启动"状态,复印机开始工作,减计数;在复印过程中,需要屏蔽键盘按键的编码输入,使得键盘输入无效。

据此进行如下配置:移位寄存器 74LS164 和 D 触发器 74LS175 不得处于可工作状态,而要处于复位状态,因此两者的复位端口都需要置低电平有效,$\overline{MR}=0$;可逆计数器 74LS190 停止置数,开始减计数,因此 $\overline{LD}=1$ 无效;复印机驱动电路设置成工作计数状态,$EN=1$。

根据上面的分析,得到表 8.7.3 所示的复位状态控制表。

表 8.7.3 复位状态控制表

74LS164	74LS175	74LS190	复印机驱动电路	工 作 状 态
$\overline{MR}=1$	$\overline{MR}=1$	$\overline{LD}=0$	$EN=0$	复印停止
$\overline{MR}=0$	$\overline{MR}=0$	$\overline{LD}=1$	$EN=1$	复印启动

根据控制表,我们选用 JK 触发器 74LS112,设计得到的复位控制电路如图 8.7.12 所示。该电路输入两个信号:"启动/停止"按键、复印计数器溢出。输出控制四个信号:移位寄存器 74LS164 的 $\overline{MR}$、D 触发器 74LS175 的 $\overline{MR}$、可逆计数器 74LS190 的 $\overline{LD}$、复印机驱动电路的 EN。

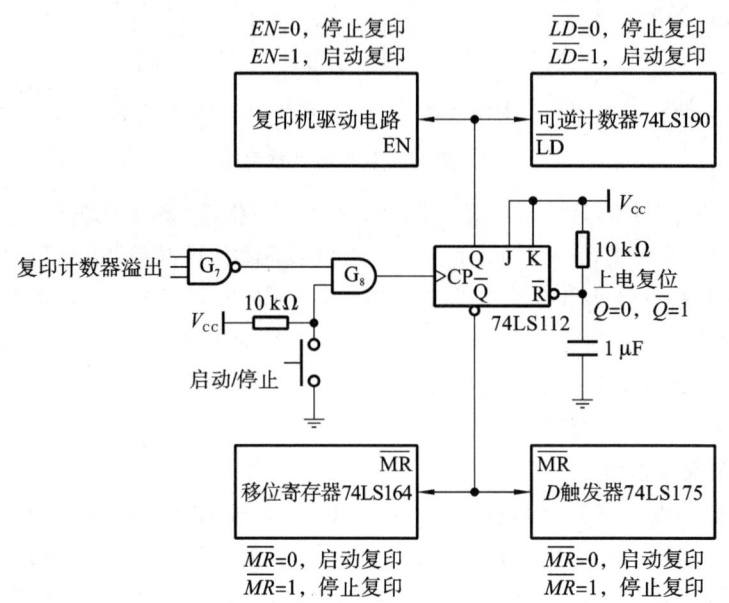

图 8.7.12　系统复位控制电路

当整个控制器上电的时候,JK 触发器输出 $Q=0$、$\overline{Q}=1$,处于复印停止状态。复印机不工作,因此复印机驱动电路的 $EN=0$;复印机也不计数,处于持续的置数状态,因此可逆计数器 74LS190 的 $\overline{LD}=0$;复印机等待按键输入,当按键输入后还需要锁存按键值,因此按键锁存部分需要正常工作,移位寄存器 74LS164 的 $\overline{MR}=1$,D 触发器 74LS175 的 $\overline{MR}=1$。

当按一下"启动/停止"按键,G_8 产生一个脉冲,使得 JK 触发器取反一次,输出 $Q=1$、$\overline{Q}=0$,处于复印启动状态。复印机工作,因此复印机驱动电路的 $EN=1$;复印机开始计数,因此可逆计数器 74LS190 的 $\overline{LD}=1$;复印机不再接收按键输入,也不锁存按键值,以防复印计数错乱,因此按键锁存部分需要复位停止工作,移位寄存器 74LS164 的 $\overline{MR}=0$,D 触发器 74LS175 的 $\overline{MR}=0$。

在复印启动状态下,再按一下"启动/停止"按键,G_8 产生一个脉冲,使得 JK 触发器再取反一次,输出 $Q=0$、$\overline{Q}=1$,重新回到复印停止状态。

在复印启动状态下,当复印计数结束,给出一个复印结果溢出信号,同样可以使得 G_8 产生一个脉冲,使得 JK 触发器再取反一次,输出 $Q=0$、$\overline{Q}=1$,重新回到复印停止状态。

【注意】　复位控制仅仅针对时序逻辑电路,组合逻辑电路不需要进行复位控制。

7. 驱动显示部分设计

要实现 000~999 的显示,采用 3 片七段共阴极发光二极管(LED)显示器 BS202。驱动芯片采用 3 片译码驱动芯片 74LS48,输出是高电平有效,和共阴极数码管配对使用。具体设计参考前面章节,在此不做赘述。

8.7.3 电路制作与测试

根据前面设计方案,我们汇总得到图 8.7.13 所示的电路图,电路的结构可分为以下 9 部分:键盘输入部分、按键编码部分、按键延时部分、按键锁存部分、复印机驱动部分、复印计数部分、复位控制部分、译码驱动部分、LED 显示部分。详细的电路分析如前所述,在此不做赘述。

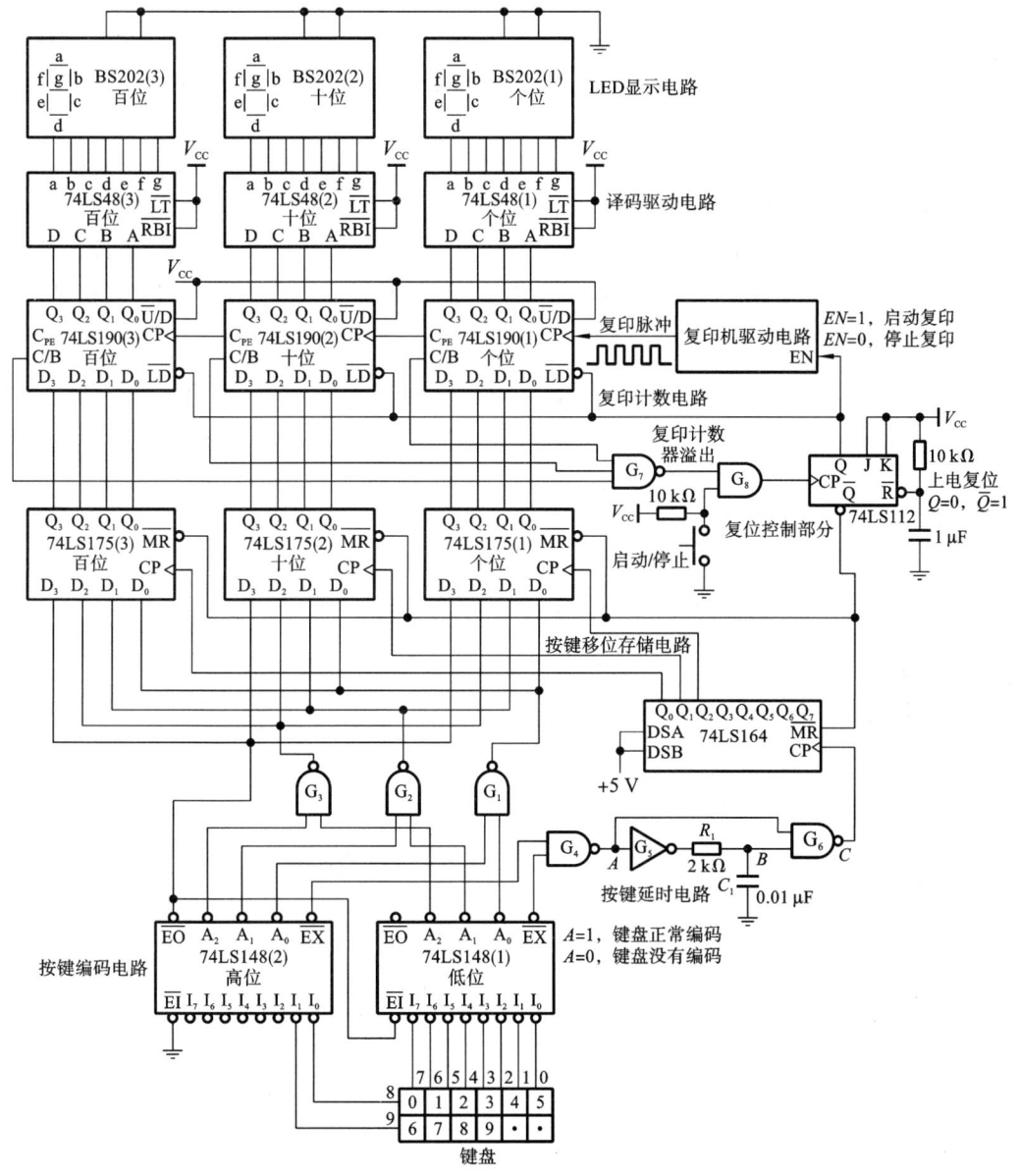

图 8.7.13 复印机控制器的电路图

【思考】 本设计中,仅有复印启动和复印停止两种状态,通过"启动/停止"按键进行状态切换。如果增加一个"暂停"按键,即按下"暂停"按键,复印计数停止,状态类似于复印停止,但不得复位计数器。电路该如何设计?

 **本章小结**

　　本章通过对电子计数器、秒表、自行车速度计、出租车计费器、复印机控制器的设计，我们对数字系统设计有了初步的印象和体验，对前面章节的学习也有了一个大的综合。

　　数字系统是交互式的以离散形式表示的具有存储、传输、处理信息能力的逻辑子系统的集合，有没有控制部件是数字系统和逻辑功能部件的重要区别。控制器是统一协调各逻辑子系统工作的核心部件，也是数字系统级设计的特殊方面，小型控制器适用于简单数字系统，控制器的形式有计数器型、多路选择器型、定序型等。

　　不论数字系统的复杂程度如何，规模大小怎样，就其实质而言皆为逻辑问题，从组成上说是由许多能够进行各种逻辑操作的功能部件组成的，这类功能部件可以是小规模集成电路逻辑部件，也可以是中规模集成电路逻辑部件，还可以是大规模集成电路逻辑部件，甚至可以是CPU芯片。由于各功能部件之间的有机配合、协调工作，数字电路成为统一的数字信息存储、传输、处理的电子电路。

参 考 文 献

[1] 康华光.电子技术基础·数字部分[M].6 版.北京:高等教育出版社,2014.

[2] 阎石.数字电子技术基础[M].5 版.北京:高等教育出版社,2006.

[3] 张晓冬,吕江虹,宁涛.数字电子技术(含实验)[M].北京:北京交通大学出版社,2013.

[4] 申忠如.数字电子技术基础[M].西安:西安交通大学出版社,2010.

[5] 张志恒.数字电子技术基础[M].北京:中国电力出版社,2011.

[6] 王克义.数字电子技术基础[M].北京:清华大学出版社,2013.

[7] 杨颂华,等.数字电子技术基础[M].2 版.西安:西安电子科技大学出版社,2009.

[8] 龙治红,谭本军.数字电子技术[M].北京:北京理工大学出版社,2010.

[9] 杨春玲,王淑娟.数字电子技术基础[M].北京:高等教育出版社,2011.

[10] 关静.数字电路应用设计[M].北京:科学出版社,2009.

[11] 朱幼莲.数字电子技术[M].北京:机械工业出版社,2011.

[12] 何小艇.电子系统设计[M].5 版.杭州:浙江大学出版社,2015.

[13] 钱裕禄.实用数字电子技术[M].北京:北京大学出版社,2013.

[14] 余孟尝.数字电子技术基础简明教程[M].3 版.北京:高等教育出版社,2006.

[15] Thomas L.Floyd.数字电子技术基础系统方法[M].娄淑琴,盛新志,申艳,译.北京:机械工业出版社,2014.

[16] 李文渊.数字电路与系统[M].北京:高等教育出版社,2017.